土木工程防灾减灾学

王 茹 编著

中国建材工业出版社

图书在版编目（CIP）数据

土木工程防灾减灾学/王茹编著．—北京：中国建材工
业出版社，2008.3（2023.7重印）
ISBN 978-7-80227-396-2

Ⅰ．土… Ⅱ．王… Ⅲ．土木工程—防灾—结构设计
Ⅳ．TU352

中国版本图书馆 CIP 数据核字（2008）第 018450 号

内 容 提 要

本书主要介绍土木工程防灾减灾基本理论、减灾技术和设计方法。内容包括：防灾减灾学，地质灾害及其防治，火灾及建筑防火，地震灾害与防震减灾，建筑结构抗震设计，风灾与抗风设计，洪灾及城市防洪，城市防雷、防爆及防空工程概述，灾害的风险分析与评价，城市防灾减灾规划等。

本书各章节相对独立，既便于教学，又有助于读者根据需要参考选用。本书可作为土木工程、工业与民用建筑、建筑学、规划学等专业的本科教材，也可供从事防灾减灾工程的工程技术人员和管理人员参考使用。

土木工程防灾减灾学

王　茹　编著

出版发行：中国建材工业出版社
地　　址：北京市海淀区三里河路 11 号
邮　　编：100831
经　　销：全国各地新华书店
印　　刷：北京雁林吉兆印刷有限公司
开　　本：787mm×1092mm　1/16
印　　张：19.75
字　　数：487 千字
版　　次：2008 年 3 月第 1 版
印　　次：2023 年 7 月第 6 次
书　　号：ISBN 978-7-80227-396-2
定　　价：66.00 元

本社网址：www.jccbs.com.cn
本书如出现印装质量问题，由我社发行部负责调换。联系电话：（010）57811387

前　　言

我国是世界上自然灾害类型多，发生频繁，灾害损失较为严重的国家之一。在过去的四十年间，每年灾害经济损失约占同年国家财政总收入的六分之一至四分之一。进入 20 世纪 90 年代以来，灾害直接经济损失每年约 1000 亿元，个别年份甚至达数千亿元，且因灾人口伤亡也相当严重，成为影响我国经济发展和社会稳定的重要负面因素，严重制约着社会的可持续发展。

我国的主要灾害种类有地震、火灾、洪灾、地质灾害、风灾、雷电等。随着城市化的迅速发展，城市噪声、疾病、工业事故、交通事故、建设性破坏等城市灾害也有加重的趋势，且还会不断出现新的灾害源。如，超高层建筑、大型公共建筑、地下空间利用、天然气生产和使用、核技术利用中存在的致灾隐患等。可以说，我国防灾减灾的任务相当艰巨。

防灾减灾与土木工程有着密切的关系。灾害之所以造成人员伤亡和财产损失，大多与土木工程的破坏有关。因此，土木工程师对防灾减灾负有重大责任。然而，防灾减灾教育远未在土建类专业中得到普及。为了全面提高土木工程专业师生防灾减灾知识水平，适应社会发展对土木工程技术人员的专业要求，有必要将过去分散在个别课程中的防灾减灾知识进行整合和丰富，系统、全面地介绍与土木工程有关的综合防灾减灾理论与技术。本书主要的编写目的就是为土木工程防灾减灾课程提供适用教材。考虑到防灾减灾科学是一门跨专业的综合性学科，涉及自然科学、工程科学、经济学、社会科学等多种学科，因此本书内容并不局限于土木工程防灾减灾基本原理及一般设计方法，而是适当加入综合防灾减灾的概念，使读者对防灾减灾的内容有更加全面的了解。

本书编写力求通俗实用，各章节后均配有思考复习题，可作为大专院校防灾减灾课程试用教材、教学参考书，亦可供广大土建类专业人员、从事防灾减灾工作的工程技术及管理人员参考使用。

本书在编写过程中，编者参阅了许多学者的著作，并参考、引用了一些公开发表的文献资料，谨此深表感谢。北京城市学院李文利老师协助完成了部分章节的修改工作，特致以衷心感谢。本书涉及知识面广，加之编著者水平有限，书中难免存在不足、不妥之处，敬请读者批评指正，多提宝贵意见。

编者
2008-2

目　　录

目 录

第一章 灾害学概述

1.1 灾害的含义

灾害是指那些由于自然的、人为的或人与自然综合的原因，对人类生存和社会发展造成损害的各种现象。灾害的形成有三个重要条件，即灾害源（也称致灾因子）、灾害载体和承灾体。

对灾害的含义有多种解释。从哲学上讲，灾害是自然生态因子和社会经济因子变异的一种价值判断与评价，是相对于一定主体而言的。从经济学角度看，灾害具有危害性与意外性、可预测性与可预防性、后果利害双重性等经济特征。世界卫生组织对灾害的定义为：任何引起设施破坏、经济严重损失、人员伤亡、健康状况及卫生条件恶化的事件，如其规模已超出事件发生社区的承受能力而不得不向社区外部寻求专门救援时，都可称其为灾害。联合国"国际减轻自然灾害十年"专家组对灾害所下的定义为：灾害是指自然发生或人为产生的，对人类和人类社会造成危害后果的事件与现象。事实上，灾害既是一种现象又是一个过程，因此，可以将灾害定义为：由于某种不可控制或未能预料的破坏性因素的作用，使人类赖以生存的环境发生突发性或积累性破坏或恶化，引起人群伤亡和社会财富损失的现象和过程。

值得指出的是，"灾害"是从人类的角度来定义的，必须以造成人类生命、财产损失的后果为前提。一次灾害发生，既要有诱因，又要有灾害的承灾体，即人类社会。例如，一次山体崩塌发生在荒无人烟的冰雪深山，并无人员伤亡，甚至无人知晓，则不会称作灾害。但是如果山体崩塌、滑坡发生在人员聚集的城镇，导致人员伤亡、房屋倒塌、农田被掩埋、水利设施被冲毁等，这就构成灾害事件。

1.2 灾害的类型

对灾害分类的目的在于对灾害现象、形成的环境及产生灾害的各种因素进行概括，以便正确反映灾害的特征及其作用的某些规律。灾害的种类繁多，分类方法也不同，从灾害发生的原因来分，可以分为自然灾害和人为灾害两大类。自然灾害是自然界中物质变化、运动造成的损害。例如，强烈的地震，可使上百万人口的一座城市在顷刻之间成为一片废墟；滂沱暴雨泛滥成灾，可摧毁农田、村庄，使成千上万居民流离失所；严重干旱可使田地龟裂、禾苗枯萎、饿殍遍野；火山喷发出灼热的岩浆，可使城镇化为灰烬；强劲的飓风、海啸可使沿海村镇荡然无存……诸如此类，都是大自然带给人类的"天灾"。

人为灾害是由于人的过错或某些丧失理性的失控行为给人类自身造成的损害。自然灾害与人为灾害各自又可分为许多类型。

（1）主要的自然灾害包括以下种类：

1）地质灾害：地震、火山爆发、山崩、滑坡、泥石流、地面沉陷等。

2）气象灾害：暴雨、洪涝、热带气旋、冰雹、雷电、龙卷风、干旱、酷热、低温、雪灾、霜冻等。

3）生物灾害：病虫害、森林火灾、沙尘暴、急性传染病等。

4）天文灾害：天体撞击、太阳活动异常等。

5）其他：如雪崩、海啸、鼠害等也属于自然灾害。

自然灾害图例，如图 1-1 所示。

（a）

（b）

（c）

图 1-1　自然灾害

（a）2004 年印度洋海啸；（b）2005 年卡特里娜飓风淹没美国新奥尔良市；（c）海啸中的巨浪

（2）主要的人为灾害包括以下种类：

1）生态环境灾害：烟雾与大气污染、温室效应、水体污染、水土流失、气候异常、人口膨胀等。

2）工程事故灾害：岩土工程塌方、爆炸、人为火灾、核泄漏、有害物失控（毒气、毒物、有害病菌等）、水库溃坝、房屋倒塌、交通事故等。

3）政治社会灾害：战争、集团械斗、人为放毒、社会暴力与动乱、金融风暴等。

人为灾害图例，如图 1-2 所示。

（a）

3

（b）

（c）

图 1-2　人为灾害

（a）乌克兰（前苏联）切尔诺贝利核电站爆炸后鸟瞰；

（b）切尔诺贝利核电站爆炸后人员紧急撤离；（c）切尔诺贝利核电站附近小镇变为"死城"

（3）从灾害发展过程的特性看，灾害又可分成以下四种类型：

1）突变型。地震、泥石流、燃气爆炸等属于这一类型，它们的发生往往缺乏先兆，发作是突然的，发生的过程历时较短，但破坏性很大，而且可能在一定时期内重复发作。

2）发展型。暴雨、台风、洪水等属于这一类型。与突变型相比，它们有一定的先兆，往往是某种正常自然过程积累的结果。它们的发展是较迅速的，但比突变性灾害要缓慢一些，因而其过程具有一定的可估计性。

3）持续型。旱灾、涝灾、传染病、生物病灾害等就属于这种类型。它们的持续时间可由几天到半年甚至几年。

人类灾害分类示意图，如图 1-3 所示。

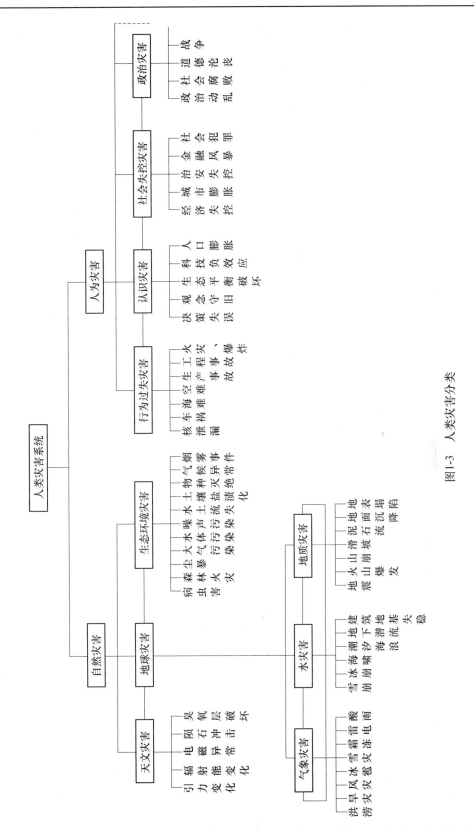

图1-3 人类灾害分类

4）环境演变型（或简称演变型）。沙漠化、水土流失、冻土、海水侵入、地面下沉、海面上升以及区域气候干旱化等属于环境演变型自然灾害。这类自然灾害是一种长期的自然过程，是自然环境演化或人类不当行为造成的不良后果，因其进程缓慢，不易引起人们的重视并立刻采取措施，而且有些灾害防治还需要世界不同国家之间合作进行，往往难于控制和减轻。但这类灾害具有统计意义上的可预报性，如二氧化碳倍增可能引起全球气温升高 1～3℃，这在理论上有比较肯定的结论，因它导致的区域干旱化和海平面上升也具有一定信度的预测结果。

从危害性上看，四种类型的自然灾害是有差异的。突变型和发展型自然灾害发作快，缺少征兆，因而对人类和动物的生命危害最大，两者有时被合作为骤发性灾害。持续型自然灾害持续的时间长，影响范围一般也较大，进而往往造成极大的经济损失。演变型自然灾害是一种漫长的自然过程，它破坏了人为的生存环境，而且纠正难度极大，因而它的影响最大，长期的潜在损失最大。

1.3 灾害的分级

对灾害规模的描述，目前还很不统一。如地震以释放的能量来分级；崩塌、泥石流则以土方量来衡量；植物病虫害以受害面积来划分。可见，不同的灾种有不同的分级方法，相互之间很难统一。但不论何种灾害，均会造成人员伤亡或财产（经济）损失，所以可据此进行灾害分级。目前我国将灾害分为以下五个等级：

巨灾：死亡 10000 人以上，经济损失超过 1 亿元人民币。

大灾：死亡 1000～10000 人，经济损失 1000 万～1 亿元人民币。

中灾：死亡 100～1000 人，经济损失 100 万～1000 万元人民币。

小灾：死亡 10～100 人，经济损失 10 万～100 万元人民币。

微灾：死亡 <10 人，经济损失 <10 万元人民币。

1.4 灾害对人类社会的主要危害

自然灾害对人类社会的影响至深至远。在古代，灾害甚至导致了整个城市毁灭，表 1-1 是历史上因自然灾害而毁灭的城市。即使在经济相当发达、科学技术十分先进的现代社会，各种自然灾害和人为灾害仍然在全球横行肆虐，成为人们心中的隐患，威胁着人类的生存和发展。表 1-2 是近 300 年来世界范围内死亡人数大于 10 万的自然灾害目录。

表 1-1 历史上因城市自然灾害而毁灭的城市

国　别	时　期	被毁城市名	现地名	可能致灾因素
中　国	北宋（公元 960～1127 年）	汴京（国都）	河南开封	洪灾
中　国	①约公元 376 年②14 世纪③17 世纪末④公元 994 年	①楼兰②昌邑③四州④统万	新疆	风灾、旱灾
叙利亚	拜占庭时期、罗马时期、希腊时期、波斯时期、青铜时期	5 座古城	阿勒颇（同一地点）	地震
意大利	公元 79 年	庞贝城	维苏威	火山爆发
意大利	公元前 800 年	奥尔城	罗马	

续表

国 别	时 期	被毁城市名	现地名	可能致灾因素
希 腊	约公元前 227 年	罗得岛	罗得岛	地震
牙买加	1692 年 6 月 7 日	罗亚尔港	罗亚尔港	地震
土耳其	约公元 4 世纪	阿夫罗耿蒂斯	阿夫罗耿蒂斯	地震
智 利	1835 年 2 月 20 日	康塞普罗翁	康塞普罗翁	地震

表 1-2　近 300 年来世界死亡人数大于 10 万的自然灾害目录

时 间	受灾地区	灾 型	死亡人数/万人
1696.6.29	中国上海	风暴潮	10
1731.10.11	印度加尔各答	地 震	30
1786.6.1	中国四川康定、泸定	地 震	10
1836~1845	日本本州北部	涝、饥荒	约 30
1862.7.27	中国广东广州	风暴潮	10
1876.10.31	孟加拉巴卡尔甘杰	热带气旋	20
1876~1878	中国山东、河南、河北等	旱 灾	1300
1879 冬	中国新疆喀什	冻 害	10
1881.10.8	越南海防	台 风	10
1882.6.5	印度孟买	热带气旋	10
1896~1905	印 度	饥荒、黑死病	1000
1897	孟加拉	热带气旋	17
1908.12.28	意大利墨西拿	地 震	11
1915.7~1915.9	中国广东	洪 水	约 10
1918~1919	印 度	饥荒、流感	1500
1920	中国山东、河南、山西	旱 灾	50
1920.12.16	中国宁夏海原	地 震	24
1923.9.1	日本东京	地 震	14
1923	中国 12 个省范围内	水 灾	约 30
1923~1925	中国云南东部	霜冻、饥荒	约 30
1923~1925	中国四川	旱灾、饥荒	10
1935.7.3~1935.8	中国湖北、湖南	水 灾	14
1937	印度加尔各答	飓 风	30
1942~1943	中国河南	旱 灾	约 300
1943~1944	孟加拉	洪水、饥荒	350
1968~1973	非洲萨赫勒地区	旱 灾	150
1970.11.12	孟加拉	飓 风	50
1971	越 南	洪 水	10
1976.7.28	中国河北唐山	地 震	24.2
1984~1985	埃塞俄比亚	旱 灾	>100
1988	苏 丹	饥荒、疾病	56
2004.12.26	印度洋沿岸	地震、海啸	28

我国是自然灾害严重的国家之一，特别是地震灾害，在全球大灾总量中占有比重最大，超过63%，其中，1556年发生在陕西华县的地震，死亡83万人，是有记录的一次地震死亡人数最多的灾害。表1-3是我国1949年以来的大灾难损失简况。

表1-3　我国1949年以来的大灾难损失简况

年　　月	重大灾害	损失（当年价格）/亿元	说　　明
1954年夏	长江暴雨洪涝	100多	死亡3万余人
1963年8月	河北暴雨洪涝	60多	死亡数万人
1975年8月	河南暴雨洪涝	100多	死亡数万人
1976年7月	唐山大地震	100多	死亡24.2万人
1981年8月	四川暴雨洪涝	50多	
1985年8月	辽宁暴雨洪涝	47	
1987年5月	大兴安岭森林火灾	约50	130余万公顷森林被毁
1991年6~7月	江淮暴雨洪涝	约500	死亡1163人
1992年8月	16号台风	92	
1994年6月	华南暴雨洪涝	约300	
1994年8月	17号台风	170	死亡1000人
1995年6~7月	江西、两湖暴雨洪涝	约300	
1995年7~8月	辽宁、吉林暴雨洪涝	约460	
1996年6~7月	皖、赣、两湖暴雨洪涝	300多	
1996年7~8月	河北、山西暴雨洪涝及8号台风	546	死亡1000余人

概括起来，自然灾害对人类的危害和破坏主要表现在以下三个方面。

（1）危及人类生命和健康，威胁人类正常生活。

（2）破坏公益设施和公私财产，造成严重经济损失。自然灾害对房屋、公路、铁路、桥梁、隧道、水利工程设施、电力工程设施、通信设施、城市公共设施以及机器设备、产品、材料、家庭财产、农作物等常常造成严重破坏，其直接经济损失无疑是巨大的。

（3）破坏资源和环境，威胁国民经济的可持续发展。灾害与环境具有密切的作用与反作用关系：环境恶化可以导致自然灾害，自然灾害又反过来促使环境进一步恶化。灾害和环境变化，除了直接影响人类生产、生活活动外，还对人类生存所必需的水土资源、矿产资源、生物资源、海洋资源等产生长远的影响，进而威胁人类的生存与发展。例如，干旱、风沙、洪水、泥石流及与之密切相关的水土流失、土地沙漠化、土地盐碱化等自然灾害，严重破坏水土资源和生物资源；森林火灾、生物病虫害等直接破坏生物资源。在人类所需要的各种资源中，有许多是属于有限的不可再生的资源；有的虽然可以再生，但过程非常缓慢，如靠天然风化作用形成1cm的土壤需要几十年、几百年甚至上千年的时间；生物资源虽然数以万计，在总体上属于可再生资源，但一个物种灭绝后，就永远消失不会再生。水资源虽然属于恒定资源，但遭受污染后，靠天然净化或循环过程进行恢复，不仅需要诸多条件的保护和经济投入，而且往往需要相当长的时间。因此，自然灾害对资源与环境的破坏，其后果是相当严重的。

人为灾害对人类社会的破坏作用也十分巨大。人为灾害可以是某些人有意识地、有目的地、有计划地制造出来的，如战争中使用原子弹——美国用原子弹轰炸日本广岛和长崎，就是制造大规模战争灾害的实例。人为纵火、恐怖袭击，也可能造成严重的人员和财产损失，如 2001 年 9 月 11 日，美国世贸大厦因恐怖分子袭击而倒塌，造成近 5000 余人死亡或失踪。另一些人为灾害，并不是有意识、有目的、有计划地制造出来的，而是出于无知、疏忽，有时是出于没有按照预先已经制定的防止灾害的规章制度办事，结果造成灾害的。例如 1985 年黑龙江大兴安岭特大森林火灾，就是由于疏忽和违反防止火灾的规章制度而造成的重大责任事故。我国有许多人为因素造成的灾害，其中，道路交通事故死亡人数是全世界最高的国家，煤矿事故死亡人数也远远超过其他产煤国家事故的总和。近年来世界范围主要人为灾害，见表 1-4。

表 1-4　近年来世界范围主要人为灾害（除战争）目录

时　间	受灾地区	灾　型	死亡人数（或终身残疾）
1984 年	印　度	化工厂爆炸	>10 万
1986 年	乌克兰切尔诺贝利	核电站化学爆炸起火	269 人（间接死亡人数无法准确估计）
1994 年	韩　国	百货大楼倒塌	500 人
2001 年	美国纽约	恐怖袭击致世贸大厦倒塌	5000 人

1.5　我国灾害的特点

我国灾害的总体特点是：灾害发生的频率大、种类多、危害强。就自然灾害而言，我国是世界上自然灾害最严重的国家之一，这是由我国特有的自然地理环境决定的，并与社会、经济发展状况密切相关。我国大陆东濒太平洋，面临世界上最大的台风源，西部为世界上地势最高的青藏高原，陆海大气系统相互作用，关系复杂，天气形势异常多变，各种气象与海洋灾害时有发生；地势西高东低，降雨时空分布不均，易形成大范围的洪、涝、旱灾；且位于环太平洋与欧亚两大地震带之间，地壳活动剧烈，是世界上大陆地震最多和地质灾害严重的国家之一；西北是塔克拉玛干等大沙漠，风沙威胁东部大城市；西北部的黄土高原，在泥沙冲刷下，淤塞江河水库，造成一系列直接或潜伏的洪涝灾害。我国约有 70% 以上的大城市、半数以上的人口和 75% 以上的工农业产值分布在气象灾害、海洋灾害、洪水灾害和地震灾害都十分严重的沿海及东部平原丘陵地区，所以灾害的损失程度较大。我国还具有多种病、虫、鼠、草害滋生和繁殖的条件，随着近期气候暖化与环境污染加重，生物灾害亦相当严重。其他灾害还有：大气污染、水污染、城市噪声、光污染、电磁波污染、臭氧层被破坏、核泄漏、易燃易爆物爆炸、雷电灾害、战争危险等。另外，近代大规模的开发活动，更加重了各种灾害的风险度。

我国灾害的另一特点是：灾害重点已经由农村转移到城市，这种转移的原因之一源于城市化进程。目前越来越多的专家认为，欲研究国家的可持续发展战略，首先要解决的是城市抵御灾害的能力。这是因为城市是人类经济、文化、政治、科技信息的中心，世界城市面积是人口居住面积的 1/10，但是居住着占世界总人口 1/3 的居民，集中了 2/3 以上的世界社会财富。正因为城市具有"人口集中，建筑集中，生产集中，财富集中"的特点，因此一旦遭到自然灾害，势必造成巨大的损失。

1.6 城市灾害

从灾害的本质而言，城市灾害并非是一种特殊类型的灾害，而是特指城市系统或其子系统为承灾体的灾害，是由于自然或人为的原因对城市系统中的生命和社会物质造成危害的自然社会事件。城市灾害属自然性与社会性为一体的混合灾害。

1.6.1 城市灾害的特点

除具有灾害的一般特性之外，城市灾害还具有以下特点：

（1）灾害源种类复杂。有许多灾害源可能诱发城市灾害，地震、洪水、火、地貌变异（地陷、滑坡）、气象变异、逸毒、城市噪声、疾病、工业事故、交通事故、工程质量事故、建设性破坏、人为破坏等。其中，建设性破坏、城市噪声、疾病、工业事故、交通事故、工程质量事故、人为破坏等灾害在城市发生的概率远高于非城市地区发生的概率。随着城市的发展，还会不断出现新的灾害源，如：超高层建筑、大型公共建筑、地下空间利用、天然气生产和使用、核技术利用中存在的致灾隐患等。

（2）传播速度快。某些灾害源通过载体在城市的传播速度远大于在非城市地区。由于城市交通发达，人员流动性大，使传染性疾病、流行性疾病的传播速度加快。上海、北京、广州等城市爆发的甲肝、流感和非典型性肺炎都是例证。

（3）强度和广度大。城市具有人口密集、建筑密集和经济发达的特点。城市灾害往往具有较大的强度和广度，相同等级的灾害事故所造成的损失比非城市地区大，其损失几乎与人口、经济的密集程度成正比。城市灾害还具有连发性强的特点，易产生次生灾害，这也与人口密度和经济发达有关。例如，1976 年唐山地震，造成市内多数建筑物倒塌；铁路、桥梁与路基破坏，交通中断；地下管道破坏，水电断绝等。1923 年日本关东地震，由于发生在市民做饭时间，引发了 344 处起火，烧毁房屋 45 万幢，烧死 5 万 6 千多人。

另外，城市人类活动强度大，可能加剧灾害的强度或缩短灾害发生的周期。例如，由于城市地面不透水面积增加，城市建设对泄洪通道的阻碍等因素影响，城市洪灾有加重的趋势。

（4）后果严重，恢复期长。城市供水、供电、油、气等生命线工程，城市重要基础设施，重要政治文化设施等，若遭受灾害损失后果严重，甚至可能会危及社会稳定。一般来说，由于城市中不同的设施互相关联，一旦某一部分设施破坏，势必影响另一部分设施功能的发挥，因此修复的工作量明显增大。例如：电力的中断，使供水、通信都可能因此受阻受损，交通秩序也将受到影响，因此需要动用较多的人力物力才能修复。同时，城市中有这些基础设施构成的功能常呈现立体交叉的结构，许多管线深埋地下几米，甚至几十米，纵横交错。一旦这些功能网受阻，不但给监测工作带来一定的困难，而且也增加了修复的难度。一般城市受灾害作用发生中等破坏时，其功能的基本恢复需要一个月以上；有时一次中型灾害甚至可使一个城市的现代化进程延缓 20 年。例如，在唐山地震中，市区供电、供水、交通、医疗设施等城市生命线工程遭受全面破坏，通往外界的铁路、公路交通中断，大批伤员无法外运，得不到救治；城市周边水库处于决堤的边缘；由于断电，近万名在地下矿井中作业的矿工被滞留在井下。

1.6.2　我国主要城市灾害

国家建设部在 1997 年公布的《城市建筑综合防灾技术政策纲要》中，把地震、火灾、洪水、气象灾害、地质破坏五大类灾种列为导致我国城市灾害的主要灾害源，它们同时也是国家认可的主要城市灾害。2001 年美国"9·11"事件后，全球安全格局有了新变化，研究城市灾情，再不能仅从自然灾害、人为事件上着眼，而必须包括恐怖事件在内的逐项灾害源；而 2003 年在中国及东南亚地区肆虐的 SARS 疫情，让我们全面反思人类行为的失当，聚焦环境灾害及生物灾害。

目前公认的城市主要灾害除地震、火灾、洪水、气象灾害、地质破坏五种外，还有：城市生物灾害、交通事故、化学灾害、生产事故、恐怖事件等。

思考题

1. 什么是灾害？
2. 灾害有哪些种类？
3. 灾害对人类社会有哪些危害？
4. 城市灾害有哪些特点？

第二章　防灾减灾学概述

长期以来，灾害对人类社会造成了巨大损失。在与灾害的斗争中，人们不断研究总结，形成了一门新的科学——防灾减灾学。防灾减灾科学，是以防止和减轻灾情为目的，综合运用自然科学、工程科学、经济学、社会科学等多种科学理论和技术，为社会安定与经济可持续发展提供可靠保障的一门交叉的新兴学科。

2.1　防灾减灾基本概念

防灾减灾是一项复杂的工作。从对灾害管理的角度看，防灾减灾是一项系统工程，其涉及的基本概念包括：

（1）灾害监测。灾害监测主要针对自然灾害，是指测量与灾害有关的各种自然因素变化数据的工作。监测工作的直接目的是取得自然因素变化的资料，用来认识灾害的发生规律和进行预报。如监视地下岩石的运动和应力的变化可以预测地震。

自然灾害的监测方式主要有：卫星与航空遥感监测、地面台风监测、深部或地下孔点监测、水面和水下监测、政府部门与群众哨卡监测等。

（2）灾害预报。灾害预报是指根据灾害的周期性、重复性、灾害间的相关性、致灾因素的演变和作用、灾害发展趋势、灾源的形成、灾害载体的运移规律、以及灾害前兆信息和经验类比，对灾害未来发生的可能性做出估计或判断。不同灾种有不同的预报模式，通常采取长期、中期、短期以至警报等渐进式预报，但不同灾类预报分期的时限不同。

（3）防灾。防灾是在灾害发生前采取的避让性措施，这是最经济、最安全又十分有效的减灾措施。防灾的主要措施有规划性防灾、工程性防灾、转移性防灾和非工程性防灾等。规划性防灾是指在进行设计规划和工程选址时尽量避开灾害的危险区。工程性防灾是指工程建设时，充分考虑灾害因子的影响程度进行设防，包括工程加固以及避灾空地和避难工程、避灾通道等建设。转移性防灾是指在灾害预报和预警的前提下，在灾害发生之前把人、畜和可移动产转移至安全地方。非工程性防灾是指通过灾害与减灾知识教育、灾害与防灾立法、完善灾害组织等手段达到防灾目的。

（4）抗灾。抗灾是指据长期或中期预报，采取有必要的工程加固和备灾预案的适当行动，是人类面对自然灾害的挑战做出的反应，如：抗洪、抗震、抗风、抗滑坡和泥石流等工程性措施，主要包括工程结构的抗灾与工程结构在受灾的监测与加固。工程抗灾是防灾减灾总体工作的关键环节和重中之重。一般来说，无论灾害的预报预测是否准确，防灾的措施都必须体现在工程上。

（5）救灾。救灾是灾害已经发生后采取的最紧迫的减灾措施。实际上是一场动员全社会、甚至国际社会力量对灾害进行的战斗，从指挥运筹到队伍组织，从抢救到医疗，从生活到公安，从物资供应到维护生命线工程，构成了一个严密的系统，需周密的计划、严密的组织。救灾的效率与减灾的效益直接关联，为了取得最佳的救灾效益，灾害危险区应根据灾害特点和发生发展的趋势，先制定好综合救灾预案，防患于未然。

（6）灾后重建与恢复生产。灾后重建是指遭受毁灭性的灾害后，如地震、洪水、飓风等之后，在特殊情况下的建设。恢复生产是指在灾害发生后所进行的各种生产活动。这是减轻灾害损失，保证社会秩序稳定和人民生活正常的重要措施，是灾后重建中的重要环节。

2.2　防灾减灾的基本目标、原理、措施

2.2.1　防灾减灾的基本目标

我国是人口稠密的大国。从我国的基本国情出发，既难以像一些人口密度低的国家那样采取严厉限制向灾害高风险区发展的策略，也无力在短期内大幅度增加投资来降低灾害的风险度。因此，针对我国自然灾害的基本特点与保障社会、经济可持续发展的需要，加强防灾减灾工作的目标是：

（1）建立与社会、经济发展相适应的自然灾害综合防治体系，综合运用工程技术与法律、行政、经济、管理、教育等手段，提高减灾能力，为社会安定与经济可持续发展提供更可靠的安全保障。

（2）加强灾害科学的研究，提高对各种自然灾害孕育、发生、发展、演变及时空分布规律的认识，促进现代化技术在防灾体系建设中的应用，因地制宜实施减灾对策和协调灾害对发展的约束。

（3）在重大灾害发生的情况下，努力减轻自然灾害的损失，防止灾情扩展，避免因不合理的开发行为导致的灾难性后果，保护有限而脆弱的生存条件，增强全社会承受自然灾害的能力。

2.2.2　防灾减灾的基本原理

灾害的形成离不开三个基本条件，即灾害源、灾害载体和承灾体。防灾减灾的基本原理就是改善形成灾害的基本条件，包括：

（1）消除灾害源或降低灾害的强度

这一措施对减轻人为自然灾害的损失是有效的，如限制过量开采地下水，控制地面下沉和海水回灌；控制烟尘和二氧化碳的排放量，防止全球气温上升等。但是，面对自然变异所导致的自然灾害，特别是强度很大的自然灾害，如：地震、海啸、飓风、暴雨等，现在人类还没有能力来减轻这些灾害源的强度，更不用说消除这些灾害的载体了。

（2）改变灾害载体的能量和流通渠道

例如用人工放炮的方法减小雹灾；用分洪滞洪的方法减少洪水流量和流向以减轻洪灾等。但对巨型灾害，目前尚无根本改变的措施。

（3）对受灾体采取避防与保护性措施

对于目前采取的主要措施，如对建筑工程进行抗震设计和防火设计，以减少地震和火灾造成的损失；对山体边坡进行加固，以减少滑坡发生等。但目前人类对于灾害发生的时间、强弱、损失大小上不能准确预测，因此，难以采取非常有效的防护措施。

2.2.3 防灾减灾的战略措施

灾害对人类社会和经济发展构成了严重影响，它们是社会可持续发展的隐患。全面提高综合防灾减灾能力，应从战略高度，重视以下问题：

（1）加强减灾教育，提高减灾意识。社会公众是防灾的主体，防灾减灾需要广大社会公众广泛增强防灾意识、了解与掌握避灾知识，应通过图书、报刊、音像制品和电子出版物、广播、电视、网络等，广泛宣传预防、避险、自救、互救、减灾等常识，增强公众的忧患意识、社会责任意识和自救、互救能力。

（2）应加强防灾减灾的研究，充分利用现代科学技术，迅速准确地获取灾害信息，及时、全面掌握重大灾害演变规律，提高综合减灾能力。

（3）应明确防灾减灾重点，提高城市防御灾害的能力。

（4）把减灾建设纳入经济建设规划，合理开发利用资源，加强资源、环境的管理和保护。

（5）加强减灾规划，提高减灾管理水平。制定减灾规划，加强灾害监测与预测，建立灾害预警与信息系统，开展风险评估与灾害区划，建立防灾减灾管理法规，使防灾、减灾管理规范化、科学化。

2.3 防灾减灾学科

防灾减灾学科的发展是建立在灾害可以防治的认识基础上的。现代科学观点认为，各种灾害就个别而言有其偶然性和地区局限性，但从总体上看，它们有着明显的相关性和规律性。这种相关性和规律性的存在，使运用预测、预报手段及采取工程措施研究灾害规律成为可能。

总体而言，现代防灾减灾科学主要在以下几方面得到发展或正在进行研究：

（1）在自然科学方面，各个学科的分支对各个灾害的成灾机理、发生发展过程进行了大量研究，希望从中找到预测规律，用于预测预防。现在这种研究随着现代科学技术手段的发展而更加深入地进行。

（2）在工程科学方面，防灾规划、工程抗灾技术、工程防灾减灾技术、灾后建筑物、构筑物修复技术以及各种灾害预测预报的仪表、仪器及系统等均得到发展并有很大的发展空间。

（3）在经济学方面，防灾减灾科学主要研究灾前的物资储备、灾害损失评估、灾害保险、灾害对生产发展的影响等。

（4）在社会学方面，主要的研究领域包括灾害预报、灾害监测、灾害发生时的政策制定、灾害时间的应急预案、灾害时保持社会稳定、灾害时人的心理行为研究等，这方面的研究才刚刚起步。

2.4 土木工程防灾减灾学科的主要内容

土木工程防灾减灾是综合防灾减灾的重要组成部分，是防灾减灾最有效的对策和措施，其主要内容包括：

（1）土木工程规划性防灾。

（2）工程性防灾。

（3）工程结构抗灾。

（4）工程技术减灾。

（5）工程结构在灾后的监测与加固。

20 世纪 90 年代，中国学位委员会在整理、调整博士点学科时，将"防灾减灾工程及防护工程"列为工科一级学科"土木工程"中的一个二级学科。此后，许多高校成立了相应的研究所，设立硕士点和博士点以培养这方面的高级专业人才。

仔细推敲起来，灾害之所以造成人员伤亡和财产损失，与土建工程确实有很大关系。唐山地震时死伤的绝大部分人并非"震死"，而是房屋倒塌后砸死的，处于郊区地面空旷处的人最多跌到致伤，一般不会死亡；而财产损失有一大半集中于损毁的房间中，因而土木工程对防灾减灾负有巨大责任。所以，本课程主要涉及与土木工程有关的灾害，如地震、火灾、地质灾害、风灾等；当然也涉及城市突发事件引起的灾害，如恐怖爆炸等。

目前，土木工程防灾减灾学作为一门新兴科学正在不断地研究，丰富和发展，其主要内容包括：

（1）土建工程防灾规划（包括城市综合减灾规划中涉及土木工程的部分）。

（2）土木工程结构抗灾理论及应用。

（3）土木工程结构防灾、抗灾技术及应用。

（4）土木工程减灾技术。

（5）土木工程结构在灾后的检测与加固。

（6）高新技术在土木工程防灾减灾中的应用。

当然，因灾害涉及的学科较多，灾种间存在较差，各地区所面临的重点有所不同，所以土木工程防灾减灾学的内容可以扩展，而实际上也需要不断地发展与完善。

灾害是向科学的挑战，也是发展科学的机遇。当代科学发展的一个特点是多学科交叉，在交叉中相互促进，并求得共同发展甚至有所突破。灾害研究涉及的范围上至天文，下涉地理，包括自然科学、工程科学、经济学、社会科学等许多方面。因此，灾害研究需要多种学科的交叉才能发展，灾害研究也为多种学科的发展提供了新的机遇。

2.5 国内外防灾减灾发展趋势

2.5.1 国际减轻自然灾害十年

1987 年第 42 届联合国大会通过了第 169 号决议，决议确定从 1990～2000 年即 20 世纪最后十年在全世界范围内开展一个"国际减轻自然灾害十年"（International Decade for Natural Disaster Reduction 简称 IDNDR）的国际活动。其宗旨是通过国际上的一致努力，将当前世界上各种自然灾害造成的损失，特别是发展中国家因自然灾害造成的损失减轻到最低程度。这种基于共同减灾目的建立起来的广泛协作，简要地说，就是要求各个国家政府和科学技术团体、各类非政府组织，积极响应联合国大会的号召，并在联合国的统一领导和协调下，广泛开展各种形式的国际合作，通过技术转让和援助、项目示范、教育培训，推广应用现有行之有效的减轻自然灾害的科学技术，以及开展其他各种减轻自然灾害的活动，从而提高各个国家，特别是第三世界国家的防灾、抗灾能力。

"国际减轻自然灾害十年"的设想最初是由美国前总统卡特的科学特别助理、美国国家科学院院长、地震学家普雷斯（F. Press）博士在 1984 年的第 8 届世界地震工程会议上提出来的。此后，1988 年联合国成立了"国际减轻自然灾害十年"指导委员会，并由其所属的十多个部门（如联合国教科文组织、救灾署、开发署、环境署、世界气象组织、世界卫生组织、世界银行、国际原子能机构等）的领导担任委员。联合国秘书长根据国际学术团体的推荐，亲自聘请了来自 24 个国家的 25 位国际知名防灾专家组成了联合国特设国际专家组，由普雷斯担任主席。中国国家地震局谢礼立为该专家组成员。

1989 年第 44 届联大通过了《国际减轻自然灾害十年国际行动纲领》并建立了相应的机构。纲领明确了国际减轻自然灾害十年的目的、目标和国家一级需采取的措施及联合国系统需采取的行动等，并规定每年 10 月的第二个星期三为"国际减轻自然灾害日"。其目的是：通过国际上的一致努力，充分利用现有的科学技术成就和开发新技术，提高各国减轻自然灾害的能力，以减轻自然灾害给世界各国，特别是发展中国家所造成的生命财产损失。其主要活动内容是：注重减轻由地震、风灾、海啸、水灾、土崩、火山爆发、森林火灾、蚱蜢和蝗虫、旱灾和沙漠化以及其他自然灾害所造成的生命财产损失和社会经济失调；增进每一个国家迅速有效地减轻自然灾害的影响的能力。特别注意在发展中国家设立预警系统；要求所有国家政府都要拟订减轻自然灾害方案；鼓励科学和技术机构、金融机构、工业界、基金会和有关非政府组织，支持和充分参与国际社会包括各国政府、国际组织等拟定和执行的各种减灾十年方案和活动；推动宣传与普及民众防灾知识，注意备灾、防灾、救灾利援建活动等。随之，一些国际组织和国际减灾委员会建立了许多防灾减灾项目，如"联合国全球灾害网络"、"全球分大区的台风监测计划"、"欧洲尤里卡计划"、"美国飓风、洪水预报及减轻灾害研究"、"日本防灾应急计划"等，并取得了许多研究成果。

每年的国际减灾日主题，由联合国国际减轻自然灾害十年科学技术委员会根据 IDNDR 活动的进程和减灾工作的重点提出，由联合国国际减轻自然灾害十年秘书处发布。此外，国际和国内每年都确定一些专门的日子来展开专题活动，如：土地日、水日、人口日等，全部都是与防灾减灾有关的。

2.5.2　中国政府的减灾行动

（1）在《中国 21 世纪议程》中，明确了以可持续发展为核心，为我国的防灾、减灾工作提供了依据。1997 年建设部公布了《城市建筑综合防灾技术政策》纲要，把地震、火灾、洪水、气象灾害、地质灾害列为五大灾种，提出了防灾减灾的各种技术措施。

（2）由于影响国家安全生产及安全活动的特、重大事故和环境公害突发事件越来越多地集中在城市，因此我国《21 世纪国家安全文化建设纲要》中特别强调了城市综合减灾研究是 21 世纪中国最值得关注的保障技术之一。

1994 年在日本横滨市借鉴在大会上发布的《中国减灾规划》，不但从宏观的战略高度提出了我国国家减灾目标与战略，标志着我国在社会经济发展规划中开辟了"防灾减灾"这一重要窗口，同时它还提出要逐步提高工业基地、高风险区域城镇、基础设施和高风险源的抗灾设施建设，以增强企业的防灾能力。此外，它要求到 2010 年完成全国各级城镇的减灾计划，进一步提高城市防灾减灾设防标准，基本控制因灾造成的次生灾害。1999 年 3 月编制完成的《1999 年中国自然灾害对策》白皮书作为我国科学家群体减灾智慧的结晶，已将中国城市灾害作为减灾重点之一，并强调在我国应首先从大城市、大区域上强化综合减灾能力的建设，这无疑是城市防灾减灾工作的重大进展之一。

（3）逐步制定了一些有关防灾的法律、法规。我国政府陆续颁布与实施了《水法》（1988 年 7 月 1 日实施）、《环境保护法》（1989 年 12 月 26 日实施）、《防洪法》（1998 年 1 月实施）、《防震减灾法》（1998 年 3 月实施）、《消防法》（1998 年 5 月 1 日实施）、《减灾法》（1998 年实施）、《防沙治沙法》（2002 年 1 月 1 日实施）、《安全生产法》（2002 年 11 月 5 日实施）等。

思考题

1. 防灾减灾的主要对策有哪些？
2. 土木工程防灾减灾的主要内容有哪些？
3. 现代防灾减灾科学在哪些方面得到了发展？
4. "国际减轻自然灾害日"所规定的时间、目的、内容。

第三章 地质灾害及其防治

地质灾害是指由于地质作用对人类生存和发展造成的危害。自然的变异和人为的作用都可以导致地质环境或地质体发生变化，当这种变化达到一定程度，其产生的后果便给人类和社会造成危害。如崩塌、滑坡、泥石流、地裂缝、地面沉降、地面塌陷、岩爆、坑道突水、突泥、突瓦斯、煤层自燃、黄土湿陷、岩土膨胀、砂土液化、土地冻融、水土流失、土地沙漠化及沼泽化、土壤盐碱化，以及地震、火山、地热害等。

3.1 地质灾害的类型及危害

3.1.1 地质灾害的分类

地质灾害的种类很多，分类方法十分复杂。

按灾害的成因可以分为：

（1）主要由自然变异导致的地质灾害，如火山爆发、地震、地面塌陷等。

（2）主要由人为作用诱发的地质灾害，如修路切坡、建筑切坡、兴修水利设施、过量开采地下水、矿山开采、坡地灌溉等导致山体滑坡、地面塌陷。

（3）由于气候条件变化导致的地质灾害，如大雨和极端降水事件增多，将导致滑坡、崩塌、泥石流等灾害加剧。

按地质灾害发生区的地理或地貌特征，可分为山地地质灾害、平原地质灾害、近海海岸地质灾害、高原地质灾害、沙漠干旱地区地质灾害等。

按地质环境或地质体变化的速度可以将地质灾害分为突发型与缓变型两大类。前者如滑坡、崩塌、泥石流、地震、火山爆发、岩土工程事故；后者如水土流失、土地沙漠化及沼泽化、土壤盐碱化等，又称为环境地质灾害。

从广义上讲，地质灾害既包括由于各种原因引起的地质环境和地质体的变异所导致的灾害，即狭义的地质灾害；也包括由于地质作用和地质条件的变异所衍生的灾害，范围相当大。本章内容仅涉及与土木工程密切相关的地质灾害，包括滑坡、崩塌、泥石流、地面沉降等。另一种地质灾害——地震灾害将在第五、六章介绍。

3.1.2 地质灾害的危害

地质灾害是自然灾害中破坏力较强的灾种之一。由于我国所处的特殊的地质构造部位，2/3 为山地，地质灾害分布广、类型多、频度高、强度大，每年都造成众多人员伤亡和严重经济损失，已成为影响我国城乡建设和人民生存环境的重大问题。据估计，我国由地质灾害造成的损失占各种灾害总损失的 35%。由于崩塌、滑坡、泥石流及人类工程活动等诱发的浅表生地质灾害造成的损失占一半以上，每年约损失 200 亿元。

地质灾害不仅威胁城镇、村庄、工矿的一般建筑物，对交通运输、水电站、水库等土木工程基础设施也构成严重威胁。我国铁路全线分布着大中型滑坡约 1000 余处，泥石流沟 1386 条，每年的整修费用超过亿元。全国还有近千座水电站和数百座水库曾遭受崩塌、滑坡、泥石流等地质灾害的破坏。此外，地面沉降等灾害对上海、天津、北京等 20 多个城市建筑物也构成威胁。

3.2　滑坡灾害及其防治

3.2.1　滑坡概述

斜坡上大量土体或岩体在重力作用下，沿一定的滑动面（或带）整体向下滑动的现象称为滑坡。滑坡是山区铁路、公路、水库及城市建设中经常遇到的一种地质灾害。由于山坡或路基边坡发生滑坡，常使交通中断，影响公路正常运输。大规模的滑坡可以堵塞河道，摧毁公路、破坏厂矿、掩埋村庄，对山区建设和交通设施危害很大。例如，成昆铁路铁西车站内 1980 年 7 月 3 日 15 时 30 分发生的铁西滑坡，可以说是迄今为止发生在我国铁路史上最严重的滑坡灾害，被称为"铁西滑坡"。该滑坡位于四川省越西县凉山牛日河左岸谷坡上，滑坡体从长 120m、高 40 ~ 50m 的采石场边坡下部剪切滑出，剪出口高出采石场坪台和铁路路基面 10m。滑坡体填满采石场后，继续向前运动，掩埋铁路涵洞、路基，堵塞铁西隧道双线进洞口，堆积在路基上的滑坡体厚达 14m，体积为 220 万 m^3。越过铁路达 25 ~ 30m，掩埋铁路长 160m，中断行车 40 天，造成严重的经济损失，仅工程治理费就达 2300 万元。

滑坡的分布很广，不仅可以发生在陆地，而且也可以发生在海洋中。正因为其广为分布，且与人类工程经济密切相关，所以受到各国学者的高度重视。经过 100 余年的发展，滑坡研究正形成一门成熟的独立学科，以滑坡现象、滑坡作用过程及滑坡的治理成为其主要内容。

滑坡灾害图例，如图 3-1 所示。

（a）

（b）

图 3-1　滑坡灾害

（a）山体滑坡铁路中断；（b）山体滑坡航测图

3.2.2　滑坡形态要素

通常一个发育完全的、比较典型的滑坡，在地表显现出一系列滑坡形态特征，如图 3-2 所示。

其中，

滑坡周界——平面上滑坡体与周围稳定不动的岩体或土体的分界线；

滑动面——滑坡体沿其向下滑动的面，简称滑面；

滑坡床——指滑体滑动时所依附的下伏不动体，简称滑床；

滑坡壁——指滑坡体后缘与不动体脱离后暴露在外面的形似陡壁状的分界面；

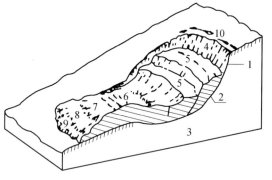

图 3-2　滑坡示意图

1—滑坡周界；2—滑动面；3—滑坡床；

4—滑坡壁；5—滑坡台阶；6—鼓张裂缝；

7—滑坡鼓丘；8—滑坡舌；9—扇形裂缝；10—后缘裂缝

滑坡台阶——滑坡体各部分下滑差异或滑体沿不同滑面多次滑动，在滑坡上部形成阶梯状的台阶，称为滑坡台阶；

滑坡舌——滑坡体前缘形似舌状的伸出部分；

滑坡裂缝——在滑坡体及其周界附近有各种裂缝。如：

张拉裂缝——位于滑坡体上（后）部，多呈扇形展布；

剪切裂缝——位于滑体中部两侧滑动体与不动体分界处，剪切裂缝两侧常伴有羽毛状排列的裂缝称为羽毛状裂缝；

鼓张裂缝——滑坡体前部因滑动受阻而隆起形成的张性裂缝;

扇形裂缝——位于滑坡体中前部,尤其滑舌部呈放射状展布的裂缝。

3.2.3 滑坡分级、分类

按滑坡体积的大小将滑坡强度或规模分为四级,见表3-1。

表3-1 滑坡分级表

强度或规模	滑坡体积/($1 \times 10^4 m^3$)	死亡人数/人	直接经济损失/万元
巨 型	>1000	>100	>100
大 型	>100~1000	10~100	10~100
中 型	10~100	1~9	<10
小 型	<10	0	0

受自然环境、地质条件、地质年代、人类活动或其他因素影响,自然界的滑坡种类多种多样。滑坡分类的目的在于对滑坡的各种环境和现象特征以及产生滑坡的各种因素进行概括,以便正确反映滑坡作用的某些规律。滑坡分类的依据不同,分类的结果也不同。表3-2列出了从多角度进行滑坡分类的方法。

表3-2 滑坡分类表

分类依据	滑坡分类	滑坡特征描述
滑体物质组成	黄土滑坡	
	黏性土滑坡	
	堆填土滑坡	人工填筑土
	堆积土滑坡	所有第四系堆积物
	破碎岩石滑坡	
	岩石滑坡	
滑体厚度	浅层滑坡	滑体厚度小于6m(有的规定3m)
	中层滑坡	滑体厚度6~20m(有的规定3~15m)
	厚(深)层滑坡	滑体厚度20~50m(有的规定15~30m)
	超厚(深)层滑坡	滑体厚度大于50m(有的规定30m)
主滑面成因类型	堆积面滑坡	堆积作用形成的软弱面,内部层面
	层面滑坡	沉积变质岩层面,喷出岩上下层接触面
	构造面滑坡	节理面、断面层、原生、构造裂隙面
	同生面滑坡	土质滑坡,不通过软弱面
地形发育过程	幼年期滑坡	滑坡后部新鲜岩石,突发性,多成一块
	青年期滑坡	滑坡后部风化岩石,一定间歇性程度
	壮年期滑坡	滑坡后部混砾砂土,间歇性
	老年期滑坡	滑坡后部混巨砾砂土,连续性
岩体结构类型	块状岩体滑坡	岩浆岩滑坡,厚层岩滑坡
	层状岩体滑坡	薄层岩滑坡,层状岩滑坡
	碎裂岩体滑坡	碎裂岩滑坡
	松散岩体滑坡	黄土滑坡,黏性土滑坡,碎石土滑坡

续表

分类依据	滑坡分类	滑坡特征描述
滑动时代分类	新滑坡	发生于河漫滩时期，具有现代活动性
	老滑坡	发生于河漫滩时期，目前暂时稳定
	古滑坡	发生在河流阶地浸蚀时期或稍后，目前稳定
	始滑坡	发生在当地现今水系形成之前，极稳定
滑动历史分类	首次滑坡	滑速高，滑体为完整的原始地层
	再次滑坡	滑速低，滑体为滑坡堆积物
滑体规模	小型滑坡	体积小于 10（$1 \times 10^4 \text{m}^3$）
	中型滑坡	体积 10~100（$1 \times 10^4 \text{m}^3$）
	大型滑坡	体积 100~1000（$1 \times 10^4 \text{m}^3$）
	巨型（超大型）滑坡	体积大于 1000（$1 \times 10^4 \text{m}^3$）

3.2.4 滑坡的形成条件及影响因素

（1）滑坡的形成条件

滑坡的发生，是斜坡岩（土）体平衡条件破坏的结果。由于斜坡岩（土）体的特性不同，滑动面的形状有各种形式，一般有平面形和弧形两种。两者的表现虽有不同，但平衡关系的基本原理相同。

1）滑动面为平面形

当斜坡岩（土）体沿平面 AB 滑动时，其力系如图3-3所示。

斜坡的平衡条件为由岩（土）体重力 G 所产生的侧向滑动分力 T 等于或小于滑动面的抗滑阻力 F。通常以稳定系数 K 表示这两力之比。即，

$$K = \frac{\text{总抗滑力}}{\text{总下滑力}} = \frac{F}{T} \tag{3-1}$$

很显然，若 $K < 1$，斜坡平衡条件将遭破坏而形成滑坡；若 $K \geq 1$，斜坡处于稳定或极限平衡状态。

2）滑动面为圆弧形

当斜坡岩（土）体沿弧面 AB 滑动时，其力系如图3-4所示。

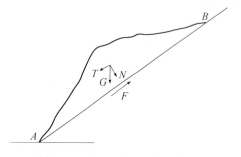

图 3-3 平面滑动的平衡示意图

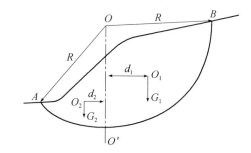

图 3-4 弧面滑动的平衡示意图

图中弧 AB 为假定的滑动圆弧面，其相应的滑动中心为 O 点，R 为滑弧半径。过滑动中心作一铅直线 OO'，将滑体分为两部分：在 OO' 右侧部分为"滑动部分"，其重心为 O_1，重

力为 G_1，它使斜坡岩（土）体具有向下滑动的趋势，对 O 点的滑动力矩为 G_1d_1；在 OO' 线左侧部分为"随动部分"，起着阻止斜坡滑动的作用，具有与滑动力矩方向相反的抗滑动力矩 G_2d_2。因此，其平衡条件为滑动部分对 O 点的滑动力矩 G_1d_1，等于或小于随动部分对 O 点的抗滑动力矩 G_2d_2 与滑动面上的抗滑力矩 $\tau \cdot AB \cdot R$ 之和。即，

$$G_1 \cdot d_1 \leqslant G_2 \cdot d_2 + \tau \cdot AB \cdot R \tag{3-2}$$

式中　τ——滑动面上的抗剪强度。

其稳定系数 K 为：

$$K = \frac{总抗滑力矩}{总滑动力矩} = \frac{G_2 \cdot d_2 + \tau \cdot AB \cdot R}{G_1 \cdot d_1} \tag{3-3}$$

同理，若 $K < 1$，斜坡将形成滑坡；若 $K \geqslant 1$，斜坡处于稳定或极限平衡状态。

由上述力学分析得出结论，滑坡形成条件为：

1）必须形成一个贯通的滑动面。

2）总下滑力矩大于总抗滑力矩。

（2）影响滑坡形成和发展的因素

由上述分析可以看出，斜坡平衡条件的破坏与否，也就是说滑坡发生与否，取决于下滑力（矩）与抗滑力（矩）的对比关系。而斜坡的外形基本上决定了斜坡内部的应力状态（剪切力的大小及其分布），组成斜坡的岩土性质和结构决定了斜坡各部分抗剪强度的大小。当斜坡内部的剪切力大于沿途的剪切强度时，斜坡将发生剪切破坏而滑动，自动地调整其外形来与之相适应。因此，凡是引起改变斜坡外形和使岩土性质恶化的所有因素，都将是影响滑坡形成的因素，这些因素概括起来主要有以下几个方面：

1）地形地貌。斜坡的高度和坡度与斜坡稳定性有密切关系。开挖的边坡愈高、愈陡，稳定性愈差。力学分析表明，开挖边坡在坡顶出现拉应力，在坡脚出现剪应力集中，边坡愈高、愈陡，拉应力区域和剪应力集中程度愈大。

2）地层岩性。坚硬完整岩体构成的斜坡，一般不易发生滑坡，只有当这些岩体中含有向坡外倾斜的软弱夹层、软弱结构面，且倾角小于坡面、能够形成贯通滑动面时，才能形成滑坡。各种易于亲水软化的土层和一些软质岩层组成的斜坡，则容易发生滑坡。容易产生滑坡的土层有：胀缩黏土、黄土和黄土类土以及黏性的山坡堆积层等。它们有的在雨水作用下容易膨胀和软化；有的结构疏松，透水性好，雨水容易崩解，强度和稳定容易受到破坏。容易产生滑坡的软质岩层有：页岩、泥岩、泥灰岩等遇水容易软化的岩层。此外，千枚岩、片岩等在一定的条件下也容易产生滑坡。

3）地质构造。埋藏于土体或岩体中倾向与斜坡一致的层面、夹层、基岩顶面、古剥蚀面、不整合面、层间错动面、段层面、裂缝面、片理面等，一般都是抗剪强度较低的软弱面，当斜坡受力情况突然变化时，都可能成为滑坡的滑动面。如黄土滑坡的滑动面，往往就是下伏的基岩面或是黄土的层面；有些黏土滑坡的滑动面是自己的裂缝面。

4）水的作用。水是导致滑坡的重要因素，绝大多数滑坡都必须有水的参与才能发生滑动。水对滑坡的作用主要表现在以下几个方面：

①增大岩土体质量，从而加大滑坡的下滑力。

②软化降低滑带土的抗剪强度。

③增大岩土体的地下水动水压力。因滑动面土为相对隔水层，地表水体补给滑体后，多以滑面为其渗流下限，通过滑体渗流，然后在滑坡前缘地带呈湿地或泉水外泄，当雨水量过大或滑体渗流不畅时，水头上涌形成地下水动水压力，除质量增大外还受石崖作用，导致滑体下滑力增大。

④冲刷作用。冲刷作用主要是水流对抗滑部分的冲刷，导致斜坡失稳或滑坡复活，这是滑坡预报分析的重要依据。

⑤水的托浮作用。水的托浮作用主要是指滑坡前缘抗滑段被水淹没发生减重，削弱其抗滑能力而导致滑坡复活，在水库和洪水淹没区常发生此类滑坡。

5）人为因素和其他因素。人为因素主要指人类工程活动不当，包括工程设计不合理和施工方法不当造成短期甚至几十年后发生滑坡的恶果。其他因素主要考虑地震、风化作用、降雨等可能引发的滑坡或对滑坡发展的影响。

3.2.5 滑坡的监测与识别

滑坡的监测是指通过对滑坡的动态观测，判断滑坡的发生发育阶段，并进行防灾减灾预报。滑坡的监测包括滑坡的位移观测和滑坡水文地质观测，其中滑坡的位移观测更为重要。

滑坡位移观测可以对滑坡发育不同阶段的位移进行分析，编制滑坡水平位移矢量图和累计水平位移矢量图，随时掌握滑坡的发展趋势。位移观测一般通过布桩观测来进行，对大型滑坡或滑坡群，也可借助地理信息系统的地形数据进行综合判断。位移观测的内容包括滑坡体整体变形和开裂变形。

滑坡的动态监测主要观测以下一些异常现象：

（1）在大滑动之前，在滑坡前缘坡脚处，有堵塞多年的泉水突然复活现象，或者出现泉水（井水）突然干枯、井（钻孔）水位突变等类似的异常现象。

（2）在滑坡体中前部出现横向或纵向裂缝，它反映出滑坡体向前推进并受到阻碍、已进入临滑状态。

（3）大滑动之前，在滑坡体前缘坡脚处，土体出现上隆（凸起）现象。这是滑坡向前推进积压的明显现象。

（4）大滑动之前有岩石开裂或被剪切挤压的音响。这种迹象反映了深部变形与开裂，动物对此十分敏感，有异常反应。

（5）临滑之前，滑坡体四周岩体（土体）会出现小型坍塌和松弛现象。

（6）通过长期位移观测资料可以观测到，大滑动之前，无论是水平位移还是垂直位移量，均会出现加速变化的趋势。这是明显的临滑迹象。

（7）滑坡后缘的裂缝急剧扩展，并从裂缝中冒出气体。

在野外，也可以根据一些外表迹象和特征，粗略地判断它的稳定性如何。一般已稳定的堆积层老滑坡体有以下特征：

（1）后壁较高，长满了树木，找不到擦痕，且十分稳定。

（2）滑坡平台宽、大、且已夷平，土体密实无沉陷现象。

（3）滑坡前缘的斜坡较缓，土体密实，长满树木，无松散坍塌现象，前缘迎河部分有被河水冲刷过的迹象。

（4）目前的河水已远离滑坡舌部，甚至在舌部外已有漫滩、阶地分布。

（5）滑坡体两侧的自然冲刷沟切割很深，甚至已达基岩。

（6）滑坡体舌部的坡脚有清晰的泉水流出等。

不稳定的滑坡常具有下列迹象：

（1）滑坡体表面总体坡度较陡，而且延伸较长，坡面高低不平。

（2）有滑坡平台，面积不大，且有向下缓倾和未夷平现象。

（3）滑坡表面有泉水、湿地，且有新生冲沟。

（4）滑坡体表面有不均匀沉陷的局部平台，参差不齐。

（5）滑坡前缘土石松散，小型坍塌时有发生，并面临河水冲刷的危险。

（6）滑坡体上无巨大直立树木。

3.2.6 滑坡防治

3.2.6.1 防治原则

滑坡的防治原则是以防为主、整治为辅；查明影响因素，采取综合整治；一次根治，不留后患。

（1）以防为主、整治为辅。对于滑坡地带的建筑，一般均应考虑绕避原则，特别是重要工程建设项目，如安全国防工程、交通通讯、都市住宅等，应尽可能避开。对于无法绕避滑坡地区工程，经过技术经济比较，在技术合理和经济可能的情况下，即可对滑坡工程进行整治。

（2）查明影响因素，区别情况，综合整治。不同类型的滑坡或不同地质环境中的滑坡，其形成条件和发育过程各不相同。深入研究分析滑坡产生的原因、类型、范围、地质特征、发展阶段后，才能对症下药，提出合理的治理方案。

（3）一次根治，不留后患。治理滑坡应避免滑坡的反复发生、重复整治，不仅威胁人民生命财产安全，且造成巨大浪费。对于大型滑坡，一次性整治投资大，可采取一次规划，分阶段治理的办法。对于原因未查明的滑坡，可先采取应急措施，查明原因后进行根治。

3.2.6.2 滑坡的防治措施

防治滑坡的工程措施，大致可分为排水、力学平衡及改善滑动面（带）土石性质三类。目前常用的主要措施有地表排水、地下排水、减重及支挡工程等。选择防治措施，必须针对滑坡的成因、性质及其发展变化的具体情况而定。

（1）排水。排水的目的在于减少水体进入滑体内和疏干滑体内的水，以减小滑坡下滑力。排水包括排除地表水和地下水两项。对滑坡体地表水要节流旁溢，不使它流入滑坡内，常用的措施是在滑坡体外部斜坡上修筑截流排水沟，当滑坡体上方斜坡较高、汇水面积较大时，这种排水沟可能要平行设置两条或三条。对滑坡体内的地表水，要防止它深入滑坡体内，尽快把地表水用排水沟汇集起来引出滑坡体外。应尽量利用滑体地表自然沟谷修筑树枝状排水明沟，或与截水沟相连形成地表排水系统（图3-5）。地表排水沟的沟底及沟坡均应以浆砌片石防护，防止渗漏，其构造如图3-6所示。

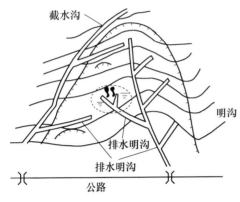

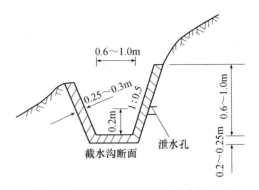

图 3-5　滑坡地表排水示意图　　　　　图 3-6　截水沟断面示意图（单位：m）

　　滑坡体内的地下水多来自滑体外，一般可采用截水盲沟引起疏干。对于滑体内浅层地下水，常用兼有排水和支撑双重作用的支撑盲沟截排地下水。支撑盲沟的位置多平行于滑动方向，一般设在地下水出露处，平面上呈 Y 形或 I 形（图 3-7）。盲沟的迎水面做成渗漏层，背水面为阻水层，以防盲沟内积水再渗入滑体；沟顶铺设隔渗层（图 3-8）。

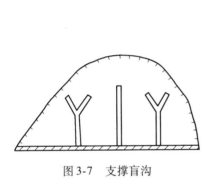

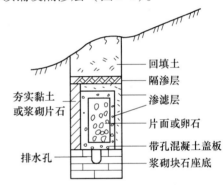

图 3-7　支撑盲沟　　　　　　　　　　图 3-8　截水盲沟

　　（2）力学平衡。此方法是在滑坡体下部修筑抗滑石垛、抗滑挡土墙、锚索抗滑桩和抗滑桩板墙等支挡建筑物，以增加滑坡下部的抗滑力。另外，可采取刷方减载的措施以减小滑坡滑动力等。

　　（3）改善滑动面或滑动带的岩土性质。改善滑动面或滑动带岩土性质的目的是增加滑动面的抗剪强度，达到整治滑坡要求。目前在我国应用并不广泛。包括：

　　1）灌浆法。是把水泥砂浆或化学浆液注入滑动带附近的岩土中，通过凝固、胶结作用使岩土体抗剪强度提高。

　　2）电渗法。是在饱和土层中通入直流电，利用电渗透原理，疏干土体，提高土体强度。

　　3）焙烧法。是用导洞在坡脚焙烧滑带土，使土变得像砖一样坚硬。

3.3　崩塌灾害及其防治

　　崩塌是斜坡破坏的一种形式。崩塌发生时，巨大岩块在重力作用下突然而猛烈地向下倾倒、翻滚和崩落，对崖壁、路堑边坡下的房屋、道路和其他建筑物常带来威胁，尤其对各种线性工程（公路、铁路）的危害严重。

3.3.1 崩塌分类

按照崩塌体的规模、范围、大小可以将崩塌分为剥落、坠石和崩落等类型。

剥落的块度较小，其中块度大于 0.5m 者占总剥落量的 25% 以下，一般发生在 30°～40° 的岩石山坡。

坠石的块度较大，其中块度大于 0.5m 者占总坠落量的 50%～75%，山坡角坡度在 30°～40°之间。

崩落的块度更大，其中块度大于 0.5m 者占总崩落量的 75% 以上，山坡角坡度一般大于 40°。

3.3.2 崩塌的成因和形成条件

（1）地质条件。岩石类型、地质构造、地形地貌是形成崩塌的地质条件，也是基本条件。

一般来说，各类岩土都可能产生崩塌，但规模可能不同。坚硬的岩石（如厚层石灰岩、花岗岩、砂岩、石英岩、玄武岩等）具有较大的抗剪切和抗风化能力，能形成高峻陡峭的斜坡，在外来因素的作用下，一旦斜坡稳定性遭到破坏，容易产生规模较大的崩塌。而由软硬互层（如砂页岩互层、石灰岩与泥灰岩互层、石英岩与千枚岩互层等）构成的斜坡，往往以小型坠落和剥落为主。

各种构造面，如节理、裂缝面、岩层界面、断层等，对坡体形成切割、分离作用，削弱了岩体内部的联结，为产生崩塌创造了条件。如果这些抗剪性能较低的"软弱面"倾向临空且倾角较陡时，当斜坡受力情况突然发生变化时，被切割得不稳定岩石就可能沿这些软弱面崩落。

江、河、湖（水库）、沟的岸坡及山坡、铁路、公路边坡、工程建筑物边坡及其各类人工边坡是有利于产生崩塌的地貌条件。坡度大于 45°的高陡斜坡、山嘴或凹形陡坡时形成崩塌的有利地形，且地形切割愈强烈，高差愈大，产生崩塌的可能性愈大。

（2）其他条件。某些外部环境作用和人工活动是诱发崩塌的重要因素。例如，地震、融雪、连续暴雨、地表水冲刷浸泡、开挖坡脚、地下开采形成空区、水库蓄水、泄水等，都可能改变了坡体的原始平衡状态，从而诱发崩塌。

3.3.3 崩塌的野外识别

对于可能发生的崩塌体主要根据坡体的地形地貌和地质结构的特征进行识别。通常，可能发生崩塌的坡体在宏观上有如下特征：

（1）坡度大于 50°，且高差较大，或坡体成孤立山嘴，或为凹形陡坡。

（2）坡体内部裂隙发育，尤其垂直和平行斜坡延伸方向的陡裂缝发育或顺坡裂隙或软弱带发育，坡体上部已有拉张裂缝发育，并且切割坡体的裂隙、裂缝即将可能贯通，使之与母体（山体）形成了分离之势。

（3）坡体前部存在临空空间，或有崩塌物发育，这说明曾经发生过崩塌，今后还可能再次发生。

具备了上述特征的坡体，即是可能发生的崩塌体。尤其当上部拉张裂缝不断扩展、加宽，速度突增，小型坠落不断发生时，预示着崩塌很快会发生，处于一触即发状态之中。

3.3.4 崩塌的特征及与滑坡的区别

崩塌现象与滑坡现象有相似之处，但属于两种灾害现象，可以依据以下几点将二者区分开：

（1）崩塌面的坡度一般大于50°，而滑坡面的坡度则小于50°。

（2）崩塌面与滑坡面的运动形式不同。崩塌属于倾倒、坠落，具有突发性，崩塌物运动速度快，崩塌后重心降低很多，垂直位移量远大于水平位移量；而滑坡则属于剪切滑动，运动速度比崩塌慢，一般水平位移量大于垂直位移量。

（3）崩塌物完全脱离母体，堆积在山坡脚，一般结构层次零乱；而滑坡堆积物一般还能保持滑坡前的岩层上下层关系，外形的整体性较好，多数总有一部分滑体残留在滑床上。

（4）崩塌堆积物表面一般不见裂缝存在；而滑坡体表面，尤其是新发生的滑坡，其表面有很多具有一定规律性的纵横裂缝。

3.3.5 我国滑坡和崩塌灾害的地区分布

我国的滑坡、崩塌灾害的类型和分布具有明显的区域性特点。简述如下：

（1）西南地区，含云南、四川、西藏、贵州四省（区），为我国滑坡、崩塌分布的主要地区。该地区滑坡、崩塌的类型多、规模大、频繁发生、分布广泛、危害严重，已经成为影响国民经济发展和人身安全的制约因素之一。

（2）西北黄土高原地区，面积达60余万平方公里，连续覆盖五省（区），以黄土滑坡、崩塌广泛分布为其显著特征。

（3）东南、中南等省山地和丘陵地区，滑坡、崩塌也较多、规模较小，以堆积层滑坡、风化带破碎岩石滑坡及岩质滑坡为主。滑坡、崩塌的形成与人类工程经济活动密切相关。

（4）在西藏、青海、黑龙江省北部的冻土地区，分布有与冻融有关、规模较小的冻融堆积层滑坡、崩塌。

（5）秦岭—大巴山地区也是我国主要滑坡、分布地区之一。堆积层滑坡大量出现，变质岩、页岩地区容易产生岩石顺层滑坡，对国民经济发展产生一定影响。尤其是该区的宝成铁路，自通车以来沿线的滑坡、崩塌年年发生，给铁路正常运营带来很多麻烦。其中以堆积层滑坡为主，与修建铁路时开挖坡脚有密切关系。

3.3.6 崩塌的防治

防治崩塌的措施大多与防治滑坡的方法相同，关键是在采取措施之前，查清崩塌发生的条件和直接诱发因素，有针对性地采取措施。常用的防治措施有：

（1）清除坡面危岩。清除坡面上有可能崩落的危岩和孤石，防患于未然。

（2）加固坡面。在易风化剥落的边坡地段，修建护墙、挡墙（图3-9）；对坡体中的裂缝采取水泥填缝。

（3）拦截、遮挡。对中小型崩塌可采取设置落实平台、拦石网、拦石墙、落石槽等方法；必要时可采取明洞和棚洞进行遮挡（图3-10）。

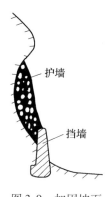

图 3-9　加固坡面

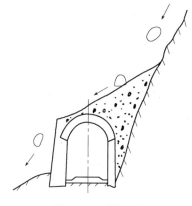

图 3-10　明洞遮挡

（4）修筑排水构筑物。为防止水流大量渗入岩体而恶化斜坡的稳定性，可修筑截水沟、排水沟等。

3.4　泥石流灾害及其防治

泥石流是一种工程动力地质现象，它是一种水与泥沙和石块混合在一起流动的特殊洪流，具有突然爆发与流速快、流量大、物质容量大和破坏力强的特点。泥石流爆发时，大量泥沙石块沿山沟奔腾而下，在很短的时间内，冲进乡村和城镇，冲毁铁路、公路和航道等交通设施，淹没农田，淤埋矿山坑道等，造成灾害。泥石流发生于山区，全世界约有 60 多个国家受泥石流灾害影响。我国是多山国家，约有 20 多个省、市、自治区受泥石流灾害威胁，是泥石流发育多、灾害重的国家之一。

泥石流灾害图例，如图 3-11 所示。

图 3-11　泥石流灾害

3.4.1　泥石流的形成条件

泥石流的形成必须具备地形、地质和气象三个基本条件，即：具有陡峻的便于集水、堆积物的地形地貌；大量的松散堆积物和短时间内有大量的水源。

（1）地形地貌条件。泥石流总是发生在陡峻的山丘地区，一般是顺着纵坡降较大的狭窄沟谷活动，其流域的形状便于松散物质和水汇集，分为形成区、流通区和堆积区三部分。形成区位于上游，地形比较开阔、周围山高坡陡，大多30°~60°，多为三面环山、一面出口的瓢状或漏斗状。这样的地形条件有利于汇集周围山坡上的水流和固体物质。它的面积大者达数平方公里至数十平方公里，一般面积愈大、坡面愈多、坡度愈陡，泥石流的规模和强度愈大；反之愈小。流通区位于中游，地形多为狭窄陡深的峡谷，谷床纵坡降大，使泥石流能够迅猛通过。下游的堆积区多为山口外地形较开阔地段，泥石流至此流速变缓，大量固体物质呈扇形堆积。

（2）地质条件。泥石流发育的区域常为地质构造复杂、岩性软弱、新构造运动活跃、断裂皱褶发育、地震频发和岩层风化强烈地区。由于这些原因，导致岩层破碎，滑坡和崩塌时有发生，为泥石流提供了丰富的碎屑来源。此外，人类砍伐树木造成的水土流失，采矿、采石的废弃堆积物等，也为泥石流提供了松散碎屑物质。

（3）泥石流的形成必须有强烈的地表径流。地表径流来源于暴雨，高山冰雪的短期强烈消融，或高山湖、水库等的突然溃决。水使松散固体物质大量充水，达到饱和和过饱和状态，摩阻力降低，在强烈水流的作用下，产生流动。

3.4.2　泥石流的发育特点

由于泥石流的形成具有上述必要条件，所以其发育和发生具有明显的区域性和时间性。

泥石流分布的地域特点是：（1）属于地质构造复杂、新构造运动活跃、断裂皱褶发育、地震频发地区，例如我国的南北向地震带也是泥石流活跃的地带。（2）属于温带和半干旱山区，特别是干湿季节分明，降水集中的山区。

泥石流分布的时间特点是：（1）明显的季节性。在我国多发生于每年的5~10月的季风盛行期，因为这一时期有充沛的降水；具体月份在我国的不同地区，因集中降雨时间的差异而有所不同。（2）多发生于傍晚和夜间。这是因为山区雨水和冰雪融化大多集中发生于午后和傍晚。（3）久旱之后。久旱之后松散堆积物增多，且久旱之后有降水增多的现象。（4）周期性。地球上某一地区的丰雨期、融冰期和地震期常为周期性发生，受这些因素的影响，泥石流也具有周期复发的特点，且其活动周期与雨洪、地震的活动周期大体一致。当雨洪、地震两者的活动周期相叠加时，常常形成一个泥石流活动周期的高潮。

3.4.3　我国泥石流的分布

我国发生泥石流规模大、频率高、危害严重的地区主要有以下几个地区：

（1）滇西北、滇东北山区。如1979年滇西北的怒江州有六库、沪水、福灵、贡山等五县40余条沟谷爆发了泥石流，为近30年来最多、最严重的一年，造成了巨大的经济损失；又如1985年滇东北的东川市小江中游20余条沟谷爆发了规模巨大的黏性泥石流，也造成了巨大的经济损失。

（2）川西地区。1981年该地区甘孜、阿坝、凉山、渡口、绵阳等地区的50个县1000余条沟谷爆发了泥石流，其中凉山州甘洛县利子依达沟大型黏性泥石流为我国铁路运营史上遭受的泥石流灾害之冠。

（3）陕南秦岭—大巴山区。如1981年该地区的洛阳、留坝、凤县、南郑、勉县、宁强、汉中等县都发生了较大的泥石流，仅宝成铁路凤州、洛阳一带的铁路沿线就有134条沟谷爆发了泥石流，造成了巨大损失。

（4）西藏喜马拉雅山地。

（5）辽东南山地。

（6）甘南及白龙江流域（以武都地区最为严重）。

3.4.4 泥石流的分类

泥石流按其流体性质分为黏性泥石流和稀性泥石流。黏性泥石流中的固体物质占40% ~ 60%，最高可达80%。具有爆发突然、持续时间短和破坏力大的特点。稀性泥石流的固体物质占10% ~40%，水是主要成分，所以水泥浆的运动速度远大于石块的运动速度，具有很强的冲刷力，常把原有河床下切几米到几十米。

此外，按泥石流的流域的形态特征还可分为标准型、河谷型和山坡型；按泥石流的成因分为冰川型泥石流和降雨型泥石流；按流域的大小规模分为大型、中型和小型等。

3.4.5 泥石流的防治

泥石流的防治应采取综合防治措施，应根据防护地区的具体条件，因地制宜地采取跨越、排导、拦挡、拦截以及水土保持等措施。

（1）跨越。在泥石流地段的铁路、公路线路，可采用桥梁、涵洞、过水路面、护路明洞、隧道、渡槽等方式跨越泥石流。

（2）排导。修筑排导沟、急流槽、导流堤等工程，使泥石流顺利排走。排导设施可以调整泥石流的流向，或辅助泄流，以保护附近的居民点、工矿点和交通线路。排导设施一般修筑在泥石流的中下游，即流通区和堆积区，出口处选在有足够堆积场地的开阔地带或直接与大河衔接。

（3）拦挡。在泥石流的沟中修筑一系列的低矮小坝，也称谷坊坝。其作用是拦截部分泥沙石块，减弱泥石流的规模；固定泥石流沟床，减弱下切作用和谷坡坍塌；减缓流速。

（4）拦截。修筑拦淤库和储淤场，将泥石流固体物质在指定地段停淤，减弱下泄物质总量和洪峰流量。

（5）水土保护。包括生物措施和工程措施两类保护方法。生物措施是通过恢复、培育草被和森林，抑制山坡的侵蚀，减缓岩石的风化速度，避免坡面冲刷。工程措施是通过修筑挡土墙、护坡坝等使山体免于被冲刷和崩塌。

3.5 地面沉降及其防治

地面沉降是指由于自然动力因素，如地壳的下降运动、地震、火山活动、溶解、蒸发作用等，或受地下开采、地下施工或灌溉等人工活动的影响，造成地下空洞或使地下松散土压缩固结，导致地面标高下降的现象。地面沉降能够引起地面建筑物、市政管道和交通设施等城市基础设施的损坏。

3.5.1 地面沉降的地质环境和诱发因素

地面沉降的发生和发展存在必要的地质环境和诱发因素。弄清产生地面沉降的地质环境，有助于在区域规划中及时判定这一危害可能产生的地域部位，合理布局，减轻灾害；而对诱发因素的分析则有助于地面沉降机制的研究，制定合理的资源开发计划和采取必要的防治灾害措施。

地面沉降可以根据其发生的地质环境分为三种模式：（1）现代冲积平原式，分布于我国几大平原。（2）三角洲平原式，特别是现代三角洲冲积平原，如长江三角洲平原。（3）断陷盆地式，它又可分为近海式和内陆式两种。近海式指滨海平原，如宁波；内陆式指湖冲积平原，如西安市、大同市。表3-3为我国部分主要城市发生的地面沉降情况统计。

表 3-3 我国部分主要城市发生的地面沉降情况统计

沉降城市	最大累积沉降量/mm	沉降范围/km²	致沉原因	地面沉降及灾害简况
河北沧州市	1001	2600	主要为抽水，其次为构造下沉	1971 年后发生比较强烈的沉降活动，后迅速发展，造成井管上升、个别房屋开裂、汛期积水
河北邯郸市	329	—	抽水	1966 年开始，1970 年加剧；1982 年后采取措施，沉降减缓。个别房屋开裂
河北保定市	651	—	抽水	1970 年开始，主要发生在一亩泉水源地，建筑设施受到危害
河北衡水市	600	2600	抽水	1970 年出现并急剧发展
山东济宁市	181	53	主要为抽水	1980 年后逐渐发展
山东德州市	104	—	抽水	1980 年后逐渐发展
河南安阳市	337	38	抽水	1980 年后安阳东部楚旺一带发生地面沉降
山西太原市	1381	2700	主要为抽水	一些房屋受到破坏，汛期积水
陕西西安市	1509	>200	主要为抽水，其次为构造下沉	1959 年出现较明显的地面沉降活动，1972 年后迅速发展，一些房屋开裂，名胜古迹下沉倾斜，排水管道破坏
安徽阜阳市	810	45.2	主要为抽水	始于 1970 年初，1980 年开始加剧，至今继续发展，造成井管上升、倾斜，房屋开裂，泉河堤坝下沉，部分节制闸破坏，洪水威胁加固，高程标志失效
江苏苏州市	1050	56	主要为抽水	造成：井管上升、倾斜；地面开裂；测量标志失效，洪峰警戒水位不准；桥梁净空减小，影响河运；排水不畅，积洪滞涝，洪水威胁严重；地下水环境恶化
江苏无锡市	1025	100	主要为抽水	
江苏常州市	820	200	主要为抽水	
浙江杭州市	42		主要为抽水	造成井管上升，局部排水不畅
浙江宁波市	360	130	抽水	井管倾斜和上升，排水不畅；潮水上岸，淹没码头、仓库等
广东湛江市	110	690	抽水	井管上升，局部积洪滞涝
台湾台北市	7200	>300	抽水	始于 1950 年，1970 年后迅速发展，除建筑设施安全受威胁以外，还造成海水侵袭、风暴潮灾害加剧

地面沉降的诱发因素可以归结为两大类：自然动力因素和人类活动因素。

（1）自然动力因素。包括地壳的近期下降运动、地震、火山运动等。由地壳运动产生的地面沉降通常速率缓慢，一般不会造成灾害后果，但会对某些地区的水准基点产生影响，影响对地面沉降量测量的精度。另一种自然动力因素是溶解、氧化和冻融作用。地下水对途中易溶岩的溶解，土壤中有机成分的氧化，地表松散沉积物的水分蒸发，均可能造成土体空隙率和密度的变化，促进土体固结过程而引起地面下降。另一方面，大气环境变化引起的温度变化使海平面升高，沿海地带地面相对降低；海平面升高使海水基准面变化，导致陆地沉降测量误差。

（2）人类活动因素。人类活动因素是诱发地面高速率沉降的重要因素。特别是以抽取地下水、开采石油和开采水溶性气体的人类活动为诱因的地面沉降，占此种灾害的绝大部分。其他人类活动的诱因还包括：大面积农田灌溉引起敏感性土的水浸压缩；地面高荷载建筑群相对集中，其静荷载超过地基极限荷载而引起的持续变形；在静荷载长期作用下软土蠕变引起的地面下沉；地面振动荷载引起的地面沉降等。

3.5.2 地面沉降的防治措施

防治地面沉降的措施分为表面治理和根本性治理两大类。

表面治理是对已有地面沉降的地区，通过地面整治和改善环境的手段，减弱地面沉降造成的损失。主要方法有：

（1）在沿海低平面地带修筑或加高挡潮堤、防洪堤等，防止海水倒灌。

（2）改造低洼地形，人工填土加高地面。

（3）改建城市给、排水系统和输油、输气管线，整修因地面沉降而被破坏的交通路线，使之适应地面沉降后的情况。对地面可能沉陷的地区预估对管线的危害，制定预防措施。

（4）修改城市建设规则，调整城市功能分区及总体布局。规划中的重要建筑物要避开沉降地区。

根本性治理是从研究消除引起地面沉降的根本因素入手，谋求缓和直至控制或终止地面沉降的措施。主要方法有：

（1）人工补给地下水（人工回灌），选择适宜的地点和部位向被开采的含水层、含油层采取人工注水或压水，使含水（油、气）层中空隙液压保持在初始平衡状态上，使沉降层中因抽液所产生的有效应力增量减小到最低限度，总的有效应力低于该层的预固结应力。把地表水的蓄积贮存与地下水回灌结合起来，建立地面于地下联合调节水库，是合理利用水资源的一个有效途径。一方面利用地面蓄水体有效补给地下含水层，扩大人工补给的来源；另一方面利用地层空隙空间储存地表雨水，形成地下水库以增加地下水储存资源。

（2）限制地下水开采，调整开采层次，以地面水源代替地下水源。其具体措施如下：

1）以地面水源的工业自来水厂代替地下供水源。

2）停止开采引起沉降量较大的含水层而改为利用深部可压缩性较小的含水层或基岩裂缝水。

3）根据预测方案限制地下水的开采量或停止开采地下水。

（3）限制或停止开采固体矿物。对于地面塌陷区，应将塌陷洞穴用反滤层填上，并加松散覆盖层，关闭一些开采量大的厂矿，使地下水状态得到恢复。

思考题

1. 何谓地质灾害？如何分类？
2. 滑坡产生的原因是什么？滑坡可以分成几类？
3. 产生滑坡的主要条件是什么？哪些外界作用可诱发滑坡？
4. 滑坡的动态监测应注意哪些异常现象？
5. 用肉眼怎样识别滑坡是否稳定？
6. 防治滑坡的原则是什么？具体措施有哪些？
7. 崩塌产生的原因是什么？崩塌可以分成几类？
8. 滑坡与崩塌的主要区别是什么？
9. 崩塌发生的时间有什么规律？
10. 我国哪些地区是崩塌和滑坡多发区？
11. 崩塌的防治措施有哪些？
12. 泥石流形成的条件是什么？
13. 泥石流的活动强度主要与哪些因素有关？
14. 我国哪些地区是泥石流多发区？
15. 防治泥石流的措施有哪些？
16. 地面沉降的原因有哪些？
17. 地面沉降能引起哪些次生灾害？
18. 控制和治理地面沉降的措施有哪些？

第四章　火灾及建筑防火

4.1　火灾灾害概述

火灾是各种自然灾害中最危险、最常见、最具毁灭性的灾种之一。火灾出现的概率之高，以及它对可燃物的敏感性和燃烧蔓延的快速性都是十分惊人的。

4.1.1　火灾的含义

火灾是指在时间和空间上失去控制的火，在其蔓延发展过程中给人类的生命财产造成损失的一种灾害性的燃烧现象。它可以是天灾，也可以是人祸。因此火灾既是自然现象，又是社会现象。火灾灾害可以分为自然火灾和建筑物火灾两大类。

自然火灾是指在森林、草场等一些自然区发生的火灾。这类火灾的起因有两种，一种是由大自然的物理和化学现象引起的，另一种则是由人类自身行为的不慎所引起的火灾。前者又分为直接发生的火灾，如火山喷发、雷火等，和有条件性的火灾，如干旱高温的自燃、地下煤炭的阴燃等。

自然性火灾的特点是规模大、频率高且往往危害时间长。例如，1987 年 5 月大兴安岭发生特大森林火灾蔓延 87 万公顷，总损失 30 多亿元；2000 年 5 ~ 8 月俄罗斯发生过 15758 次森林火灾，烧毁 23685 公顷植物；新疆阜康煤田火灾从清代一直延烧到 2001 年才被扑灭。

建筑物火灾是指发生于各种人为建造的物体之内的火灾，是最常见、最危险、对人类生命和财产造成损失最大的灾害，近年来成为城市的第一灾害。

4.1.2　火灾的危害

世界上发达的国家每年的火灾损失额多达几亿甚至十几亿美元，占国民经济总产值的 0.2% ~ 1.0%。我国的火灾次数和损失虽然比发达国家少得多，但也相当严重，主要特点是灾害损失呈迅速增加的态势。我国 20 世纪 70 年代火灾年平均损失不到 2.5 亿元；在 80 年代平均每年发生火灾 3 万起以上，年平均损失 3.5 亿元，年死亡人数为 2000 ~ 3000 人；90 年代，年均火灾数 8.8 万起，年均死亡 2500 余人，伤 4000 余人，年均直接财产损失达 12 亿多元。

随着城市化的发展，城市人口、建筑、生产、物资的集中，火灾的发生更为集中和复杂。各种新型材料的使用使可燃物种类增多，燃烧形式和产物更加复杂，火灾有毒气体危害问题突出；各种新能源和电气产品的使用导致火灾起因更为复杂、多样和隐蔽；高层、超高层、复杂建筑的增多使火灾扑救和人员疏散的条件恶化。

4.1.3　火灾的分类

按火灾损失的严重性，可将火灾分为三个级别：

（1）具有下列情况之一的，为特大火灾：死亡 10 人以上；重伤 20 人以上；死亡、重伤 20 人以上；受灾 50 户以上；烧毁财物损失 50 万元以上。

（2）具有下列情况之一的，为重大火灾：死亡 3 人以上；重伤 10 人以上；死亡、重伤 10 人以上；受灾 30 户以上；烧毁财物损失 5 万元以上。

（3）不具有上述两项情形的燃烧事故，为一般火灾。

按燃烧的对象，根据国际通用原则，结合我国国情制定的火灾分类标准，将火灾分为：A，B，C，D 和 E 类。

（1）A 类火灾指含碳固体可燃物质火灾，一般在燃烧时能产生灼热的余烬，如木材、棉、毛、麻、纸张燃烧的火灾等。固体是最常见的燃烧对象，固体可燃物必须经过受热、蒸发、热分解，固体上方可燃气体含量达到燃烧极限，才能持续不断发生燃烧。其燃烧方式分为：蒸发燃烧、分解燃烧、表面燃烧和阴燃四种。大多数固体可燃物是热分解式燃烧。

（2）B 类火灾指易燃、可燃液体火灾，可熔化的固体火灾，如汽油、煤油、原油、甲醇、乙醇、沥青、石蜡火灾等。可燃液体的燃烧实际上是可燃蒸气的燃烧，因此液体是否能发生燃烧，燃烧速率的高低与液体的蒸气压、闪点、沸点和蒸发速率等性质有关。在不同类型油类的敞口储罐的火灾中容易出现三种特殊现象：沸溢、喷溅和冒泡。例如，液体在燃烧过程中，由于不断向液层内传热，会使含有水分、黏度大、沸点在 100℃ 以上的重油、原油产生沸溢和喷溅现象，造成大面积火灾，这种现象称为突沸现象。能产生突沸现象的油品成为沸溢性油品。液体火灾危险分类及分级是根据其闪点来划分的，分为：甲类（一级易燃液体），液体闪点小于 28℃，例如汽油；乙类（二级易燃液体），液体闪点大于等于 28℃，小于 60℃，例如煤油；丙类（可燃液体），液体闪点大于等于 60℃，例如柴油、植物油。

（3）C 类火灾指易燃、可燃气体火灾，如煤气、天然气、氢气、甲烷、乙烷、丙烷等火灾。可燃气体的燃烧方式分为预混燃烧和扩散燃烧。可燃气与空气预先混合好的燃烧称为预混燃烧，可燃气与空气边混合边燃烧称为扩散燃烧。失去控制的预混燃烧会产生爆炸，这是气体可燃物火灾中最危险的燃烧方式。可燃气体的火灾危险性用爆炸下限进行评定。爆炸下限小于 10% 的可燃气体划分为甲类火险物质，如氢气、乙炔、甲烷等；爆炸下限大于等于 10% 的可燃气体划分为乙类火险物质，如一氧化碳、氨气、某些城市煤气。绝大多数可燃气体属于甲类火险物质，极少数才属于乙类火险物质。

（4）D 类火灾指可燃金属火灾，如钾、钠、镁、钛、锆、锂、铝镁合金火灾。可燃金属引起的火灾之所以从 A 类中分离出来，是因为这些金属在燃烧时，燃烧热很大，为普通燃烧的 5~20 倍，火焰温度较高，有的甚至达到 3000℃；并且在高温下其金属性质活泼，能与水、二氧化碳、氮、卤素及含卤化合物发生化学反应，使常用灭火剂失去作用，必须采取特殊的灭火剂灭火。

（5）E 类火灾指带电设备火灾。

根据火灾发生地点可分为：地上建筑火灾、地下建筑火灾、水上火灾、空间火灾等。地上建筑火灾指发生在地表的火灾，包括民用建筑火灾、工业建筑火灾和森林火灾。地下建筑火灾指发生在地表以下建筑物内的火灾，包括发生在矿井、地下商场、地下油库、地下停车场和地下铁道等地点的火灾。这些地点属于典型的受限空间，空间结构复杂，在特定风流作用下，火灾及烟气蔓延速度较快，再加上在逃生通道上逃生的人员和救灾人员逆流进行，救灾工作难度较大。水上火灾指发生在水面上的火灾，包括发生在江、河、湖、海上航行的客轮、货轮和油轮上的火灾。

4.2 建筑火灾的燃烧特性

4.2.1 燃烧的基本知识

燃烧是一种放热、发光的化学反应。物质燃烧必须同时具备三个条件，即可燃物、助燃物和着火源，缺一不可。

（1）可燃物。凡是能够与空气中的氧或其他氧化剂激起剧烈化学反应的物质都是可燃物，如：木材、纸张、酒精、氢气、乙炔气等。可燃物按其组成可分为无机可燃物和有机可燃物两大类。从数量上说，绝大多数可燃物为有机物，少部分为无机物。可燃物按其状态，可分为可燃固体、可燃液体及可燃气体三大类。不同状态的同一种物质燃烧的性质不同，一般来说，气体比较容易燃烧，其次是液体，最次是固体。同一种状态但组成不同的物质其燃烧性能也不同。

（2）助燃物。凡能够帮助和支持燃烧的物质叫助燃物，如：空气、氧或氧化剂等。

（3）着火源。凡能够引起可燃物燃烧的热能源叫着火源，如：明火、高温物体、化学热能、光能等。

可燃物，助燃物和着火源是构成燃烧的三个要素，这是指"质"方面条件，即必要条件。但是这还不够，还要有"量"方面条件，即充分条件。在某些情况下，如可燃物数量不够，助燃物不足或着火源的能量不大，燃烧也不会发生。因此，还必须具备以下条件：

其一，足够的可燃物质。若可燃气体或蒸气在空气中的浓度不够，燃烧就不会发生。例如，用火柴在常温下去点汽油，能立即燃烧，但若用火柴在常温下去点柴油，却不能燃烧。

其二，足够的助燃物质。燃烧若没有足够的助燃物，火焰就会逐渐减弱，直至熄灭。如在密闭的小空间里点蜡烛，随着氧气的逐渐耗尽火焰最终会熄灭。

其三，着火源达到一定温度，并具有足够的热量。如火星落在棉花上，很容易着火，而落在木材上，则不易起火，就是因为木材燃烧需要的热量较棉花为多。白磷在夏天很容易自燃着火，而煤则不然，这是由于白磷燃烧所需要的温度很低（34℃），而煤所需的燃烧温度很高（3652℃）。

其四，对于无焰燃烧，前三个条件同时存在，相互作用，燃烧即会发生。而对于有焰燃烧，除以上三个条件，燃烧过程中存在未受抑制的游离基（自由基），形成链式反应，而使燃烧能够持续下去，亦是燃烧的充分条件之一。链式反应是指当某种可燃物受热，它不仅会汽化，而且该可燃物的分子会发生热分解作用从而产生自由基。自由基是一种高度活泼的化学形态，能与其他的自由基和分子反应，而使燃烧持续进行下去。有烟燃烧都存在链式反应。

4.2.2 防火和灭火的基本方法

无论防火还是灭火，其基本原理，都是根据物质燃烧的条件，阻止燃烧三要素同时存在及互相作用。

4.2.2.1 防火的基本措施

阻止燃烧条件的产生，不使燃烧的三个条件相互结合并发生作用，以及采取限制、削弱燃烧条件发展的办法，阻止火势蔓延，这就是防火的基本原理。

防火的基本措施包括：

（1）控制可燃物　用非燃或难燃材料替代易燃或可燃材料；用防火涂料刷涂可燃材料，改变其燃烧性能；采取局部通风或全部通风的方法，降低可燃气体、蒸气或粉尘的浓度，使之不超过最高允许浓度；对能相互作用发生化学反应的物品分开存放。

（2）隔绝助燃物　就是使可燃性气体、液体、固体不与空气、氧气或其他氧化剂等助燃物接触，即使有着火源作用，也会因为没有助燃物参与而不致发生燃烧。

（3）消除着火源　就是严格控制明火、电火及防止静电、雷击引起火灾。

（4）阻止火势蔓延　就是防止火焰或火星等火源窜入有燃烧、爆炸危险的设备、管道或空间，或阻止火焰在设备和管道中扩展，或者把燃烧限制在一定范围不致向外扩展。

4.2.2.2 灭火的基本方法

对于已经产生的燃烧，灭火措施就是破坏燃烧条件，使燃烧熄灭。

灭火的基本方法有：

（1）冷却法。由于可燃物质起火必须具有相对的着火温度，灭火时只要将水、泡沫或二氧化碳等具有冷却降温和吸热作用的灭火剂直接喷撒到着火的物体上，使其温度降到能够着火的最低温度以下，火就会熄灭。

（2）窒息法。根据可燃物质燃烧时需要大量空气的特点，灭火时采用物体捂盖的方式，使空气不能继续进入燃烧区或者进入得很少，也可用氮气、二氧化碳等惰性气体稀释空气中的含氧量，使可燃物质因缺乏助燃物而终止燃烧。窒息灭火法的实用性很强，不仅简便易行，而且灭火迅速，不会造成水渍损失。

（3）隔离法。这是一种化学灭火法，即将化学灭火剂喷入燃烧区参与燃烧反应，终止链式反应而使燃烧反应终止。如将干粉和卤代烷灭火剂喷入燃烧区，使燃烧终止。

综上所述，以上方法各有所长，灭火时应根据具体情况，遵循迅速有效、经济损失小的原则，根据燃烧物质的性质、部位、燃烧特点和火场情况以及灭火器材的情况进行选择。

4.2.3 燃烧的基本类型

燃烧有四种类型：闪燃、着火、自燃、爆炸。

4.2.3.1 闪燃与闪点

在一定的温度条件下，液态可燃物质表面会产生蒸气，有些固态可燃物质也因蒸发、升华或分解产生可燃气体或蒸气。这些可燃气体或蒸气与空气混合而形成混合可燃气体，当遇明火时会发生一闪即灭的火苗或闪光，这种燃烧现象称为闪燃，能够发生闪燃的最低温度称为该液体（固体）的闪点，以"℃"表示。测定闪点的方法有开口杯法和闭口杯法两种。开口杯法是将可燃液体样品放在敞口容器中，加热进行测定；闭口杯法是将可燃液体样品放在有盖的容器中加热测定。同一种可燃液体样品，测定的方法不同，其值也不同。一般开口闪点要比闭口闪点高15~25℃。

闪燃是短暂的闪火，不是持续的燃烧。这是因为液体在该温度下蒸发速度不快，液体表面上聚集的蒸气一瞬间燃尽，而新的蒸气还未来得及补充，故闪燃一下就熄灭了。但是若温度继续升高，液体挥发的速度加快，这时再遇明火便有起火爆炸的危险。

闪点是衡量各种液态可燃物质火灾和爆炸危险性的重要依据。有些固态可燃物质，如樟脑和萘等，在一定条件下，也可能缓慢蒸发可燃蒸气，因而也可以采用闪点衡量其火灾和爆炸危险性。物质的闪点越低，越容易蒸发可燃蒸气和气体，并与空气形成浓度达到燃烧或爆炸条件的混合可燃气体，其火灾和爆炸的危险性越大，反之越小。常见的几种易燃、可燃液体的闪点，见表4-1。

表4-1　常见易燃、可燃液体的闪点

液体名称	闪点/℃	液体名称	闪点/℃
石油醚	−50	吡啶	+20
汽油	−53 ~ +10	丙酮	−20
二硫化铁	−45	苯	−14
乙醚	−45	醋酸乙酯	+1
氯乙烷	−38	甲苯	+1
二氯乙烷	+21	甲醇	+7

在《建筑设计防火规范》中，对于生产和储存液态可燃物质的火灾危险性，都是根据闪点进行分类的。一般以28℃作为易燃和可燃液体的界限。统计分析表明，常见易燃液体的闪点多数小于28℃，而我国南方城市的最高月平均气温约为28℃。因此规范中把闪点小于28℃的液体定为易燃液体，具有甲类火灾危险性；把闪点大于或等于28℃的液体定为可燃液体，而闪点位于28 ~ 60℃之间的液体为乙类火灾危险性液体；丙类火灾危险性液体，其闪点大于等于60℃。规范同时以甲、乙、丙类液体分类为依据规定了厂房和仓库的耐火等级、层数、占地面积、安全疏散、防火间距、防爆设置等；以甲、乙、丙类液体分类为依据规定了液体储罐、堆场的布置、防火间距、可燃和助燃气体储罐的防火间距、液化石油气储罐的布置、防火间距等。

4.2.3.2　着火与燃点

可燃物在与空气共存的条件下，当达到某一温度时与火源接触，立即引起燃烧，并在火源移开后仍能继续燃烧，这种持续燃烧的现象称为着火。可燃物开始持续燃烧所需要的最低温度叫做燃点或者着火点，以"℃"表示。液体的燃点可用测定闪电的开口杯法来测定，易燃液体的燃点，约高于其闪点1 ~ 5℃。表4-2为常见几种物质的燃点。

表4-2　常见物质的燃点

物质名称	着火点/℃	物质名称	着火点/℃
煤油	86	尼龙纤维	390
松节油	53	漆布	165
赛璐珞	100	蜡烛	190
橡胶	130	布匹	200
纸	130	豆油	220
棉花	150	烟叶	222
麻绒	150	松木	250

所有可燃液体的燃点都高于闪点，因此在评定液体的火灾危险性时，燃点没有多大的实际意义。但是燃点对于可燃固体及闪点较高的可燃液体则有实际意义，如果将这些物质的温度控制在燃点以下，就可防止火灾的发生。

4.2.3.3 自燃与自燃点

可燃物质在没有外部火花、火焰的情况下，因受热和自身发热并蓄热所产生的自然燃烧称为自燃，可分为受热自燃和自热自燃。可燃物质在外部热源作用下，温度升高，当达到一定温度时着火燃烧，称为受热自燃。一些可燃物在没有直接火源的情况下，由于自身内部的物理、生物、化学反应，温度不断聚集升高，达到燃点发生燃烧的现象叫自热自燃。自热自燃是化工产品储存运输中较常见的现象，危害性极大。

在给定的条件下，可燃物质产生自燃的最低温度称为自燃点，以"℃"表示。自燃点可以作为衡量可燃物质受热升温形成自然危险性的依据。物质的自燃点越低，发生自燃的火灾危险性越大。一般说，液体密度越大，自燃点越低。常见几种物质的自燃点，见表4-3。

表4-3　常见物质的自燃点

物质名称	自燃点/℃	物质名称	自燃点/℃
豆　油	460	煤　油	380～425
菜籽油	446	柴　油	320～338
花生油	445	石油沥青	270～300
香　油	410	木　材	250
棉籽油	370	亚麻仁油	343

可燃物质发生自燃的主要方式有：氧化发热、分解放热、聚合放热、吸附放热、发酵放热、活性物质遇水、可燃物与强氧化剂的混合。

影响液体、气体可燃物自燃点的主要因素有：（1）压力：压力越高，自燃点越低。（2）氧浓度：混合气中氧浓度越高，自燃点越低。（3）催化：活性催化剂能降低自燃点，惰性催化剂能提高自燃点。（4）容器的材质和内径：器壁的不同材质有不同的催化作用，容器直径越小，自燃点越高。

影响固体可燃物自燃点的主要因素有：（1）受热熔融。（2）挥发物的数量：挥发出的可燃物越多，其自燃点越低。（3）固体的颗粒度，固体颗粒越细，其比表面积就越大，自燃点越低。（4）受热时间。可燃固体长时间受热，其自燃点会有所降低。

有些自燃点很低的可燃物质，如：赛璐珞、硝化棉等，不仅容易形成自燃，而且在自燃时还会分解出大量一氧化碳、氮氧化物、氢氰酸等可燃气体，这些气体与空气混合，当浓度达到爆炸极限时，则会发生爆炸。因此，对于自燃点很低的可燃物质，除了采取防火措施外，还应采取防爆炸措施。现行《建筑设计防火规范》对于生产和储存在空气中能够自燃的物质的火灾危险性进行了分类。

4.2.3.4 爆炸与爆炸极限

易燃液体的蒸气、可燃气体和粉尘、纤维与空气（或氧气）的混合物在一定比例浓度范围内时，若遇到明火、电火花等点火源，就会发生爆炸。因此，从消防观点来说，凡是发生瞬间的燃烧，同时生成大量的热和气体，并以很大的压力向四周扩散的现象，叫做爆炸。

爆炸通常伴随发热、发光、压力上升、真空和电离等现象，具有很强的破坏作用。它与爆炸物的数量和性质、爆炸时的条件以及爆炸位置等因素有关。主要破坏形式有以下几种：

（1）直接的破坏作用。机械设备、装置、容器等爆炸后产生许多碎片，飞出后会在相当大的范围内造成危害。一般碎片在 $100 \sim 500m$ 内飞散。

（2）冲击波的破坏作用。物质爆炸时，产生的高温高压气体以及高的速度膨胀，像活塞一样挤压周围空气，把爆炸反应释放出的部分能量传递给压缩的空气层，空气受冲击而发生扰动，使其压力、密度等产生突变，这种扰动在空气中传播就称为冲击波。

（3）造成火灾。爆炸发生后，爆炸气体产物的扩散只发生在极其短暂的瞬间内，对一般可燃物来说，不足以造成起火燃烧，而且冲击波造成的爆炸风还有灭火的作用。但是爆炸时产生的高温高压，使建筑物内遗留大量的余热或残余火苗，会把从破坏的设备内部不断流出的可燃气体、易燃或可燃液体的蒸气点燃，也可能把其他易燃物点燃引起火灾。

（4）造成中毒和环境污染。在实际生产中，许多物质不仅是可燃的，而且是有毒的，发生爆炸事故时，会使大量有毒物质外泄，造成人员中毒和环境污染。爆炸对建筑物、构筑物的影响，在后续章节（9.2）亦有叙述。

爆炸极限浓度是指可燃气体（或粉尘、纤维）与空气混合达到一定浓度时，遇点火源就可能发生爆炸的浓度范围。通常用可燃气体在空气中的体积百分比（%）表示。爆炸极限是在常温常压等标准条件下测定出来的。发生爆炸的最低浓度称为爆炸下限，最高浓度称为爆炸上限。如果可燃气体（或粉尘、纤维）在空气中的浓度低于爆炸下限，遇到点火源既不会爆炸也不会燃烧；如果高于爆炸上限，遇到点火源不会爆炸但却能燃烧。

爆炸极限的概念，是衡量有可燃气体（或粉尘、纤维）作业场所是否有火灾爆炸危险的重要指标。爆炸下限越低，爆炸极限范围越宽，则危险性越大。表 4-4 为部分可燃气体、可燃蒸气的爆炸极限。

表 4-4　部分可燃气体、可燃蒸气的爆炸极限

可燃气体或蒸气	分子式	爆炸极限（%）	
		下　限	上　限
氢　气	H_2	4.0	75
氨	NH_3	15.5	27
一氧化碳	CO	12.5	74.2
甲　烷	CH_4	5.3	14
乙　烷	C_2H_6	3.0	12.5
乙　烯	C_2H_4	3.1	32
苯	C_6H_6	1.4	1.1
甲　苯	C_7H_8	1.4	6.7
环氧乙烷	C_2H_4O	3.0	80.0
乙　醚	$(C_2H_5)O$	1.9	48.0
乙　醛	CH_3CHO	4.1	55.0
丙　酮	$(CH_3)_2CO$	3.0	11.0
乙　醇	C_2H_5OH	4.3	19.0
甲　醇	CH_3OH	5.5	36
醋酸乙酯	$C_4H_8O_2$	2.5	9

另外，某些气体即使没有空气或氧气存在时，同样可以发生爆炸。如乙炔即使在没有氧的情况下，若被压缩到2MPa以上，遇到火星也可能引起爆炸。这种爆炸是由物质分解引起的，称为分解爆炸。

4.2.4 建筑起火的原因

建筑物起火的原因是多种多样而复杂的，因为建筑物是人们生产生活的主要场所，存在着各种致灾因素。具体可分为八大方面的原因：生活用火不慎、玩火、吸烟、自燃、违反安全规定、电气、放火和其他。建筑物起火的原因归纳起来大致可分为六类：

（1）生活和生产用火不慎　我国城乡居民家庭火灾绝大多数为生活用火不慎引起。属于这类火灾的原因，大体有：吸烟不慎、炊事用火不慎、取暖用火不慎、灯火照明不慎、小孩玩火、燃放烟花爆竹不慎、宗教活动用火不慎等。生产用火不慎有：用明火融化沥青、石蜡或熬制动、植物油时，因超过其自燃点，着火成灾。在烘烤木板、烟叶等可燃物时，因升温过高，引起烘烤得可燃物起火成灾。对锅炉排出的炽热炉渣处理不当，可引燃周围的可燃物。

（2）违反生产安全制度　由于违反生产安全制度引起的火灾情况很多。例如，在易燃易爆的车间内动用明火，引起爆炸起火；将性质相抵触的物质存放在一起，引起燃烧爆炸；在用电、气焊焊接和切割时，没有采取相应的防火措施而酿成火灾；在机器运转过程中，不按时加油润滑，或没有清除附在机器轴承上面的杂物、废物，而使这些部位摩擦发热，引起附着物燃烧起火；电熨斗放在台板上没有切断电源就离去，导致台板烤燃引起火灾；化工生产设备失修，发生可燃气体、易燃液体跑、冒、滴、漏现象，遇到明火燃烧或爆炸。

（3）电气设备设计、安装、使用及维修不当　电气设备引起火灾的原因，主要有电气设备超负荷、电气线路接头接触不良、电气线路短路；照明灯具设置使用不当，如将功率较大的灯泡安装在木板、纸等可燃物附近，将日光灯的镇流器安装在可燃基座上，以及用纸或布做灯罩紧贴在灯泡表面上等；在易燃易爆的车间内使用非防爆型的电动机、灯具、开关等。

（4）自然现象引起　分为以下几种：

1）自燃。如大量堆积在库房里的油布、油纸，因为通风不好，内部发热，以致积热不散发生自燃。

2）雷击。雷电引起的火灾大体有三种：一是雷直接击在建筑物上发生的热效应、机械效应作用等；二是雷电产生的静电感应作用和电磁感应作用；三是高电位沿着电气线路或金属管道系统进入建筑物内部。在雷击较多的地区，建筑物上如果没有设置可靠的防雷保护装置，便有可能发生雷击起火。

3）静电。静电通常是由摩擦、撞击产生的。因静电放电而产生的火灾事故屡见不鲜。如易燃、可燃液体流速过大，无导除静电设施或者导除静电设施不良，致使大量静电荷聚集，产生火花引起爆炸起火；在有大量爆炸性混合气体存在的地方，身上穿着的化纤织物的摩擦、塑料鞋底与地面的摩擦产生的静电，引起爆炸性气体爆炸等。

4）地震。地震发生时，人们急于疏散，往往来不及切断电源、熄灭炉火以及处理好易燃、易爆生产设备和危险品等。因而伴随着地震发生，会有各种火灾发生。

（5）纵火 分刑事犯人纵火和精神病人纵火。

（6）建筑布局不合理，建筑材料选用不当 在建筑布局方面，防火间距不符合消防安全要求，没有考虑风向、地势因素对火灾蔓延的影响，往往会造成发生火灾时火烧连营，形成大面积火灾。在建筑构造装修方面，大量采用可燃构件和可燃、易燃装修材料都大大增加了建筑火灾发生的可能性。

4.2.5 室内火灾发展的过程

建筑物室内发生火灾，最初只局限于起火部位周围的可燃物燃烧，随着温度的上升，随后烧着室内其他可燃物、内装修和天棚等，造成整个房间起火，进而再从起火房间扩大到其他房间或区域，使整个建筑起火。纵观建筑火灾的形成和发展过程，一般经历三个阶段：初期增长、全盛和衰退。下面结合室内烟气的平均温度随时间的变化曲线（图4-1）讨论耐火建筑中具有代表性的一个房间内的火灾发展过程。

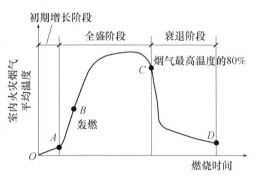

图4-1 室内火灾温度—时间曲线

（1）初期增长阶段（OA段） 室内火灾发生后，最初只是起火部位及其周围可燃物着火燃烧，这时火灾好像在敞开的空间里进行一样。一般固体物质燃烧时，10～15min内，火灾的面积不大，烟和气体的流动速度比较缓慢，辐射热较低，或是向周围发展蔓延比较慢，燃烧一般还没有突破房屋建筑外壳。明火初燃后，会出现以下几种可能性：

1）最初着火的可燃物质燃烧完，而未延及其他的可燃物，尤其是初始着火的可燃物在隔离的情况下。

2）如果通风不足，则火灾可能自行熄灭，或受到通风供氧条件的支配，以很慢的燃烧速度继续燃烧。

3）如果存在足够的可燃物质，而且具有良好的通风条件，则火灾迅速发展到整个房间，使房间中的所有可燃物卷入到燃烧中，从而使房内火灾进入到全面发展的猛烈燃烧阶段。

这一阶段的特点是：燃烧是局部的，仅限于初始起火点附近；发生火灾部位的平均烟气温度较低；火灾蔓延速度较慢，或是不稳定，破坏力小；火灾持续时间取决于着火源的类型、物质的燃烧性能和布置方式，以及室内的通风情况等。初期阶段火灾持续时间，对建筑物内人员的安全疏散，重要物资的抢救，以及火灾扑救，都具有重要意义。若是室内火灾经过诱发成长，一旦达到轰燃，则该室内未逃离火场的人员，生命将受到威胁。要确保人员在火灾时安全疏散，应满足以下关系式

$$t_p + t_a + t_{rs} \leq t_u \tag{4-1}$$

式中 t_p——从着火到发现火灾所经历的时间（s）；

t_a——从发现火灾到开始疏散之间所耽误的时间（s）；

t_{rs}——转移到安全地点所需要的时间（s）；

t_u——火灾现场出现人们所不能忍受的条件的时间（s）。

现在，利用火灾自动报警器可以减少 t_p，室内人员能否安全的疏散，在很大程度上取决于火灾发展蔓延速度的大小，即 t_u。在建筑防火设计时，采取一些措施（如在室内采取非燃材料和难燃材料装修等）设法延长 t_u，就会使人们有更长的时间发现和扑灭火灾，并保证人员安全疏散。

这一阶段是扑灭火灾和人员安全疏散的最有效时机。因此，应设法尽早发现火灾，把火灾及时消灭在起火点。要达到此目的，在建筑物内安装配备灭火设备，设置及时发现火灾的报警装置很有必要。此外，应设法延长初起阶段的持续时间。

（2）全盛阶段（AC 段）　在火灾初期阶段后期，火灾范围迅速扩大，当火灾室内温度达到一定值时，聚集在室内的可燃气体突然起火，这时燃烧蔓延到了整个房间，室内可燃物都被引燃，温度迅速提高，燃烧比较稳定，直到室内燃烧产生的热与外围结构散失的热量接近平衡，否则温度继续上升，到达曲线 C 点的最高温度。火灾由初期到全面燃烧的瞬间称为轰燃（flashover），它是室内火灾最显著的特征之一，标志着火灾全面发展的开始。对于安全疏散而言，若在轰燃之前还没有从室内逃离，则很难幸存。

这一阶段室内进入猛烈燃烧的状态，燃烧强度增大，燃烧速度加快，燃烧面积扩大，放热速度很快，热辐射和热对流加剧，室内温度升高很快，并出现持续性高温，最高温度可达 1100℃ 左右。火焰、高温烟气从室内的开口大量喷出，把火焰蔓延到建筑物的其他部分甚至相邻建筑。室内高温还对建筑构件产生热作用，使建筑物构件的承载力下降，当温度达到一定值时，甚至造成建筑物局部或整体倒塌破坏。该阶段持续的时间长短即最高温度取决于可燃物的性质和质量、门窗的部位及其大小等。

对于火灾扑救而言，为控制火势发展和扑灭火灾，需一定灭火力量才能有效扑灭。而对于防火设计而言，为了减少火灾损失，应针对该阶段的特点采取一些措施，主要有：在建筑物内设置具有一定耐火性能的防火分隔物，把火灾控制在一定范围，防止火灾大面积蔓延；选用耐火程度较高的建筑构件作为建筑物的承重体系，确保建筑物发生火灾时不发生倒塌破坏。为火灾时人员疏散、消防扑救，火灾后建筑物修复、继续使用创造条件。

（3）衰退阶段（CD 段）　在火灾全盛阶段后期，随着室内可燃物质的挥发物质不断减少，以及可燃物数量减少，火灾燃烧速度递减，温度逐渐降低，当到达曲线 C 点时，室内平均温度降到最高温度的 80%，C 点以后，表示火灾进入衰退熄灭阶段。当时室内可燃物已基本烧尽，可能火焰已突破外围结构，热量大量外散，散热逐渐大于燃烧发热量，致使室内温度降低明显，室内可燃物质剩下暗红色余烬及局部微小火苗，温度较长时间保持在 200～300℃，火灾即结束。该阶段前期，燃烧仍十分猛烈，室内温度仍很高。在这一阶段，应注意防止建筑构件因较长时间受高温作用和灭火射水的冷却作用而出现裂缝、下沉、倾斜或倒塌破坏，确保消防人员的人身安全，并应注意防止火灾向相邻建筑蔓延。

4.2.6　影响建筑火灾严重性的因素

建筑火灾严重性是指在建筑物中发生火灾的大小及危害程度。火灾严重性取决于火灾到达的最大温度和最大温度燃烧持续的时间，因此它表明了火灾对建筑结构或建筑物造成的损坏和对建筑中人员、财产造成危害的趋势。

火灾严重性与建筑的可燃区或可燃材料的数量和材料的燃烧性能以及建筑的类型和构造等有关。影响火灾严重性的因素大致可以分为以下六个方面：

（1）可燃物的燃烧性能。

（2）可燃物的数量（火灾荷载）。

（3）可燃物的分布。

（4）房间大小及形状。

（5）房间开口的面积和形状。

（6）着火房间的热性能。

前三个因素主要与建筑中的可燃材料有关，后三个因素只涉及建筑的布局。影响火灾严重性的各种因素是相互关联、相互影响的，其关系可以用图4-2来说明。减少火灾严重性的条件就是要限制有助于火灾发生、发展和蔓延的因素，根据各种影响因素合理选用材料、布局和结构设计及构造措施，达到限制严重程度高的火灾发生的目的。

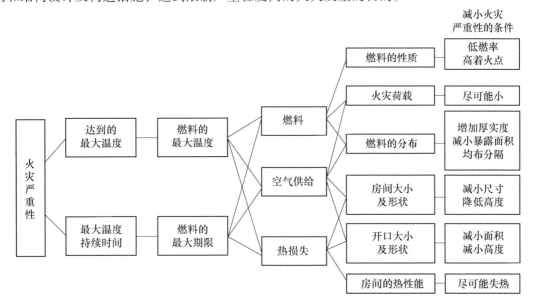

图 4-2 影响火灾严重性的各种因素

4.2.7 火灾的蔓延

4.2.7.1 火灾蔓延的形式

建筑物内火灾蔓延是通过热的传播进行的，其形式是和起火点、建筑材料、物质的燃烧性能和可燃物的数量有关的。常见的有五种形式：

（1）直接延烧，即固体可燃物表面或易燃、可燃液体表面上的一点起火，通过导热升温点燃，使燃烧沿表面连续不断地向外发展下去，引起燃烧。火焰直接延烧取决于火焰的导热速度。

（2）热传导，即物体一端受热，通过物体热分子的运动把热量传到另一端，如火灾通过室内的暖气管道传热而引燃堆放在管道上的纸张可燃物；或在通过传导的方法进行蔓延，有两个特点：1）必须具有导热性好的媒介，如金属构件、薄壁构件或金属设备等。2）蔓

45

延的距离较近，一般指传导到媒介周边介质。可见，传导蔓延扩大的火灾，其规模是有限的。影响热传导的主要因素有：温差、导热系数和导热物体的厚度和截面积。导热系数越大、厚度越小、传导的热量越多。

（3）热辐射，即热由热源以电磁波的形式直接发射到周围物体上，如室内初期火灾中的轰燃现象就是热辐射的结果。一般物体在通常所遇到的温度下，向空间发射的能量，绝大多数都集中于热辐射。建筑物发生火灾时，火场的温度高达上千度，通过外墙开口部位向外发射大量的热辐射，对邻近建筑构成威胁，同时也会加速火灾在室内的蔓延。建筑防火设计中提出防火间距的要求，主要是预防火灾热辐射对于临近建筑的影响。当火灾处于发展阶段时，热辐射成为热传播的主要形式。

（4）热对流，就是炽热的燃烧产物（烟气）与冷空气间相互流动的现象，如烟气流窜到管道井、电梯井向上扩散到顶层而引起火灾。房间内的热烟与室外新鲜空气之间的密度不同，热烟的密度小，浮在密度大的冷空气上面，由窗口上不流出，室外的冷空气由窗口的下部进入室内的燃烧区。在热对流的条件下，多数窗口的中部都要出现一个水平的中性层，把热气和冷气分隔开。冷气从中性层的下面，连续流到室内，热气从中性层的上边，不断地流到室外。因此，在火场上，浓烟流窜的方向，往往就是火势蔓延的方向。特别是混有未完全燃烧的可燃气体或可燃液体、蒸气的浓烟，窜到离起火点很远的地方，重新遇到火源，便能瞬时燃烧，使建筑物全面起火燃烧。火场中通风孔洞越大，热对流的速度越快；通风孔洞所处位置越高，热对流速度越快。热对流湿热传播的重要形式，是影响初期火灾发展的最重要因素。

（5）飞火，是指未燃尽的可燃物或火星飞落到可燃物上引起的火灾现象。火灾时遇到室外较大的风力时，容易产生飞火，失火建筑喷射的火焰，在气流作用下使火星飞扬，甚至飞散到1000m之外，火星为粉料、板块、棍棒等形状。在市区内风向紊乱，飞火为圆形分布；在郊野外风向一致，飞火为线性分布。

4.2.7.2　火灾蔓延的途径

建筑物平面布置和结构的不同，火灾时蔓延的途径也有区别。常见的有横向蔓延和竖向蔓延。

（1）火灾向横向蔓延

1）未设防火灾区。对于主体为耐火结构的建筑来说，造成水平蔓延的主要原因之一是，建筑物内未设水平防火分区，没有防火墙及相应的防火门等形式控制火灾的区域空间。

2）洞口分割不完善。建筑物内门洞部位的分隔构件和构筑材料在火灾的热力作用下失效，使火势横向蔓延。如：内墙门被烧穿，内隔墙被烧损，铝合金防火卷帘因喷淋水幕失效被火熔化，管道穿孔处没有用非燃烧材料密封，都可能导致火灾蔓延。

在穿越防火区的洞口上，一般都装设有防火卷帘或钢质防火门，而且多数都采用自动关闭装置。但是发生火灾时能自动关闭的比较少，这是因为卷帘箱一般设在顶棚内部，在自动关闭之前，卷帘箱的开口、导轨及卷帘下部等因受热变形，无法靠自重落下。为了提高防火卷帘阻火的可靠性，必须在防火卷帘的两侧设自动喷水独立灭火系统，且保证供水量满足火焰延续时间大于3h的用量。对于钢质防火门，在建筑物正常情况下是开着的，一旦发生火灾,也会因为不能及时关闭而造成火势蔓延。所以应有自行关闭的功能,如设置闭门器等。

3)火灾在吊顶内部空间蔓延。目前,高层建筑常采用框架结构,竣工时往往是个大的通间,最后由客户自行分隔、装修。有不少装设吊顶的高层建筑,房间之间、房间与走廊之间的分隔墙制作到吊顶底皮,吊顶的上部仍为连通空间,一旦起火,极易在吊顶内部蔓延,且难以及时发现,导致灾情扩大;就是没有设吊顶,隔墙如果不砌到结构底部,留有空洞或连通空间,也会成为火灾蔓延和烟气扩散的途径。

4)火灾通过隔墙、吊顶、地毯等蔓延。可燃构件与装饰物在火灾时,直接成为火灾荷载,由于它们的燃烧而导致火灾的例子很多。

(2)火灾向竖向蔓延

1)火势通过竖井蔓延。在现代建筑中,根据使用功能需要设置各种竖井,如通风井、管道井、垃圾井、电梯井、楼梯井、天井、中庭等。如果没有周密完善的防火设计,一旦发生火灾,由于井道的“烟囱效应”抽烟拔火,产生剧烈的热对流,高温烟气在井道内,以 $3\sim5m/s$ 的速度向上延烧,使火势迅速向上发展。如果是可燃材料制成的管道,其火势能把燃烧扩散到通风管道的任何一点。

2)火势朝天棚顶部蔓延。烟气受气流控制向上升腾,主要造成烟扩散,如通过吊顶或通风口等。火势或者通过金属管道热传导扩散火灾,或者通过通风管道扩大火势。此外,还可能把火灾烟气吸入通风管道使远离火灾房间的人员发生烟中毒。因此,天棚内的通风管道一定要有自动关闭的防火阀门,顶棚内要有可靠的防火隔墙。天棚入口要密闭严实,重要房间的天棚要用不燃材料制作。

3)火势由外墙窗口向外蔓延。火势由外墙窗口向外蔓延的途径,一方面是火焰的热辐射穿过窗口烤着相邻建筑物,另一方面是靠火舌直接烧向屋檐或上层。为了防止火势蔓延,要求上下层窗口之间的距离尽可能大些。利用窗过梁挑檐、外部非燃烧体的雨篷、阳台等设施,使焰火偏离上层窗口,阻止火势向上蔓延。

4.3　火灾烟气

高层建筑发生火灾时,烟雾是阻止人们逃生和进行灭火行动,以及导致人员死亡的主要原因之一。现代化的高层民用建筑,可燃装饰、陈设较多,还有相当多的高层建筑使用了大量的塑料装修材料、化纤地毯和用泡沫塑料填充的家具,这些可燃物在燃烧过程中会产生大量有毒烟气和热量,同时要消耗大量的氧气。据英国对火灾中造成人员伤亡的原因的统计表明,因一氧化碳中毒窒息死亡或其他有毒烟气熏死者一般占火灾总死亡人数的40%~50%,而被烧死的人当中,多数是先中毒窒息晕倒后被烧死的。因此,了解和掌握高层建筑火灾中的烟气产生、性质、测量方法及流动规律和控制烟雾扩散是高层建筑消防安全系统中十分重要的问题。

4.3.1　烟气的产生及危害

烟气是物质在燃烧反应过程中热分解生成的含有大量热量的气态、液态和固态物质与空气的混合物。它是由极小的碳黑粒子完全燃烧或不完全燃烧的灰分及可燃物的其他燃烧分解产物所组成的。呈现一游离碳粒子、液态粒子等同时发生的气体共同在空气中浮游、扩散的状态，其粒径在 $0.01 \sim 10 \mu m$ 之间。当建筑物发生火灾时，建筑物内的物质或建筑材料受到高温作用，发生热分解而生成不同物质组成的烟。烟气的组成成分和数量取决于可燃物的化学组成和燃烧时的温度、氧的供给等燃烧条件。因此，随着物质燃烧，所释放出的烟粒子和气体是多种多样的，在一定条件下表现出物体特有的状态。在完全燃烧的条件下，物质燃烧产生的烟雾成分以 CO_2、CO、水蒸气等为主；在不完全燃烧的条件下，不仅有上述燃烧生成物，还会有醇、醚等有机化合物。含碳量多的物质，在氧气不足的条件下燃烧时，有大量的碳粒子产生。通常烟雾在低温时，即阴燃阶段，以液滴粒子为主，烟气发白或呈青白色。当温度上升至起火阶段时，因发生脱水反应，产生大量的游离碳粒子，常呈黑色或灰黑色。

另外，一般烟的温度很高，离开起火部位时，它带着大量热量离开起火点，沿走廊、楼梯进入其他房间，并沿途散热，使可燃物升温而自行燃烧。特别是在密闭的建筑物内发生火灾时，由起火房间流出的，具有 $600 \sim 700℃$ 以上高温的未完全燃烧的产物（含有大量一氧化碳）和走廊头上的窗口的新鲜空气相遇，还会产生爆炸。通过爆炸，会把在建筑物内接触到的可燃物全部点燃。

由于在发烟过程中需要消耗大量的氧气，同时在烟中又含有大量的 CO、CO_2 以及其他有毒气体，所以对人体的危害很大。其主要危害有几个方面：

（1）缺氧。O_2 是人类生存的重要条件。人对 O_2 的需要量是随着人的体质的强弱及劳动强度的大小而定的，人在行走时或劳动时平均每人每分钟需要 O_2 约 $1 \sim 3L$。O_2 在空气中的含量一般是 21%。在发生火灾后，烟气充满整个房间时，含氧量为 16% ~ 19%；猛烈燃烧时，含氧量仅为 6% ~ 7%。

（2）窒息。CO_2 是主要的燃烧产物之一，在有些火场中浓度可达 15%。它最主要的生理作用是刺激人的呼吸中枢，当人体内 CO_2 增多时，能刺激人的中枢神经系统而导致呼吸急促、烟气吸入量增加，并且还会引起头痛、神志不清等症状，甚至使人中毒或窒息。

（3）中毒。烟中含有大量的 CO 及其他有毒物质，而 CO 是火灾中窒息的主要燃烧产物之一，其毒性在于对血液中血红蛋白的高亲和性，其对血红蛋白的亲和力比 O_2 高出 250 ~ 300 倍。因此，火灾中 CO 极易被人体吸收而阻碍人体血液中 O_2 的输送，从而引起人头痛、虚脱、神志不清等症状及肌肉调节障碍等。

（4）高温。高温可以使人的心脏加快跳动，产生判断错误；还可以灼伤人的器官和肺部，致使毛细管破坏，使人血液不能正常循环而死亡；而且会把人烧伤烧死。一般来说，人呼吸所处的空气温度不能超过 149℃。

（5）降低能见度。火灾时可燃污染少还会产生一些对人体有较强刺激作用的气体，让人无法看清方向，对本来熟悉的环境也会变得无法辨认其疏散路线和出口。人在烟雾环境中能正确判断方向脱离险境的能见度最低为 5m，当人的视野降到 3m 以下，逃离现场就非常困难。同时，烟气有着光作用，对疏散和救援活动会造成很大的障碍。

（6）心理恐慌。人在烟雾中心理极不稳定，会产生恐怖感，以致惊慌失措，给组织疏散灭火行动造成很大困难。

4.3.2　烟气的特征

不同的可燃物在不同的燃烧条件下产生的烟气具有不同的特征，如烟气颗粒的大小及粒径分布、烟气的浓度、烟气的光密度及火场能见度等。

4.3.2.1　烟气颗粒的大小及粒径分布

烟气中颗粒的大小可用颗粒平均直径表示，通常采用几何平均直径 d_{gn} 表示颗粒平均直径。同时，采用标准差来表示颗粒尺寸分布范围的宽度 σ_g，σ_g 越大则表示颗粒直径的分布范围越大。

4.3.2.2　烟气的浓度

烟气的浓度是由烟气中所含固体颗粒或液滴的多少及性质来决定的。烟表示方法一般有以下三种：

（1）质量浓度法，即以单位容积中的烟粒子的质量来表示，单位为 mg/m^3，此法只适用于小尺寸试验（ASTM，1982）。

（2）粒子浓度法，即以单位容积中的烟粒子的个数来表示，单位为 个$/m^3$，此法适用于烟气浓度很小的情况。

（3）光通量法，即以烟的透光量的光学密度表示，一般采用减光系数（m^{-1}）表示。该方法又分为两种测量方法，一是将烟气收集在已知容积的容器内，确定它的遮光性；二是在烟气从燃烧室或失火房间中流出的过程中测量它的遮光性，并在测量时间内积分，而后得到烟气的平均光学浓度。

在消防上，一般是使用减光系数表示烟的浓度。作为烟的浓度指标，可用烟气中所含的有毒气体量和缺氧量来表示。但进行人员疏散设计时，宜根据烟的光通量求得的光学浓度来表示。

4.3.3　烟气的遮光性

4.3.3.1　烟气遮光性的几种表示方法

烟气的遮光性一般根据测量一定光束穿过烟场后的强度衰减来确定。I_0 设为由光源射入长度给定空间的光束的强度，I 为该光束由该空间射出后的强度，则比值 I/I_0 称为该空间的透射率。若该空间没有烟尘，则透射率为 1，当该空间存在烟气时，透射率小于 1。烟气的光学密度可定义为：

$$D = \lg(I/I_0) \tag{4-2}$$

另外，根据 Beer-Lambert 定律，有烟情况下的光强度 I 可以表示为

$$I = I_0 \exp(-K_c L) \tag{4-3}$$

式中　L——平均光路长度；

　　　K_c——烟气的减光系数。

K_c 表征烟气的减光能力，其大小与烟气的特性如浓度、烟尘颗粒的直径及分布有关，可进一步表示为

$$K_c = K_m M_s \tag{4-4}$$

式中　K_m——比减光系数，即单位质量浓度的减光系数；

M_s——烟气质量浓度，即单位体积内烟的质量。

而根据式（4-3），减光系数又可以表示为

$$K_c = -\ln(I/I_0)/L\,(\text{m}^{-1}) \tag{4-5}$$

比较式（4-3）~式（4-5）得

$$D = \frac{K_c L}{2.3} = \frac{K_m L M_s}{2.3} \tag{4-6}$$

上式表明，烟气的光学密度与烟气质量浓度、平均光线行程长度和比减光系数成正比。为了使烟气浓度具有比较性，通常将单位平均光路长度上的光学密度 D_L 作为描述烟气浓度的基本参数。即

$$D_L = \frac{K_m M_s}{2.3} = \frac{K_c}{2.3} \tag{4-7}$$

另外，有人用烟的百分透光度来描述烟的遮光性，其定义为

$$B = (I_0 - I)/I_0 \times 100 \tag{4-8}$$

烟气遮光性的这几种表示法可以相互换算，它们的对应关系见表4-5。

表 4-5　烟气遮光性不同表示法的对应关系

透射率 I/I_0	百分遮光度 B (%)	长度 L/m	单位光学密度 $D_L/$ (m^{-1})	减光系数 $K_c/$ (m^{-1})
1.00	0	任意	0	0
0.90	10	1.0	0.046	0.105
		10.0	0.0046	0.0105
0.60	40	1.0	0.222	0.511
		10.0	0.022	0.051
0.30	70	1.0	0.523	1.20
		10.0	0.0523	0.12
0.10	90	1.0	1.0	2.30
		10.0	0.10	0.23
0.01	99	1.0	2.00	4.61
		10.0	0.20	0.46

此外，在应用烟箱法研究和测试固体材料的发烟特性时，采用比光学密度 D_s。所谓比光学密度 D_s 是从单位面积的试样表面所产生的烟气扩散在单位体积的烟箱内，单位光路长度的光学密度。比光学密度 D_s 可用下式表示

$$D_s = \frac{V}{AL}D = \frac{V}{A}D_L \tag{4-9}$$

式中　V——烟箱体积；

　　　A——发烟试件的表面积。

比光学密度越大，则烟气浓度越大。表 4-6 列出了部分可燃物的比光学密度。

表 4-6　部分可燃物发烟的比光学密度

可燃物	最大 D_s	燃烧状况	试件厚度/cm
硬纸板	6.7×10	明火燃烧	0.6
硬纸板	6.0×10^2	热解	0.6
胶合板	1.1×10^2	明火燃烧	0.6
胶合板	2.9×10^2	热解	0.6
聚苯乙烯（PS）	>660	明火燃烧	0.6
聚苯乙烯（PS）	3.7×10^2	热解	0.6
聚氯乙烯（PVC）	>660	明火燃烧	0.6
聚氯乙烯（PVC）	3.0×10^2	热解	0.6
聚氨酯泡沫塑料（PUF）	2.0×10	明火燃烧	1.3
聚氨酯泡沫塑料（PUF）	1.6×10	热解	1.3
有机玻璃（PMMA）	7.2×10^2	热解	0.6
聚丙烯（PP）	4.0×10^2	明火燃烧（水平放置）	0.4
聚乙烯（PE）	2.9×10^2	明火燃烧（水平放置）	0.4

注：试件面积为 $0.0055 m^2$，垂直放置。

4.3.3.2　烟气透光性和能见度

能见度一般是指在一定条件下能正常看到物体的距离。由于烟气中含有固体和液体颗粒，对于光有散射和吸收作用，因此能见度就会下降，将此称为视程阻碍效果，这也就是烟气的遮光性。这对疏散与消防活动有很大障碍。另外，烟气中某些成分如 SO_2、H_2S、HCl、Cl_2、NO_2、NH_3 等对眼、鼻、喉产生强烈刺激，使人视力下降且呼吸困难；同时，烟能造成极为紧张恐怖的心理状态，使之失去行动自由甚至采取异常行动。所有这些，对安全疏散会造成严重的影响。

显然烟气浓度越大，能见度就越小。此外，烟气的颜色、背景的亮度、所辨识物体是发光体还是反光体以及光线的波长、观察者对光线的敏感程度都影响能见度。根据实验，烟的浓度，即减光系数 K_c（m^{-1}）与能见度 V（m）之间存在下列关系：$K_c V = C$（常数），C 值的大小因观察目标不同而变动。

发光型标志及门　　　　　　　　$K_c V = 2 \sim 4 m$

反光型标志及白天中窗　　　　　$K_c V = 5 \sim 10 m$

建筑物火灾时，一般来说，人员安全疏散距离与烟气浓度成反比，烟气越浓，安全疏散距离就越小。当熟悉建筑物情况时，其疏散视距极限为 5m，疏散时烟的浓度为 0.2～0.4（平均 $0.3 m^{-1}$）；当不熟悉建筑物情况时，其疏散视距极限为 3m，疏散时烟的浓度为 0.07～0.13（平均 $0.1 m^{-1}$）。而火灾发生时咽气的减光系数多为 25～30 m^{-1}，因此为了确保安全疏散，应将烟气稀释 50～300 倍。

4.3.3.3　材料的发烟性能测试

发烟性能的测试也就是对材料的发烟性能进行分级。目前已经提出了多种材料发烟量的测试方法，见表 4-7。

表 4-7　材料发烟的主要测试方法

名　称	场　合　类　型	参　考
Rohm-Haas XP-2	FOS	ASTM，1977
NBS 试验	ROS	ASTM，1979
Arapahoe 试验	FG	ASTM，1982
Steiner 隧道法	FOD	ASTM，1981（a）
辐射板试验	ROD	ASTM，1981（b）
OSU 量热计	DOD	ASTM，1980（b）
ISO 烟箱	ROS	ISO，1980

注：F——试样暴露在火中；R——试样暴露在辐射热通量下（火焰可有可无）；O——烟量由光强度的衰减决定；
　　　G——烟量由示重法确定；S——允许烟气在已知容器内积累；D——在烟气向外流出的过程中进行测量。

其中，NBS 的标准烟箱（ASTM，1979）应用较为广泛。除了 Arapahoe 测试法外，其余方法大多是 NBS 烟箱的改进型或衍生型。这些方法中，有的是使试样只发生熟分解，有的是对试样施加辐射热通量使其进行有焰燃烧，但光学密度都是当烟气在固定容器积累下来后进行测量的。发烟性对实验条件的准确性反应很敏感，且试验结果随装置不同而不同。

（1）NBS 烟箱法。目前常用的烟箱法是将一块 75cm² 的实验材料放在燃烧室中，其竖直上方是一个功率为 2.5W/cm² 的热源，其下方是由六个小火焰组成的有焰燃烧阵。允许火焰撞到试样上，将其点燃并可维持燃烧。这种方法规定，测量结果表示为本装置内的试样光学密度的最大值。即

$$D_m = D_L(V/A_s) \tag{4-10}$$

式中　D_L——由式（4-7）确定；

　　　V——实验箱的容积；

　　　A_s——试样的暴露面积。表 4-8 列出了一些代表试样在有焰及无焰热分解情况下测得的结果。

表 4-8　几种材料发烟量的比较

试　样	最　大　光　学　密　度	
	有焰燃烧	无焰热分解
聚乙烯	62	414
聚丙烯	96	555
聚苯乙烯	717	418
聚甲基丙烯酸甲酯	98	122
聚氨酯泡沫塑料	684	426
聚氯乙烯	445	306
聚碳酸酯	370	41

这种测试方法只考虑了试样的暴露面积，但一般说确定 D_m 应当考虑试样的厚度。这种试验方法的再现性和重复性比许多其他方法好，但是，它仍存在 ±25% 的浮动。

（2）我国建筑材料发烟性的判定法。建筑材料燃烧或分解的烟密度可用试验方法（GB 8627—1999）测定。

1）实验装置：由烟箱、燃烧系统、光电系统和计时装置四部分组成。

2）测试原理：烟箱试件支架上的试件，被本生灯加热发生分解和燃烧产生烟，使光源

箱发出的光经烟箱时被吸收，烟密度越大，光吸收率越大，并由光度计显示出来。

3）实验结果的计算：试验4min，每15s记录一次数据，然后作出光吸收率和试验时间的关系曲线。

曲线最高点的光吸收率的读数为最大严密度值（MSD）；曲线下所围成的面积表示试件总的发烟量。纵横坐标点代表的长度值相乘再除以曲线下所围成的面积后乘以100，定义为材料的严密度等级（SDR）。

$$\text{SDR} = \frac{1}{16}\left(a_1 + a_2 + \cdots + a_{15} + \frac{1}{2}a_{16}\right) \times 100 \qquad (4-11)$$

式中 a_1，a_2，a_{15}——每隔15s，三个试件平均烟密度的百分率值；

某些材料的发烟性能测定结果，见表4-9。

表4-9 部分建筑材料的发烟性能

材 料 名 称	试件尺寸/mm	压力/Pa	MSD（％）	SDR
PVC 硬板	25×25×6	40	99.1	99.8
	30×30×6	40	99.8	90.6
珍珠岩板	25×25×10	30	3.3	2.4
	30×30×10	30	3.7	2.8
阻燃铝塑板	25×25×6	40	6.7	4.4
	30×30×6	40	7.0	5.2
五合板	30×30×6	40	5.0	3.5
PMMA 板	30×30×6	40	36.7	24.9
PE 板	30×30×6	30	20.0	11.6
PS 泡塑	25×25×6	30	70.0	56.5
PE 泡塑	25×25×6	30	44.3	25.0
酚醛竹压板	25×25×6	30	16.0	9.5
北京红松木	30×30×6	40	13.0	6.6
杉木板	30×30×6	40	5.5	4.0

4.3.4 烟气的毒性效应

4.3.4.1 建筑材料燃烧时毒性气体的危害

毒气效应（又叫吸入效应）是随燃烧物的性质、人体暴露的时间、毒气成分与浓度等因素而变化的。它可以使人受到刺激、嗅觉不舒服、丧失行动能力、视线模糊，还会损伤肺组织和抑制人的呼吸而使人死亡，或导致人的行为发生错乱。

建筑材料燃烧时，毒性气体有两个来源：一是建筑材料经高温作用发生热分解而释放的热分解产物；二是燃烧产物。火灾中的毒性气体不仅与建筑材料的种类相关，而且与火灾中氧供给情况相关。如果火场中 O_2 供给不充分，火场热烟气中充满大量热分解产物和不完全燃烧产物，热烟气中毒性气体危害很大。如随着温度的升高和 O_2 的减少，这两种现象必将导致 CO、HCN 等气体大量产生，特别是当氧气浓度降至最低点时，由于材料燃烧不充分，会产生很高温度的 CO；如果火场中 O_2 供给充分，则热分解产物和不完全燃烧产物转换成完全燃烧产物，热烟气中的毒性气体的含量相应减少。火场热烟中常见的有毒气体有 CO、HCN、$COCl_2$、CO_2、HCl、Cl_2、H_2S、SO_2、HF、NO_2 等。它们的危害作用和影响生理现象的浓度，见表4-10。

表 4-10　火灾中主要有害气体的浓度对人体生理的作用

单位：ppm

分类	单纯窒息性		化学窒息性			黏膜刺激性						
气体	缺O_2	CO_2	CO	HCN	H_2S	HCl	NH_3	HF	SO_2	Cl_2	$COCl_2$	NO_2
作用	因对机体组织供氧降低造成精神肌肉活动能力降低，呼吸困难，窒息	呼吸中使O_2分压力降低，引起缺氧症，呼吸困难，弱刺激，窒息	阻得血液的输O_2能力，头痛，妨碍肌肉调节，意识不清脱	细胞呼吸停止，发晕，虚脱，意识不清	高浓度时呼吸中枢麻痹，低浓度时刺激眼，上呼吸道黏膜	刺激眼，上呼吸道，因上呼吸道破坏而形成机械性窒息	刺激眼，上呼吸道黏膜，肺水肿	刺激眼，上呼吸道黏膜，腐蚀作用	刺激眼，上呼吸和支气管黏膜，因肺、喉门水肿，引起闭塞的机械性窒息	刺激眼，上呼吸道组织，流泪喷嚏咳嗽，由干肺水肿，呼吸困难，窒息	刺激支气管，肺细胞，由干肺水肿呼吸困难窒息	刺激支气管，肺细胞，由干肺水肿呼吸困难窒息
一天 8h，一周 40h 的劳动环境中容许浓度		5000	50	10	10	5	50	3	5	1	0.1	5
闻到臭味					10		53		3~5	3.5		
刺激咽喉					100	35	408		8~12	15	5.6	5
刺激眼		4（%）			100	35	698		20		3.1	62
咳嗽		4（%）					1620		20	30	4.0	
接触数小时安全		1.1~1.7（%）	100	20	20	10	100	1.5~3.0	10	0.35~1.0	4.8	10~40
接触 1h 安全		3~4（%）	400~500	45~54	170~300	50~100	300~500	10		4	1.0	
接触 30min~1h 危险		5~6.7（%）	1500~2000	110~135	400~700	1000~2000	2500~4500	50~250	50~100	40~60	25	117~154
接触 30min 致死			4000	135								
短时间接触死亡	6（%）	20（%）	13000	270	1000~2000	1300~2000	5000~10000		400~500	1000	50	240~775
火灾时的疏散条件	14（%）	3（%）	2000	200	1000	3000				1000	25	25

4.3.4.2　建筑材料燃烧时毒性气体的判定

一般采用化学分析法、动物试验法、生理研究法和锥形量热计试验等方法。化学分析法就是用化学分析确定燃烧产物中的气体成分和浓度，研究温度对温度对燃烧产物的生成和含量的影响。常用的分析方法，见表4-11。

表4-11　烟气气体成分的常用分析方法

方　　法	气体种类	取样方法	备　　注
气相色谱	CO、CO_2、O_2、N_2 烃类	间断取样	使用5Å（$1Å = 10^{-1}nm$）分子筛和GDX104柱
红外光谱（不分光型）	CO、CO_2	连续取样	专用仪器
傅里叶红外气体分析仪（FT-IR）	CO、CO_2、HCN、NO_x、SO_2、HCl、H_2S、HF、NH_3、CH_4	连续取样	一次分析最短时间为1s
比色法	HCN、丙烯醛	间断取样，水溶液吸收	限于低浓度
离子选择性电极法	卤素离子	间断取样，水溶液吸收	
电化学法	CO	连续	响应较慢
气体分析管	CO、CO_2、HCN、NO_x、HCl、H_2S	间断取样	半定量

化学分析法可以分析气态燃烧产物的种类和含量，但不能解释毒性的生理作用，因此还需要进行动物试验和生理研究。

动物试验法是通过动物试验并观察它们的各种形态以推断人类在火灾中的相应行为。这是目前最有可能实现并经常被采用的方法。它主要测定在固定的时间内，一组暴露在浓烟中的动物出现一般死亡时的燃烧成分的剂量值，称为LG_{50}。这种动物试验的主要目的就在于给出各种材料在火灾中对人产生危害的评价。然而在动物试验中，到现在为止还存在两个难以解决的问题：一是由于实验中产生烟与实际火灾中的烟是不同的，加之热作用、通风及燃料都与实际火灾不同，因此实验条件下的烟气情况不能直接表明实际火灾的情况，而大型或在实验产生的烟气也仅限于具有同实际火灾有可比性的建筑空间。二是用动物试验的研究结论推测人类受毒性作用反应，可能出现较大的误差。

生理研究法是对实际火灾死亡者进行尸解分析，通过死者血液中各种毒性气体的成分和含量推断火灾现场的毒气情况。研究表明，CO和HCN是主要的毒性气体，以上三种毒气的测试和计算方法都具有一定的理论研究价值，但所作出的结论却都没有什么实际工程意义。锥形量热计的实验研究是基于工程上对火灾的了解而研究出来的设备，它具有很大的使用价值。由于锥形量热计的燃烧环境是在很大程度上模拟了实际火灾现场的情况，所以能够在材料燃烧过程中连续抽取燃烧生成的气体，并立即经过仪器中的离子色谱差分仪测量出具体的量值和变化规律。

当空气中的CO浓度约为1.2%时，人只需呼吸两三次就可能失去知觉，在$1 \sim 3min$内肯定死亡。因此，各国在火灾毒性研究中将主要精力都集中在探讨CO的生成条件和量值关系上，主要通过锥形量热计对一些典型的有机建材进行试验，找出这些材料在燃烧中 CO 和 CO_2 出现的条件和变化规律。

以上试验方法均处于研究探索阶段，尚无法给出一个成熟的可实施的量化判定指标。

4.3.5　烟气的传播

当发生火灾时，有效地控制烟气流动和蔓延，对确保人员疏散安全、改善灭火条件极为重要。在对建筑物进行防排烟系统设计之前，应首先了解烟气在建筑物中的传播规律，据此有效地对烟气进行控制。

4.3.5.1　烟气的流动规律

建筑物内烟气流动的形成，总的来说，是由于风和各种通风系统造成的压力差，以及由于温度差造成气体密度差而形成的烟囱效应，其中温差和温度变化是烟气流动最为重要的因素。当房间门向走廊开启时，烟气的流动情况变得更复杂，它与建筑物的烟囱效应、防排烟方式、火灾温度、空调系统、膨胀力、风压、浮升力等诸多因素有关。

（1）烟囱效应。建筑物室内外空气通常都存在温差，当室内空气温度高于室外时，由于室内外空气重度的不同而产生浮力。建筑物内上部的压力大于室外压力，下部的压力小于室外压力，在建筑物的竖井中（如楼梯间、电梯间、管井、空调垂直风道等）的空气就会向上运动，这种现象，就是建筑物的烟囱效应。当室外空气温度高于室内空气温度时，在建筑物的竖井中的空气就会向下运动，这种现象称为"逆烟囱效应"。

烟囱效应是由高层建筑物内外空气的密度差造成的，高层建筑的外部温度低于内部温度而形成的压力差将空气从低处压入，穿过建筑物向上流动，然后从高处流出建筑物，这种现象被称为正热压作用。在低处外部压力大于内部压力；在高处则相反；在中间某一高度，内外压力相同，即存在一个中性压力面。

建筑物在"烟囱效应"作用下，若着火的位置位于中性面之下，烟气会迅速地向建筑物上部蔓延；若着火的位置位于中性面之上，烟气则会向上一层蔓延，这时在中性面以下部位会比较安全，不会受到烟气的侵害。若在"逆烟囱效应"作用下，烟气运动的方向则与上述相反。

烟囱效应随建筑物的内外温差以及建筑物高度的增加而增加，在火灾发生于较低层时，烟囱效应对竖井和较高层的烟污染的影响尤为显著，因为此时烟从低层上升至高层的潜力更大。由烟囱效应造成的压力差和气流分布，以及中性压力面位置，取决于建筑物内分隔物的开口对气体流动的限制程度。火灾时，由于燃烧放出大量热量，室内温度快速升高，建筑物烟囱效应更加显著，使火灾的蔓延更加迅速。因此烟囱效应对建筑物的空气的流动起着重要作用。

（2）建筑物内通风、空调系统对建筑物内压力的影响，取决于供风和排风的平衡情况。如果各处的供风和排风是相同的，那么该系统对建筑物内的压力不会产生影响；如果某部位的供风超过排风，那里便出现增压，空气就从那里流向其他部分。反之，如果在排风超过供风的部位，则出现相反的现象。因此，建筑物内通风、空调系统可以按照某种预定而有益的方式设计，以控制建筑物内的烟雾流动。

（3）气体膨胀。温度升高而引起的气体膨胀是影响烟雾流动较为重要的因素。根据气体膨胀定律，可推算出着火区域内的气体体积将膨胀3倍，其中2/3气体将转移到建筑物的其他部分。而且膨胀过程发生相当迅速，并造成相当大的压力，这些压力如果不采取措施减弱，就会迫使烟囱着火层往上和往下向建筑物其他部分流动。

（4）室内风向、风力、风速对高层烟雾流动有着显著影响，且这种影响随建筑物的形状与规模而变化。简单地讲，风力作用使得迎风面的墙壁经受向内的压力，而背风面和两侧的墙壁有朝外的压力，平顶层上有向上的压力。这两种压力，使空气从迎风面流向建筑物内，从背风面流出建筑物外，建筑物顶上的负压力对顶层上开口的垂直通风管道有一种吸力作用。同时正的水平风压力促使中性面上升，负的水平风压力促使中性面下降。

（5）浮升力。火灾是高温烟气在建筑物内部的运动存在向上的浮升力，从而导致烟气沿建筑物内部向上蔓延，随着烟气的流动和烟气的浓度被稀释，浮升力的作用会逐渐减小。火灾中烟从起火房间的内门流出后，首先进入室内走廊。从烟在走廊或细长通道中流动的情况看到，从火源附近的顶棚面附近流动的烟气逐步有下降的现象。这是由于烟接触顶棚面和墙壁附近被冷却后逐渐失去浮力所致。其基本状态是：失去浮力的烟首先沿周壁开始下降，然后下降到地面，烟气沿地面向上浮起，最后在走廊断面的中部留下一圆形的空间。

4.3.5.2 烟气的流动速度

物质燃烧产生烟气，同时受热作用产生浮力，向上升起，升到平顶后转变方向，向水平方向扩散。这时，烟气的温度如果不下降，高温烟气与周围空气就明显地形成分离的流层，即形成两个流层流动。但一般情况是，烟气与周围壁面接触而冷却，加上冷空气的混入，促成烟气温度下降和扩散而使其稀释，同时向水平方向移动。在起火建筑内，若没有空调和机械通风，或由于室外风力引起的种种气流时，烟气就会随着建筑物内的这些气流流动。由此可见，烟气的扩散与周围条件有关，其扩散速度大致如下：

（1）水平方向扩散速度。火灾初期使得熏烧阶段为自然扩散，速度为0.1m/s；起火阶段为对流扩散，速度为0.3m/s；火灾中期，高温火灾为对流扩散，速度为0.5～0.8m/s。

（2）竖直方向扩散速度。主要是指沿楼梯间、管道井等垂直部分流动的速度，一般为3～4m/s。着火房间产生的烟气，首先自起火点向上升腾，最先遇到的是顶棚；然后由顶棚向四周流动，再次碰到墙壁或下凸的梁；最后等到烟气积蓄到一定数量，达到梁高度或门窗过梁以下时，便由开启的门窗孔洞或门窗缝隙向外逸散。

4.3.6 烟气的控制

由于火灾中人员撤离所需时间大致与建筑物高度成正比，所以高层建筑物一般撤离的时间较长，而在楼梯间和楼内远离着火区的其他地方形成难以忍受的烟雾状况所需撤离时间则较短。在加拿大进行的实验表明，每层240人的条件下，通过一座1.1m宽的楼梯向外疏散，一幢11层的楼房疏散时间需要6.5min，一幢50层的楼房疏散的时间需要2小时11分，而一幢100m的建筑在无阻拦的情况下，烟雾能在0.5min内达到顶层。因此在发生火灾期间全部撤出建筑物内的人员是很困难的，如让住户留在高层建筑内，全面的消防系统必须包括对烟和火焰的控制，使某些特定区域内的烟浓度始终维持在建筑使用者可以忍受的水平内。这些特定区域包括楼梯间以及所有使用者都易到达并足以容纳它们的楼层等。

控制烟雾有"防烟"和"排烟"两种方式。"防烟"是防止烟的进入，是被动的；相反，"排烟"是积极改变烟的流向，使之排出户外，是主动的；两者互为补充。为了有效地防止烟的产生和扩散，第一应尽量采用发烟量少的建筑材料；第二是防止烟进入疏散走道和同层房间；第三是防止烟雾扩散到楼梯间或沿有关途径扩散到相邻楼层。目前有四种防排烟方式应用较为普遍：密闭防烟方式、自然排烟方式、烟塔排烟方式、机械排烟方式。

（1）限制烟雾的产生量。防烟最好的办法在于消除发烟的源头。因此，在高层建筑中，应设计火灾报警系统及自动灭火系统，以便尽早发现火灾，在大量浓烟产生之前扑灭或控制火灾发展。同时，在选用房屋建材及装饰材料、家具时，应尽可能选用发烟性小的材料，以便不幸发生火灾时，发生烟量小，发烟速度慢，相对地有较充裕的逃生时间，减少对生命的威胁。目前，日本、美国、法国等国家都规定在一些重要公共建筑物内，吊顶、地板、墙壁的装饰不许采用可燃物，而且经常有消防官员到各大饭店检查那里的家具、窗帘、地毯是不是阻燃的，核算火灾荷载。

（2）充分利用建筑物的构造进行自然排烟。自然排烟是在自然力的作用下，使室内外空气对流进行排烟。一般采取可开启的外窗或窗外阳台或凹廊新型自然排烟。

（3）设置机械加压送风防烟系统。其目的是为了在高层建筑物发生火灾时提供不受烟气干扰的疏散路线和避难场所。设置这种系统的部位应视建筑物的具体情况而定，一般有：不具备自然排烟条件的防烟楼梯间及其前室；不具备自然排烟条件的电梯间前室；受楼梯井和消防电梯井烟囱效应影响的合用前室；封闭室避难间等。对非火灾区域及消防疏散通道等应迅速采用机械加压送风的防烟措施，使该区域的空气压力高于火灾区域的压力、防止烟气的侵入，控制火灾的蔓延。

（4）利用机械装置进行机械排烟。这种排烟方式一般都是利用排风机进行强制排烟。据有关资料介绍，一个设计优良的机械排烟系统在火灾中能排出80%的热量，使火灾温度大大降低，因此对人员疏散和灭火起到重要作用。利用这种方式进行排烟在设计和使用上应划分防烟分区，合理有效地利用隔墙、挡烟垂壁等进行排烟。

目前我国有关防火设计规范中规定，主要采用自然排烟方式和机械排烟方式两种。

（1）自然排烟就是借助室内外气体温度差引起的热压作用和室外风压所造成的风压作用，利用面向室外的窗户或专用排烟口将充满室内的烟气排出。其优点是：不需要动力设备、运行维修费用少；且结构简单、投资少、运行也可靠；在顶棚能够开设排烟口的建筑，其自然排烟效果好。其缺点是：排烟效果不稳定；对建筑的结构有特殊要求；容易受到室外风的影响，火势猛烈时，从开口部位喷出的火焰，容易向上层蔓延。

（2）机械排烟是指利用通风机，由接在各排烟分区内的风道进行排烟，故能有效地排除给定的风量。在机械排烟中，要维持一定量的新鲜空气进入着火区域，确保排烟效果。机械排烟多用于大型商场和地下建筑，通过顶部的排烟口或排烟风管将烟气排出室外。其优点是：克服了自然排烟受室外气象条件和高层热压的影响；排烟效果稳定。其缺点是：火势猛烈发展阶段排烟效果会降低；排烟风机和排烟风管必须耐高温；初期投资和运行维修费用高；由于排烟风机和排烟风管通常不使用，若不定期检修和试运行，一旦遇到紧急情况，就有不能使用的危险。

由此可见，两者的根本区别是前者不需要任何动力，靠自然环境条件进行有效排烟；后者则需要动力，且通过风道在单位时间内排除固定的烟量。

4.4　建筑构件的火灾性能

建筑结构的基本构件构成了建筑物的主体骨架。在火灾中，这些构件一方面继续起着正常使用功能，另一方面又能阻止火势的扩大和蔓延。因此，它们的防火、耐火性能直接决定着建筑物在火灾下失稳或倒塌的时间。一般地说，承重构件均是由不可燃的材料制成的，但也有一些非承重的门、窗、隔墙是由可燃材料制成的。无论构件本身是否可燃，都存在着在热应力作用下变热并由此发生化学和物理变化的问题。因此，研究各类构件在火灾中的力学性能，是建筑防火工作的一项重要内容。

4.4.1　标准升温曲线

火灾安全立法的基本精神是：确保人员有充分的时间从火灾建筑中及时疏散出来和容许消防救护人员帮助疏散，并在他们的继续灭火中不因结构的主构件倒塌造成人身伤害。显然，人们可以通过计算对截面已定的构件的受火稳定性进行检验。其中，一方面要注意到构件中采用的有创造性的概念和设计，另一方面则要考虑到各种火灾侵蚀的可能性，即明确一根构件、一组构件的破坏对结构整体性有什么影响。一般地说，在温度升高的影响下，当构件的力学强度下降到与其承受的荷载相等时，此构件的受火稳定性就不能确保了。作为计算假设，可以认为构件此时达到了指定的温度，即达到了临界温度和破坏温度。

为了便于比较，构件耐火强度等级的试验应按将火灾作用具体化了的标准加温程序进行估计。国际标准化组织采用的标准升温曲线的表达式为：

$$T - T_0 = 345 \lg(8t - 1) \tag{4-12}$$

该曲线称为 ISO834 标准升温曲线。

式中　t——试验所经历的时间（min）；

　　　T——试验用加热炉经 t 时间所达到的炉温（℃）；

　　　T_0——加热炉内初始温度（℃），应在 5～40℃ 范围之内。

所谓的标准升温曲线是指按特定的加温方法，在标准的实验室条件下，所表达的火灾现场发展情况的一条理想化了的理论试验曲线。

4.4.2　耐火极限

建筑是各种建筑材料的复合体，建筑构件的耐火性能与构件的材料有关。建筑构件的耐火性能，通常是指构件的燃烧性能和抵抗火焰燃烧的时间（即耐火极限）。

建筑构件的耐火性能与建筑材料的燃烧性能一样分为三类：第一类是非燃烧构件；第二类是难燃烧构件；第三类是燃烧构件。

为了确保构件在规定的时间内不出现倒塌，必须对构件的防火性能进行分级。目前国内外的建筑防火规范都对构件的防火度做了相应的规定。在我国的《建筑设计防火规范》中使用了耐火极限的概念，即以建筑构件按标准升温曲线进行耐火试验，从构件受火作用时算起，到构件失去支持能力或完整性被破坏或失去隔火作用时为止的这段时间，用小时（h）表示。耐火极限判定条件如下：

非承重构件：（1）失去完整性。当试件在试验中有火焰和气体从孔洞、空隙中出现，并点燃规定的棉垫时，则表明构件失去了完整性。（2）失去绝热性。试件背火面的平均温升超过试件表面初始温度140℃或单点最高温升超过初始温度180℃时，则表明构件失去绝热性。

承重构件：承重构件按是否失去承载能力和抗变形能力来判定。（1）墙。在试验过程中试件发生垮坍，则表明试件失去承载能力。（2）梁或板。在试验过程中试件发生垮坍，则表明试件失去承载能力。试件的最大挠度超过 $L/20$，则表明构件失去抗变形能力。L 为试件跨度，单位为 cm。（3）柱。在试验过程中试件发生垮坍，则表明试件失去承载能力。试件的轴向收缩引起的变形速度超过 $3 \times H$ mm/min，则表明构件失去抗变形能力。H 为试件在炉内的受火高度，单位为 m。

当承重构件同时起分隔作用时，还应满足非承重构件的判定条件。

耐火极限的概念在国际上也为人所用，它的好处在于直接明了地给人们一个构件耐火能力的量度。耐火极限值的确定取决于建筑物的用途、重要程度、灾害后的可修复程度以及我国现有的混凝土构件（包括墙体构件）的实际耐火水平。

我国建筑构件的耐火试验必须按照《建筑构件耐火试验方法》（GB/T 9978—1999）进行。

4.4.3 影响构件耐火极限的因素

如前所述，构件耐火极限的判定条件有三，即稳定性、完整性和绝热性。所有影响构件这三种性能的因素都影响构件的耐火极限。

（1）完整性。根据试验结果，当出现爆裂、局部破坏穿洞，或存在构件接缝时，都可能影响构件的完整性。当构件混凝土含水量较大时，受火时易于发生爆裂，使构件局部穿透，失去完整性。当构件接缝、穿管密封处不严密，或填缝材料不耐火时，构件也易在这些地方形成穿透性裂缝而失去完整性。

（2）绝热性。影响构件绝热性的因素主要有两个：材料的导热系数和构件厚度。材料的导热系数越大，热量越易传到构件的背火面，所以绝热性差；反之则好。由于金属的导热系数比混凝土、砖大得多，所以墙体和楼板当由金属管道穿过时，热量会由管道传到背火面而导致失去绝热性。当构件厚度较大时，背火面达到某一温度所需的时间则长，故其绝热性好。

（3）稳定性。凡影响构件高温承载力的因素都影响构件的稳定性。

1）构件材料的燃烧性能。可燃烧材料构件由于本身发生燃烧，截面不断削弱，承载力不断降低。当构件自身承载力小于有效荷载作用下的内力时，构件破坏而失去稳定性。

2）有效荷载量值。所谓有效荷载是指试验时构件承受的实际重力荷载。有效荷载大时，产生的内力大，构件失去承载力的时间短，所以耐火性差。

3）钢材品种。不同的钢材，在温度作用下强度降低的系数不同。普通低合金钢优于普通碳素钢，普通碳素钢优于冷加工钢，而高强钢丝最差。所以配置 16Mn 钢的构件稳定性好，而预应力构件（多配冷拉钢筋和高强钢丝）稳定性差。

4）实际材料强度。钢材和混凝土的强度受各种因素影响，是一个随机变量。构建材料实际测定强度高者，耐火性好；反之则差。

5）截面形状与尺寸。同为矩形截面，截面周长与截面面积之比大者，截面接受热量多，内部温度高，耐火性能较差。矩形截面宽度小者，温度易于传入内部，耐火性较差。构件截面尺寸大，热量不易传入内部，其耐火性能则好。

6）配筋方式。当截面双层配筋或将大直径钢筋配于中部，小直径钢筋配于角部，则里层或中部钢筋温度低，强度高，耐火性好；反之则差。

7）配筋率。柱子配筋率高者，耐火性差，因钢材强度降低幅度大于混凝土。

8）表面保护。当构件表面有非燃烧性材料保护时，如抹灰、喷涂防火涂料等，构件温度低，耐火性好。

9）受力状态。轴心受压柱耐火性优于小偏心受压柱，小偏心受压柱优于大偏心受压柱。

10）支承条件和计算长度。连续梁或框架梁受火后会产生塑性变形出现内力充分布现象，所以耐火性大大优于简支梁。柱子计算长度越大，纵向弯曲作用越明显，耐火性越差。

4.4.4　提高建筑构件耐火极限和改变燃烧性能的方法

建筑构件的耐火极限和燃烧性能，与建筑构件所采用的材料性质、构件尺寸、保护层厚度以及构件的构造做法、支承情况等有着密切的关系。在进行耐火构造设计时，当遇到某些建筑构件的耐火极限和燃烧性能达不到规范的要求时，应采用适当的方法加以解决。常用的方法有：

（1）适当增加构件的截面尺寸。建筑构件的截面尺寸越大，其耐火极限越长。此法对提高建筑构件的耐火极限十分有效。

（2）对钢筋混凝土构建提高保护层厚度。这是提高钢筋混凝土构件的耐火极限的一种简单而常用的方法。对钢筋混凝土屋架、梁、板、柱都适用。钢筋混凝土构件的耐火性能主要取决于其受力筋高温下的强度变化情况。增加保护层厚度可以延缓和减少火灾高温场所的热量向建筑构件内钢筋的传递，使钢筋温升减慢，强度不至于降低过快，从而提高构件的耐火能力。

（3）在构件表面做耐火保护层。钢结构表面耐火保护层的构造做法有：

1）用现浇混凝土做耐火保护层。所使用的材料有混凝土、轻质混凝土及加气混凝土等。这些材料既有不燃性，又有较大的热容量，用做耐火保护层时能使构件的升温减慢。由于混凝土的表层在火灾的高温下不易于剥落，如能在钢筋表面加敷钢丝网，便可进一步提高其耐火的性能。

2）用砂浆或灰胶泥做耐火保护层。所使用的材料一般有砂浆、轻质砂浆、珍珠岩砂浆或灰胶泥、蛭石砂浆或石膏灰胶泥等。上述材料均有良好的耐火性能，且以人工轻质集料、珍珠岩及蛭石尤为突出。其施工方法常为在金属网上涂抹上述材料。

3）用矿物纤维做耐火保护层。保护层材料有石棉、岩棉及矿渣棉等。具体施工方法是将矿物纤维与水泥混合，再用特殊喷枪与水的喷雾同时向底子喷涂，则构成海绵状的覆盖层，然后抹平或任其呈凸凹状。上述方法可直接喷在钢构件上，也可向其上的金属网喷涂，且后者效果较好。

4）用防火板材做耐火保护层。构造做法是以防火板材包裹钢构件，板间连接可采用钉合或黏合。这种构造方式施工简便且工期较短，并有利于工业化。同时，承重（钢结构）与防火（预制板）的功能划分明确，火灾后修复简便，且不影响主体结构的功能，因而具有良好的复原性。

（4）钢梁、钢屋架下及木结构做耐火吊顶和防火保护层。

1）在钢梁、钢屋架下做耐火吊顶，其结构表面虽无耐火保护层，但耐火能力却会大大提高。此时则不能仅按钢构件本身的耐火极限来考虑，因为在无保护的钢梁、钢屋架下作耐火吊顶后，使钢梁的升温大为延缓。这种构造方法还能增加室内的美观。

2）在木结构等可燃构件表面做防火保护层（如抹灰层），不仅可以改变其燃烧性能，而且可以显著提高其耐火能力。

（5）在构件表面涂敷防火涂料。在进行建筑耐火设计时，经常会遇到钢结构构件、预应力楼板达不到耐火等级所规定的耐火极限值的要求，以及有些可燃构件、可燃装饰材料由于燃烧性能达不到要求的情况，这些都可以使用防火涂料加以解决。防火涂料涂敷于建筑构件可有效提高其耐火极限，涂于可燃性材料表面，可改变其燃烧性能，在建筑构件、装饰材料方面的应用前途十分广阔。

（6）进行合理的耐火构造设计。构造设计的目的就是通过采用巧妙的约束去抵抗结构过大的挠曲和断裂，合理的构造设计可以延长构件的耐火极限，提高结构的安全性和经济性。

（7）其他方法。改变构件的支承情况，增加多余约束，做成超静定结构。做好构建接缝的构造处理，防止发生穿透性裂缝。

4.5 建筑防火设计

4.5.1 城市防火规划和建筑总平面防火设计

4.5.1.1 城市防火规划设计要点

（1）城市防火规划是城市防灾的重要内容之一。在城市总体规划的指导下必须完善城市防灾专业规划，在详细规划中要同步设计具体指导，措施到位。

（2）合理安排城市用地，系统优化城市功能分区，对易燃易爆物品的厂区和库区进行合理分隔。一般易燃易爆的单位应布置在远离城市密集人群区域和城市的下风位或全年最小频率风向的上风侧；滨河地区的油库宜设在河流下游，此类易燃液体仓库应放在地势低洼地带或设防火堤进行防火分隔；易燃易爆化学物品的专用站台、码头必须布置在城市或港区的独立地段，与其他码头距离大于装运船长两倍，距主航道的距离大于最大装运船的一倍以上。

（3）防火防灾的分隔地带宜与城市园林绿化和城市广场道路相结合，平时是城市旷地，受灾时是安全集散区和隔离带。

（4）在城市燃气规划中要严格按专业强制性规范要求合理规划液化气供应站和气瓶库、汽车加油站和煤气、天然气调压站的布点位置。

（5）确保城市管线系统的防护能力，与危险品区保持可靠的安全间距，严禁在城市燃气管道上修建建筑物、构筑物和堆积载重。

（6）全面统筹城市功能要求与防灾规划。避免强调建筑规模体量而忽视建筑环境容量，重视看得见的形象而忽视看不到的险象。从城市大气环境质量要求主要街道的走向，应与常年主导风向一致，但在干燥气候地区，建筑耐火等级低的街道，如在主导风季节起火，风助火势可能火烧整条街道。

因此新建筑应达到一、二级耐火等级，控制兴建三级耐火等级建筑，严格限制四级耐火等级建筑。

旧城区要完善消防设施，在修建性规划中采取分区隔离的可靠防患措施。

（7）地下建筑和城市设计的结合部，出口要与人防、抗震、防火、防洪等要求有机结合，协调配套，要统筹兼顾，防止顾此失彼各自为政的无序建设行为。

（8）加强城市防灾建制部门的防灾反应能力，布点要与城市道路网的规划密切结合，合理设置城市防灾指挥中心和消防站点。

4.5.1.2 总平面规划和防火间距

规划设计既要节约土地资源，又要满足城市功能要求。总平面规划需要在使用功能和防灾应变之间找到结合点。为了满足建筑使用功能，对建筑间距有一系列要求，如日照间距、通风间距、防噪声间距、卫生间距、视觉景观间距、应用技术间距、防护间距等，而防火间距是从实际灭火经验得出的必须首先满足的最低安全间距要求。

（1）建筑防火间距

民用建筑和高层民用建筑的防火间距应分别满足表 4-12 和表 4-13 的要求。

人防工程地下室有地上采光窗井时，采光窗井按一级耐火等级建筑确定与相邻地面建筑的最小防火间距。厂房和库房的防火间距要求相同，可参见《建筑设计防火规范》。

表 4-12 民用建筑的防火间距

防火间距/m 耐火等级	一、二级	三级	四级
一、二级	6	7	9
三级	7	8	10
四级	9	10	12

注：1. 两座建筑相邻较高的一面的外墙为防火墙时，其防火间距不限。

2. 相邻的两座建筑物，较低一座的耐火等级不低于二级，屋顶不设天窗，屋顶承重构件的耐火极限不低于1h，且相邻的较低一面外墙为防火墙时，其防火间距可适当减少，但不应小于3.5m。

3. 相邻的两座建筑物，较低一座的耐火等级不低于二级，当相邻较高一面外墙的开口部位设有防火门窗或防火卷帘和水幕时，其防火间距可适当减少，但不应小于3.5m。

4. 两座建筑相邻两面的外墙为非燃烧体如无外露的燃烧屋檐，当每面外墙上的门窗洞口面积之和不超过该外墙面积的5%，且门窗口不正对开设时，其防火间距可按本表减少25%。

5. 耐火等级低于四级的原有建筑物，其防火间距可按四级确定。

表 4-13　高层民用建筑的防火间距　　　　　　　　　　　　　　　　　　m

建筑名称			高层民用建筑		裙房	
			一类	二类	一类	二类
高层民用建筑			13		9	
裙房			9		6	
其他民用建筑	耐火等级	一、二	9		6	
		三	11		7	
		四	14		9	
丙类厂（库）房		一、二	20	15	15	13
		三、四	25	20	20	15
丁、戊类厂（库）房		一、二	15	13	10	10
		三、四	18	15	12	10
煤气调压站	进口压力/MPa	0.005 ~ <0.15	20	15	15	13
		0.15 ~ ≤0.30	25	20	20	15
煤气调压箱		0.005 ~ <0.15	15	13	13	6
		0.15 ~ ≤0.30	20	15	15	13
液化石油气气化站、混气站	总储量/m³	<30	45	40	40	35
		30 ~ 50	50	45	45	40
城市液化石油气供应站、瓶库		≤15	30	25	25	20
		≤10	25	20	20	15
小型甲、乙类液体储罐/m³		<30	35		30	
		30 ~ 60	40		35	
小型丙类液体储罐		<150	35		30	
		150 ~ 200	40		35	
可燃气体储罐/m³		<100	30		25	
		100 ~ 500	35		30	
化学易燃品库房/t		<1	30		25	
		1 ~ 5	35		30	
人工防工程			13		6	

（2）建筑与管线的防护间距

城市能源结构实现电、热、气化是降低资源消耗，提高环境质量的合理选择，这个选择的前提是要有安全技术作保障，因为可燃气和甲、乙、丙类液体管道和电力线路都具有很大的火灾和爆炸危险性，相关设备具有一定的使用寿命期，必须及时更新维修，因此能源动力综合管线系统的规划除了满足专业技术运行要求外，尤其要有规划安全措施。

管网系统中各类管线与建筑物、构筑物的水平和垂直距离要求就是重要的安全措施之一。表 4-14 和表 4-15 分别列出了地下管线、架空管线水平最小净距要求，管线垂直距离可参阅《城市工程管线综合规划规范》（GB 50289—1998）。

表 4-14 地下管线与建筑、构筑物之间的水平净距 m

名 称	煤气管压力 $p/10^5$ Pa				甲、乙、丙类液体管	氧气管及乙炔管	电力电缆
	$p \leqslant 0.05$	$0.05 < p \leqslant 1.5$	$1.5 < p \leqslant 3.0$	$3.0 < p \leqslant 8.0$			
建筑、构筑物基础外缘	2.0	3.0	4.0	6.0	3.0	1.5 ~ 5.0	0.5 ~ 1.0

注：1. 表列数值除注明者外，管线（沟）均自外壁算起。

2. 表列数值均指管线埋设深度等于或浅于建、构筑物的基础底面，当管线埋设深度深于建筑物的基础底面时，则应按土壤性质对表列数值进行验算，但不得小于表列数值。

表 4-15 架空管线最小水平净距 m

管线名称 / 建筑物名称	架空管道					电力线路/kV		
	热力	压缩空气	氧气	乙炔	煤气	<3	3 ~ 10	35
一、二级耐火等级的丁、戊类厂房	允许沿外墙敷设					1.0	1.5	3.0
一、二级耐火等级的无爆炸危险的厂房	允许沿外墙敷设		2.0	2.0				
三、四级耐火等级的厂房	—	允许沿外墙敷设	3.0	3.0				
散发可燃气体的甲类生产厂房	—		4.0	5.0		杆（塔）高的 1.5 倍		

注：1. 架空管线与地面上建筑物之间的水平净距，应自管架、管枕及管线最突出部分算起。

2. 与架空电力线路的水平净距，应从最大计算风偏情况时的边导线算起。

4.5.2 建筑耐火、隔火设计

4.5.2.1 建筑耐火设计要点

（1）建筑耐火设计首先必须对建筑构件耐火性能进行分级评定。

建筑构件的耐火性能用耐火时间来分级，按照 4.4.1 所述方法确定。建筑构件的耐火极限是评定建筑耐火等级的基本数据。

（2）确定建筑的耐火等级

在建筑结构体系中，一般楼板直接承受有效荷载，受火影响比较大，因此建筑耐火等级的评判是以楼板为基准，结合火灾的实际情况作出规定。根据部分城市的火灾统计资料表明，火灾持续时间在 2h 内的占火灾总数约 95%；火灾持续时间在 1.5h 内的占 88%；在 1h 内即予扑灭的占 80%。现浇钢筋混凝土整体楼板耐火极限达 1.5h，为一级耐火等级，普通钢筋混凝土空心板耐火极限达 1h 为二级耐火等级；三级耐火等级的为 0.5h。也就是说按这样的分级标准确立的建筑耐火极限大多数情况下能保持结构的支持能力，再按构件的结构安全性大小分别确定梁柱构件的耐火极限。

多层和单层建筑的耐火等级按表 4-16 确定；汽车库、修车库的耐火等级按表 4-17 确定。

表 4-16 建筑物构件的燃烧性能和耐火极限   h

构件名称		耐火等级			
		一 级	二 级	三 级	四 级
墙	防火墙	不燃烧体 3.00	不燃烧体 3.00	不燃烧体 3.00	不燃烧体 3.00
	承重墙	不燃烧体 3.00	不燃烧体 2.50	不燃烧体 2.00	难燃烧体 0.50
	非承重外墙	不燃烧体 1.00	不燃烧体 1.00	不燃烧体 0.50	燃烧体
	楼梯间的墙 电梯井的墙 住宅单元之间的墙 住宅分户墙	不燃烧体 2.00	不燃烧体 2.00	不燃烧体 1.50	难燃烧体 0.50
	疏散走道两侧的隔墙	不燃烧体 1.00	不燃烧体 1.00	不燃烧体 0.50	难燃烧体 0.25
	房间隔墙	不燃烧体 0.75	不燃烧体 0.50	难燃烧体 0.50	难燃烧体 0.25
柱		不燃烧体 3.00	不燃烧体 2.50	不燃烧体 2.00	难燃烧体 0.50
梁		不燃烧体 2.00	不燃烧体 1.50	不燃烧体 1.00	难燃烧体 0.50
楼 板		不燃烧体 1.50	不燃烧体 1.00	不燃烧体 0.50	燃烧体
屋顶承重构件		不燃烧体 1.50	不燃烧体 1.00	燃烧体	燃烧体
疏散楼梯		不燃烧体 1.50	不燃烧体 1.00	不燃烧体 0.50	燃烧体
吊顶（包括吊顶搁栅）		不燃烧体 0.25	难燃烧体 0.25	难燃烧体 0.15	燃烧体

注：1 除本规范另有规定者外，以木柱承重且以不燃烧材料作为墙体的建筑物，其耐火等级应按四级确定。

2 二级耐火等级建筑的吊顶采用不燃烧体时，其耐火极限不限。

3 在二级耐火等级的建筑中，面积不超过 100m² 的房间隔墙，如执行本表的规定确有困难时，可采用耐火极限不低于 0.30h 的不燃烧体。

4 一、二级耐火等级建筑疏散走道两侧的隔墙，按本表规定执行确有困难时，可采用耐火极限不低于 0.75h 的不燃烧体。

5 住宅建筑构件的耐火极限和燃烧性能可按现行国家标准《住宅建筑规范》GB 50368 的规定执行。

表 4-17 汽车库、修车库各极耐火等级建筑物构件的燃烧性能和耐火极限

构件名称 燃烧性能和耐火极限/h		耐火等级		
		一 级	二 级	三 级
墙	防火墙	不燃烧体 3.00	不燃烧体 3.00	不燃烧体 3.00
	承重墙、楼梯间的墙、防火隔墙	不燃烧体 2.00	不燃烧体 2.00	不燃烧体 2.00
	隔墙、框架填充墙	不燃烧体 0.75	不燃烧体 0.50	不燃烧体 0.50
柱	支承多层的柱	不燃烧体 3.00	不燃烧体 2.50	不燃烧体 2.50
	支承单层的柱	不燃烧体 2.50	不燃烧体 2.00	不燃烧体 2.00
梁		不燃烧体 2.00	不燃烧体 1.50	不燃烧体 1.00
楼 板		不燃烧体 1.50	不燃烧体 1.00	不燃烧体 0.50
疏散楼梯、坡道		不燃烧体 1.50	不燃烧体 1.00	不燃烧体 1.00
屋顶承重构件		不燃烧体 1.50	不燃烧体 0.50	燃烧体
吊顶（包括吊顶搁栅）		不燃烧体 0.25	不燃烧体 0.25	难燃烧体 0.15

注：预制钢筋混凝土构件的节点缝隙或金属承重构件的外露部位应加设防火保护层，其耐火极限不应低于本表相应构件的规定。

一般依据建筑构件耐火极限判定建筑的耐火等级。

一级耐火等级建筑采用钢筋混凝土结构或砖混结构。

二级耐火等级建筑其构件耐火极限稍低，允许采用未加防火保护的钢屋架。

三级耐火等级建筑砖墙及钢筋混凝土承重体系，木屋架屋顶。

四级耐火等级建筑采用木屋顶，燃烧体墙柱承重。

其中采用耐火极限只有 0.5h 的预应力楼板的建筑列为二级耐火等级建筑是出于节约资源而允许的个例。但上人屋面板必须采用耐火极限大于 1.0h 的构件。

高层民用建筑按其使用性质，火灾危险性，疏散和灭火的难易程度分为一类和二类，可参见《高层民用建筑设计防火规范》。一类高层建筑和高层建筑地下室耐火等级应为一级，二类高层建筑和裙房耐火等级不应低于二级。

《建筑设计防火规范》中规定的火灾危险性甲、乙类物品的运输车库、修车库和《汽车库、修车库、停车场设计防火规范》规定的Ⅰ、Ⅱ、Ⅲ类汽车库、修车库的耐火等级不应低于二级，Ⅳ类汽车库、修车库耐火等级不应低于三级，地下汽车库耐火等级为一级。

预制钢筋混凝土构件节点及金属承重构件外露部分应加防火保护层。

（3）建筑构件与结构的耐火构造

当某些构件的耐火时间达不到防火规范的要求，例如无保护层的钢结构、预应力钢筋混凝土楼板、吊顶构件等，因此必须进行耐火构造设计。

（1）钢结构的耐火构造

钢结构重量轻，力学性能好，施工方便，在大跨度建筑和高层建筑中应用较多。由于钢结构耐火性能差，在满足结构安全的前提下特别要保证耐火安全，重视钢结构的耐火防护构造设计。

1）在钢结构表面做耐火保护层的构造

①现浇混凝土的耐火保护层

这种耐火保护层材料包括普通混凝土、轻质混凝土和加气混凝土等，这些不燃性材料热容大，能阻延钢构件升温。当保护层较厚时，为防止受火爆裂，宜在保护层内敷设钢丝网，以提高保护层的抗裂性能。

②轻质预制板的耐火保护层

轻质预制板包括轻质混凝土板、泡沫混凝土板、硅酸钙板和石棉板。用轻质预制板包裹钢构件，板之间用构件连接也可以粘接。这种保护层不影响结构受力状态，功能明确，利于工业化生产，受火后复原性好。

③砂浆或灰胶泥保护层

这类保护层以砂浆、珍珠岩砂浆、灰胶泥、蛭石砂、石膏灰胶泥为材料，有较好的耐火性能。既可以在钢构件上包金属网然后涂抹砂浆保护层，也可以进行喷涂。

④矿物纤维耐火保护层

矿物纤维有石棉、岩棉和矿渣棉等，把矿物纤维与水泥混合，再用专用喷枪与喷水雾混合向钢构件喷涂，形成海绵状面层，也可以在钢构件外包钢丝进行喷涂，耐火效果更好。

2）屏蔽保护

把钢构件严密围封在耐火墙体或耐火吊顶内，形成不透火的构造方式，常用于保护屋面系统。

3）水喷淋保护

在结构上部设水喷淋给水系统，结构构件受火时自行启动（或手动）该系统，形成一层连续流动的水膜，阻隔传到构件上的热量，从而保护构件受力稳定。

4）防火涂料耐火做法

钢结构防火涂料有几种防火作用：①屏蔽作用，隔火。②涂料吸热分解放出水蒸气和不燃气体可以降温阻燃。③涂料受热后形成碳化泡沫层限制热量迅速传到构件上有隔热作用。根据涂料不同的胶粘剂，钢结构防火涂料可分为以下两类：

$$钢结构防火涂料\begin{cases}有机类\begin{cases}膨胀型\\非膨胀型\end{cases}\\无机类——非膨胀型\end{cases}$$

$$钢结构涂料厚度\begin{cases}薄涂层\quad 高温时涂层膨胀隔火、耐火极限0.5～1.5h\\（3～7mm）\\厚涂层\quad 涂层导热系数低、粒状面、密度小，耐火极限0.5～3.0h\\（8～20mm）\end{cases}$$

5）溶剂冷却法

在柱内注满碳酸钾（防冻）和硝酸钾溶液（防锈蚀），柱顶由环形管道连接膨胀调节槽，适应柱内溶液体积的变化。受火后溶液通过管道传导使钢柱受火能正常工作。美国堪萨斯州的 20 层银行大厦应用过这种热能置换法。

（2）预应力钢筋混凝土结构耐火构造

由于预应力钢筋混凝土构件充分发挥了不同材料的良好性能，因而使用广泛，经济效益较好。但是它在受火状态下，钢筋松弛快，当温度超过 300℃ 后，预应力全部耗损。尤其是预应力楼板挠度很快增大，板底裂缝后失落。当预应力筋保护层厚度为 10mm 时，其耐火极限低于 0.5h，达不到规范要求，因此必须加强耐火构造设计。

1）增加预应力楼板受力筋保护层厚度

预应力混凝土楼板受力筋保护层厚度为 30mm 时，板的耐火极限可以提高到 50min，加上抹灰厚度 5mm，则耐火极限能达到 1h。适当配置非预应力钢筋不仅可提高耐火极限，还可以防止预应力板火灾时骤然断裂。

2）采用预应力混凝土防火涂料

通过增加预应力板保护层厚度的办法，在结构受力性能上不够合理也不太经济。因此工程上广泛使用预应力混凝土楼板的防火隔热涂料。

（3）天棚吊顶的耐火构造

天棚装饰材料面层厚度小，吊顶内常常布满机电管线，火灾危险性大。

提高天棚耐火性能的办法：一是采用新型轻质耐火的不燃性材料；二是采用防火涂料提高可燃材料的耐火性能。

1）轻钢龙骨石膏板吊顶：石膏板厚 10mm，耐火极限可达 0.25h；采用双层石膏板（8＋8）mm 厚，耐火极限达 0.45h，天棚为非燃烧材料。

2）轻钢龙骨钉石棉型硅酸钙板：板厚 10mm 的吊顶耐火极限达 0.3h。

3）轻钢龙骨复合板吊顶：在两层薄钢板之间填充 39mm 厚的陶瓷棉，做成复合天花板，耐火极限可达 0.4h。

以上三类属于不燃性耐火构造。

对于由燃烧体材料构造的天棚，则采用防火涂料进行难燃性处理。这类涂料为饰面型防火涂料，由不同的分散介质可分为水性涂料和溶剂涂料两大类。水性涂料又分膨胀型和非膨胀型两种，而溶剂型涂料一般都具有膨胀的性质。

（4）幕墙耐火构造

幕墙结构包括玻璃幕墙、金属幕墙、石质幕墙和瓷质幕墙等，这些幕墙材料都是不燃烧材料。幕墙与支撑系统的连接方式有框支连接和点支连接，以及结构胶粘接等。支撑系统除玻璃幕墙直接作为内外空间的分隔墙以外，其他类幕墙的支撑系统往往是以承重墙里墙为幕墙的衬墙，因而耐火性能较好，因此这里着重讨论玻璃幕墙防火构造。由于玻璃幕墙受火时玻璃容易破碎，形成引火风道而使火灾蔓延，因此玻璃幕墙的窗间墙和窗槛墙的填充材料应采用不燃烧体，无窗间墙和窗槛墙的玻璃幕墙应在每层楼板外沿设置耐火极限在 1h 以上、高度不低于0.8m 的不燃烧实体裙墙。玻璃幕墙与每层楼板和每堵隔墙处的缝隙，必须用不燃烧材料严密填实。常用的密封材料有玻璃棉、岩棉、纯石膏、石膏加蛭石、石棉泡沫、岩石纤维等。除了提高玻璃的耐火极限外，还应该注意评定密封胶等填充材料的耐火性质和耐火极限。

（5）墙板的耐火构造

工程中应用的预制墙体和复合材料墙板一般都能满足耐火极限的要求，但是当墙板受火，或当楼板受火及荷载作用共同作用时会产生变形，使连接处产生过火风道。因此墙板耐火构造的关键在于使墙体与楼板受火灾作用时仍然能保证节点密封，采用不燃性填充料如岩棉、耐火胶泥等，图 4-3 为墙板的节点构造。

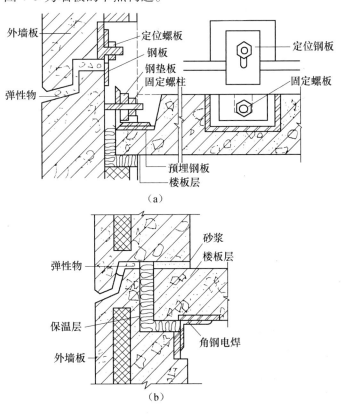

（a）

（b）

图 4-3　墙防火板节点构造

（a）上承式节点构造；（b）下承式节点构造

4.5.2.2 建筑隔火设计要点

如前所述，建筑物内发生火灾的延烧途径有：通过内隔墙、内部开口部位沿水平方向扩展；通过外墙窗口、内部竖向井道向竖直方向燃烧。建筑隔火设计的目的在于采取有效的构造措施，阻止这两个方向的火势扩散。

（1）防火分区设计的目的和方法

防火分区是指由达到耐火性能等级标准的隔火构件（墙体、楼板等）限定的建筑内部的空间区域，它必须具有在一定时间内控制火灾向其他区域扩散的功能。

按照火势延烧的方位，防火分区可以分成：1）水平防火分区，限制火势沿水平方向延烧。2）竖向防火分区，阻止火势向层与层间的垂直方向延烧。

（2）防火分区的设置要求

1）现代建筑规模的大型化和功能的综合性特征非常明显，发生火灾的因素增多，因此建筑平面布局不仅要满足使用要求，而且必须划分利于避难和扑灭火情的面积适当的水平防火分区。

2）防火分区划分必须首先确保人员安全疏散通道和救援人员通道的畅通。

3）相应提高疏散通道、避难区和消防通道的防火（耐火、隔火）安全度。

4）防火分隔构件的材料耐火极限必须确保满足人员疏散需要的时间。

5）防火分区内必须设置防烟分区，既要防止火势延烧又要利于防烟和排烟，室内必须具有良好的通风排气功能。

6）建筑物的中庭是室内多层贯通的公共空间，应该作为一个竖向防火分区比较合理。

7）高层建筑和地下室应该以楼层为界限划分水平防火分区，而不应跨层划分防火分区。

8）建筑内的竖向管道井、通风井等应该成为独立的竖直隔火分区。

9）必须认真做好穿越防火分区的管线穿越部位的分隔构造设计，保证节点部位的施工质量，务必形成隔火能力。

10）必须确保机电设备本身的分隔部件的技术可靠性，不至于破坏建筑防火分区的隔火。

11）在建筑内明火施工作业，如电焊之类，必须有严密隔火措施，周围必须清除可燃物，宜在室外限定地点防护作业。

12）一般情况下（除一些大空间建筑外）设有自动喷水灭火设备的防火分区，其防火分区面积允许相应扩大一倍。

4.5.3 建筑排烟、防烟设计

火灾时产生的有毒烟气是造成人员窒息中毒的主要原因。高温的烟气阻碍着火灾的扑救，使火势扩大，因此在隔火设计的同时必须做好防排烟设计。

排烟、防烟的设计要点是：

（1）一般的多层建筑符合民用建筑通则的采光通风要求，可以减轻烟气的危害，一般不作特别的防烟设计。

（2）对剧院、电影院、体育馆、会堂、医院、旅馆、百货商店，或当地下室或排烟口面积小于房间地面面积的 1/50 时需要做防烟设计。

（3）高层建筑防、排烟部位，见表 4-18。

表 4-18　高层建筑防排烟部位

		建筑高度：≤50m 的一类公共建筑、≤100m 的居住建筑、二类高层民用和 ≤32m 高层厂房				
建筑防烟	自然排烟	靠外墙	防烟部位		排烟口面积/m²	
			防烟楼梯间		≮2（五层开口面积之和）	
			防烟楼梯前室		≮2	
			消防电梯前室		≮2	
			合用前室		≮3	
		通室外	≤60m 内走道		≮2% 走道面积	
			需排烟房间		≮2% 房间面积	
			净高 <12m 中庭		≮5% 中庭地面积	

		一类高层，建筑高度 >32m 二类高层民用和厂房，≥19 层单元式住宅，>11 层通廊式住宅，≥10 层塔式住宅的防烟楼梯间				
建筑防烟	机械防烟	防烟部位			机械防烟/（m³/h）	
		不具备自然排烟条件的部位	自然排烟部位	加压送风部位	送风量	
					<20 层	20~32 层
		防烟楼梯间和前室		楼梯间	25000~30000	35000~40000
		防烟楼梯间	前室	楼梯间	25000~30000	35000~40000
		防烟楼梯间和合用前室		楼梯间	16000~20000	20000~25000
		防烟楼梯间和合用前室		合用前室	12000~16000	18000~22000
		消防电梯间		消防电梯前室	15000~20000	22000~27000
		防烟楼梯前室（合用前室）	楼梯间	前室（合用前室）	22000~27000	28000~32000
		封闭避难层（间）		避难层（间）	≮避难层净面积×30m³/（m²·h）	

		一类高层建筑、建筑高度 >32m 的高层建筑（民用、厂房、库房）				
建筑排烟	机械排烟	机械排烟设置条件	部位	排烟范围	排烟量	备注
		无直接自然通风长度 >20m	走道	一个防烟分区	≮60m³/（m²·h）	单台风机最小排烟量 ≮7200m³/h
		有直接自然通风长度 >60m		≥2 个防烟分区	≮120m³/（m²·h）最大防烟分区	
		面积 >100m²，常有人在或可燃物多	地面无通风窗房	净空 >6m 的不划分防烟分区的房间	≮60m³/（m²·h）	
		各房间面积和 >200m²，常有人在、可燃物多	地下室			
		单个房间面积 >50m²，常有人在、可燃物多				
		不具备自然排烟	中庭	体积 <17000m³	体积×6 次/h	最小排烟量 ≮102000m³/h
		净空高度 >12m		体积 <17000m³	体积×4 次/h	

4.5.4 安全疏散与火灾报警装置

4.5.4.1 建筑防火安全疏散的设计要点

（1）火灾时建筑的允许疏散时间是指可供受灾建筑内的全部人员安全撤离火场的时间，它必须控制在发生火灾烟中毒之前。允许疏散时间，见表4-19。

表 4-19 建筑的允许疏散时间（t）　　　min

等级 类别	一、二级耐火等级	三级耐火等级	四级耐火等级
多层民用建筑	< ~7	< ~4.5	< ~2
高层民用建筑、公共建筑	<7 ~4	<4 ~2	< ~2
观演建筑、影剧院、会堂	<2	<1.5	
体育馆	<4 ~3		
厂房　甲类	<0.5		
厂房　乙类	<1.0		
厂房　丙类	<2.0		

注：其中体育馆规模3000~5000座时，$t=3$；5001~10000座时，$t=3.5$；10001~20000座时，$t=4$。

（2）建筑的安全疏散距离应满足防火设计要求。表4-20列出了民用建筑的安全疏散距离要求。表中的安全出口中的楼梯在一般民用建筑中指封闭楼梯，高层建筑中指封闭楼梯和防烟楼梯。

表 4-20 安全疏散距离　　　m

民用建筑		直通公共走道的房间门到外部出口或封闭楼梯间的最大距离					
高层民用建筑		房间门或住宅户门至最近的外部出口或楼梯间的最大距离					
建筑 名称	部位 耐火等级	位于两个安全出口之间的房间			位于袋形走道两侧或尽端的房间		
		一、二级	三级	四级	一、二级	三级	四级
低层	托儿所、幼儿园	25	20				
多层	医院、疗养院	35	30		20	15	
高层	医院　病房	24			12		
	医院　其他	30			15		
多层	学校	35	30		22	20	
高层	教学、展览楼、旅馆	30			15		
多层	其他	40	35	25	22	20	15
高层	其他	40			20		

（3）防火疏散设计要与人的环境心理行为特征相适应。建筑的疏散路线设计首先要与平常功能使用的流线相一致，疏散安全出口要与人流流量相适应，保证疏散通道的通畅等。

尽量使每个房间有两个方向的疏散路线，避免出现袋形走道以提高疏散安全几率。

疏散距离宜短捷，导向性要强；疏散标志要在失火时仍然有较好的显示性；室内消防和疏散设施完备；保证水电供应系统受灾不断流。确保疏散和扑救路线的可靠畅通。

（4）疏散线路布局、安全出口的数量、宽度等满足《建筑防火设计规范》要求。表4-21为建筑设单个安全出口的规定。

表 4-21 建筑设单个安全出口或一个门的规定

建筑类型、部位			面积/m²	人数/人	疏散位置	注
厂房	甲类		每层建筑面积≤100	同一时间≤5	一个安全出口	
	乙类		每层建筑面积≤150	同一时间≤10		
	丙类		每层建筑面积≤250	同一时间≤20		
	丁类		每层建筑面积≤400	同一时间≤30		
	戊类		每层建筑面积≤400	同一时间≤30		
	地下室、半地下室	室内房间	使用面积50	同一时间≤15		
		每一防火分区	由安有防火门的防火墙分隔的相邻防火分区			两个及两个以上分区
库房	一座多层		占地面积≤300		一个疏散梯	
	防火隔间		占地面积≤100		一个门	
	地下室、半地下室		占地面积≤100		一个安全出口	
	冷库冷藏间		占地面积≤1000		一个门	
低多层民用建筑	房间		占地面积≤60	≤50	一个门	
	位于走道尽端最大疏散直线距离≤14m			≤80	一个门	托儿所、幼儿园除外
	单层公共建筑		占地面积≤200	≤50	一个直通室外安全出口	
	有2个以上疏散梯、屋顶局部升高≤2层的公建		每层建筑面积≤200	局部两层人数和≤50	一个楼梯、一个通屋面出口	
	≤9层塔式住宅（每层）		建筑面积≤500		一楼梯	(8户，28人)
	≤9层单元式宿舍（每层）		建筑面积≤300	≤30	一楼梯	
	耐火等级	一、二级	二、三层（每层）| 建筑面积≤500	第二、三层人数和≤100	一个疏散楼梯	医院、疗养院、托儿所、幼儿园除外
		三级	二、三层（每层）| 建筑面积≤200	第二、三层人数和≤50		
		四级	二层（每层）| 建筑面积≤200	第二层≤30		
	地下室、半地下室		建筑面积≤50	≤10	一安全出口	

续表

	建筑类型、部位	面积/m²	人数/人	疏散位置	注
高层民用建筑	≤18层有一防烟楼梯和消防电梯塔式住宅	建筑面积≤650		一安全出口	每层≤8户
	位于两安全出口之间的房间	建筑面积≤60		一个门	门净宽≥0.9m
	位于走道尽端的房间	建筑面积≤75		一个门	门净宽≥1.4m
	每单元有疏散楼梯通屋顶的单元式住宅	从第十层起每层相邻单元有连通阳台或凹廊		一安全出口	
	相邻两防火分区防火墙有防火门相通	两防火分区建筑面积之和≤1.4倍一个防火分区规定面积		一安全出口	地下室除外
地下室、半地下室	每一防火分区	由设防火门的防火墙分隔的多个相邻防火分区		一直通室外安全出口	≥2个防火分区
	房间	面积≤50	≤15	一个门	

4.5.4.2 火灾报警装置

（1）报警装置的功能

当建筑物起火后，若能及早发现和通报火灾，并及时疏散和采取有效措施控制和扑灭火灾，则可大大减少伤亡和损失，所以报警和灭火都非常重要。火灾报警装置的功能，如图4-4和图4-5所示。

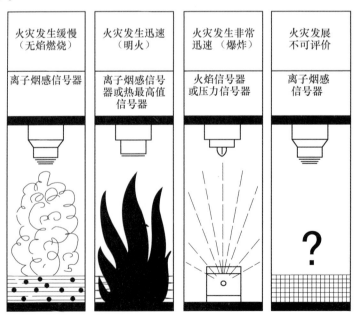

图4-4 对于可能发生的火灾，选择合理的火警信号器

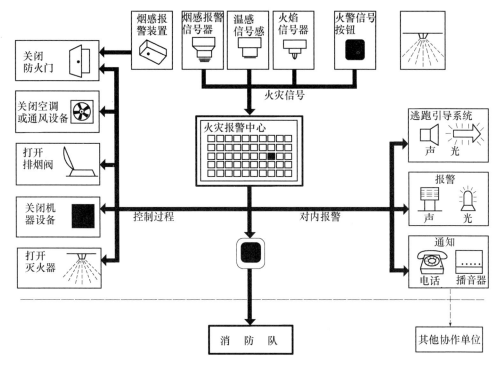

图4-5　火灾报警设备功能图，火警信号器的应用功能图

（2）报警系统的两个阶段

按照火灾的发展过程，报警系统可分为感知和通报两个阶段。

1）感知阶段的报警

感知阶段的报警是把起火信息迅速报告楼内的防火控制中心或安全保卫部门。报警方式分为人员报警和自动报警。

2）自动报警装置的设置要求

自动报警是通过自动装置向消防控制中心发出报警信号，如图4-6所示。

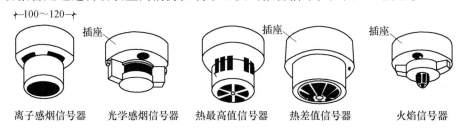

图4-6　自动火警信号器

防灾规范规定下列情况应设火灾自动报警系统：

①除面积小于5m²的卫生间外，高度超过100m的高层建筑，均应设置自动报警系统。

②除普通住宅外高度不超过100m的一类高层建筑的下列部位应设火灾自动报警系统。

a. 医院病房楼的病房、贵重医疗设备室、病历档案室、药品库。

b. 高级旅馆的客房和公共活动用房。

c. 商业楼、商住楼的营业厅、展览楼的展览厅。

d. 电信楼、邮政楼的重要机房和重要房间。

e. 财贸金融楼的办公室、营业厅、票证库。

f. 广播电视楼的演播室、播音室、录音室、节目播出技术用房、道具布置。

g. 电力调度楼、防灾指挥调度楼等的微波机房、计算机房、控制机房、动力机房。

h. 图书馆的阅览室、办公室、书库。

i. 档案楼的档案库、阅览室、办公室。

j. 办公楼的办公室、会议室、档案室。

k. 走廊、门厅、可燃物品库房、空调机房、配电室、自备发电机房。

l. 净高超过 2.6m 且可燃物较多的技术夹层。

m. 贵重设备间和火灾危险性较大的房间。

n. 经常有人停留或可燃物较多的地下室。

o. 电子计算机房的主机房、控制室、纸库、磁带库。

③二类高层建筑的下列部位应设火灾自动报警系统。

a. 财贸金融楼的办公室、营业厅、票证库。

b. 电子计算机房的主机房、控制室、纸库、磁带库。

c. 面积大于 $50m^2$ 的可燃物品库房。

d. 面积大于 $500m^2$ 的营业厅。

e. 经常有人停留或可燃物较多的地下室。

f. 性质重要或有贵重物品的房间。

旅馆、办公楼、综合楼的门厅、观众厅设有自动喷水灭火系统时，可不设火灾自动报警系统。

3）通报阶段的报警

这是当消防控制中心接到起火信息，且判断证实后，迅速向楼内传达，并分别发出紧急疏散和采取各种措施的指示，并向消防部门报告。

4）消防控制中心

①设置消防控制中心的必要性

消防控制中心设有报警和控制设备，能接收、显示、处理火灾报警信号，可指挥疏散、扑救工作。

规范规定：设有火灾自动报警系统和自动灭火系统或设有火灾自动报警系统和机械防烟排烟设施的高层建筑，应设消防控制中心。

②设置要求

a. 消防控制室一般宜设在建筑物的首层或地下一层、直通室外并靠近入口的地方。

b. 应采用耐火极限不少于 3h 的墙和不少于 2h 的楼板与其他部位隔开，并设直通室外的安全出口（走道长不大于 20m），其旁边须有消防车道，以利于消防车靠拢，还应接近消防电梯。

c. 消防控制中心宜设 2 个出口，门应有一定耐火能力，开向疏散方向，门上应有明显标志牌或标志灯。

d. 消防控制室面积应按设施多少而定，一般为 $30 \sim 80m^2$。大型控制中心则不受此限制。

思考题

1. 火灾有什么危害性？它与国民经济增长率存在什么比例关系？

2. 火灾的发生发展有哪些特征？

3. 防火的基本原理是什么？

4. 材料的耐火性能包括哪些内容？

5. 钢材、钢筋混凝土的燃烧性能有什么不同？

6. 提高木材的耐火性能一般有哪些阻燃处理方式？

7. 建筑构件的耐火极限是什么？它取决于构件的哪些性质？

8. 阐述钢结构构件的耐火构造方法，试结合工程事例加以说明。

9. 什么是防火分区？它有哪些分区方法？

10. 列表说明民用建筑的防火分区要求。

11. 列表说明高层建筑的耐火等级和最大允许防火分区的建筑面积。

12. 什么是烟囱效应？如何消除烟囱效应带来的安全隐患？

13. 在什么建筑条件下设置自然排烟？什么建筑条件下设置机械防烟？

14. 在什么建筑条件下设置机械排烟？它有什么技术要求？

15. 阐述不同建筑的允许疏散时间。

16. 说明封闭楼梯和防烟楼梯的涉及范围和构造要求。

17. 城市防火规范和设计要点有哪些？

18. 总平面规划中的防火间距应如何确定？

第五章

地震灾害与防震减灾

5.1 地震的基本概念

5.1.1 地震灾害

地震是一种自然现象。全世界每年发生地震约五百万次，其中 1% 为有感地震，即人们能够感觉的地震。造成灾害的强烈地震每年约发生十几次。地震灾害曾对人类社会造成巨大破坏，表 5-1 为 20 世纪以来的灾难性地震灾害。

表 5-1 20 世纪以来的灾难性地震

发生时间和地点	震级及次生灾害	造成损失
2004 年印度尼西亚苏门答腊岛	8.7 级，并引发海啸	死亡人数超过 15 万
1999 年中国台湾	7.6 级	死亡 2400 人，伤 11300 人
1999 年土耳其	7.4 级	死亡 1.3 万人
1995 年日本大阪神户	7.2 级	死亡 5466 人，伤 3 万多人
1994 年洛杉矶	6.7 级	死亡 55 人，伤 7000 多人
1990 年伊朗西北部吉兰省	7.7 级	死亡 5 万人，伤近 20 万人
1988 年前苏联亚美尼亚	6.9 级	死亡 5.5 万人，重伤 1.3 万人
1985 年墨西哥城	8.1 级	死亡 1 万多人，伤 4 万多人
1976 年中国唐山	7.8 级	死亡 24.2 万人，重伤 16.4 万人
1970 年秘鲁钦博特	7.8 级，引发历史上最为猛烈的泥石流	死亡 2.3 万人
1960 年智利	8.9 级，引发海啸及火山爆发	死亡 5700 人
1923 年日本关东	8.3 级，引起大火灾害	死亡 14.3 万人，伤 20 万人，50 万人无家可归
1920 年中国海原	8.5 级，引起群体性山体滑坡	死亡 23.4 万人
1906 年意大利墨西拿	7.5 级，引起海啸	死亡 8.3 万人
1906 年美国旧金山	8.3 级，引发大火灾害	死亡 6 万人

地震造成的灾害可分为直接灾害和次生灾害，直接灾害又称一次灾害，主要有地表裂缝、喷水冒砂、建筑结构破坏、房屋倒塌、地基失效破坏等；二次灾害为次生灾害，主要有火灾、水灾、海啸和逸毒等。如：1923 年日本关东地震，震倒房屋 13 万间，地震后引起的火灾烧毁房屋 45 万间。地震还可能引起社会混乱，停工、停产，疾病流行，甚至导致城市瘫痪，常被称为三次灾害。

5.1.2　地震的分类及成因

地震按震级分为：震级小于 2 级的无感地震；震级为 2 ~ 5 级时，称为有感地震；大于 5 级的地震为破坏性地震；震级大于 7 级时，称为大地震；特大地震是指震级大于 8 级的地震。

按成因可将地震分为构造地震、火山地震、陷落地震和诱发地震。构造地震是由于地壳运动，推挤地壳岩层使其薄弱部位发生断裂错动（图 5-1），使岩层中积累的变形能，一部分转化为热能，另一部分以波动的形式传播，叫地震波。构造地震的发生频率高，约占破坏性地震总量的 90% 以上。建筑抗震设计中，主要涉及构造地震作用下的建筑物设防问题。

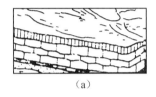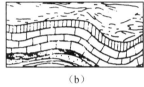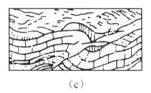

图 5-1　形成构造地震的岩层变形与破裂

（a）岩层的原始状态；（b）受力发生弯曲；（c）岩层破裂发生振动

按震源深度不同可将地震分为浅源地震，震源距地表小于 60km；中源地震，震源距地表在 60 ~ 300km 之间；深源地震，震源深度大于 300km。全世界的地震震害释放的能量 85% 来源于浅源地震。

5.1.3　震源、震中和地震带

造成地震发生的地方叫震源，构造地震的震源指岩层产生剧烈的相对运动的地方。震源在地表的投影叫震中。震源至地面的垂直距离叫震源深度。震源附近地区叫震中区或极震区。地面某处到震中的水平距离叫震中距。

根据地震地域分布规律，世界范围内的地震主要集中分布在两大地震带。环太平洋地震带：北美洲的西部海岸、阿拉斯加南岸、阿留申群岛、日本、台湾、菲律宾和新几内亚；欧亚地震带：包括亚速岛、意大利、土耳其、伊朗、印度、我国的云南、缅甸和印度尼西亚。

我国的地震分布集中在南北地震带和东西地震带范围内。南北地震带包括贺兰山、六盘山、秦岭、沿川西至云南东部；东西地震带包括帕米尔高原、昆仑山、秦岭，一支向北沿陕西、山西、河北北部向东，直至辽宁北部，另一支伸至大别山。

5.1.4　地震波的传播

地震波是一个频带较宽的随机过程，它表现为上升—峰值—均匀震相—衰减过程。地震波由面波和体波等波相组成，在地下不同地质层传播，经过折射、反射到达地表时，则变成相当复杂的波形，且传播方向不断偏移，至地表时，接近垂直于地表面方向，如图 5-2 所示。

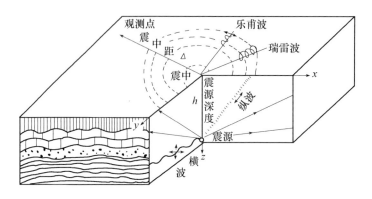

图 5-2　地震波在地层中的传播

体波又分为纵波（P 波）和横波（S 波）。P 波出现快，衰减慢，因此在震中附近感觉明显；S 波的振动方向与质点行进方向垂直，故在大部分地震区水平振动明显。面波又分为：椭圆形的瑞雷波、蛇形的乐甫波。面波的传播速度约为剪切波传播速度的 90%。面波振幅大而周期长，只在地表附近传播，比体波衰减慢，故能传播到很远的地方。

由震源释放出来的地震波传到地面后引起地面运动，这种地面运动可以用地面上质点的加速度、速度或位移的时间函数来表示，用地震仪记录到的这些物理量的时程曲线习惯上又称为地震的加速度波形、速度波形和位移波形。在目前的结构抗震设计中，常用到的则是地震加速度波形，其最大幅值、频谱特性和持续时间是工程设计的重要参考数值。

加速度波形的最大幅值是描写地面运动强烈程度的最直观的参数，虽然最大幅值不能完全反映地震波的工程特性，但在工程实践中因直观而易于接受。在抗震设计中对结构进行时程分析时，需要给出加速度最大值，而在设计用反应谱中，地震影响系数的最大值与地面运动最大加速度峰值有直接关系。

图 5-3 是根据日本一些强震记录经过变换得到的地震加速度波形功率谱，它们反映的是

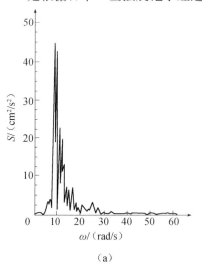

（a）

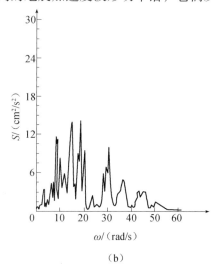

（b）

图 5-3　功率谱示意图

（a）软土地基功率谱示意图；（b）硬土地基功率谱示意图

同一地震、震中距近似相同而地基类型不同的情况，显示出硬土、软土的功率谱成分有很大不同，即软土地基上地震加速度波形中长周期分量比较显著；而硬土地基上地震加速度波形则包含着多种频谱成分，一般情况下短周期的分量比较显著。利用这一概念，在设计结构物时，人们就可以根据地基土的特性，采取刚柔不同的体系，以减小地震引起的结构物共振的可能性，减小地震造成的破坏。

在地震地面运动的作用下，一个结构物从开裂到全部倒塌一般是有一个过程的。很显然，当结构已经发生开裂时，连续振动的时间越长，则结构倒塌的可能性就越大。因此，地震地面运动的持续时间是研究结构物抗倒塌的一个重要参数。

5.1.5　地震的强度划分

量度地震的大小有多种方式。通常使用的地震震级和地震烈度从不同角度度量地震的强弱。前者侧重于地震能量的释放；后者则是反映地震对地表的破坏程度的指标。

5.1.5.1　震级及地震能量

震级是按照地震本身的强弱程度而定的等级标度。1935 年，里克特（C. F. Richter）首先提出震级定义，称为里氏震级，即：用标准地震仪（周期为 0.8s，阻尼系数为 0.8，放大倍数为 2800 的地震仪），在距震中 100km 处记录下来的最大水平地面位移 A（μm 为单位）的常用对数值：

$$M = \lg A \tag{5-1}$$

式中　M——里氏震级；

A——地震曲线图上量得的最大振幅（μm）。

震级是表示地震规模的指标，是地震释放能量的尺度，一次地震只有一个震级。震级与地震释放的能量的关系表示为：

$$\lg E = 1.5M + 11.8 \tag{5-2}$$

式中　E——地震释放的能量。

由式（5-1）和式（5-2）可以看出，当震级增加一级时，地面震动幅度增大约 10 倍，地震能量增大约 32 倍。智利的里氏 8.7 级特大地震，释放的能量换算成电能，大约相当于 100 万 kW 发电厂十几年间发出电能的总和。

5.1.5.2　地震烈度

地震烈度是指地面及建筑物遭受一次地震影响的强弱程度，常用 I 表示。对于一次地震，表示地震大小的震级只有一个，但它在不同地点产生的地震烈度是不一样的。地震烈度主要与震中距、震源深浅、地质条件、地表土的性质、建筑物的动力特性有关。一般情况下，随着距震中距离的增大，地震烈度会降低。表 5-2 反映震级与震中烈度的对应关系。

表 5-2　震级与震中烈度的对应关系

震级	2	3	4	5	6	7	8	>8
震中烈度	1~2	3	4~5	6~7	7~8	9~10	11	12

量度地震烈度一般有两种烈度表，即宏观烈度表和定量烈度表。在没有仪器观测的年代，地震烈度只能由地震宏观现象衡量，如人的感觉、器物的反应、地表和建筑物的破坏程

度等。近年来，采用强震仪记录地面运动参数成为可能，从而出现了以地面运动加速度峰值、速度峰值来定义烈度的定量烈度表。由于目前尚不能随处记录地面运动参数，所以采用定量烈度来评定地震现场烈度还有困难。目前，一般采用两种烈度表结合的方法。由国家地震局颁布实施的《中国地震烈度表（GB/T 17742—1999）》就属于将宏观烈度与地面运动参数结合的烈度表，见表5-3。

表5-3　中国地震烈度表（GB/T 17742—1999）

| 烈度 | 在地面上人的感觉 | 房屋震害程度 | | 其他震害现象 | 水平向地面运动 | |
		震害现象	平均震害指数		峰值加速度 m/s²	峰值速度 m/s
I	无感					
II	室内个别静止中人有感觉					
III	室内少数静止中人有感觉	门、窗轻微作响		悬挂物微动		
IV	室内多数人、室外少数人有感觉，少数人梦中惊醒	门、窗作响		悬挂物明显摆动，器皿作响		
V	室内普遍、室外多数人有感觉，多数人梦中惊醒	门窗、屋顶、屋架颤动作响，灰土掉落，抹灰出现微细烈缝，有檐瓦掉落，个别屋顶烟囱掉砖		不稳定器物摇动或翻倒	0.31 (0.22 ~ 0.44)	0.03 (0.02 ~ 0.04)
VI	多数人站立不稳，少数人惊逃户外	损坏——墙体出现裂缝，檐瓦掉落，少数屋顶烟囱裂缝、掉落	0 ~ 0.10	河岸和松软土出现裂缝，饱和砂层出现喷砂冒水；有的独立砖烟囱轻度裂缝	0.63 (0.45 ~ 0.89)	0.06 (0.05 ~ 0.09)
VII	大多数人惊逃户外，骑自行车的人有感觉，行驶中的汽车驾乘人员有感觉	轻度破坏——局部破坏，开裂，小修或不需要修理可继续使用	0.11 ~ 0.30	河岸出现坍方；饱和砂层常见喷砂冒水，松软土地上地裂缝较多；大多数独立砖烟囱中等破坏	1.25 (0.90 ~ 1.77)	0.13 (0.10 ~ 0.18)
VIII	多数人摇晃颠簸，行走困难	中等破坏——结构破坏，需要修复才能使用	0.31 ~ 0.50	干硬土上亦出现裂缝；大多数独立砖烟囱严重破坏；树梢折断；房屋破坏导致人畜伤亡	2.50 (1.78 ~ 3.53)	0.25 (0.19 ~ 0.35)

续表

烈度	在地面上人的感觉	房屋震害程度		其他震害现象	水平向地面运动	
		震害现象	平均震害指数		峰值加速度 m/s²	峰值速度 m/s
IX	行动的人摔倒	严重破坏——结构严重破坏，局部倒塌，修复困难	0.51~0.70	干硬土上出现地方有裂缝；基岩可能出现裂缝、错动；滑坡坍方常见；独立砖烟囱倒塌	5.00 (3.54~7.07)	0.50 (0.36~0.71)
X	骑自行车的人会摔倒，处不稳状态的人会摔离原地，有抛起感	大多数倒塌	0.71~0.90	山崩和地震断裂出现；基岩上拱桥破坏；大多数独立砖烟囱从根部破坏或倒毁	10.00 (7.08~4.14)	1.00 (0.72~1.41)
XI		普遍倒塌	0.91~1.00	地震断裂延续很长；大量山崩滑坡		
XII				地面剧烈变化，山河改观		

注：表中的数量词："个别"为10%以下；"少数"为10%~50%；"多数"为50%~70%；"大多数"为70%~90%；"普遍"为90%以上。

5.1.6　我国地震的特点和地震烈度区划图

我国的地震特点是强度高、分布广、复发周期长、地震构造复杂、区域差异大。国家地震局和建设部1992年编制了新地震烈度区划图——《中国地震烈度区划图（1990）》。它是根据我国大区域地震活动、地震特点，将全国分为7个地震区，即：东北、华北、华南、新疆、青藏高原、台湾、南海地震区。再根据构造活动形式，划分为27个地震带，作为统计单元。以地震带为基础，依据构造类比、地震活动空间分布特征，确定出733个潜在震源区，通过统计大小地震的震级-频率关系，确定各潜在地震源区的不同震级上限。最后按统一年限和概率水平的地震烈度值编制出地震烈度区划图。

地震烈度区划图的作用是为国家经济建设和国土资源的利用提供基本资料；为一般工业和民用建筑提供地震设防依据；为国家制定减轻和防御地震灾害对策提供依据。

《中国地震烈度区划图（1990）》给出了全国各地区的上界烈度。例如，北京地区的基本烈度为8度。其他地区的基本烈度可查《中国地震烈度区划图》。

5.1.7　地震作用的特点

（1）地震作用的随机性

在抗震设防和抗震设计中，设计者都希望了解在设计基准期内各种不同强度地震发生的可能性以及地震的特性，以便合理地确定抗震设防标准和进行抗震设计。但就目前对地震的认识水平而言，地震的发生和地震动的特性都不能精确地给出，必须以概率为基础进行推测。目前广泛采用的是建立在概率分析基础上的地震危险性分析方法，即：对今后若干年内不同强度地震发生的可能性进行含有概率水平的推测。我国地震工作研究者对地震危险分析方法的研究和应用做了大量工作，取得了许多研究成果，为采用概率方法确定抗震设防标准创造了条件。

（2）地震作用随建筑结构特性变化而变化

对于一具体的建筑结构，在地面运动作用下，该结构将发生振动，在结构上的各个点将会发生位移、速度和加速度。结构上不同点发生的位移通常是不同的，因此结构就产生了变形，从而产生了内力等。因此，地震作用效应和结构的振动密切相关。换言之，结构的地震作用和结构的振动密切相关。除了和地面运动特性有关外，结构的振动还和结构的质量分布、结构的刚度分布有关。在抗震设计时，仅仅考虑加大结构构件的截面尺寸来提高结构的抗震能力往往达不到理想的效果。因为在加大构件截面尺寸的同时，结构的质量和刚度也增加了，结构质量的增大必然会增大地震作用，而结构刚度的增大通常也会使地震作用增大。

（3）地震作用的短时性和往复性

一次地震引起的地面运动时间通常只有几十秒钟，而出现对结构振动影响较大的包含波峰的主振动的时间更短。地面运动的另一特点是当地面运动在某一方向达到峰值后，在该方向的振动马上会减小。由于地震作用的短时性和往复性，地震作用下的结构的破坏过程和静力荷载作用下的结构的破坏过程是不一样的。

（4）地震作用的复杂性

地震作用和地面运动的特性密切相关，而地面运动的特性则和发震机制、离开震中的距离、传播途径、场地土特性、局部地形等有关。在震中附近的区域，地面运动不仅具有水平方向的平动分量，还有垂直方向的平动分量和转动分量，图 5-4 是实测得到的地面运动加速度分量。

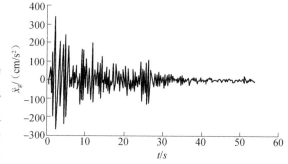

图 5-4　实测地面运动加速度分量

地震作用不仅和地面运动的特性相关，还和结构动力特性及其变化有关。对于高层建筑或基础埋得较深的建筑，地震作用还和结构-基础-土体整体系统的运动特性和耗能特性有关。

鉴于地震作用的复杂性，仅通过抗震计算无法确保房屋抗震设防目标的实现，抗震概念设计和抗震构造措施是抗震计算以外的重要手段。

5.2　防震减灾的主要措施

减轻地震灾害的对策分成工程性措施和非工程性措施两大类，二者相辅相成，缺一不可。

5.2.1　工程性措施

工程性措施主要包括地震预测预报、地震转移分散、工程抗震三个方面。

地震预测预报，主要是根据对地震地质、地震活动性、地震前兆异常和环境因素等多种情况，通过多种科学手段进行预测研究，对可能造成灾害的破坏性地震的发生时间、地点、强度的分析、预测和发布。预报按可能发生地震的时间可分为四类：（1）长期预报：预报几年内至几十年内将发生的地震。（2）中期预报：预报几个月至几年内将发生地震。（3）短期预报：预报几天至几个月内将发生地震。（4）临时预报：预报几天之内将发生地震。

目前地震预报还存在着许多难以解决的问题，预报的水平仅是"偶有成功，错漏甚多"，致使未能及时防范，未能将损失减至最低。中外大多数破坏性的地震，或是错报（报而未震），或是漏报（震前未预报），对人民生活、社会秩序造成严重的影响。

地震转移、分散，是把可能在人口密集的大城市发生的大地震，通过能量转移，诱发至荒无人烟的山区或远离大陆的深海，或通过能量释放把一次破坏性的大地震化为无数次非破坏性的小震。这种方法目前尚在探索，未有应用。但即使成功，其实用价值也不大。如一个7级地震，需要36000多个不致造成破坏的四级地震才能释放其能量，其经济投入不可想象。

鉴于地震预报和地震转移分散均不能很好地实现，因此工程抗震成为目前最有效的、最根本的措施。工程抗震是通过工程技术提高城市综合抗御地震的能力和提高各类建筑的耐震性能，当突发性地震发生时，把地震灾害减少至较轻的程度。工程抗震的内容非常丰富，包括地震危险性分析和地震区划、工程结构抗震、工程结构减震控制等。《中华人民共和国防震减灾法》（以下简称《防震减灾法》）对工程性防御措施提出了规范化的法律要求。

（1）新建工程必须遵守有关法律规定，主要为以下两方面：

1）新建工程必须符合抗震设防要求。根据《防震减灾法》的规定，凡是新建、扩建、改建建设工程，必须达到抗震设防要求。具体分为三种情况：一是重大建设工程和可能发生严重次生灾害的建设工程，必须进行地震安全性评价；并根据地震安全性评价的结果，确定抗震设防要求，进行抗震设防。二是重大建设工程和可能发生严重次生灾害的建设工程之外的建设工程，必须按照国家颁布的地震烈度区划图或者地震动参数区划图规定的抗震设防要求，进行抗震设防。三是核电站和核设施建设工程，受地震破坏后可能引发放射性污染的严重次生灾害，必须认真进行地震安全性评价，并依法进行严格的抗震设防。

《防震减灾法》还对重大建设工程和可能发生严重次生灾害的建设工程明确划定了范围，即所谓重大建设工程是指对社会有重大价值或者有重大影响的工程；所谓可能发生严重次生灾害的建设工程是指受地震破坏后可能引发水灾、火灾、爆炸、剧毒或者强腐蚀性物质大量泄漏和其他严重次生灾害的建设工程，包括水库大坝、堤防、储油、储气、储存易燃易爆、剧毒或者强腐蚀性物质以及其他可能发生严重次生灾害的建设工程。

2）新建工程必须遵循抗震设计规范。抗震设计规范与抗震设防要求一样，都是建设工程必须遵循的基本法律规定。为了保证抗震设计规范的权威性，《防震减灾法》规定，抗震设计规范由专门的国家机关负责制定，主要包括两种情况：第一，国务院建设行政主管部门负责制定各类房屋建筑及其附属设施和城市市政设施的建设工程的抗震设计规范；第二，国务院铁路、交通、民用航空、水利和其他有关专业主管部门负责制定铁路、公路、港口、码头、机场、水工程和其他专业建设工程的抗震设计规范。

（2）已建工程必须遵守有关法律规定

防震减灾法不仅对新建工程提出了最基本的法律要求，对已建工程也提出了相应的法律要求，这一要求的主要内容是只要符合《防震减灾法》所规定的条件的已建工程，必须依法进行抗震加固。抗震加固是增强已建工程抗御地震灾害能力的重要手段。《防震减灾法》对于需要进行抗震加固的已建工程的范围和性质作了具体的要求，需要进行抗震加固的已建工程包括已经建成的下列建筑物、构筑物，即属于重大建设工程的建筑物、构筑物；可能发生严重次生灾害的建筑物、构筑物；有重大文物价值和纪念意义的建筑物、构筑物；地震重点监视防御区的建筑物、构筑物等。属于上述种类的已建工程，只要是未采取抗震设防措施的，就应当按照国家有关规定进行抗震性能鉴定，并采取必要的抗震加固措施。

（3）次生灾害防御必须遵守有关法律规定

《防震减灾法》对地震可能引起的次生灾害源的防范提出了法律要求，规定了有关地方人民政府有责任采取相应的措施有效地防范地震可能引起的火灾、水灾、山体滑坡、放射性污染、疫情等次生灾害源。

5.2.2 非工程性措施

非工程性防御措施主要是指各级人民政府以及有关社会组织采取的工程性防御措施之外的依法减灾活动，包括建立健全减灾工作体系，制定防震减灾规划，开展防震减灾宣传、教育、培训、演习、科研以及推进地震灾害保险，救灾资金和物资储备等工作。《防震减灾法》除了详细规定了工程性防御措施以外，还对非工程性防御措施作了基本要求，主要的内容涉及到以下几个方面：

（1）编制防震减灾规划。

（2）加强防震减灾宣传教育。

（3）做好抗震救灾资金和物资储备。

（4）建立地震灾害保险制度。

5.3 防震减灾中的地震应急活动

减轻地震灾害是一项宏大的系统工程，主要内容包括震前的抗震防灾、震时的应急处理、震后的抢险救灾和恢复重建。地震应急活动是这四个主要内容之一，本节重点叙述。工程结构的抗震防灾内容在第六章中详述。

破坏性地震发生后，尤其是严重破坏性地震发生后，能否采取有效的应急措施直接关系到人民生命和财产的安全。国内外地震应急活动的实践表明，有组织、高效率地开展地震应急活动，可以最大限度地减少地震灾害给人民生命和财产造成的损失。地震应急的根本目的在于：（1）在临震前采取尽可能有效的措施，保护人民的生命安全，保护重要设施（如生命线系统）不受或少受损失。（2）在灾害发生后尽可能迅速、有效地开展救援活动并采取措施减少和防止灾害的扩大，迅速地恢复社会秩序。

1995 年 4 月 1 日国务院第 172 号令发布了《破坏性地震应急条例》，这是关于我国地震应急的第一个行政法规，该行政法规的出台改变了我国地震应急长期无法可依的现象，为地震应急活动的法制化提供了法律依据。《破坏性地震应急条例》对应急机构、应急预案、临震应急、震后应急等地震应急活动的法制化作了规定。自《破坏性地震应急条例》发布以来，在发生的地震应急活动中，地震灾区的人民政府很好地实施了该条例的规定，对于保护人民生命和财产的安全发挥了重要的作用。《防震减灾法》对地震应急作为防震减灾的一个重要环节作了明确地肯定，对地震应急工作和活动应当遵循的法律原则作了具体性规定，重申了最基本的法律要求。

地震应急活动的内容包括了：建立组织和领导机构；事先制定好应急预案；在地震灾害突发时能够按照明确的职责分工，及时、有效地组织实施应急预案的队伍；灾区全体人民的积极参与和努力。

5.3.1　制定地震应急预案的组织工作

地震应急预案是在"以预防为主"的防震减灾工作方针指导下，事先制定的在破坏性地震突然发生后政府和社会采取紧急防灾和抢险救灾的行动计划。正因为地震应急预案是地震应急工作的基础，所以，制定地震应急预案是一项非常重要的工作，必须在地震行政主管部门的指导下，在充分考虑各种防灾条件的基础上制定。《防震减灾法》规定了地震应急预案制定工作的组织程序，主要包括：国务院地震行政主管部门会同国务院有关部门制定国家破坏性地震应急预案，报国务院批准；国务院有关部门应当根据国家破坏性地震应急预案，制定本部门的破坏性地震应急预案，并报国务院地震行政主管部门备案；可能发生破坏性地震地区的县级以上地方人民政府负责管理地震工作的部门或者机构，应当会同有关部门参照国家破坏性地震应急预案，制定本行政区域内的破坏性地震应急预案，报本级人民政府批准；省、自治区和人口在100万以上的城市的破坏性地震应急预案，还应当报国务院地震行政主管部门备案。

5.3.2　地震应急预案的内容要求和组织实施

《防震减灾法》要求地震应急预案具有下列规范性的内容：（1）应急机构的组成和职责。（2）应急通信保障。（3）抢险救援人员的组织和资金、物资的准备。（4）应急、救助装备的准备。（5）灾害评估准备。（6）应急行动方案等。

《国家破坏性地震应急预案》对应急工作的要求是：一般破坏性地震发生后，由省、自治区、直辖市人民政府领导本行政区域内的地震应急工作；严重破坏性地震发生后，由省、自治区、直辖市人民政府领导本行政区域内的地震应急工作，国务院根据灾情组织、协调有关部门和单位对灾区进行紧急支援；造成特大损失的严重破坏性地震发生后，省、自治区、直辖市人民政府抗震救灾指挥部组织、指挥灾区地震应急工作，国务院抗震救灾指挥部领导、指挥和协调地震应急工作。一般破坏性地震是指造成一定数量的人员伤亡和经济损失（指标低于严重破坏性地震）的地震。严重破坏性地震是指造成人员死亡200～1000人，直接经济损失达到该省、自治区、直辖市上年国内生产总值1%～5%的地震；在100万人口以上的大城市或地区发生大于6.5级、小于7.0级的地震，或在50万～100万人口的城市或地区发生7.0级以上级的地震，也可视为严重破坏性地震。造成特大损失的严重破坏性地震是指造成人员死亡数超过1000人，直接经济损失超过该省、自治区、直辖市上年国内生产总值5%以上的地震；在100万人口以上的大城市或地区发生7.0级以上的地震，也可视为造成特大损失的严重破坏性地震。

破坏性地震临震预报发布后，有关的省、自治区、直辖市人民政府可以宣布所预报的区域进入临震应急期；有关的地方人民政府应当按照破坏性地震应急预案，组织有关部门动员社会力量，做好抢险救灾的准备工作。当造成特大损失的严重破坏性地震发生后，国务院应当成立抗震救灾指挥机构，组织有关部门实施破坏性地震应急预案。当一般破坏性地震发生后，有关的县级以上地方人民政府应当设立抗震救灾指挥机构，组织有关部门实施破坏性地震应急预案。

思考题

1. 地震按其成因可分为哪几种类型？按其震源的深度又可分为哪几种类型？
2. 地震震级、地震烈度和抗震设防烈度有什么不同？
3. 什么是地震波？地震波包括哪几种？
4. 地震的强度是如何划分的？
5. 什么是地震烈度区划图？它是如何编制的？有何意义？
6. 地震作用的特点有哪些？了解地震作用的特点有何工程意义？
7. 抗震减灾的工程性措施和非工程性措施包含哪些主要内容？
8. 地震应急预案一般包括哪些主要内容？

第六章 建筑结构抗震设计

6.1 建筑结构抗震设计概述

6.1.1 建筑物的震害及抗震设防的意义

地震发生时建筑物可能遭受破坏甚至倒塌，如图6-1和图6-2所示。

（a）　　　　　　　　　　　　　　　　（b）

图 6-1　混合结构震害

（a）外墙角部的 V 形裂缝；（b）山墙斜裂缝

（a）

（b）　　　　　　　　　　　　（c）　　　　　　　　　　　　（d）

图 6-2　钢筋混凝土多层震害

（a）钢筋混凝土大楼因底层毁坏而倒塌；（b）框架柱弯曲破坏；

（c）框架柱剪切破坏；（d）梁柱节点震害

1976 年拥有 150 万人口的唐山市，在遭遇 7.8 级地震的袭击后，整座城市化为一片瓦砾，死亡 24.2 万人，重伤 16.4 万人，经济损失超过百亿元。可是，1985 年一个拥有 100 余万人口的智利瓦尔帕莱索市虽遭受了同样 7.8 级地震，人员死亡却只有 150 人，而且不到一周时间整个城市就基本恢复原样。两座城市人口相差不多，在遭受同样大小的地震的情况下，损失相差很大，这其中瓦尔帕莱索市的建筑物和设施曾进行了有效的抗震设防是重要原因。

抗震设防的标准不同，地震时造成的损失也会有很大区别。例如，日本东京是国际著名城市，历史上曾发生过 8 级以上的地震，日本政府和各界一向对此十分关心和重视，长期以来一直致力于将东京建成一个能抵御 8 级大地震的城市。1986 年一次 6.2 级地震发生在东京城地下，一座上千万人的城市仅死亡 2 人，整座城市几乎未遭到破坏。可是一向认为没有发生大地震危险的神户市对工程抗震设防就不那么重视。在 1995 年的一次 6.9 级地震中，导致了近十万栋房屋毁坏，5466 人死亡和约 1000 亿美元的经济损失。

可见，工程抗震的成效在很大程度上取决于所采取的工程设防标准，而工程设防标准并非越高越好，因为它还受着社会经济、政治条件的制约。对各类建筑物和设施进行抗震设防，免不了要增加工程的造价和投资，因此，合理的设防标准的确定，特别是可接受的最低设防标准的制定，需要在保证地震安全性与谋取优化的社会经济效益和社会影响之间取得平衡。既要使震前用于抗震设防的经济投入不超过当时社会的经济承受能力，又要使震后按抗震设防要求设计的建筑的破坏程度和人员伤亡限制在社会可以接受的范围之内。

6.1.2　抗震设防

抗震设防是指对建筑物进行抗震设计和采取抗震构造措施，达到抗震减灾的目的。抗震设防的依据是抗震设防烈度。

抗震设防烈度是按国家批准权限审定作为一个地区或厂矿抗震设防依据的烈度值。一般情况下，采用地震烈度区划图中规定的基本烈度。

6.1.2.1　建筑抗震设防的一般目标

地震是随机事件，要求结构在遭遇大震时不受破坏，在经济上是不合理的。抗震设防的指导思想是，可以允许结构破坏，但在任何情况下不允许倒塌。即在建筑物使用寿命期限内，对不同频度和强度的地震，要求建筑物具有不同的抵抗能力，根据地震发生的概率频度将地震烈度分为：多遇地震烈度、基本烈度和罕遇地震烈度，简称"小震"、"中震"、"大震"。

多遇地震烈度是指设计基准期 50 年内，超越概率为 63.3% 的地震烈度。基本烈度是指设计基准期 50 年内，一般场地条件下，可能遭遇超越概率为 10% 的烈度值。罕遇地震烈度是指设计基准期 50 年内，超越概率为 2% ~ 3% 的地震烈度。超越概率是指一定地区和时间范围内，发生的地震烈度 I（或地震动参数），超过给定地震烈度 i（或地震动参数）的概率，即：$P(I \geq i/年)$，如图 6-3 所示。

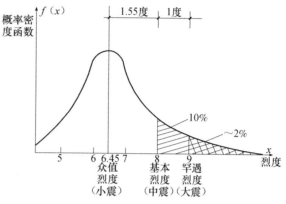

图 6-3　三种烈度及其关系

《建筑抗震设计规范》（GB 50011—2001）制定了建筑物抗震设防的一般目标，即当遭遇多遇的、低于本地区设防烈度的地震影响时，建筑物一般不受损坏，或不需要修理仍可继续使用，又称为第一水准；当遭受本地区设防烈度的地震影响时，建筑物可能有一定损坏，经一般修理或不需要修理仍可继续使用，称为第二水准；当遭受高于本地区设防烈度的罕遇地震影响时，不致倒塌或发生危及生命的严重破坏，又称为第三水准。概括此三水准就是："小震不坏，中震可修，大震不倒"。

"小震不坏"和"大震不倒"的抗震设防目标是通过两阶段设计法实现的。第一阶段抗震设计的内容包括：按小震作用效应与其他荷载作用效应的基本组合，验算构件截面的抗震承载力，以及小震作用下的弹性变形，以满足第一水准的抗震设防要求。第二阶段的设计内容包括：在大震作用下，验算结构的弹塑性变形，以满足第三水准的要求。至于第二水准，即中震可修的抗震设防要求，通过抗震构造措施加以保证。

6.1.2.2　建筑抗震设防分类

《建筑抗震设计规范》（GB 50011—2001）根据建筑使用功能的重要性，将建筑抗震设防分为四个类别：甲类建筑为特别重要的建筑工程和遭遇地震破坏时可能导致严重次生灾害的建筑。如当其遭遇地震破坏时，将产生放射性物质的污染、剧毒气体的扩散、大爆炸或其他政治、经济、社会的重大影响。乙类建筑为地震时使用功能不能中断或需要尽快恢复的建筑，指国家重点抗震城市的生命线工程，包括医疗、广播、通讯、交通、供水、供电、供气、消防和粮食等工程。丙类建筑属于甲、乙、丁类以外的一般性建筑，包括工厂、机关、商业、学校和住宅建筑等。丁类建筑属于次要建筑，当遭受地震破坏时，不易造成人员伤亡和较大经济损失的建筑，如仓库和其他辅助性建筑。

6.1.2.3 各类建筑抗震设计的基本原则

对于甲类建筑，设计中按地震动参数计算，采取特殊的抗震措施；乙类建筑按设计烈度计算，按比本地区设防烈度提高一度采取抗震措施；丙类建筑按本地区设防烈度进行抗震计算，采取抗震措施；丁类建筑按设计烈度计算，按比本地区设防烈度降低一度采取抗震措施。

6.1.2.4 建筑抗震设计的基本要求

由于地震动和结构地震反应的不确定性和复杂性，建筑物在强烈地震作用下的破坏是十分复杂的，通过精确计算地震作用而进行抗震设计具有一定困难。目前建筑抗震设计主要通过两种途径实现，即抗震计算设计和抗震概念设计。抗震计算设计是指基于地震作用效应的定量分析计算而进行的抗震设计；抗震概念设计是指根据地震灾害和工程经验等所形成的基本设计原则和设计思想，通过合理的定性判断对建筑场地，建筑物平、立面和结构体系，抗震构造措施等一系列重要问题进行设计处理。

合理地进行抗震设计，首先应从大的方面入手，通过灵活、合理地运用抗震设计原则，从根本上消除建筑物抗震薄弱环节，避免发生严重破坏和倒塌，为抗震计算创造有利条件。

抗震设计基本要求主要包括以下几个方面：

（1）选择对抗震有利的建筑场地、地基和基础。选择建筑场地时，应根据工程需要，掌握地震活动情况、工程地质和地震地质的有关资料，做出综合评价。宜选择对建筑抗震有利的地段，避开不利的地段，无法避开时，应采取有效措施；不应在危险地段建造甲、乙、丙类建筑。

建筑场地为Ⅰ类时，甲、乙类建筑应允许仍按本地区抗震设防烈度的要求采取抗震构造措施；丙类建筑应允许按本地区抗震设防烈度降低一度的要求采取抗震构造措施，但抗震设防烈度为6度时仍应按本地区抗震设防烈度的要求采取抗震构造措施。

建筑场地为Ⅲ、Ⅳ类时，对设计基本加速度为$0.15g$和$0.30g$的地区，除抗震规范另有规定外，宜分别按抗震设防烈度8度（$0.20g$）和9度（$0.40g$）时各类建筑的要求采取抗震构造措施。

地基和基础设计应符合下列要求：

1）同一结构单元的基础不宜设置在性质截然不同的地基上。

2）同一结构单元不宜部分采用天然地基，部分采用桩基。

3）地基为软弱黏性土、液化土、新近填土或严重不均匀土时，应估计地震时地基不均匀沉降或其他不利影响，并采取相应措施。

（2）选择对建筑抗震有利的建筑平面、立面和竖向剖面。为了防止地震时建筑发生扭转和应力集中或塑性变形集中而形成薄弱部位，建筑平面、立面和竖向剖面应符合下列要求：

1）建筑抗震设计应符合抗震概念设计的要求，不应采用严重不规则的设计方案。

2）建筑及其抗侧力结构的平面布置宜规则、对称，并应具有良好的整体性；建筑的立面和竖向剖面宜规则，结构的侧向刚度宜均匀变化，竖向抗侧力构件的截面尺寸和材料强度宜自下而上逐渐减小，避免抗侧力结构的侧向刚度和承载力突变。

3）体形复杂、平立面特别不规则的建筑结构，可按实际需要在适当部位设置防震缝，形成多个较规则的抗侧力结构单元。防震缝应根据抗震设防烈度、结构材料种类、结构类型、结构单元高度和高差情况，留有足够的宽度，其两侧的上部结构应完全分开。

4）当设置伸缩缝和沉降缝时，其宽度应符合防震缝的要求。

（3）选择技术和经济合理的结构体系。结构体系应根据建筑的抗震设防类别、抗震设防烈度、建筑高度、场地条件、地基、结构材料和施工等因素，经技术、经济和使用条件综合比较确定。结构体系应符合下列要求：

1）应具有明确的计算简图和合理的地震作用传递途径。

2）应避免因部分结构或构件破坏而导致整个结构丧失抗震能力或对重力荷载的承载能力。

3）应具备必要的抗震承载力，良好的变形能力和耗散地震能量的能力。

4）对可能出现的薄弱部位，应采取措施提高抗震能力。

结构体系尚宜符合下列各项要求：

1）宜具有多道抗震防线。

2）宜具有合理的刚度和承载力分布，避免因局部削弱或突变形成薄弱部位，产生过大的应力集中或塑性变形集中。

3）结构在两个主轴方向的动力特性宜相近。

结构构件应符合下列要求：

1）砌体结构应按照规定设置钢筋混凝土圈梁和构造柱、芯柱或采用配筋砌体等。

2）混凝土结构构件应合理地选择尺寸，配置纵向受力钢筋和箍筋，避免剪切破坏先于弯曲破坏、混凝土的压溃先于钢筋屈服、钢筋的锚固粘结破坏先于构件破坏。

3）预应力混凝土的抗侧力构件，应配有足够的非预应力钢筋。

4）钢结构构件应合理控制尺寸，避免局部失稳或整体失稳。

结构各构件之间的连接，应符合下列要求：

1）构件节点的破坏不应先于其连接构件。

2）预埋件的锚固破坏不应先于连接构件。

3）装配式结构构件的连接，应能保证结构的整体性。

4）预应力混凝土构件的预应力钢筋，宜在节点核心区以外锚固。

装配式单层厂房的各种抗震支撑系统，应保证地震时结构的稳定性。

（4）非结构构件的要求。

1）非结构构件，包括建筑非结构构件和建筑附属机电设备，自身及其与结构主体的连接，应进行抗震设计。

2）非结构构件的抗震设计，应由相关人员分别负责进行。

3）附着于楼、屋面结构上的非结构构件，应与主体结构有可靠的连接或锚固，避免地震时倒塌伤人或砸坏重要设备。

4）围护墙和隔墙应考虑对结构抗震的不利影响，避免不合理设置而导致主体结构的破坏。

5）幕墙、装饰贴面与主体结构有可靠连接，避免地震时脱落伤人。

6）安装在建筑上的附属机械、电气设备系统的支座和连接，应符合地震时使用功能的要求，且不应导致相关部件的损坏。

（5）结构材料与施工的要求。抗震结构对材料和施工质量的特别要求，应在设计文件上注明；结构材料性能指标，应符合下列最低要求：

1）砌体结构材料应符合下列要求：

①烧结普通黏土砖和烧结多孔黏土砖的强度等级不应低于 MU10，其砌筑砂浆强度等级不应低于 M5。

②混凝土小型空心砌块的强度等级不应低于 MU7.5，其砌筑砂浆强度等级不应低于 M7.5。

2）混凝土结构材料应符合下列要求：

①混凝土强度等级，框支梁、框支柱及抗震等级为一级的框架梁、柱、节点核心区，不应低于 C30；构造柱、芯柱、圈梁及其他各类构件不应低于 C20。

②抗震等级为一、二级的框架结构，其纵向受力钢筋采用普通钢筋时，钢筋的抗拉强度实测值与屈服强度实测值的比值不应小于 1.25；且钢筋的屈服强度实测值与强度标准值的比值不应大于 1.3。

3）钢结构的钢材应符合下列要求：

①材料的抗拉强度实测值与屈服强度实测值的比值不应小于 1.2。

②钢材应有明显的屈服台阶，且伸长率应大于 20%。

③钢材应有良好的可焊性和合格的抗冲击韧性。

4）结构材料性能应符合下列要求：

①普通钢筋宜优先采用延性、韧性和可焊性较好的钢筋；普通钢筋的强度等级，纵向受力钢筋宜选用 HRB400 级和 HRB335 级热轧钢筋，箍筋宜选用 HRB335 级、HRB400 级和 HPB235 级热轧钢筋。

②混凝土结构的混凝土强度等级，9 度时不宜超过 C60；8 度时不宜超过 C70。

③钢结构的钢材宜采用 Q235 等级 B、C、D 的碳素结构钢及 Q345 等级的 B、C、D、E 的低合金高强度结构钢；当有可靠依据时，尚可采用其他钢种和钢号。

5）在施工中，当需要以强度等级较高的钢筋替代原设计中的纵向受力钢筋时，应按照钢筋受拉承载力设计值相等的原则换算，并应满足正常使用极限状态和抗震构造措施要求。

6）采用焊接连接的钢结构，当钢板厚度不小于 40mm 且承受沿板厚度方向的拉力时，受拉构件板厚方向截面收缩率，不应小于国家标准《厚度方向性能钢板》（GB 50313）关于 Z15 级规定的容许值。

7）钢筋混凝土构造柱、芯柱和底部框架-抗剪墙砖房中砖抗震墙的施工，应先砌墙后浇构造柱、芯柱或框架柱。

6.1.3 结构抗震设计理论的发展

结构抗震设计理论（包括地震作用的确定和结构抗震验算方法等）作为一门学科来研究还不到 100 年。随着科学的发展，人们在认识地震对建筑物破坏作用方面不断深化，特别是近二三十年来，地震检测、人工模拟地震实验装置和计算机的广泛应用，使结构抗震设计理论得到了迅速的发展。回顾历史，其发展大致经历了以下三个阶段：

（1）静力理论阶段

20世纪初，人们已经开始在结构抗震设计中采用一些经验法则。1920年，日本大森房吉教授提出了所谓的静力理论，即：假设建筑物为绝对刚体，地震时，建筑物和地面一起运动而无相对于地面的位移；建筑物各部分的加速度与地面加速度大小相同，并取其最大值用于结构抗震设计，因此，作用在建筑物每一楼层上的水平向地震作用就等于该层质量 m_i 与地面运动最大加速度 $\ddot{x}_{g\max}$ 的乘积，即：

$$F_i = m_i \ddot{x}_{g\max} = kG_i \qquad (6\text{-}1)$$

式中　k——地震系数，是地面运动最大加速度 $\ddot{x}_{g\max}$ 与重力加速度 g 的比值，即 $k = \ddot{x}_{g\max}/g$，它反映该地区地震的强烈程度，通常取 $0.1 \sim 0.2$；

　　　G_i——集中在第 i 楼层的重力。

这种方法忽略了结构本身动力特性（结构自振周期、阻尼等）的影响，这对低矮的、刚性较大的建筑还是可行的。但是，对多（高）层建筑或烟囱等具有一定柔性的结构物则会产生较大的误差。

（2）反应谱理论阶段

在取得若干强地震时的地面运动记录后，1940年，美国的彼奥特（Biot）教授提出了弹性反应谱的概念，使结构抗震设计理论大大向前迈进了一步。这种理论早在20世纪50年代就广泛地为各国规范所采用，而且，至今仍然是我国和世界上许多国家结构抗震设计规范中地震作用计算的理论基础。按照反应谱理论，作为一个单自由度弹性体系结构的底部剪力或地震作用为：

$$F = F_{\text{Ek}} = k\beta G \qquad (6\text{-}2)$$

式中　F、F_{Ek}——作用在结构上的地震作用和底部剪力；

　　　k——地震系数；

　　　β——动力系数；

　　　G——结构的重力荷载代表值。

基于反应谱理论［式（6-2）］与静力理论［式（6-1）］相比，多了一个动力系数 β，β 是结构自振周期 T 和临界阻尼比 ζ 的函数。这表示结构地震作用的大小不仅与地震强度有关，而且还与结构的动力特性有关，这也是地震作用区别于一般荷载的主要特征。随着震害经验的积累和科研工作的不断深入，人们逐步认识到建筑场地（包括表层土的动力特性和覆盖层厚度）、震级和震中距对反应谱形状的影响。考虑到上述诸因素，抗震设计规范又规定了不同的反应谱形状。与此同时，利用振型分解原理，有效地将上述概念用于多质点体系的抗震计算，这就是抗震规范中给出的振型分解反应谱法。它能比较仔细地考虑结构的动力特性，并根据结构的振型曲线确定地震作用的分布，成为当前工程设计中应用最广的方法。

（3）动态分析阶段

最近20多年来，由于强地震时地面和建筑物的振动记录不断地积累，以及核电站、海洋平台、超高层建筑的大量兴建，需要计算这些重要结构物在地震作用下的弹塑性变形以防止结构的倒塌。特别是计算机的广泛应用，抗震设计理论已经进入了一个崭新的动态分析阶段。该设计理论具有以下主要特点：第一，对一些重要结构物的抗震设计采用按地震动的时间历程直接求解结构体系运动微分方程的时程分析法，这一方法已列入我国抗震规范。新颁布的《建筑抗震设计规范》（GB 50011—2001）给出全国各主要城市的地震动峰值加速度和地震动反应谱特征周期，使在用时程分析法进行结构分析时有了具体标准。第二，用结构的强度和变形验算来取代单一的强度验算，把"小震不坏，大震不倒"的设计原则具体化、规范化。第三，以结构在地震作用下的破坏机理的研究成果为基础，在结构抗震设计中充分考虑地震动特性的三要素——振动幅值、频谱和地震持续时间对结构的破坏作用，不再满足于仅考虑地震动的加速度峰值和频谱特性两个要素，从单一的变形验算转变为同时考虑结构的最大弹塑性变形和结构的弹塑性耗能的双重破坏准则，来判断结构的安全程度。

6.2 场地、地基和基础

6.2.1 场地

场地是指建筑物所在地，其范围大体相当于厂区、居民点和自然村。大量震害表明，在不同工程地质条件的建筑场地上，建筑物的震害具有明显差异。场地的刚性大小（即坚硬或密实程度）和场地覆盖层厚度是影响建筑震害的主要因素。一般而言，土层愈软，覆盖层愈厚，建筑物的震害愈严重。

6.2.1.1 场地土对地震波的作用、土的卓越周期

从基岩传来的地震波是波形复杂的行波，可以看成是由许多频率不同的谐波分量叠加而成的。场地土对由基岩传来的入射波有放大作用，对与土层固有周期相一致或接近的地震波分量的放大作用最大，产生共振现象。另一方面，场地土对由基岩传来的入射波又有滤波作用，使与土层固有周期不一致的地震波分量缩小或滤掉。

场地土层的固有周期 T 可按下列简化公式进行计算：

对单层土

$$T = \frac{4d}{v_s} \tag{6-3}$$

对多层土

$$T = \sum_{i=1}^{n} \frac{4d_i}{v_{si}} \tag{6-4}$$

式中　v_{si}、d_i——第 i 层土的剪切波速和土层厚度；单层土时为 v_s、d；

　　　　n——场地覆盖层中的土层总数。

从公式（6-3）可见，因硬夹层土剪切波速快些，使土层固有周期减小；而软夹层土剪切波速慢些，使土层固有周期加长。还可看出，场地土层的固有周期就是剪切波穿行覆盖层四次所需的时间。一般称公式（6-3）和公式（6-4）中的 T 为场地土的卓越周期。

场地覆盖层的卓越周期是场地的重要动力特性之一。震害表明，当建筑物的自振周期与场地的卓越周期相等或接近时，建筑物的震害有加重的趋势，称为类共振现象。因此，在建筑设计中，应使建筑物的自振周期避开场地的卓越周期。

6.2.1.2 建筑场地的选择

为了合理地选择建筑场地以达到减轻建筑物震害的目的，《建筑抗震设计规范》

（GB 50011—2001）按场地上建筑物震害轻重程度把建筑场地划分为对建筑抗震有利、不利和危险的地段。有利地段包括：坚硬土或开阔、平坦、密实、均匀的中硬土等；不利地段包括：软弱土，液化土，条状突出的山嘴，高耸孤立的山丘，非岩质的陡坡，河岸和边坡边缘，平面分布上成因、岩性、状态明显不均匀的土层（如故河道、断层破碎带、暗埋的塘浜沟谷及半填半挖地基）等；危险地段包括：地震时可能发生滑坡、崩塌、地陷、地裂、泥石流等及地震断裂带上可能发生地表错位的部位。

规范规定，应选择对抗震有利的场地，避开对抗震不利的场地进行建设，以减轻地震灾害。但是，建筑场地的选择受到地震以外的许多因素的制约，除非该场地对抗震极不利，具有严重危险性，否则不能排除其作为建筑用地。因此，应按建筑场地对建筑物地震作用的强弱和特征对其进行分类，以便根据不同的场地类别采用相应的设计参数，进行建筑物的抗震设计。

6.2.1.3 建筑的场地类别

建筑场地类别应根据土层等效剪切波速和场地覆盖层厚度按表6-1划分为四类。当有可靠的剪切波速和覆盖层厚度且其值处于表6-1所列场地类别的分界线附近时，应允许按插值方法确定地震作用计算所用的设计特征周期。

表 6-1　各类建筑场地的覆盖层厚度　　　　　　　　　　　　　　　　　　　m

等效剪切波速/（m/s）	场地类别			
	Ⅰ	Ⅱ	Ⅲ	Ⅳ
$v_{se} > 500$	0			
$500 \geqslant v_{se} > 250$	<5	≥5		
$250 \geqslant v_{se} > 140$	<3	3~50	>50	
$v_{se} \leqslant 140$	<3	3~15	>15~80	>80

v_{se}为土层的等效剪切波速，应按下列公式计算：

$$v_{se} = d_0/t \tag{6-5}$$

$$t = \sum_{i=1}^{n} (d_i/v_{si}) \tag{6-6}$$

式中　v_{se}——土层等效剪切波速（m/s）；

　　　d_0——计算深度（m），取覆盖层厚度和20m二者的较小值；

　　　t——剪切波在地面至计算深度之间的传播时间；

　　　d_i——计算深度范围内第i土层的厚度（m）；

　　　v_{si}——计算深度范围内第i土层的剪切波速（m/s），宜用现场实测数据；

　　　n——计算深度范围内土层的分层数。

建筑场地覆盖土层厚度原指从地表至地下基岩的距离。我国抗震规范采用绝对刚度定义覆盖层厚度，即：地下基岩或剪切波速大于500m/s的坚硬土层至地表的距离。覆盖土层厚度d_{0v}的确定应符合下列要求（图6-4）：

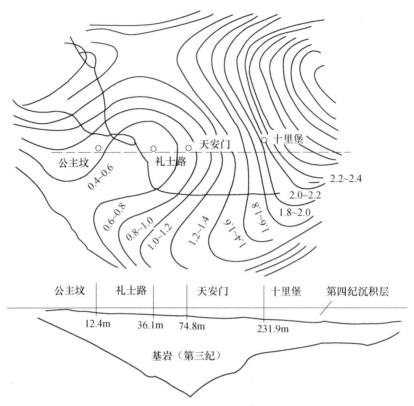

图 6-4　北京地区覆盖土层厚度与卓越周期关系示意图

1）一般情况下，应按地面至剪切波速大于 500m/s 的土层顶面的距离确定。

2）当地面 5m 以下存在剪切波速大于相邻上层土剪切波速 2.5 倍的土层，且其下卧岩土的剪切波速均不小于 400m/s 时，可取地面至该土层顶面的距离作为覆盖层厚度。

3）剪切波速大于 500m/s 的孤石、透镜体，应视同周围土层。

4）土层中的火山岩硬夹层应视为刚体，可从覆盖土层厚度中扣除其厚度。

对于丁类建筑或层数不超过 10 层、总高度不超过 30m 的丙类建筑，当无条件实测剪切波速，也无法收集到邻近地点实测数据的情况下，当表土层为单一土层时，可根据岩土的名称和性状，先按表 6-2 确定土的类型，再根据当地经验按表 6-2 估算土层的剪切波速近似值。当表土层为多层土时，先按表 6-2 划分各土层的类型，再估算各土层的剪切波速，最后，按式（6-5）确定场地计算深度范围内土层剪切波速。

表 6-2　土的类型划分和剪切波速范围

土的类型	岩土名称和性状	土层剪切波速范围/（m/s）
坚硬土或岩石	稳定岩石，密实的碎石土	$v_s > 500$
中硬土	中密、稍密的碎石土，密实、中密的砾、粗、中砂，$f_{ak} > 200$ 的黏性土和粉土，坚硬黄土	$500 \geqslant v_s > 250$
中软土	稍密的砾、粗、中砂，除松散外的细、粉砂，$f_{ak} \leqslant 200$ 的黏性土和粉土，$f_{ak} > 130$ 的填土，可塑黄土	$250 \geqslant v_s > 140$
软弱土	淤泥和淤泥质土，松散的砂，新近沉积的黏性土和粉土，$f_{ak} \leqslant 130$ 的填土，流塑黄土	$v_s \leqslant 140$

注：f_{ak} 为由载荷试验等方法得到的地基承载力特征值（kPa）；v_s 为岩土剪切波速。

6.2.2　地基及其抗震承载力验算

在地震荷载作用下，地基的承载力和变形应能保证建筑物的安全和正常使用。但由于地震作用下的地基变形过程十分复杂，使变形计算有一定困难。目前，《建筑抗震设计规范》（GB 50011—2001）只要求对地基承载力进行验算，对地震作用下的地基变形影响，通过采取抗震措施进行保证。

6.2.2.1　天然地基和基础不进行抗震验算的条件

《建筑抗震设计规范》规定建造在天然地基上的下列建筑，可不进行天然地基和基础的抗震验算：

（1）砌体房屋。

（2）地基主要受力层范围内不存在软弱黏性土层（指 7、8、9 度时，地基静承载力分别小于 80kPa、100kPa 和 120kPa 的土层）的一般单层厂房、单层空旷房屋和不超过 8 层且高度在 25m 以下的一般民用框架房屋及与其基础荷载相当的多层框架厂房。

（3）7 度 I、II 类场地，柱高分别不超过 10m 和 4.5m，且结构单元两端均有山墙的钢筋混凝土柱和砖柱单跨及等高多跨厂房。

（4）6 度时的建筑（建造在 IV 类场地上的较高建筑除外）。

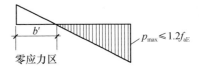

6.2.2.2　天然地基抗震承载力验算

验算天然地基在地震作用下的承载力时，按地震作用效应标准组合的基础底面平均压力应符合下式要求（图 6-5）：

$$p \leq f_{aE} \tag{6-7a}$$

图 6-5　地基抗震承载力验算

边缘最大压力应符合下式要求：

$$p_{max} \leq 1.2 f_{aE} \tag{6-7b}$$

式中　p——地震作用效应标准组合的基础底面平均压力（MPa）；

　　　　p_{max}——地震作用效应标准组合的基础底面边缘最大压力（MPa）；

　　　　f_{aE}——调整后的地基土抗震承载力设计值，按下式计算：

$$f_{aE} = \zeta_a f_a \tag{6-8}$$

式中　f_a——经深宽度修正后地基土静承载力特征值，按《建筑地基基础设计规范》（GB 50007）采用；

　　　　ζ_a——地基土抗震承载力调整系数，按表 6-3 采用。

表 6-3　地基土抗震承载力调整系数

岩土名称和性状	ζ_a
岩石，密实的碎石土，密实的砾、粗、中砂，$f_{ak} \geq 300$ 的黏性土和粉土	1.5
中密、稍密的碎石土，中密和稍密的砾、粗、中砂，密实和中密的细、粉砂，$150 \leq f_{ak} < 300$ 的黏性土和粉土，坚硬黄土	1.3
稍密的细、粉砂，$100 \leq f_{ak} < 150$ 的黏性土和粉土，可塑黄土	1.1
淤泥，淤泥质土，松散的砂，杂填土，新近堆积黄土和流塑黄土	1.0

一般情况下，当基础底面全截面受压时，如图 6-5 所示，当组合弯矩较大时，基础底面可能只有部分截面受压。因此，规范规定，高宽比大于 4 的建筑，在地震作用下基础底面不宜出现拉应力；其他建筑，基础底面与地基土之间零应力（假定地基不能承受拉应力）的区域面积不应超过基础底面积的 15%。当基础底面为矩形时，其受压宽度与基础宽度之比则大于 85%，即：

$$b' \geqslant 0.85b \tag{6-9}$$

式中　b'——矩形基础底面受压宽度；

　　　b——矩形基础底面宽度。

6.2.2.3　地基加固处理方法

当建筑地基的主要受力层范围内存在软弱黏性土时，可考虑采用桩基、地基加固处理等措施。在选择地基加固处理方法时，应考虑到当地的经济条件、机具设备、技术条件、材料来源以及地基情况等因素。较常用的地基处理方法是换土垫层法，它适用于各种软弱地基，造价低而施工简便，但换土层的深度有限，砂垫层的厚度一般不超过 3m，且处理后的地基仍会有一定的变形。因此当建筑物荷载较大、影响较深时，或对沉降要求较严时，换土垫层法就不能满足设计要求。重锤夯实法一般用于压实各种稍湿的黏土、砂土、杂填土地基，即在土的最优含水量的条件下才能得到最有效的夯实效果。由于夯实的影响深度约为锤底直径的一倍左右，其加固地基的深度有一定的限制，当在压实影响范围内或其下有饱和软黏土时，不宜采用。挤密桩法可用于挤密较深范围内的松散土、杂填土和可液化土，但对饱和软黏土作用不大。对于浅层的饱和砂土采用强夯法和振冲法一般效果较好，这是处理潜在液化土地基较为常用的方法。砂井预压法适用于深厚的粉土层、黏土层、淤泥质黏土层、淤泥层等软土地基的加固，是一种较为有效的深层加固方法。对于一些比较重要的大型建筑物的地基，这是一种经济有效的加固方法。然而砂井预压法需要作为预压荷载的大量土方或其他堆载物，施工周期长，仅适用于新建工程的空旷场地。

6.2.3　液化土地基及其加固

6.2.3.1　液化的概念

处于地下水位以下的饱和砂土和粉土的土颗粒结构在地震作用下，趋于密实，当土颗粒处于饱和状态时，这种趋于密实的作用使砂土和粉土的孔隙水压力急剧上升，而在地震作用的短时间内，这种急剧上升的孔隙水压力来不及消散，使原来由土颗粒通过其接触点传递的压力减小；当有效压力完全丧失，土颗粒处于悬浮状态，形成液化状态，称为场地土的液化。

场地土液化可引起一系列震害。如：喷砂冒水淹没农田，沿河岸出现裂缝、滑移。地面开裂使建筑物过渡下沉、倾倒；地基不均匀沉降造成上部结构破坏；室内地面变形、下沉等。

6.2.3.2　影响土的液化因素及液化土的判别

场地土的液化与许多因素有关。主要因素包括：地质年代、土中黏粒含量、上覆非液化土厚度和地下水位深度、土的密实程度、地震烈度和震级等。地质年代的新老表示土层沉积时间的长短。沉积时间愈长，固化作用的时间愈长，抗液化能力就愈强。这不仅是由于经过长期的沉积，使土的密实程度增大，还往往形成一定的胶结紧密结构。土中黏粒含量超过一定界限时，使土的黏聚力加大，其性质接近黏性土，抗液化性能增强。上覆非液化土层厚度是指地震时能抑制可液化土层喷砂冒水的厚度。地震烈度愈高的地区，地面运动强度就愈大，土层就愈容易发生液化。

影响土层液化的因素虽然多，但当某项指标达到一定值时，无论其他因素如何变化，土都不会液化，则称此数值为该指标的界限值。饱和砂土或粉土（不含黄土）当符合下列条件之一时，可初步判别为不液化或可以不考虑液化影响：

（1）地质年代属于第四纪晚更新世（Q_3）或其以前且设防烈度为7、8度区的饱和土层；

（2）粉土的黏粒，是指粒径 <0.005mm 的土颗粒，在烈度为7度、8度和9度时，当黏粒含量的百分率分别为10%、13%和16%或以上时；

（3）当上覆非液化土层厚度和地下水位深度符合下列条件之一时：

$$d_u > d_0 + d_b - 2 \tag{6-10a}$$

$$d_w > d_0 + d_b - 3 \tag{6-10b}$$

$$d_u + d_w > 1.5d_0 + 2d_b - 4.5 \tag{6-10c}$$

式中　d_w——地下水位深度（m），宜按建筑使用期内年平均最高水位采用，也可按近期内年最高水位采用；

d_u——上覆非液化土层厚度（m），计算宜将淤泥和淤泥质土层扣除；

d_b——基础埋置深度（m），不超过2m时取2m；

d_0——液化土特征深度（m），可按表6-4采用。

表6-4　液化土特征深度 d_0　　　　　　　　　　　　　　　　　　　m

饱和土类别	地震烈度		
	7	8	9
粉　土	6	7	8
砂　土	7	8	9

（4）一般在6度及其以下的地区可判别为不液化土。

当上述所有条件均不能满足时，地基土存在液化可能。此时应采用标准贯入实验进一步判别其是否液化。

6.2.3.3　地基抗液化措施

地基土的抗液化措施是对液化地基的综合治理，包括：全部消除液化沉陷、部分消除液化沉陷，或对基础和上部结构处理等措施。采取何种措施，应根据建筑的抗震设防类别、地基的液化等级，并结合具体情况综合确定。当液化土层较平坦且均匀时，可按表6-5选用。

表 6-5　地基抗液化措施

表 6-5　地基抗液化措施

建筑抗震设防类别	地基的液化等级		
	轻　微	中　等	严　重
乙类	部分消除液化沉陷，或对基础和上部结构处理	全部消除液化沉陷，或部分消除液化沉陷且对基础和上部结构处理	全部消除液化沉陷
丙类	对基础和上部结构处理，亦可不采取措施	对基础和上部结构处理，或更高要求的措施	全部消除液化沉陷或部分消除液化沉陷且对基础和上部结构处理
丁类	可不采取措施	可不采取措施	对基础和上部结构处理，或其他经济的措施

6.3　地震作用计算

　　地震引起的结构振动称为结构的地震反应，包括由地震在结构中引起的速度、加速度、位移和内力。地震反应的大小，不仅与地面运动有关，还与结构的动力特性有关，一般需采用结构动力学方法分析才能得到。

　　结构地震反应是地震动通过结构惯性引起的，属于间接作用，一般不称为地震荷载，而称为地震作用。由地震引起的作用效应包括结构的内力和位移。当地震作用引起的内力在与其他荷载效应的基本组合超过结构构件的承载力时，或在地震作用下结构的位移超过允许值时，建筑物就会遭到破坏或倒塌。因此，在建筑抗震设计中，首先要计算结构的地震作用，然后计算结构的地震作用效应。

6.3.1　单自由度弹性体系的地震作用计算

6.3.1.1　单自由度体系的动力方程

　　进行结构地震反应分析时，首先要确定结构动力计算简图。而确定计算简图的关键，是描述结构的质量。工程上常采用集中化方法描述结构的质量，即取结构各区域主要质量的质心为质量集中位置，将该区域的主要质量集中在该点上，将次要质量合并到相邻质点上或忽略不计，如图 6-6 所示。有些建筑物，如：等高单层厂房、水塔等，其质量大部分集中于屋盖或顶部，动力计算时，可简化为由弹性杆支承的单自由度体系，如图 6-6a 所示。

　　在一次地震中，地震先引起基础运动，进而是结构振动。设：基础的位移为 $x_0(t)$，质点对基础的相对位移为 $x(t)$，则质点的总位移为 $x(t) + x_0(t)$，而其总加速度为 $\ddot{x}(t) + \ddot{x}_0(t)$。取质点为隔离体，如图 6-7 所示，则质点上作用着三种力——惯性力 I、弹性恢复力 S 和阻力 D。惯性力的大小与质点加速度成正比，但方向与加速度方向相反，即：

$$I = -m[\ddot{x}(t) + \ddot{x}_0(t)] \tag{6-11}$$

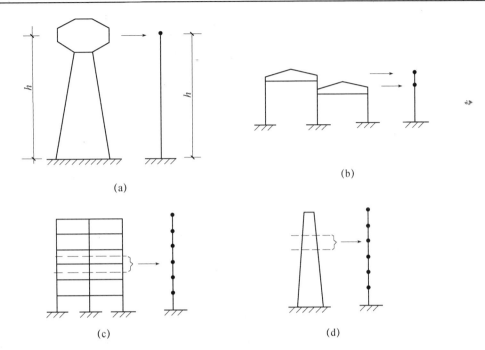

图6-6 结构动力计算简图

式中 m——质点的质量。

弹性恢复力是使质点从振动位置恢复到平衡位置的力，其大小与质点偏离平衡位置的位移成正比，但方向相反，即：

$$S = kx(t) \qquad (6\text{-}12)$$

式中 k——支持质点弹性杆的刚度，其物理意义为使质点发生单位位移时所需要的力。

阻尼力是由结构内摩擦及结构周围介质（如空气、水）对结构运动的阻碍作用造成的。阻尼的大小与质点相对地面运动的速度 $v = \dot{x}(t)$ 成正比，根据黏滞阻尼理论，阻尼力可以表示为：

$$D = c\dot{x}(t) \qquad (6\text{-}13)$$

式中 c——阻尼系数。

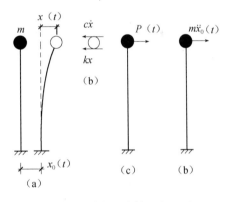

图6-7 单自由度体系在地震作用下的变形与受力

根据达朗贝尔原理，质点每一时刻作用在物体上的外力与惯性力互相平衡，即：

$$-m[\ddot{x}_0(t) + \ddot{x}(t)] - c\dot{x}(t) - kx(t) = 0$$
$$m\ddot{x}(t) + c\dot{x}(t) + kx(t) = -m\ddot{x}_0(t) \qquad (6\text{-}14)$$

这便是在地震作用下的质点运动方程。与一般运动方程相比，$-m\ddot{x}_0(t)$ 相当于 $P(t)$，因而习惯上将地震作用通俗地称为地震力或地震荷载。将地震作用化为等效的作用于结构上的地震力时，除地面运动加速度外，还要考虑更多的因素，主要是场地及结构的自振周期。

6.3.1.2　单自由度体系自由振动的解

当运动方程中的 $-m\ddot{x}_0(t)=0$ 时，微分方程化为齐次方程：

$$m\ddot{x}(t)+c\dot{x}(t)+kx(t)=0 \tag{6-15}$$

其解表示在没有外界激励的情况下结构体系的运动，即体系的自由振动。当 $c=0$ 时，为无阻尼自由振动，方程化为：

$$m\ddot{x}(t)+kx(t)=0 \tag{6-16}$$

为解上述方程，取：

$$\omega=\sqrt{\frac{k}{m}} \tag{6-17}$$

则方程化为：

$$\ddot{x}(t)+\omega^2 x(t)=0 \tag{6-18}$$

按齐次方程求得方程的解为：

$$x(t)=A\cos\omega t+B\sin\omega t$$

待定常数 A，B 可由振动初始条件确定。若振动开始时，即：$t=0$ 时，初速度为 $v_0=\dot{x}_0$，初位移为 x_0，则可以得到 $A=x_0$，$B=\dot{x}_0/\omega$。故体系的自由振动的解为：

$$x(t)=x_0\cos\omega t+\frac{\dot{x}_0}{\omega}\sin\omega t \tag{6-19}$$

上式表示位移与时间的关系，即：x—t 关系图，如图6-8a 所示。由于 $\cos\omega t$、$\sin\omega t$ 均为简谐函数，因此，无阻尼单自由度体系的自由振动为简谐周期振动，振动的圆周率为 ω，振动的周期为：

$$T=\frac{2\pi}{\omega} \tag{6-20}$$

式中　T——称为自振周期，即当 $t_2=t_1+T$ 时，$x(t_2)=x(t_1)$（图6-8b）；

　　　ω——称为圆频率，是 2π 秒内振动的次数。

$$\omega=\frac{2\pi}{T}=2\pi f=\sqrt{\frac{k}{m}} \tag{6-21}$$

式中　f——频率，是周期的倒数（Hz）。

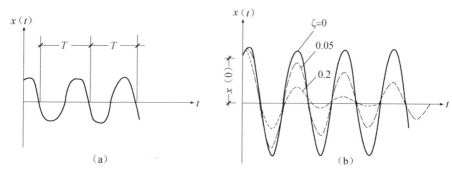

图6-8　单自由度体系自由振动曲线

由上式可以看出，周期 T 和圆频率 ω 只与结构体系本身的动力性质（如刚度 k、质量

m）有关，而与动力荷载无关。由于刚度 k 和质量 m 是结构固有的，所以结构工程中常将 ω 称为自振频率。

对于有阻尼的自由振动，质点振幅将逐渐衰减，直至消失，如图 6-8b 所示。阻尼愈大，衰减愈快。当振动不到一个周期即趋于停止，所对应的阻尼称为临界阻尼，可以证明，此时：

$$c = c_{cr} = 2\omega m = 2\sqrt{km} \qquad (6\text{-}22)$$

令 $\zeta = \dfrac{c}{c_{cr}}$，$\zeta$ 称为阻尼比。

$$\zeta = \frac{c}{c_{cr}} = \frac{c}{2\omega m} = \frac{c}{\sqrt{2km}} \qquad (6\text{-}23)$$

6.3.1.3　地震作用下单自由度体系的强迫振动

当运动方程右侧不等于零时，体系处于强迫运动状态。

令 $\omega' = \omega\sqrt{1-\zeta^2}$，并将 $\omega = \sqrt{\dfrac{k}{m}}$，$\zeta = \dfrac{c}{2\omega m}$ 代入运动方程，整理后得：

$$\ddot{x}(T) + 2\zeta\omega\dot{x}(t) + \omega^2 x(t) = -\ddot{x}_0 \qquad (6\text{-}24)$$

根据线性常微分方程理论和结构动力学知识，此方程的解包括两部分，即

$$方程的通解 = 齐次解 + 特解$$

对于受地震作用的单自由度运动体系而言，上式的意义是：

$$体系地震反应 = 自由振动 + 强迫振动$$

体系的自由振动是由初始位移和初始速度引起，而体系的强迫振动由地面运动引起。由于阻尼作用，自由振动部分很快衰减至零，其影响可以忽略不计。所以可以将地震的位移反应用体系强迫振动表示，而强迫振动由杜哈曼积分求得：

$$x(t) = \int_0^t dx(t) = -\frac{1}{\omega'}\int_0^t \ddot{x}_0(\tau)\,e^{-\zeta\omega(t-\tau)}\sin\omega'(t-\tau)\,d\tau \qquad (6\text{-}25)$$

上式中，等号左边 $x(t)$ 表示地震作用时质点的相对位移，而等号右边的 $\ddot{x}_0(\tau)$ 是地震地面运动加速度的时间函数。由于地震地面运动非常复杂，即 $\ddot{x}_0(\tau)$ 是非常复杂的函数，因此求解杜哈曼积分一般要用到数值积分的方法。

6.3.1.4　水平地震作用的基本公式

如前所述，作用在质点上的惯性力等于质量 m 乘以它的绝对加速度，方向与绝对加速度的方向相反，即：

$$F(t) = -m[\ddot{x}_0(t) + \ddot{x}(t)] \qquad (6\text{-}26)$$

当忽略阻尼作用，由式（6-16）近似得：

$$F(t) = kx(t) = m\omega^2 x(t) \qquad (6\text{-}27)$$

将上式代入公式（6-26）得：

$$F(t) = -m\omega\int_0^t \ddot{x}(\tau)\,e^{-\zeta\omega(t-\tau)}\sin\omega(t-\tau)\,d\tau \qquad (6\text{-}28)$$

在结构设计中，往往并不需要求出每一时刻的地震作用的数值，而只需要求出结构最大反应。用 F 表示水平地震作用的最大绝对值，上式可表示为：

$$F = mS_a \tag{6-29}$$

$$S_a = \omega \left| \int_0^t \ddot{x}(\tau) e^{-\zeta\omega(t-\tau)} \sin\omega(t-\tau) d\tau \right|_{max} \tag{6-30}$$

由 $x(t)$ 的表达式（杜哈曼积分）可知，影响结构的最大反应，主要有两个因素，一是地面最大加速度，二是动力作用频率与结构自振频率的关系。在地震作用分析中，我们用两个系数来反映这两个因素的影响。

（1）地震系数 k。定义为地震动峰值加速度与重力加速度之比，即：

$$k = \frac{|\ddot{x}_0|_{max}}{g} \tag{6-31}$$

或

$$|\ddot{x}_0|_{max} = kg$$

式中 k 表示以重力加速度为单位的地震动峰值加速度。显然，地面加速度愈大，地震的影响就愈大，地震烈度愈大。基本烈度越高，k 越大，而与结构性能无关。基本烈度每增加一度，地震系数 k 值增加一倍。

（2）动力系数 β。动力系数 β 定义为体系最大加速度反应与地面最大加速度之比，即：

$$\beta = \frac{|\ddot{x}_0(t) + \ddot{x}(t)|_{max}}{|\ddot{x}_0(t)|_{max}} \tag{6-32}$$

动力系数 β 表示由于动力效应，质点的最大绝对加速度比地面加速度放大了多少倍。由于

$$F_{Ek} = mS_a = m|\ddot{x}_0(t) + \ddot{x}(t)|_{max} \tag{6-33}$$

则

$$F_{Ek} = mg \frac{|\ddot{x}_0(t)|_{max}}{g} \times \frac{|\ddot{x}_0(t) + \ddot{x}(t)|_{max}}{|\ddot{x}_0(t)|_{max}} = Gk\beta \tag{6-34}$$

式中　　　F_{Ek}——水平地震作用标准值；

　　　　　S_a——质点加速度最大绝对值；

$|\ddot{x}_0(t)|_{max}$——地震动峰值加速度；

　　　　　k——地震系数；

　　　　　β——动力系数；

　　　　　G——建筑的重力荷载代表值（标准值）。

6.3.1.5　地震反应谱与设计反应谱

以体系自振周期 T 为横坐标，最大绝对加速度与地震动峰值加速度比值为纵坐标，可以绘制出一族曲线，称为加速度反应谱曲线，如图 6-9 所示，加速度反应谱可以理解为一个确定的地面运动，通过一组阻尼比相同，但自振周期各不相同的体系，所引起的各体系最大加速度反应与相应体系自振周期间的关系曲线。同理，也可以绘制出最大位移 S_d、最大速度 S_v 与频率有关的曲线，总称为地震反应谱。研究反应谱表明，结构的最大地震反应对于高频结构主要取决于地面运动加速度，对于中频结构主要取决于地面运动速度，对于低频结构主要取决于地面的最大位移。影响反应谱的因素主要有体系的阻尼比（图 6-9），场地条件（图 6-10）和震中距等。

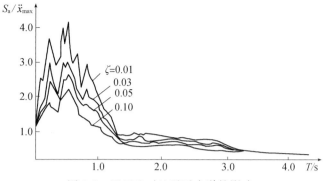

图 6-9　阻尼比对地震反应谱的影响

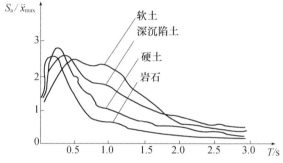

图 6-10　不同场地条件对反应谱的影响

由于震源的机制、传播的途径、场地土壤性质的差异，使地震具有明显的随机性。在进行结构抗震设计时，由于无法确知未来发生地震的地震时程，因而无法确定相应的地震反应谱。所以，只能是对未来地震进行预测。为此，根据同一类场地上所得到的强震时地面运动加速度记录 $\ddot{x}_g(t)$，分别计算出它的反应谱曲线，然后将这些反应谱曲线进行统计分析，求出最有代表性的曲线作为设计依据，称为标准反应谱。

为设计方便，我国抗震规范通过对动力系统反应谱曲线 $\beta—T$ 的标准化处理，并取 $\beta_{max}=2.25$，考虑了场地类别、震级、震中距等因素影响，采用地震影响系数曲线作为设计反应谱曲线。水平地震影响系数定义为：

$$\alpha = \beta k \tag{6-35}$$

$$\alpha_{max} = k\beta_{max} = 2.25k$$

当基本烈度确定之后，k 为常数，由此可以找出 α_{max} 与基本烈度之间的关系。α_{max} 和 k 值可查表6-6。

表 6-6　地震系数 k 和水平地震影响系数最大值 α_{max}

设防烈度		6 度	7 度	8 度	9 度
地震系数 k		0.05	0.10 (0.15)	0.20 (0.30)	0.40
α_{max}	多遇地震	0.04	0.08 (0.12)	0.16 (0.24)	0.32
	罕遇地震	—	0.50 (0.72)	0.90 (1.20)	1.40

注：括号中数值分别用于设计基本地震加速度为 $0.15g$ 和 $0.30g$ 的地区。g 为重力加速度。

（1）当建筑结构阻尼比等于 0.05 时（图 6-11a），地震影响系数曲线的取值为：

$$\alpha = \begin{cases} (0.45 + 5.5T)\alpha_{\max} & 0 \leqslant T < 0.1 \\ \alpha_{\max} & 0.1 \leqslant T \leqslant T_g \\ \left(\dfrac{T_g}{T}\right)^{0.9}\alpha_{\max} & T_g < T \leqslant 0.3 \end{cases} \tag{6-36}$$

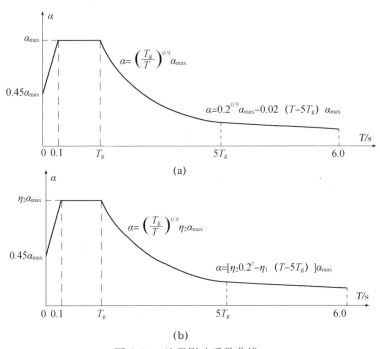

图 6-11　地震影响系数曲线

（a）阻尼比等于 0.05；（b）阻尼比不等于 0.05

T_g 取值见表 6-7。

表 6-7　特征周期 T_g　　　　　　　　　　　　　　　　　s

设计地震分组	场地类别			
	I	II	III	IV
第一组	0.25	0.35	0.45	0.65
第二组	0.30	0.40	0.55	0.75
第三组	0.35	0.45	0.65	0.90

（2）当建筑结构阻尼比不等于 0.05 时（图 6-11b），地震影响系数曲线的取值为：

1）曲线下降段的衰减指数为：

$$\gamma = 0.9 + \frac{0.05 - \zeta}{0.5 + 5\zeta}$$

2）直线下降段的斜率调整系数为：

$$\eta_1 = 0.02 + (0.05 - \zeta)/8 \tag{6-37}$$

3）阻尼调整系数为：

$$\eta_2 = 1 + \frac{0.05 - \zeta}{0.06 + 1.7\zeta}$$

6.3.2　多自由度弹性体系的地震作用计算

在实际工程中，除有些结构可以简化为单质点体系外，很多工程结构，如不等高的厂房、多层或高层民用建筑等，则应简化成为多质点的体系。对多层房屋，一般将楼面的使用荷载以及上、下两相邻层之间的结构自重集中于第 i 层的楼面标高处，形成一个多质点体系，如图 6-6c 所示。多质点体系的地震作用，一般可以采用振型分解法和底部剪力法求得。现分别介绍这两种方法。

6.3.2.1　振型分解法

多自由度体系可按照振型分解方法得到多个振型。通常，n 层结构可以看成 n 个自由度，有 n 个振型，如图 6-12 所示。但在一般情况下，只要求出前几个振型进行组合就可满足精确度要求。

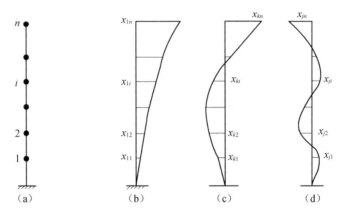

图 6-12　振型分解反应谱法

（a）多质点体系；（b）第一振型；（c）第 k 振型；（d）第 j 振型

从结构动力学可知，n 个自由度体系的振动可以分解为 n 个振动。对于每一个振型，有一个自振周期，并且各质点的振幅间有固定比值。设第 j 振型的自振周期为 T_j，各质点 i 的振型系数为 X_{ji}。根据 T_j，可求得相应于这一振型的地震影响系数 α_j。设 j 振型第 i 个质点上作用的地震作用为 F_{ji}，则 F_{ji} 与地震影响系数 α_j、振型系数 X_{ji} 及 i 质点相应的重量 G_i 成正比。此外，各振型的振动对结构整体振动的贡献是不一样的，一般来讲，低频的影响要大一些。从理论上来讲，这一影响可用振型参与系数 γ_j 来反映。于是，可用下列公式计算第 i 个振型第 j 个质点的水平地震作用：

$$F_{ji} = \alpha_j \gamma_j X_{ji} G_i \tag{6-38}$$

式中　α_j——相应于第 j 振型周期 T_j 地震影响系数，由图 6-11 给出的反应谱曲线计算，但不小于 $0.2\alpha_{max}$；

　　　X_{ji}——第 j 振型 i 质点的水平相对位移；

　　　γ_j——第 j 振型参与系数

$$\gamma_j = \sum_{i=1}^{n} X_{ji} G_i \bigg/ \sum_{i=1}^{n} X_{ji}^2 G_i \tag{6-39}$$

　　　G_i——i 质点的重量。

当求得各振型的地震作用效应以后，不能简单相加求得总地震力的效应。而应当用各振型的地震作用分别计算结构的内力与位移，然后通过振型组合方法计算各个截面的内力及各层位移。振型组合采用下面的公式：

$$S = \sqrt{\sum_{j=1}^{m} S_j^2} \tag{6-40}$$

式中　S_j——j 振型等效地震作用产生的作用效应，可为某截面的弯矩、剪力、轴力或楼层的位移；

　　　S——水平地震作用效应；

　　　m——参加组合的振型数。对多层结构，一般取前 2~3 个振型；对高层结构或结构沿高度刚度不均匀时，可取前 5~8 个振型。

计算作用在结构上的总的等效地震作用效应或底部剪力，也可采用上式，由各振型的地震作用和底部剪力组合得到。组合值系数见表6-8。

表 6-8　组合值系数

可变荷载种类		组合值系数
雪荷载		0.5
屋面积灰荷载		0.5
屋面活荷载		不考虑
按实际情况考虑的楼面活荷载		1.0
按等效均布活荷载考虑的楼面活荷载	藏书库、档案室	0.8
	其他民用建筑	0.5
吊车悬吊重力	硬钩吊车①	0.3
	软钩吊车	不考虑

① 硬钩吊车的吊重较大时，组合值系数应按实际情况采用。

6.3.2.2　底部剪力法

按振型分解反应谱法计算地震水平作用时，当房屋层数较多时，计算过程复杂。《建筑抗震设计规范》允许对满足下列条件的结构，采用简化计算方法，即底部剪力法：

（1）重量和刚度沿高度分布比较均匀。

（2）房屋总高度不超过 40m。

（3）地震作用下的变形以剪切变形为主，即：位移反应以基本振型为主，基本振型接近直线。

在满足上述各条件的情况下，计算各质点的地震作用时，可仅考虑基本振型，忽略高振型的影响。这样，可先计算作用于结构的总的水平地震作用，也就是结构底部的剪力，然后将总的水平地震作用按一定的规律分配给各质点。结构的总剪力，即总的水平地震作用按下式计算：

$$F_{\text{Ek}} = \alpha_1 G_{\text{eq}} \tag{6-41}$$

式中　α_1——相应于结构基本周期（第一振型的自振周期）的水平地震影响系数；

　　G_{eq}——结构等效重力荷载，取结构总重力荷载的85％，即：

$$G_{eq} = \xi G$$

　　G——结构总重力荷载，$G = \displaystyle\sum_{i=1}^{n} G_i$；

　　ξ——等效重力荷载系数，规范取 $\xi = 0.85$。

按下式计算质点 i 的水平地震作用标准值：

$$F_i = \frac{G_i H_i}{\displaystyle\sum_{j=1}^{n} G_j H_j} F_{Ek}(1 - \delta_n) \tag{6-42}$$

$$\Delta F_n = \delta_n F_{Ek} \tag{6-43}$$

式中　δ_n——顶部附加地震作用系数，多层钢筋混凝土房屋按表6-9采用；多层内框架砖房
　　　　　取0.2，其他房屋不考虑；

　　ΔF_n——顶部附加水平地震作用；

　　F_{Ek}——结构总水平地震作用标准值，按公式（6-41）计算。

表6-9　顶部附加地震作用系数 δ_n

T_g/s	$T_1 > 1.4T_g$	$T_1 \leq 1.4T_g$
≤ 0.35	$0.08T_1 + 0.07$	
$> 0.35 \sim 0.55$	$0.08T_1 + 0.01$	不考虑
> 0.55	$0.08T_1 - 0.02$	

注：T_g 为特征周期；T_1 为结构基本自振周期。

6.3.2.3　水平地震作用下地震内力的调整

（1）突出屋面附属结构地震力的调整。底部剪力法适用于重量和刚度沿高度分布比较均匀的结构。当建筑物有局部突出的屋顶结构，如：屋顶间、女儿墙、烟囱等时，由于该部分结构的重量和刚度突然变小，将产生"鞭端效应"，即该部分的地震反应急剧增大。因此，抗震规范规定，采用将该部分小建筑上的地震作用乘以增大系数的方法加以考虑，并取该增大系数为3。由于"鞭端效应"是局部影响，所以不考虑地震作用的增大部分向下传递，即计算主体结构的地震作用效应时不考虑增大系数。

（2）长周期结构地震内力的调整。对于长周期结构，地面运动速度和位移对结构的破坏可能比加速度的影响更大。按公式（6-38）或式（6-41）计算的水平地震作用可能偏低。为此，抗震规范规定，按振型分解法和底部剪力法所计算的结构层间剪力应符合下式要求：

$$V_{Eki} = \lambda \sum_{j=1}^{n} G_j \tag{6-44}$$

式中　V_{Eki}——第 i 层对应于水平地震作用标准值的楼层剪力；

　　λ——剪力系数，应符合表6-10的最小限值；

　　G_j——第 i 层的重力荷载代表值。

表 6-10　楼层最小地震剪力系数值

结构类别	设防烈度		
	7	8	9
扭转效应明显或基本周期 $T_1 \le 3.5s$	0.016 (0.024)	0.032 (0.048)	0.064
基本周期 $T_1 > 5.0s$	0.012 (0.018)	0.024 (0.032)	0.040

注：1. 对竖向不规则的薄弱层，表中系数应乘以 1.15。

　　2. 基本周期 T_1 介于 3.5s 和 5.0s 之间的结构，可采用内插取值。

　　3. 括号中的数值分别用于设计基本地震加速度 $0.15g$ 和 $0.30g$ 的地区。

6.3.2.4　结构基本周期的近似计算

对于结构基本周期，可采用多自由度体系的频率方程来求解。计算量大，一般需通过计算机完成。对于一些比较规则的常见结构，可通过以下几种近似计算方法，进行结构基本周期计算。

（1）顶点位移法。顶点位移法的基本思想是，对于多层及高层钢筋混凝土框架、框架-剪力墙及剪力墙结构，当重量和刚度沿高度分布比较均匀时，按等截面悬臂梁理论进行计算，将悬臂结构的基本周期用结构重力荷载作为水平荷载所产生的顶点位移 Δ_G 来表示，若体系按弯曲型悬臂杆振动，则基本周期 T_1 的公式为（图6-13）：

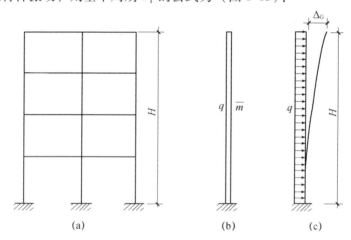

图 6-13　位移法图

$$T_1 = 1.60 \sqrt{\Delta_G} \qquad (6\text{-}45a)$$

若体系按剪切型悬臂杆振动，则基本周期的公式为：

$$T_1 = 1.8 \sqrt{\Delta_G} \qquad (6\text{-}45b)$$

若体系按剪弯型悬臂杆振动，则基本周期的公式为：

$$T_1 = 1.7 \sqrt{\Delta_G} \qquad (6\text{-}45c)$$

通常采用 $T_1 = 1.7\psi_T \sqrt{\Delta_T}$ 进行计算，其中 ψ_T 为考虑非承重墙（填充墙）影响的基本周期折减系数，框架结构取 $\psi_T = 0.6 \sim 0.7$，框架-剪力墙结构取 $\psi_T = 0.7 \sim 0.8$；剪力墙结构取

$\psi_{\mathrm{T}} = 0.9 \sim 1.0$。

（2）能量法。对多层及高层钢筋混凝土框架结构（以剪切型变形为主），可以采用以能量法为基础得到的基本周期计算公式（图6-14）：

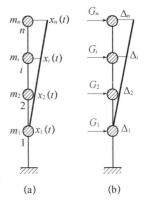

$$T_1 = 2 \sqrt{\dfrac{\sum\limits_{i=1}^{n} G_i \Delta_i^2}{\sum\limits_{i=1}^{n} G_i \Delta_i}} \qquad (6-46)$$

式中　G_i——第 i 层结构重力荷载；

　　　　Δ_i——把 G_i 视为作用于第 i 层楼面的假想的水平荷载，按弹性刚度计算结构得到的第 i 层楼层处的假想位移；

　　　　n——楼层数。

图 6-14　能量法

6.3.3　竖向地震作用计算

震害观察表明，高烈度地区的竖向地震地面运动相当可观。对不同高度的砖烟囱、钢筋混凝土烟囱、高层建筑的竖向地震反应分析结果表明：结构竖向地震内力 N_{G} 与重力荷载产生的结构构件内力 N_{G} 的比值 η 沿结构高度由下往上逐渐增大；在烟囱上部，设防烈度为 8 度时，$\eta = 50\% \sim 90\%$，在 9 度时，η 可达到或超过 1，即在烟囱上部可产生拉应力。335m 高的电视塔上部，设防烈度为 8 度时，$\eta = 138\%$。高层建筑上部，8 度时，$\eta = 50\% \sim 110\%$。为此，抗震规范规定：8 度和 9 度时的大跨度结构、长悬臂结构、烟囱和类似的高耸结构，9 度时的高层建筑，应考虑竖向地震作用。

我国抗震规范按结构类型的不同规定了以下计算方法：

6.3.3.1　高层建筑与高耸结构的竖向地震作用

抗震规范对这类结构的竖向地震作用计算采用了反应谱法，并作了进一步的简化。

（1）竖向地震影响系数的取值。抗震规范规定：竖向地震影响系数与周期的关系曲线可以沿用水平地震影响系数曲线；其竖向地震影响系数最大值 $\alpha_{\mathrm{v,max}}$ 为水平地震影响系数最大值 α_{max} 的 65%。

（2）竖向地震作用标准值的计算。根据大量用振型分解反应谱法和时程分析法计算的实例发现：在这类结构的地震反应中，第一振型起主要作用，而且，第一振型接近于直线。一般的高层建筑和高耸结构竖向振动的基本自振周期均在 $0.1 \sim 0.2\mathrm{s}$ 范围内，即处在地震影响系数最大值的范围内。为此，可得到结构总竖向地震作用标准值 F_{Evk} 和质点 i 的竖向地震作用标准值 F_{vi}（图6-15）分别为：

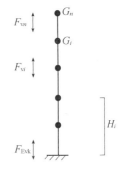

$$F_{\mathrm{Evk}} = \alpha_{\mathrm{v1}} G_{\mathrm{eq}} \qquad (6\text{-}47\mathrm{a})$$

$$F_{\mathrm{vi}} = \dfrac{G_i H_i}{\sum\limits_{j=1}^{n} G_j H_j^2} \qquad (6\text{-}47\mathrm{b})$$

图 6-15　高耸结构与高层建筑竖向地震作用

式中　F_{Evk}——结构总竖向地震作用标准值;

　　　F_{vi}——质点 i 的竖向地震作用标准值;

　　　α_{v1}——竖向地震影响系数的最大值,可取水平地震影响系数最大值的 65%;

　　　G_{eq}——结构等效总重力荷载代表值,取其重力荷载代表值的 75%。

（3）楼层的竖向地震作用效应,可按各构件承受的重力荷载代表值的比例分配。

竖向地震作用的计算步骤为:

1）计算结构总的竖向地震作用标准值 F_{Evk},也就是计算竖向地震所产生的结构底部轴向力。

2）计算各楼层的竖向地震作用标准值 F_{yi},也就是将结构总的竖向地震作用标准值 F_{Zvk} 按倒三角形分布分配到各楼层。

3）计算各楼层由竖向地震作用产生的轴向力,第 i 层的轴向力 N_{vi} 为:

$$N_{vi} = \sum_{k=i}^{n} F_{vk} \tag{6-48}$$

4）将竖向地震作用产生的轴向力 N_{vi} 按该层各竖向构件（柱、墙等）所承受的重力荷载代表值的比例分配到各竖向构件。

6.3.3.2　平板网架和大跨度屋架结构的竖向地震作用计算

对于平板型网架和跨度大于 24m 的屋架进行计算采用静力法,可认为竖向地震的分布与重力荷载的分布相同,其大小可按下式计算:

$$F_v = \xi_v G \tag{6-49}$$

式中　F_v——竖向地震作用标准值;

　　　G——重力荷载标准值;

　　　ξ_v——竖向地震作用系数,对于平板型网架屋盖和跨度大于 24m 屋架,按表 6-11 采用;对长悬臂和其他大跨度结构,8 度时,取 0.1;9 度时,取 0.2。

表 6-11　竖向地震作用系数 ξ_v

结构类别	地震烈度	场地类别		
		Ⅰ	Ⅱ	Ⅲ，Ⅳ
平板型网架钢屋架	8	不考虑（0.10）	0.08（0.12）	0.10（0.15）
	9	0.15	0.15	0.20
钢筋混凝土屋架	8	0.10（0.15）	0.13（0.19）	0.13（0.10）
	9	0.20	0.25	0.25
长悬臂及其他大跨度结构	8	0.10		
	9	0.20		

注:括号中数值用于设计基本地震加速度为 0.30g 的地区。

6.3.4　地震作用和抗震计算的一般规定

6.3.4.1　各类建筑结构地震作用的规定

（1）一般情况下,可在建筑结构的两个主轴方向分别考虑水平地震作用并进行抗震验算，各方向的水平地震作用应由该方向抗侧力构件承担。

（2）有斜交抗侧力构件的结构，当相交角度大于15°时，应分别考虑各抗侧力构件方向的水平地震作用。

（3）质量和刚度分布明显不对称的结构，应考虑双向水平地震作用下的扭转影响；其他情况，宜采用调整地震作用效应的方法考虑扭转影响。

（4）8度和9度时的大跨度结构、长悬臂结构，9度时的高层建筑，应考虑竖向地震作用。

6.3.4.2　各类建筑结构抗震作用计算规定

（1）房屋总高度不超过40m、重量和高度沿高度分布比较均匀、地震作用下的变形以剪切变形为主的结构宜采用底部剪力法。

（2）除（1）所述的其他建筑，宜采用振型分解反应谱法。

（3）对于特别不规则的建筑、甲类建筑以及符合表6-12所列高度范围的建筑，应采用时程分析法进行多遇地震下的补充计算，并取多条时程曲线计算结构的平均值与振型分解反应谱法计算结果的较大值。

表6-12　采用时程分析法的房屋高度范围

烈度、场地类别	房屋高度范围/m
8度Ⅰ、Ⅱ类场地和7度	>100
8度Ⅲ、Ⅳ类场地	>80
9度	>60

6.3.5　结构抗震验算

6.3.5.1　截面抗震验算

作为抗震设防两阶段设计步骤的第一阶段，要做到"小震不坏"，就是要以低于本地区设防烈度的多遇地震的水平地震作用标准值，用线弹性理论的方法求出结构构件的地震作用效应，再与其他荷载效应组合，计算出结构构件内力组合的设计值进行验算，以达到"小震不坏"的要求。按照《建筑结构统一标准》规定的原则要求，抗震规范不再采用原抗震规范折减强度安全系数的验算方法，而是在第一阶段的截面抗震验算时，以概率为基础，根据可靠度理论的分析结果，采用多遇地震作用效应和其他荷载效应组合的结构构件抗震承载力验算的多系数表达式。

6.3.5.2　截面抗震验算表达式

结构构件的地震作用效应和其他荷载效应的基本组合，按下式计算：

$$S = \gamma_G S_{GE} + \gamma_{Eh} S_{Ehk} + \gamma_{Ev} S_{Evk} + \gamma_w \psi_w \lambda_w S_{wk} \qquad (6-50)$$

式中　S——结构构件内力组合的设计值，包括组合的弯矩、轴向力和剪力设计值；

γ_G——重力荷载分项系数，一般情况下应采用1.2；当重力荷载效应对构件承载力有利时（如验算倾覆、计算砌体强度的正应力影响系数以及钢筋混凝土大偏心受压构件截面承载力验算）可采用1.0；

γ_{Eh}、γ_{Ev}——分别为水平、竖向地震作用分项系数，应按表6-13采用；

γ_w——风荷载分项系数，应采用 1.4；

S_{GE}——重力荷载代表值的效应，有吊车时，尚应包括悬吊物重力标准值的效应；

S_{Ehk}——水平地震作用标准值的效应，尚应乘以相应的增大系数和调整系数；

S_{Evk}——竖向地震作用标准值的效应，尚应乘以相应的增大系数和调整系数；

S_{wk}——风荷载标准值的效应；

ψ_w——风荷载组合系数，一般结构可不考虑，烟囱和较高的水塔、高层建筑等风荷载起控制的建筑可采用 0.2。

表 6-13　地震作用分项系数 γ_{Eh}、γ_{Ev}

地震作用	γ_{Eh}	γ_{Ev}
仅计算水平地震作用	1.3	不考虑
仅计算竖向地震作用	不考虑	1.3
同时计算水平和竖向地震作用	1.3	0.5

结构构件的截面抗震验算，应采用下列设计表达式：

$$S \leqslant \frac{R}{\gamma_{RE}} \qquad (6\text{-}51)$$

式中　R——结构构件承载力设计值；

γ_{RE}——结构构件承载力抗震调整系数，除另有规定外，应按表 6-14 采用。

表 6-14　承载力抗震调整系数 γ_{RE}

材料	结构构件	受力状态	γ_{RE}
钢	柱、梁		0.75
	支撑		0.80
	节点板件、连接螺栓		0.85
	连接焊缝		0.90
砌体	两端均有构造柱、芯柱的抗震墙	受剪	0.90
	其他抗震墙	受剪	1.0
混凝土	梁	受弯	0.75
	梁轴压比小于 0.15 柱	偏压	0.75
	梁轴压比不小于 0.15 柱	偏压	0.80
	抗震墙	偏压	0.85
	各类构件	受剪、偏拉	0.85

当仅计算竖向地震作用时，各类结构构件承载力抗震调整系数均宜采用 1.0。

6.3.5.3　抗震变形验算

结构在地震作用下的变形验算是结构抗震设计的重要组成部分。结构的抗震变形验算包括多遇地震作用下的变形验算和罕遇地震作用下的变形验算两个部分。

（1）多遇地震作用下的结构弹性变形验算。为了避免建筑物的非结构构件（包括围护墙、填充墙和各种装饰物等）在多遇地震作用下出现破坏，需对框架（包括填充墙框架）和框架-抗震墙结构（包括框支层）在低于本地区设防烈度的多遇地震作用下的变形加以验算，使其最大层间弹性位移小于规定的限值。抗震规范规定，各类结构的层间弹性位移角限值应满足表6-15的要求。因此，楼层内最大弹性层间位移应满足下式要求：

$$\Delta u_e \leq [\theta_e] h \tag{6-52}$$

式中　Δu_e——多遇地震作用标准值产生的楼层内最大的弹性层间位移；计算时，应计入扭转变形，除以弯曲变形为主的高层建筑外，可不扣除结构整体弯曲变形，各作用分项系数应采用1.0；钢筋混凝土结构构件的截面刚度可采用弹性刚度；

　　$[\theta_e]$——层间弹性位移角限值，按表6-15采用；

　　h——计算楼层层高。

表6-15　弹性层间位移角限值 $[\theta_e]$

结构类型	$[\theta_e]$
钢筋混凝土框架	1/550
钢筋混凝土框支层	1/1000
钢筋混凝土框架-抗震墙、板柱-抗震墙、框架-核心筒	1/800
钢筋混凝土抗震墙、筒中筒	1/1000
多、高层钢结构	1/300

（2）罕遇地震作用下结构的抗震变形验算。为防止结构在罕遇地震作用下，由于薄弱楼层（部位）弹塑性变形过大而倒塌，必须对某些延性结构，如钢筋混凝土框架结构、底层框架砖房、高大的单层钢筋混凝土柱厂房和高层建筑结构等进行弹塑性变形验算。

1）计算范围。根据抗震规范，对下列结构应进行高于本地区设防烈度预估的罕遇地震作用下薄弱层（部位）的弹塑性变形验算：

①8度Ⅲ、Ⅳ类场地和9度时，高大的单层钢筋混凝土柱厂房的横向排架；

②7～9度时楼层屈服强度系数小于0.5的钢筋混凝土框架结构；

③高度大于150m的钢结构；

④甲类建筑和9度时乙类建筑中的钢筋混凝土结构和钢结构；

⑤采用隔震和消能减震的结构。

对下列结构宜进行弹塑性变形验算：

①竖向不规则类型的高层建筑结构；

②7度Ⅲ、Ⅳ类场地和9度时乙类建筑中的钢筋混凝土结构和钢结构；

③高度不大于150m的钢结构；

④板柱-抗震墙结构和底部框架砖房。

2）计算方法。结构弹塑性地震反应分析是个十分复杂的非线性振动问题，常常采用时程分析法。由于这种方法比较复杂，耗费的机时也较多，所以，抗震规范仅规定超过12层的建筑和甲类建筑需采用时程分析法验算结构的弹塑性变形；一般建筑，包括不超过12层、刚度无突变的框架结构、填充墙框架结构等层间剪切型结构及单层钢筋混凝土柱厂房，可按照抗震规范提供的简化方法进行弹塑性变形验算。

按简化方法计算时，需确定结构薄弱层的位置。所谓结构薄弱层，是指在强烈地震作用下，结构首先发生屈服并产生较大弹塑性位移的部位。一般根据楼层屈服强度系数的大小及其沿建筑高度分布情况判断结构薄弱层位置。对于多层和高层建筑结构，楼层屈服强度系数按下式计算：

$$\xi_y = \frac{V_y}{V_e} \tag{6-53}$$

式中　ξ_y——楼层屈服强度系数；

　　　V_y——按构件实际配筋面积和材料强度标准值计算的楼层受剪承载力；

　　　V_e——按罕遇地震作用标准值计算的楼层弹性地震剪力。

罕遇地震作用下薄弱楼层弹塑性变形验算简化计算方法的计算步骤为：

①按式（6-53）计算各楼层的屈服强度系数 ξ_y。当各楼层的屈服强度系数 ξ_y 均大于 0.5 时，该结构就不存在塑性变形明显集中的薄弱楼层，只要多遇地震作用下的抗震变形验算能满足要求，同样也能满足罕遇地震作用下抗震变形验算的要求，而无需进行验算。

②结构薄弱楼层（部位）位置的确定。楼层屈服承载力系数沿高度分布均匀的结构可取底层为薄弱楼层；楼层屈服承载力系数沿高度分布不均匀的结构，可取该系数最小的楼层（部位）和相对较小的楼层为薄弱楼层，一般不超过 2 ~ 3 处；单层厂房，可取上柱。

③薄弱楼层层间弹塑性位移的计算：

$$\Delta u_p = \eta_p \Delta u_e \tag{6-54}$$

式中　Δu_p——层间弹塑性位移；

　　　Δu_e——罕遇地震作用下按弹性分析的层间位移；

　　　η_p——弹塑性位移增大系数，当薄弱层（部位）的屈服强度系数不小于相邻层（部位）该系数平均值的 0.8 倍时，可按表 6-16 采用；当不大于该平均值 0.5 时，可按表内相应数值的 1.5 倍采用；其他情况可采用内插法取值；

　　　ξ_y——楼层屈服强度系数。

表 6-16　弹塑性层间位移增大系数 η_p

结构类型	总层数 n 或部位	ξ_y		
		0.5	0.4	0.3
多层均匀框架结构	2 ~ 4	1.30	1.40	1.60
	5 ~ 7	1.50	1.65	1.80
	8 ~ 12	1.80	2.00	2.20
单层厂房	上柱	1.30	1.60	2.00

④结构薄弱楼层（部位）层间弹塑性位移应符合下式要求：

$$\Delta u_p = [\theta_p] h \tag{6-55}$$

式中　h——薄弱层（部位）的层高或单层厂房上柱高度；

　　$[\theta_p]$——层间弹塑性位移角限值，可按表 6-17 采用；对框架结构，当轴压比小于 0.4 时，可提高 10%；当柱全高的箍筋构造比最小含箍特征值大 30% 时，可提高 20%，但累计不超过 25%。

表 6-17　弹塑性层间位移角限值 $[\theta_p]$

结构类型	$[\theta_p]$
单层钢筋混凝土柱排架	1/30
钢筋混凝土框架	1/50
底部框架砖房中的框架-抗震墙	1/100
钢筋混凝土框架-抗震墙、板柱-抗震墙、框架-核心筒	1/100
钢筋混凝土抗震墙、筒中筒	1/120
多、高层钢结构	1/50

6.4　多层砌体房屋抗震设计

多层混合结构房屋包括：多层砌体房屋，即由黏土砖、粉煤灰中型实心砌块和混凝土中、小型砌块砌体承重的多层房屋，以及底层框架和多层内框架砖房。本节主要介绍多层砌体房屋的震害及其分析、抗震计算和抗震措施。

6.4.1　多层砌体房屋的震害分析

在强烈地震作用下，多层砌体房屋的破坏部位，主要是墙身和构件之间的连接处，楼盖、屋盖结构本身的破坏较少发生。

砌体房屋中承担水平地震作用的主要构件为与水平地震力平行的墙体。这类墙体的破坏呈现为两个方向的交叉裂缝，主要是由于水平地震的反复作用下墙体的主拉应力强度不足引起交叉斜裂缝。

房屋的转角处是地震扭转作用较大或敏感的部位，且转角处墙体的约束作用较弱，容易发生破坏。

地震时，楼梯间的破坏一般较重。这主要是由于一方面楼梯间横墙间距比一般房间的横墙间距小，分担了较大的地震剪力；另一方面，楼梯间没有像一般房间那样，楼板和墙体组成了盒子结构，因此其空间刚度比较小。当楼梯间布置在房屋的转角处或端部时，破坏会更为严重。

房屋的内外墙连续处也是地震作用下的薄弱环节，容易出现竖向裂缝，严重时外纵墙会脱离内横墙而倒塌。

坡屋顶的木屋盖，可能会由于屋盖支撑体系不完善而破坏；预制钢筋混凝土楼、屋盖端部的搁置长度过短或板与板、板与墙无可靠连接时，容易掉落；钢筋混凝土现浇楼、屋盖一般具有良好的整体性，是理想的抗震构件。

在房屋中，突出屋面的屋顶间、烟囱、女儿墙等附属结构，由于地震"鞭端效应"的影响，一般较下部结构破坏严重，几乎在 6 度区就会发生破坏，7、8、9 度区震害更为严重。在低烈度区，人员伤亡主要是由于附属结构破坏造成的。

6.4.2　房屋体型、结构体系与防震缝

震害经验表明，未经合理抗震设计的多层砖房，抗震性能较差，在历次地震中多层砖房

的破坏率都比较高，6 度区内已有震害，随烈度增加，破坏也愈严重。我国在多层砖房方面的震害经验极为丰富，这为提出有效的抗震措施提供了依据。

多层砖房在强烈地震袭击下极易倒塌，因此，防倒塌是多层砖房抗震设计的重要问题。多层砖房的抗倒塌，不是依靠罕遇地震作用下的抗震变形验算来保障，而主要是从总体布置和细部构造措施等抗震措施方面着手，以搞好抗震概念设计来加以解决。

多层砌体房屋比其他结构更要注意保持平、立面规则的体型和抗侧力墙的均匀布置。由于多层砌体房屋一般都采用简化的抗震计算方法，对于体型复杂的结构和抗侧力构件布置不均匀的结构，其应力集中和扭转影响，以及抗震薄弱部位都不好估计，细部的构造也较难处理。因此，抗震规范规定多层砌体房屋结构体系应符合下列要求：优先采用抗震性能较好的横墙承重或纵横墙共同承重的结构体系，不宜采用破坏率高、抗震性能差的纵墙承重结构体系；纵横墙的布置宜均匀对称，平面内宜对齐，沿竖向应上下连续，同一轴线上的窗间墙宜均匀，以使受力明确、均匀，并使全片砖墙均能形成相当于房屋全宽或全长的竖向整体构件，使房屋获得最大的整体抗弯能力；楼梯间不宜设置在房屋的尽端和转角处；附墙的烟道、风道、垃圾道不应将墙体削弱；重视防震缝的作用，8 度和 9 度设防时对不规则的建筑宜设防震缝；缝两侧均应设置墙体，缝宽可采用 50~100mm。

6.4.3　抗震设计的一般规定

6.4.3.1　高度和层数限制

地震区的砌体房屋建筑不宜过高。随着房屋高度的增加，地震效应也相应增大，特别是顶部各层的振幅加大，可能造成倒塌等震害，高度愈高，倒塌率愈高。因此，限制砌体房屋层数和总高度，是一项既经济又有效的抗震措施。抗震规范规定，砌体房屋的层数和高度应不超过表 6-18 的规定。

表 6-18　砌体房屋的层数和高度限值

房屋类别	最小墙厚度/mm	烈度							
		6		7		8		9	
		高度	层数	高度	层数	高度	层数	高度	层数
普通黏土砖	240	24	8	21	7	18	6	12	4
多孔黏土砖	240	21	7	21	7	18	6	12	4
	190	21	7	18	6	15	5	—	—
混凝土小砌块	190	21	7	21	7	18	6	—	—

注：1. 房屋的总高度指室外地面到檐口或主要屋面板板顶的高度，半地下室从地下室室内地面算起，全地下室和嵌固条件好的半地下室，可从室外地面算起；带阁楼的坡屋面应算到山尖墙的 1/2 高度处。

2. 室内外高差大于 0.6m 时，房屋的总高度可比表中数据适当增加，但不应多于 1m。

3. 对医院、教学楼等横墙较少的多层砌体房屋，总高度应比表中数值降低 3m，相应层数减少一层。

4. 横墙较少的多层砖砌体住宅楼，按规范规定采取加强措施并满足抗震承载力要求时，仍可采用表中数值。

5. 砖和砌块砌体承重房屋的层高，不应超过 3.6m。

6.4.3.2　房屋最大高宽比限制

唐山地震 8 度区内一些五六层的多层砖房，发生了明显的整体弯曲破坏。这些房屋的高宽比都大于 1.8，其中部分横墙被从上到下分布的洞口削弱。这些房屋在地震倾覆力矩作用下墙体水平截面产生的弯曲应力超过砖砌体的抗拉强度，底层外墙出现裂缝。为防止多层砖房的整体弯曲破坏，抗震规范未规定对这类房屋进行整体弯曲验算，而只提出了房屋最大高宽比的规定，来加以限制。为保证砌体房屋的整体弯曲承载力，房屋不宜过于窄高，总高度与总宽度的比值，应符合表 6-19 要求。

表 6-19 房屋最大高度比限值

烈　度	6	7	8	9
最大高宽比	2.5	2.5	2.0	1.5

　　注：1. 单面走廊房屋的总宽度不包括走廊宽度。
　　　　2. 建筑平面接近正方形时，其高宽比适当减小。

6.4.3.3 抗震横墙间距限制

　　多层砌体房屋的横向地震力主要由横墙承担，不仅横墙应通过抗震验算保证足够的承载能力，而且楼盖必须具有能将地震力传递给横墙的水平刚度。对抗震横墙最大间距的构造规定，就是为了满足楼盖对传递水平地震力所需的刚度要求。横墙间距过大，纵向砖墙会因过大的层间变形 u 而产生出平面的弯曲破坏。这样，楼盖就失去传递水平地震力到横墙的能力，结果是地震力还未传到横墙，纵墙就已先破坏，所以应加以防范。为保证楼盖具有足够的刚度，满足传递水平地震作用的要求，规范规定了抗震横墙的最大间距，见表 6-20。对于纵墙承重时，横墙的间距也应满足表 6-20 的要求。

表 6-20 抗震横墙的最大间距　　　　　　　　　　　　　　　　　　　m

房屋类别	烈　度			
	6	7	8	9
现浇或装配整体式钢筋混凝土楼、屋盖	18	18	15	11
装配式钢筋混凝土楼、屋盖	15	15	11	7
木楼、屋盖	11	11	7	4

　　注：1. 多层砌体房屋的顶层，最大横墙间距可适当放宽。
　　　　2. 表中木楼、屋盖的规定不适用于混凝土小砌块砌体房屋。

6.4.3.4 房屋局部尺寸的限制

　　地震时房屋的破坏，往往从女儿墙、窗间墙、烟道和尺端墙段等房屋的薄弱环节开始。因此，应对这些薄弱处房屋的局部尺寸加以限制。规范规定了这些薄弱环节的局部尺寸应满足表 6-21 的要求。

表 6-21 房屋局部尺寸的限值

部　位	烈　度			
	6	7	8	9
承重窗间墙最小宽度	1.0	1.0	1.2	1.5
承重外墙尽端至门窗洞边的最小距离	1.0	1.0	1.2	1.5
非承重外墙尽端至门窗洞边的最小距离	1.0	1.0	1.0	1.0
内墙阳角至门窗边的最小距离	1.0	1.0	1.5	2.0
无锚固女儿墙（非出入口）的最大高度	0.5	0.5	0.5	0.0

6.4.4　多层砌体房屋抗震计算

《抗震规范》对砌体房屋的强度作了具体规定，而对变形验算未作要求。一般可只进行抗震承载力验算。

6.4.4.1　水平地震作用的计算

多层砌体房屋的质量和刚度沿高度一般分布均匀，且以剪切变形为主，故可按底部剪力法来确定水平地震作用。砌体房屋一般刚度较大，基本周期较短，在 $0.2 \sim 0.3$s 之间，故一般取 $\alpha_1 = \alpha_{\max}$。规范还规定，多层砌体房屋的 $\delta_n = 0$，对多层内框架房屋取 $\delta_n = 0.2$。根据底部剪力法，结构底部总的水平地震作用的标准值为：

$$F_{Ek} = \alpha_{\max} G_{eq} \tag{6-56}$$

而对于高度为 H_i 的质点 i 上的地震作用标准值 F_i 为：

$$F_i = \frac{G_i H_i}{\sum\limits_{j=1}^{n} G_j H_j} F_{Ek}(1 - \delta_n) \tag{6-57}$$

6.4.4.2　楼层横向地震剪力及其在墙体上的分配

（1）楼层地震剪力

$$V_j = \sum_{i=j}^{n} F_i \tag{6-58}$$

式中　V_j——第 j 楼层的层间地震剪力；

$\quad\quad F_i$——作用在质点 i 的地震作用，按公式（6-57）计算；

$\quad\quad n$——质点数目。

（2）墙体侧移刚度。砌体结构的墙体可以视为下端固定，上端嵌固。墙体的侧移柔度是指在墙体顶部施加一单位力时所产生的侧移。侧移柔度的倒数即为墙体的侧移刚度。墙体在侧向力作用下的变形，一般包括弯曲变形和剪切变形两部分，如图6-16所示。其中，弯曲变形可以表示为：

$$\delta_b = \frac{h^3}{12EI} = \frac{1}{Et}\left(\frac{h}{b}\right)^3 \tag{6-59}$$

剪切变形可以表示为：

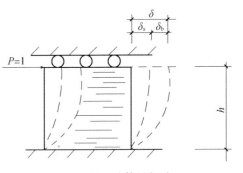

图 6-16　墙体的侧移

$$\delta_s = \frac{\xi h}{AG} = \frac{\xi h}{btG} \tag{6-60}$$

式中　h——墙体高度；

$\quad\quad b$、t——分别为墙体的宽度和厚度；

$\quad\quad I$——墙体的水平截面惯性矩；

$\quad\quad E$——砌体弹性模量；

$\quad\quad A$——墙体水平截面面积；

$\quad\quad \xi$——截面剪应力不均匀系数，对矩形截面取 1.2。

对于仅考虑剪切变形的墙体，其墙体侧移刚度为：

$$K = \frac{1}{\delta_{\text{s}}} = \frac{Et}{3\dfrac{h}{b}} \tag{6-61a}$$

而对同时考虑弯曲变形和剪切变形的构件，其侧向刚度为：

$$K = \frac{1}{\delta} = \frac{1}{\delta_{\text{b}} + \delta_{\text{s}}} = \frac{Et}{\dfrac{h}{b}\left[\left(\dfrac{h}{b}\right)^2 + 3\right]} \tag{6-61b}$$

（3）楼层地震剪力在各墙体上的分配

1）横向地震剪力的分配。横向楼层地震剪力分配时要考虑楼盖的刚度。

①刚性楼盖。对于抗震横墙最大间距满足表6-20的现浇及装配整体式钢筋混凝土楼盖，在横向地震作用下，可认为楼盖在其平面内没有变形。当结构和荷载都对称时，各横墙的水平位移相等（图6-17），则第 j 楼层各横墙所分配的地震剪力之和应等于该层的总地震剪力，即第 j 层第 m 道横墙承受的地震剪力 V_{jm} 为：

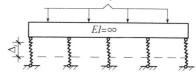

$$\sum_{m=1}^{n} V_{jm} = V_j \tag{6-62}$$

$$V_{jm} = \Delta_j k_{jm} \tag{6-63}$$

式中　V_{jm}——第 j 层第 m 道墙上所分配的地震剪力；

　　　Δ_j——第 j 层各横墙顶部的侧移；

　　　k_{jm}——第 j 层第 m 道墙的侧移刚度。

$$V_{jm} = \frac{k_{jm}}{\displaystyle\sum_{m=1}^{n} k_{jm}} V_j \tag{6-64}$$

图6-17　墙体的水平位移

上式说明，刚性楼盖房屋的楼层地震剪力可按各横墙的侧移刚度比例分配于各墙体上。若同层墙体材料及高度均相同，上式可以简化为：

$$V_{jm} = \frac{A_{jm}}{\displaystyle\sum_{m=1}^{n} A_{jm}} V_j \tag{6-65}$$

式中　A_{jm}——第 j 层第 m 道墙的净截面面积。

②柔性楼盖。对于木楼盖等柔性楼盖房屋，由于其本身刚度小，在地震剪力作用下，同时存在有平移和楼盖本身的弯曲变形。为此，可以将楼盖视为一多跨简支梁，横墙视为多跨简支梁的支座，如图6-18所示。此时，各横墙上分配的地震剪力可按下式计算：

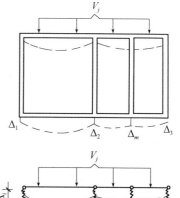
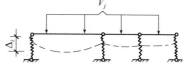

$$V_{jm} = \frac{G_{jm}}{G_j} V_j \tag{6-66}$$

式中　G_{jm}——第 j 层楼盖上第 m 道墙与左右两项邻横墙之间各一半楼盖面积上承担的重力荷载之和；

　　　G_j——第 j 层楼盖上承担的总重力荷载。

当楼层重力荷载均匀分布时，上式可以简化为：

图6-18　柔性楼盖计算简图

$$V_{jm} = \frac{F_{jm}}{F_j} V_j \tag{6-67}$$

式中　F_{jm}——第 j 层楼盖上第 m 道墙的从属面积；

　　　F_j——第 j 层楼盖总面积。

③中等刚度楼盖。采用小型预制板的装配式钢筋混凝土楼盖房屋，其楼盖刚度介于刚性楼盖和柔性楼盖之间，可采用刚性楼盖和柔性楼盖分配法的平均值进行分配，即：

$$V_{jm} = \frac{1}{2}\left(\frac{k_{jm}}{\sum\limits_{m=1}^{n} k_{jm}} + \frac{F_{jm}}{F_j} \right) V_j \tag{6-68}$$

若楼层墙体同高，所用材料相同，且楼盖上重力荷载分布均匀时，可采用下式计算：

$$V_{jm} = \frac{1}{2}\left(\frac{k_{jm}}{K_j} + \frac{F_{jm}}{F_j} \right) V_j \tag{6-69}$$

式中　K_j——第 j 层楼各横墙侧移刚度之和；$K_j = \sum\limits_{m=1}^{n} k_{jm}$。

2）纵向楼层地震剪力的分配。房屋纵向尺寸一般比横向尺寸大很多，且纵墙间距一般较小。因此，不论楼盖的形式如何，一般其纵向刚度比较大，都可按刚性楼盖考虑。

3）同一道墙体各墙段间的地震剪力的分配。在同一道墙上，门窗洞口之间各墙肢所承担的地震剪力可按照各墙肢的侧移刚度比例再进行分配，如图 6-19 所示。设第 m 道墙上共分为 s 个墙肢，则第 r 墙肢分配的地震剪力为：

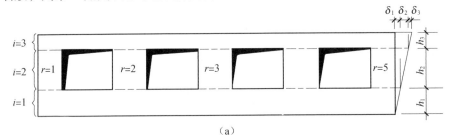

(a)

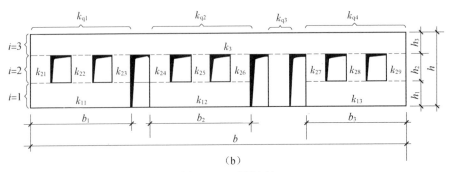

(b)

图 6-19　开洞墙体

$$V_{mr} = \frac{k_{mr}}{\sum\limits_{r=1}^{s} k_{mr}} V_{jm} \tag{6-70}$$

式中　V_{mr}——第 m 道墙第 r 墙段所分配的地震剪力；

V_{jm}——第 j 层第 m 道墙所承担的地震剪力;

k_{mr}——第 m 道墙第 r 墙段侧移刚度,应按下列各式计算:

设 ρ_r 为墙段的高宽比,

当 $\rho_r = \dfrac{h_r}{b_r} < 1$ 时,

$$k_{mr} = \frac{Et}{3\rho_r} \tag{6-71}$$

当 $1 \leqslant \rho_r \leqslant 4$ 时,

$$k_{mr} = \frac{Et}{3\rho_r + \rho_r^3} \tag{6-72}$$

式中 h_r、b_r——分别为墙段高度和宽度。

6.4.4.3 墙体截面抗震承载力验算

当墙体或墙段分配的地震剪力确定之后,即可验算墙体的抗震强度。

(1)非配筋砌体。非配筋墙体按下式验算墙体的抗震强度:

$$V \leqslant \frac{f_{vE}A}{\gamma_{RE}} \tag{6-73}$$

式中 V——墙体地震剪力设计值;

A——墙体截面面积;

γ_{RE}——承载力抗震调整系数,按表6-14采用。

f_{vE}——砌体沿阶梯形截面破坏的抗震抗剪强度设计值,按下式计算:

$$f_{vE} = \zeta_n f_v \tag{6-74}$$

式中 f_v——非抗震设计的砌体抗剪强度设计值,按表6-22采用;

ζ_n——砌体强度正应力影响系数,按下式计算,或查表6-23。

表6-22 沿砌体灰缝截面破坏时抗剪强度设计值f_v　　　　　　　　　　　　MPa

砌体种类	砂浆强度等级			
	≥M10	M7.5	M5	M2.5
普通黏土砖、多孔黏土砖	0.17	0.14	0.11	0.08
混凝土小砌块	0.09	0.08	0.06	—

表6-23 砌体强度正应力影响系数ζ_n

砌体种类	σ_0/f_v							
	0.0	1.0	3.0	5.0	7.0	10.0	15.0	20.0
普通黏土砖、多孔黏土砖	0.80	1.00	1.28	1.50	1.70	1.95	2.32	—
混凝土小砌块	—	1.25	1.75	2.25	2.60	3.10	3.95	4.80

$$\zeta_n = \frac{1}{1.2}\sqrt{1 + 0.45\frac{\sigma_0}{f_v}} \tag{6-75}$$

式中 σ_0——对应于重力荷载代表值在墙体1/2高度处的横截面上产生的平均压应力。

(2)配置构造柱砌体。当按公式(6-73)验算不满足要求时,可计入设置在墙段中部、截面不小于240mm×240mm且间距不大于4m的构造柱对抗剪承载力的提高作用,按下列简化方法验算：

$$V \leqslant \frac{1}{\gamma_{RE}}\left[\eta_{c}f_{vE}(A-A_{c})+\zeta f_{t}A_{c}+0.08f_{y}A_{s}\right] \tag{6-76}$$

式中　A_{c}——中部构造柱的横截面总面积（对横墙和内纵墙，$A_{c}>0.15A$ 时，取 $0.15A$；对外纵墙，$A_{c}>0.25A$ 时，取 $0.25A$）；

　　　f_{t}——中部构造柱的混凝土轴心抗拉强度设计值；

　　　A_{s}——中部构造柱的纵向钢筋截面总面积；

　　　f_{y}——钢筋抗拉强度设计值；

　　　ζ——中部构造柱的参与工作系数；居中设一根时取 0.5，多于一根时取 0.4；

　　　η_{c}——墙体约束修正系数；一般情况取 1.0，构造柱间距大于 2.8m 时取 1.1。

（3）横向配筋砌体。配有水平钢筋的普通黏土砖、多孔黏土砖墙体的截面抗剪承载力应按下式验算：

$$V \leqslant \frac{1}{\gamma_{RE}}(f_{vE}+\zeta_{s}f_{y}\rho_{v})A \tag{6-77}$$

式中　A——墙体截面面积；

　　　f_{y}——钢筋抗拉强度设计值；

　　　ρ_{v}——层间墙体体积配筋率；

　　　ζ_{s}——钢筋参与工作系数，按表 6-24 采用。

表 6-24　钢筋参与工作系数 ζ_{s}

墙体高厚比	0.4	0.6	0.8	1.0	1.2
ζ_{s}	0.10	0.12	0.14	0.15	0.12

（4）混凝土小型砌块砌体。混凝土小型砌块墙体一般采用芯柱配筋方式。此类砌体墙体的抗震承载力应按下式验算：

$$V \leqslant \frac{1}{\gamma_{ER}}\left[f_{vE}A+(0.3f_{t}A_{c}+0.05f_{y}A_{s})\zeta_{c}\right] \tag{6-78}$$

式中　A_{c}——芯柱截面面积；

　　　f_{t}——芯柱混凝土轴心抗拉强度设计值；

　　　A_{s}——芯柱钢筋截面总面积；

　　　f_{y}——钢筋抗拉强度设计值；

　　　ζ_{c}——芯柱影响系数，可按表 6-25 采用，表中填孔率 ρ 指芯柱根数（含构造柱和填实孔洞数量）与孔洞总数之比。

表 6-25　芯柱影响系数

填孔率 ρ	$\rho<0.15$	$0.15 \leqslant \rho<0.25$	$0.25 \leqslant \rho<0.5$	$\rho \geqslant 0.5$
ζ_{c}	0	1.0	1.10	1.15

[例 6-1]　某四层混合结构办公楼，平、立面图如图 6-20 所示。屋面及楼面采用预应力圆孔板。楼面恒载 3.1kN/m²，活载 1.5kN/m²，屋面恒载 5.30kN/m²，雪载 0.3kN/m²。

横墙承重体系，墙体采用 MU10 砖和混合砂浆砌筑，混合砂浆的强度等级为：首层、二层为 M7.5，三、四层为 M5。层高 3.6m。地震烈度为 8 度，设计基本地震加速度为 0.20g，设计地震分组为第一组，Ⅱ类场地。结构的阻尼比为 0.05。试求在多遇地震作用下楼层地震剪力及验算首层最不利墙段截面的抗震承载力。

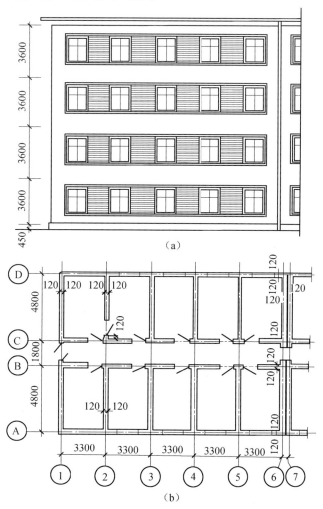

图 6-20（例 6-1 图）
（a）立面图；（b）平面图

【解】　（1）计算重力荷载代表值

根据集中质量法，将楼屋盖自重、楼层上下各 1/2 墙体自重、楼屋面活载（按表 6-8 采用）集中于楼层标高处，得到各层的重力荷载代表值为：

$G_1 = 3100 \text{kN}$，$G_2 = G_3 = 2800 \text{kN}$，$G_4 = 2150 \text{kN}$

$G_{eg} = 0.85 \sum G = 0.85 \times 10850 \text{kN} = 9223 \text{kN}$

（2）计算结构总的地震作用标准值

设防烈度为 8 度，查表 6-6，$\alpha_{max} = 0.16$

所以，$F_{Ek} = \alpha_{max} G_{eq} = 0.16 \times 9223 = 1476 \text{kN}$

（3）计算各楼层水平地震作用标准值及地震剪力（图6-21）

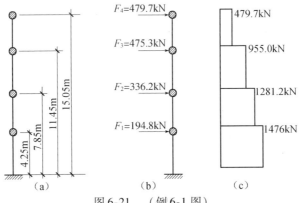

图 6-21　（例6-1图）

（a）计算简图；（b）地震作用沿楼层分布；（c）地震剪力分布

按公式（6-57）和式（6-58）计算，计算过程列于表6-26中。

表 6-26　楼层地震作用和地震剪力计算

楼层	G_i/kN	H_i/m	$G_iH_i/kN \cdot m$	$G_iH_i \sum\limits_{j=1}^{4} G_jH_j$	F_i/kN	V_i/kN
4	2150	15.05	32358	0.325	479.7	479.7
3	2800	11.45	32060	0.322	475.3	955.0
2	2800	7.85	21980	0.221	326.2	1281.2
1	3100	4.25	13175	0.132	194.8	1476
Σ	10850	—	99573	1.000	1476	—

（4）楼层地震剪力的分配

本例横墙按开洞情况分为三种类型，如图6-22所示，并分别计算其侧移刚度。

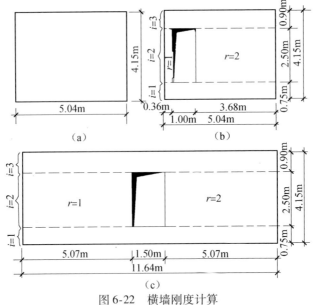

图 6-22　横墙刚度计算

1）无洞横墙：$\rho = \dfrac{h}{b} = 0.823 < 1$

$$k = \frac{Et}{3\rho} = \frac{1}{3 \times 0.823} Et = 0.405Et$$

2）有洞横墙：计算过程见表6-27。

表6-27 有洞横墙侧移刚度

墙段或墙肢		ρ（$\rho > 4$ 时不参与分配）	$\delta = \dfrac{3\rho}{Et}$	$\sum \delta$	$k = \dfrac{1}{\sum \delta_i}$	$\sum k$
有洞横墙	$i = 1, 3$	0.327	$0.981 \dfrac{1}{Et}$	$3.019 \dfrac{1}{Et}$	$0.331Et$	$0.331Et$
	$i = 2$ $r = 1$	6.94	（不参与分配）			
	$r = 2$	0.679	$2.038 \dfrac{1}{Et}$			

3）有洞山墙：有洞山墙侧移刚度见表6-28。

表6-28 有洞山墙侧移刚度

墙段或墙肢		ρ（$\rho > 4$ 时不参与分配）	$\delta = \dfrac{3\rho}{Et}$	$\delta = \sum \delta_i$	$k = \dfrac{1}{\sum \delta_i}$
有洞山墙	$i = 1, 3$	0.142	$0.426 \dfrac{1}{Et}$	$1.166 \dfrac{1}{Et}$	$0.858Et$
	墙段或墙肢	ρ（$\rho > 4$ 时不参与分配）	$k = \dfrac{Et}{3\rho}$ 或 $k = \dfrac{Et}{3\rho + \rho^3}$	$\delta_i = \dfrac{1}{\sum k_r}$	
	$i = 2$ $r = 1$	0.493	$0.676Et$	$0.740 \dfrac{1}{Et}$	
	$r = 2$	0.493	$0.676Et$		

于是，首层的横墙总侧移刚度为：$\sum k = (0.405 \times 7 + 0.331 \times 1 + 0.858 \times 2)Et = 4.882Et$

（5）计算②轴C-D墙各墙段分配的地震剪力

计算首层顶板建筑面积 F_1 和所验算横墙承载面积 F_{12}：

$$F_1 = 16.74 \times 11.64 = 195\text{m}^2$$

$$F_{12} = (4.8 + 0.9 + 0.12) \times 3.30 = 19.2\text{m}^2$$

$$V_{12} = \frac{1}{2}\left(\frac{k_{12}}{\sum k} + \frac{F_{12}}{F_1}\right)V_1 = \frac{1}{2}\left(\frac{0.331}{4.882} + \frac{19.2}{195}\right) \times 14767 = 127.16\text{kN}$$

（6）计算墙体截面平均压应力 σ_0

取1m宽墙段计算：

楼板传来的重力荷载：

$$[(5.30 + 0.5 \times 0.30) + (3.10 + 0.5 \times 1.50) \times 3] \times 3.3 \times 1 = 56.10\text{kN}$$

墙自重按双面抹240mm厚墙（5.35kN/m²）计算，

129

$$[(3.60-0.20)\times 3 + (4.25-0.20)\times 0.5]\times 5.35\times 1 = 65.16\text{kN}$$

1/2 首层计算高度处的平均压应力为：

$$\sigma_0 = \frac{56.10+65.16}{1\times 0.24} = 505.25\text{kN/m}^2 = 0.51\text{N/mm}^2$$

（7）验算墙体截面抗震承载力

当砂浆为 M7.5 时，$f_v = 0.14\text{N/mm}^2$；由表6-14查得：$\gamma_{RE} = 1.0$，

$$\zeta_n = \frac{1}{1.2}\sqrt{1+0.45\frac{\sigma_0}{f_v}} = \frac{1}{1.2}\sqrt{1+0.45\frac{0.51}{0.14}} = 1.354$$

$$f_{vE} = \zeta_n f_v = 1.354\times 0.14 = 0.190\text{N/mm}^2$$

$$V = \gamma_{Eh}C_{Eh}E_{hk} = 1.3\times 127160 = 165308\text{N}$$

$$\frac{f_{vE}A}{\gamma_{RE}} = \frac{0.190\times 3680\times 240}{1.0} = 167808\text{N} > V$$

符合要求。

其他墙体验算此处略。

6.4.5　多层砌体房屋抗震措施

6.4.5.1　构造柱的设置及作用

构造柱主要的功能是与圈梁连接，对墙体起约束作用，增加房屋的延性，提高抗侧能力和变形能力，是一种有效的防止和延缓倒塌的措施。试验表明，设置钢筋混凝土构造柱对墙体的初裂荷载并无明显提高；对砖砌体的抗剪承载力能够提高 10%～30% 左右。图 6-23 为构造柱示意图。

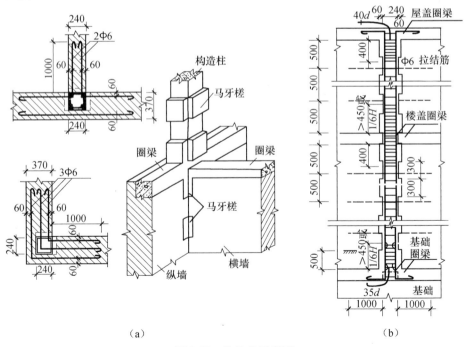

（a）　　　　　　　　　（b）

图 6-23　构造柱示意图

（1）构造柱的设置要求。为了提高多层砖房的抗倒塌能力，抗震规范根据抗震设防烈度、房屋高度和抗震薄弱部位的不同，构造柱的设置大体分为下列四个挡次，见表6-29。第一是在外墙四角，大洞口两侧，大房间、楼梯与电梯间的四角处；第二是在每隔一开间的横墙（或轴线）与外墙交接处；第三是在每一开间的横墙（轴线）与外纵墙交接处；第四是在横墙（轴线）与内外纵墙交接处。构造柱的设置要求，逐挡提高。

表6-29　构造柱的设置要求

房屋层数				各种层数和烈度均设置的部位	随层数或烈度变化而设置的部位
6度	7度	8度	9度		
四、五	三、四	二、三		外墙四角，错层位置横墙与外纵墙交接处，较大洞口两侧，大房间内外墙交接处	7～8度时，楼、电梯间四角；每隔15m或单元横墙与外墙交接处
六、七	五	四	二		隔开间横墙（轴线）与外墙交接处；山墙与内纵墙交接处；7～9度时，楼、电梯间的四角
八	六、七	五、六	三、四		内墙（轴线）与外墙交接处；内墙的局部较小墙垛处；7～9度时，楼、电梯间的四角，内纵墙与横墙（轴线）交接处

（2）芯柱的设置要求。为了增加混凝土中、小型砌块房屋的整体性和延性，提高其抗倒塌能力，可结合空心砌块的特点，在墙体的规定部位将砌块竖孔浇筑成钢筋混凝土芯柱。

混凝土小砌块房屋，应按表6-30的要求设置钢筋混凝土芯柱。

表6-30　混凝土小型砌块房屋芯柱的设置要求

房屋层数			设置部位	设置数量
6度	7度	8度		
四、五	三、四	二、三	外墙转角，楼梯间四角；大房间内外墙交接处；每隔15m或单元横墙与外纵墙交接处	外墙转角，灌实3个孔；内外墙交接处，灌实4个孔
六	五	四	外墙转角，楼梯间四角，大房间内外墙交接处，山墙与内纵墙交接处；隔开间横墙（轴线）与外纵墙交接处	
七	六	五	外墙转角，楼梯间四角；各内墙（轴线）与外纵墙交接处；8度、9度时，内纵墙与横墙（轴线）交接处和门洞两侧	外墙转角，灌实5个孔；内外墙交接处，灌实4个孔；内墙交接处，灌实4～5个孔；门洞两侧各灌实一个孔
	七	六	外墙转角，楼梯间四角；各内墙（轴线）与外纵墙交接处；8度、9度时，内纵墙与横墙（轴线）交接处和门洞两侧，横墙内芯柱间距不宜大于2m	外墙转角，灌实7个孔；内外墙交接处，灌实5个孔；内墙交接处，灌实4～5个孔；门洞两侧各灌实一个孔

（3）构造柱和芯柱的构造要求

1）构造柱的构造要求。构造柱最小截面可采用240mm×180mm，纵向钢筋宜采用4Φ12，箍筋间距不宜大于250mm，且在柱上下端宜适当加密，以提高构造柱的抗剪承载力；7度时超过六层，8度时超过五层和9度时，构造柱的纵向钢筋宜采用4Φ14，箍筋间距不应大于200mm；房屋四角的构造柱可适当加大截面及配筋，以考虑角柱可能受到双向荷载的共同作用及扭转影响。

设置构造柱处应先砌砖墙后浇柱。构造柱与砖墙连接处宜砌成马牙槎，如图6-23所示，以加强构造柱与砖墙之间的整体性，同时也便于利用构造柱的外露侧面以检查施工质量。施工时，应注意防止在马牙槎顶端的混凝土中容易形成的气孔，沿构造柱的高度每隔500mm应设2Φ6墙与柱的拉结钢筋，拉结钢筋在每边伸入墙内的长度不宜小于1m，如图6-23所示。

构造柱应与圈梁连接，以增加构造柱的中间节点，隔层设置圈梁的房屋，应在无圈梁的楼层增设配筋砖带，仅在外墙四角设置构造柱时，配筋砖带在外墙上应伸过一个开间，其他情况应在外纵墙和相应横墙上拉通，配筋砖带的截面高度不应小于四皮砖，砂浆强度等级不应低于M5。构造柱可不单独设置基础，但应伸入室外地面下500mm，或锚入浅于500mm的基础圈梁内。

2）芯柱的构造要求。混凝土小砌块房屋的芯柱截面，不应小于130mm×130mm；芯柱混凝土强度等级：混凝土小砌块房屋可采用C15，混凝土中砌块房屋可采用C20。芯柱竖向插筋应贯通墙身，且与每层圈梁连接。插筋的数量：混凝土小砌块房屋不应少于1Φ12；混凝土中砌块房屋，6度和7度时不少于1Φ4或2Φ10，8度时不应少于1Φ16或2Φ12。芯柱应伸入室外地面下500mm或插入浅于500mm的基础梁内。

粉煤灰中砌块房屋，应根据增加一层后的层数，按表6-30的要求设置钢筋混凝土构造柱，并应符合前述构造柱的构造要求，但其最小截面可采用240mm×240mm，并应设置拉结钢筋网片与墙体连接。

砌块房屋墙体交接处或芯柱、构造柱，墙体连接处的拉结钢筋网片，每边伸入墙内不宜小于1m，且应符合下列要求：

①混凝土小砌块房屋可采用Φ4点焊钢筋网片，沿墙高每隔600mm设置。

②混凝土中砌块房屋可采用Φ6钢筋网片，并隔皮设置。

③粉煤灰中砌块房屋可采用Φ6钢筋网片，6度和7度时可隔皮设置，8度时应每皮设置。

混凝土中砌块的上、下皮竖缝距离，不应小于块高的1/3，且不应小于150mm，不足时应在水平缝内设置Φ6钢筋网片，且应伸过竖缝处300mm。

6.4.5.2 圈梁设置及作用

（1）圈梁的作用。圈梁是多层砌体房屋的一种经济有效的措施，可提高房屋的抗震能力，减轻震害。从抗震观点分析，圈梁有以下几项作用：可以加强纵横墙的连接，增强房屋的整体性；由于圈梁的约束作用，使楼盖与纵横墙构成整体的箱形结构，防止预制楼板散开和砌体墙出平面的倒塌，以充分发挥各片墙体的抗震能力；作为楼盖的边缘构件，对装配式楼盖在水平面内进行约束，提高楼板的水平刚度，保证楼盖起整体横隔板的作用，以传递并分配层间地震剪力；与构造柱一起对墙体在竖向平面内进行约束，限制墙体斜裂缝的开展，且不延伸超出两道圈梁之间的墙体，并减小裂缝与水平的夹角，保证墙体的整体性和变形能力，提高墙体的抗剪能力；可以减轻地震时地基不均匀沉陷与地表裂缝对房屋的影响，特别是屋盖处和基础顶面处的圈梁，具有提高房屋的竖向刚度和抗御不均匀沉陷的能力。

（2）圈梁的设置要求。对于装配式钢筋混凝土楼盖或木楼盖的多层砌体房屋，抗震规范规定，当为横墙承重时应按表6-31的要求，设置现浇钢筋混凝土圈梁。

表6-31　砖房现浇钢筋混凝土圈梁设置要求

墙体类型	设防烈度		
	6、7	8	9
外墙及内纵向	屋盖处及每层楼盖处	屋盖处及每层楼盖处	屋盖处及每层楼盖处
内横墙	屋盖处及每层楼盖处；屋盖处间距不大于7m；楼盖处间距不大于15m；构造柱对应部位	屋盖处及每层楼盖处；屋盖处沿所有横墙，且间距不大于7m；楼盖处间距不大于7m；构造柱对应部位	屋盖处及每层楼盖处，各层所有横墙

纵墙承重的多层砖房，每层均应设置圈梁，且抗震横墙上的圈梁间距应比表6-31要求适当加密；现浇或装配整体式钢筋混凝土楼、屋盖与墙体可靠连接的房屋可不另设圈梁，但楼板应与相应构造柱用钢筋可靠连接，6～8度砖拱楼、屋盖房屋，各层所有墙体应设置圈梁。

砌块房屋的现浇钢筋混凝土圈梁应根据设防烈度提高一度后按多层砖房的圈梁设置要求来设置；但采用装配式钢筋混凝土楼盖时，每层均应设置圈梁。

（3）圈梁的构造要求。抗震规范对多层砌体房屋的现浇钢筋混凝土圈梁构造提出了下列要求：圈梁应闭合，遇有洞口应上下搭接，圈梁宜与预制板设在同一标高处或紧靠板底；圈梁在表6-31要求的间距内无横墙时，应利用梁或板缝中的配筋代替圈梁；圈梁的截面高度不应小于120mm（砖砌体）或190mm（砌块房屋），配筋应符合表6-32的要求；当地基有软弱黏性土、液化土、新近填土或严重不均匀土层时，为加强基础整体性而增设的基础圈梁，其截面高度不应小于180mm，配筋不应少于4Φ12，砖拱楼、屋盖房屋的圈梁应按计算确定，但配筋不应少于4Φ10。

表6-32　钢筋混凝土圈梁配筋要求

配　　筋	设防烈度		
	6、7	8	9
最小纵筋	4Φ10	4Φ12	4Φ14
最大箍筋间距/mm	250	200	150

注：砌块房屋圈梁配筋≮4Φ12，箍筋间距不应大于200mm。

6.4.5.3　连接

抗震规范对多层砌体房屋所提出的连接构造措施包括：墙体间的拉结，楼板搁置长度，楼板与圈梁、墙体的拉结，屋架（梁）与墙柱的锚拉等。

（1）墙体间的拉结。7度时长度大于7.2m的大房间，及8度和9度时的外墙转角及内外墙交接处，应沿墙高每隔500mm配置2Φ6拉结钢筋，并每边伸入墙内不宜小于1m（图6-24）。

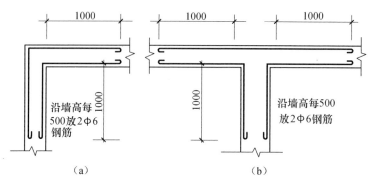

（a） （b）

图6-24 墙体的拉结钢筋
（a）外墙转角处的拉结钢筋；（b）内外墙交接处的拉结钢筋

后砌的非承重砌体隔墙应沿墙高每隔500mm配置2Φ6钢筋与承重墙或柱拉结，并每边伸入墙内不应小于500mm；8度和9度时长度大于5.0m的后砌非承重砌体隔墙的墙顶尚应与楼板或梁拉结。

（2）楼板搁置长度。现浇钢筋混凝土楼板或屋面板伸进纵、横墙内的长度不宜小于120mm；装配式钢筋混凝土楼板或屋面板，当圈梁未设在板的同一标高时，板端伸进外墙的长度不应小于120mm，伸进内墙的长度不宜小于100mm，在梁上不应小于80mm。

（3）楼板与圈梁、墙体的拉结。当板的跨度大于4.8m并与外墙平行时，靠外墙的预制板侧边应与墙或圈梁拉结，如图6-25a所示。对于房屋端部大房间的楼盖，8度时房屋的屋盖和9度时房屋的楼、屋盖，以及圈梁设在板底的情况，其中的钢筋混凝土预制板应相互拉结，并应与梁、墙或圈梁拉结，如图6-25b所示。

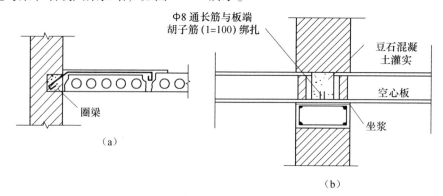

（a） （b）

图6-25 板与板、板与圈梁拉结
（a）圈梁与板拉结；（b）板与板拉结

（4）屋架（梁）与墙柱的锚拉。楼、屋盖的钢筋混凝土梁或屋架，应与墙、柱（包括构造柱）或圈梁可靠连接，梁与砖柱的连接不应削弱柱的截面，各层独立砖柱顶部应在两个方向均有可靠连接。

坡屋顶房屋的屋架应与顶层圈梁可靠连结，檩条或屋面板应与墙及屋架可靠连接，房屋出入口处的檐口瓦应与屋面构件锚固；8度和9度时，顶层内纵墙顶宜增砌支承山墙的踏步式墙垛，以防止山墙外闪。

6.4.5.4 楼梯间

历次地震震害表明，楼梯间由于比较空旷常常破坏严重，在9度及9度以上地区曾多次发生楼梯间的局部倒塌，当楼梯间设在房屋尽端时破坏尤为严重。

为了加强楼梯间的整体性，在一定程度上限制墙体裂缝的扩展，8度和9度时，楼梯间顶层的横墙和外墙宜沿墙高每隔500mm设2Φ6通长钢筋；9度时其他各层楼梯间可在休息平台或楼层半高处设置60mm厚的钢筋混凝土带或配筋砖带，其砂浆强度等级不应低于M7.5，纵向钢筋不应少于2Φ10。

横墙与内纵墙相接处的内墙阳角，由于受到两个方向的地震作用而出现斜向裂缝，有时甚至塌角，故8度和9度时，楼梯间及门厅内墙阳角处的大梁支承长度不应小于500mm，并应与圈梁连接。

预制楼梯段常常与平台板的梁拉脱开裂，侧边伸入墙体的悬挑楼梯踏步及有竖肋插入墙体的预制楼梯踏步往往破坏墙体整体性而加剧震害，故规定装配式楼梯段应与平台板的梁可靠连接，不应采用墙中悬挑式踏步或将竖肋插入墙体的楼梯；不应采用无筋砖砌栏板。

突出屋顶的楼、电梯间，地震中受到较大的地震作用，应在构造措施上特别加强。因此，规定对于突出屋顶的楼、电梯间，应将构造柱伸到顶部，并与顶部圈梁连接，并应在其内外墙交接处沿墙高每隔500mm设2Φ6的拉结钢筋，且每边伸入墙内不应小于1m。

6.5 多层与高层钢筋混凝土房屋抗震设计

6.5.1 多层与高层结构抗震设计的一般要求

抗震设计除了计算分析及采取合理的构造措施外，掌握正确的概念设计尤为重要。抗震规范中的有关规定体现了多层和高层钢筋混凝土结构房屋抗震设计的一般要求。

6.5.1.1 抗震等级

抗震等级是确定结构构件抗震计算（指内力调整）和抗震措施的标准，可根据设防烈度、房屋高度、建筑类别、结构类型及构件在结构中的重要程度来确定。抗震等级的划分考虑了技术要求和经济条件，随着设计方法的改进和经济水平的提高，抗震等级亦将相应调整。抗震等级共分为四级，它体现了不同的抗震要求，其中一级抗震要求最高。

高层钢筋混凝土结构房屋的建筑类别一般属甲、乙、丙三类，在确定其抗震等级时应分别考虑其设防烈度。它可以不同于地震作用计算时所采用的设防烈度，各抗震设防类别建筑的抗震设防标准，应符合下列要求：

（1）甲类建筑，地震作用应高于本地区抗震设防烈度的要求，其值应按批准的地震安全性评价结果确定；抗震措施，当抗震设防烈度为6~8度时，应符合本地区抗震设防烈度提高一度的要求，当为9度时，应符合比9度抗震设防更高的要求。

（2）乙类建筑，地震作用应符合本地区抗震设防烈度的要求；抗震措施，一般情况下，当抗震设防烈度为6~8度时，应符合本地区抗震设防烈度提高一度的要求，当为9度时，应符合比9度抗震设防更高的要求；地基基础的抗震措施，应符合有关规定。

对较小的乙类建筑，当其结构改用抗震性能较好的结构类型时，应允许仍按本地区抗震设防烈度的要求采取抗震措施。

（3）丙类建筑，地震作用和抗震措施均应符合本地区抗震设防烈度的要求。

（4）丁类建筑，一般情况下，地震作用仍应符合本地区抗震设防烈度的要求；抗震措施应允许比本地区抗震设防烈度的要求适当降低，但抗震设防烈度为 6 度时不应降低。

抗震设防烈度为 6 度时，除本规范有具体规定外，对乙、丙、丁类建筑可不进行地震作用计算。

丙类建筑抗震等级应按表 6-33 确定；设防类别为甲、乙、丁类的建筑应按前述抗震设防标准中抗震措施所要求的设防烈度，按表 6-33 确定抗震等级。其中 8 度乙类建筑高度超过表 6-33 规定的范围时，应经专门研究，采取比一级更有效的抗震措施。

表 6-33　现浇钢筋混凝土多高层建筑结构的抗震等级

结构类型			设防烈度						
			6		7		8		9
框架	高度/m		≤30	>30	≤30	>30	≤30	>30	≤25
	框架		四	三	三	二	二	一	一
	剧场、体育馆等大跨度公共建筑		三		二		一		一
框架-抗震墙	高度/m		≤60	>60	≤60	>60	≤60	>60	≤50
	框架		四	三	三	二	二	一	一
	抗震墙		三		二		一		一
抗震墙	高度/m		≤80	>80	≤80	>80	≤80	>80	≤60
	抗震墙		四	三	三	二	二	一	一
部分框支抗震墙	抗震墙		三	二	二		一		
	框支层框架		二		二	一	一		
筒体	框架-核心筒	框架	三		二		一		一
		核心筒	二		二		一		一
	筒中筒	外筒	三		二		一		一
		内筒	三		二		一		一
板柱-抗震墙	板柱的柱		三		二		一		—
	抗震墙		二		二		二		—

注：1. 建筑场地为 I 类时，除 6 度外可按表内降低一度所对应的建筑抗震等级采用抗震构造措施，但相应的计算要求不降低。

2. 接近或等于高度分界时，应允许结合房屋不规则程度及场地、地基条件确定抗震等级。

3. 部分框支抗震墙结构中，抗震墙加强部位以上的一般部位，应允许按抗震墙结构确定其抗震墙等级。

在同等设防烈度和房屋高度的情况下，对于不同的结构类型，其次要抗侧力构件抗震要求可低于主要抗侧力构件，即抗震等级低些。如框架-抗震墙结构中的框架，其抗震要求低于框架结构中的框架；相反，其抗震墙则比抗震墙结构有更高的抗震要求。在框架-抗震墙结构中，若抗震墙所承受的地震倾覆力矩不大于结构总地震倾覆力矩的50%，考虑到此时抗震墙的刚度较小，其框架部分的抗震等级应按纯框架结构划分。

6.5.1.2　房屋高度

房屋最大适用高度的确定，应综合考虑结构类型、抗震性能、地基条件和震害经验等因素及经济和使用合理等要求。较规则的多层和高层现浇钢筋混凝土结构房屋的最大适用高度见表6-34。对不规则的结构、有框支层的抗震墙结构或Ⅳ类场地上的结构，适宜的最大高度应适当降低。当设防烈度为6度、7度、8度且房屋高度分别超过120m、100m和80m时，不宜采用有框支层的现浇抗震墙结构；9度时则不应采用。对超过最大适用高度的房屋，应进行专门的研究并采取更为严格的抗震构造措施。

表6-34　现浇钢筋混凝土房屋的适用的最大高度　　　　m

结构体系		设防烈度			
		6	7	8	9
框架		60	55	45	25
框架-抗震墙		130	120	100	50
抗震墙	全部落地	140	120	100	60
	部分框支	120	100	80	不应采用
筒体	框架-核心筒	150	130	100	70
	筒中筒	180	150	120	80
板柱-抗震墙		40	35	30	不应采用

注：1. 房屋高度指室外地面到主要屋面板顶板的高度（不包括局部突出屋顶部分）。
　　2. 框架-核心筒结构指周边稀柱框架与核心筒组成的结构。
　　3. 部分框支抗震墙结构指首层或底部两层框支抗震墙结构。
　　4. 乙类建筑可按本地区抗震设防烈度确定使用的最大高度。
　　5. 超过表内高度的房屋，应进行专门研究和论证，采取必要的加强措施。

6.5.1.3　房屋高宽比

为使结构具有较好的整体刚度，结构的高度 H 与宽度 B 的比值（高宽比）不宜超过表6-35所列的限值。体型复杂的房屋应进行专门研究。具体规定参考《高层建筑混凝土结构技术规程》（JGJ 3—2002）（J 186—2002）。

表6-35　适用的房屋最大高宽比

结构类型	6度	7度	8度	9度
框架，板柱-抗震墙	4	4	3	2
框架-抗震墙	5	5	4	3
筒体，抗震墙	6	6	5	4

注：当有大底盘时，计算高宽比的高度从大底盘的顶部算起。

6.5.1.4　结构选型和布置

（1）合理地选择结构体系。多高层钢筋混凝土结构房屋常用的结构体系有框架结构、抗震墙结构和框架-抗震墙结构，其常见的结构平面布置如图6-26所示。

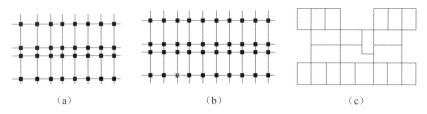

图6-26 常见的结构平面布置

（a）框架结构；（b）框架-抗震墙结构；（c）抗震墙结构

1）框架结构具有平面布置灵活，可获得较大的室内空间，容易满足生产和使用要求等优点。其缺点是抗侧刚度较小，属柔性结构，在强震下结构的顶点位移和层间位移较大，且层间位移自上而下逐层增大，能导致刚度较大的非结构构件的破坏。如框架结构中的砖填充墙常常在框架仅有轻微损坏时就发生严重破坏，但设计合理的框架仍具有良好的抗震性能。在地震区，纯框架结构可用于12层（40m高）以下、体型较简单、刚度较均匀的房屋。

2）抗震墙结构是由钢筋混凝土墙体承受竖向荷载和水平荷载的结构体系，具有整体性能好、抗侧刚度大和抗震性能好等优点，且该类结构无突出墙面的梁、柱，可降低建筑层高，充分利用空间，特别适合于20~30层的多层和高层居住建筑。缺点是具有大面积的墙体限制了建筑物内部平面布置的灵活性。

3）框架-抗震墙结构兼有框架和抗震墙两种结构体系的优点，既具有较大的空间，又具有较大的抗侧刚度，多用于10~20层的房屋。对高度较大、设防烈度较高、体系较复杂的房屋，及对建筑装修要求较高的房屋和高层建筑，可采用框架-抗震墙结构或抗震墙结构。

（2）选择结构体系时，还应尽量使结构的基本周期错开地震动卓越周期，使房屋的基本自振周期应比地震动卓越周期大1.5~4.0倍，以避免共振效应。自振周期过短，即刚度过大，会导致地震作用增大，增加结构自重及造价；若自振周期过长，即结构过柔，则结构会发生过大变形。一般讲，高层房屋建筑基本周期的长短与其层数成正比，并与采用的结构体系密切相关。就结构体系而言，采用框架体系时周期最长，框架-抗震墙次之，抗震墙体系最短。

（3）为使框架-抗震墙结构和抗震墙结构通过楼、屋盖有效地传递地震剪力给抗震墙，抗震规范要求抗震墙之间无大洞口的楼、屋盖的长宽比不宜超过表6-36的规定，符合该规定的楼盖可近似按刚性楼盖考虑。超过规定时，应计入楼盖平面内变形的影响。

表6-36 抗震墙之间楼、屋盖的长宽比

楼、屋盖类型	烈　度			
	6	7	8	9
现浇、叠合梁板	4.0	4.0	3.0	2.0
装配式楼盖	3.0	3.0	2.5	不宜采用
框支层和板柱-抗震墙的现浇梁板	2.5	2.5	2.0	不宜采用

6.5.1.5　规则结构与不规则结构

结构规则与否是影响结构抗震性能的重要因素。震害调查表明,属于不规则的结构,又未进行妥善处理,则会给建筑带来不利影响甚至造成严重震害。结构的不规则程度主要根据体型(平面和立面)、刚度和质量沿平面、高度的分布等因素进行判别。抗震规范规定,规则结构宜符合下列各项要求:

(1) 房屋平面局部突出部分的长度不大于其宽度,且不大于该方向总长的30%。房屋平面内质量分布和抗侧力构件的布置基本均匀对称。

(2) 房屋立面局部收进的尺寸,不大于该方向总尺寸的25%。抗侧力构件上、下层应连续,不发生错位,且横截面面积改变不大。

(3) 楼层刚度不小于其相邻上层刚度的70%,且连续三层总的刚度降低不超过50%。

(4) 相邻层质量差别不大于50%。

(5) 房屋平面内质量分布和抗侧力构件的布置基本均匀对称。

由于建筑设计的多样性和结构本身的复杂性,结构不可能做到完全规则。对不规则结构(见表6-37和表6-38)除应适当降低房屋高度外,还应采取较精确的分析方法并按较高的抗震等级采取抗震措施。

表 6-37　建筑平面不规则的类型

不规则的类型	定　义
扭转不规则	楼层的最大弹性水平位移(或层间位移),大于该楼层两端弹性水平位移(或层间位移)平均值的1.2倍
凹凸不规则	结构平面凹进的一侧尺寸,大于相应投影方向尺寸的30%
楼板局部不连续	楼板的尺寸和平面刚度急剧变化,例如:有效楼板宽度小于该楼层典型宽度的50%,或开洞面积大于该楼层面积的30%,或较大的楼层错层

表 6-38　建筑竖向不规则的类型

侧向刚度不规则	该层的侧向刚度小于相邻上一层的70%,或小于其上相邻三个楼层侧向刚度平均值的80%;除顶层外,局部收进的水平方向尺寸大于相邻下一层的25%
竖向抗侧力构件不连续	竖向抗侧力构件(柱、抗震墙、抗震支撑)的内力由水平转换构件(梁、桁架)向下传递
楼层承载力突变	抗侧力结构的层间受剪承载力小于相邻上一楼层的80%

6.5.1.6　防震缝

由于建筑体型的多样化,复杂和不规则的结构是难免的。用防震缝将结构分段,是把不规则结构变为若干较规则结构的有效方法。要满足罕遇地震时的变形要求,则需要防震缝很宽,将给立面处理及构造带来较大的困难,或由于设缝后使结构段过柔,带来碰撞和失稳的破坏。因此,一般应通过采用合理的平面形状和尺寸,尽量不设防震缝。对于特别不规则的建筑、质量和刚度分布相差悬殊的建筑,设防震缝时必须考虑足够的缝宽。当地基土质较差时,除考虑结构变形外,还应考虑由于不均匀沉降引起基础转动的影响。防震缝两侧楼板宜位于同一标高,防止楼板与柱相撞使柱子破坏。

防震缝最小宽度应符合下列要求：

（1）框架结构房屋的防震缝宽度，当高度不超过 15m 时可采用 70mm；超过 15m 时，6度、7度、8度和9度相应每增加高度 5m、4m、3m 和 2m，宜加宽 20mm。

（2）框架-抗震墙结构房屋的防震缝宽度可采用（1）项规定数值的 70%，抗震墙结构房屋的防震缝宽度可采用（1）项规定数值的 50%；且均不宜小于 70mm。

（3）防震缝两侧结构类型不同时，宜按需要较宽防震缝的结构类型和较低房屋高度确定缝宽。

6.5.1.7 屈服机制

多层和高层钢筋混凝土房屋的屈服机制可分为总体机制（图 6-27a）、楼层机制（图 6-27b）及由这两种机制组合而成的混合机制。总体机制表现为所有横向构件屈服而竖向构件除根部外均处于弹性，总体结构围绕根部作刚体转动。楼层机制则表现为仅竖向构件屈服而横向构件处于弹性。房屋总体屈服机制优于楼层机制，前者可在承载能力基本保持稳定的条件下，持续地变形而不倒塌，最大限度地耗散地震能量。为形成理想的总体机制，应一方面防止塑性铰在某些构件上出现，另一方面迫使塑性铰发生在其他次要构件上，同时要尽量推迟塑性铰在某些关键部位（如框架柱的根部、双肢或多肢抗震墙的根部等）的出现。

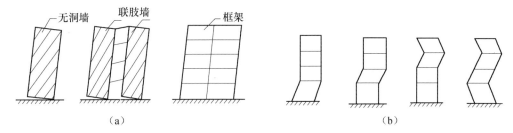

图 6-27　结构的屈服机制

（a）总体机制；（b）楼层机制

6.5.2　框架结构抗震设计要点

6.5.2.1　地震作用计算

高度不超过 40m、以剪切变形为主、质量和刚度沿高度分布比较均匀的钢筋混凝土框架结构，可采用底部剪力法计算各楼层地震作用。

6.5.2.2　地震作用下的内力计算和内力组合

框架地震作用下的内力分析可用反弯点法或 D 值法。在进行内力组合前，首先要划分抗震等级，这是与多层砖房抗震分析不同的地方。对抗震等级不同的框架结构，其内力分析（内力调整系数）及抗震措施均有所不同。抗震等级应根据表 6-33 确定。

框架结构的不利内力组合一般不考虑风荷载与地震荷载同时作用，所以，一般分别计算，采取不同的分项系数与组合系数，再取最不利的内力进行截面设计。具体而言，应考虑以下几种组合：

（1）1.2（恒载效应）+1.4（活载效应）；

（2）1.2（恒载效应）+0.90（1.4 活载效应 +1.4 风载效应）；

（3）1.2（重力荷载效应）＋1.3 水平地震作用效应。

在有地震作用的内力组合中，应先乘以承载力调整系数 γ_{RE}，再和正常荷载组合进行比较，选择不利的情况进行验算。

6.5.2.3 设计内力的调整

为了提高结构的延性，在进行截面设计时，应将通过内力组合得出的设计内力值进行调整，以形成理想的延性破坏机制，即：保证梁端破坏先于柱端破坏发生（强柱弱梁），弯曲破坏先于剪切破坏（强剪弱弯），构件的破坏先于节点的破坏（强节点弱构件）。

（1）强柱弱梁。为使框架结构在地震作用下塑性铰首先出现在梁端，抗震规范规定，柱端组合弯矩设计值应符合下列公式要求：

$$\sum M_c = \eta_c \sum M_b \tag{6-79}$$

9 度和一级框架结构尚应符合：

$$\sum M_c = 1.2 \sum M_{bua} \tag{6-80}$$

式中　$\sum M_c$——节点上下柱端截面顺时针或反时针方向组合的弯矩设计值之和，上下柱端的弯矩值一般可以按弹性分析分配；

$\sum M_b$——节点左右梁端截面顺时针或反时针方向组合的弯矩设计值之和，一级框架节点左右梁端均为负弯矩时，绝对值较小的弯矩应取为零；

$\sum M_{bua}$——节点左右梁端截面顺时针或反时针方向根据实配钢筋面积（考虑受压筋）和材料强度标准值计算的抗震受弯承载力所对应的弯矩值之和；

η_c——柱端弯矩增大系数，一级框架取 1.4，二级为 1.2，三级为 1.1。

此外，一、二、三级框架结构的底层柱下端截面的弯矩设计值，应分别乘以增大系数 1.5、1.25 和 1.15。底层柱纵向钢筋宜按上下端的不利情况配置。

（2）强剪弱弯。

1）为了避免梁在弯曲破坏前发生剪切破坏，对一、二、三级抗震要求的框架，梁端剪力按下式调整：

$$V = \eta_{Vb}(M_b^l + M_b^r)/l_n + V_{Gb} \tag{6-81}$$

9 度和一级框架尚应符合：

$$V = 1.1(M_{bua}^l + M_{bua}^r)/l_n + V_{Gb} \tag{6-82}$$

式中　l_n——梁的净跨；

V_{Gb}——梁在重力荷载代表值作用下（9 度时应包括竖向地震作用标准值），按简支梁分析的梁端截面剪力设计值；

M_b^l、M_b^r——分别为梁左右端反时针或顺时针方向组合的弯矩设计值；

M_{bua}^l、M_{bua}^r——分别为梁左右端反时针或顺时针方向根据实配钢筋面积和材料强度标准值计算的抗震弯矩所对应的弯矩值；

η_{Vb}——为梁端剪力增大系数，一级框架取 1.3，二级为 1.2，三级为 1.1。

2）对一、二、三级抗震要求的框架柱，柱端剪力按下式调整：

$$V = \eta_{Vc}(M_c^t + M_c^b)/H_n \tag{6-83}$$

9 度和一级框架尚应符合：

$$V = 1.2(M_{cua}^t + M_{cua}^b)/H_n \tag{6-84}$$

式中 H_n——柱的净高;

M_c^t、M_c^b——分别为柱的上下端反时针或顺时针方向截面组合的弯矩设计值;

M_{cua}^t、M_{cua}^b——分别为柱的上下端反时针或顺时针方向根据实配钢筋面积、材料强度标准值和轴压力计算的抗震弯矩所对应的弯矩值;

η_{Vc}——柱剪力增大系数,一级框架取 1.4,二级为 1.2,三级为 1.1。

6.5.2.4 梁、柱截面的配筋设计

(1)截面尺寸限制条件。为了保证结构的延性,防止发生脆性破坏,抗震设计中对截面尺寸的限值比非抗震结构的要求更为严格。

1)正截面设计时,梁端截面的混凝土受压区高度 x,当考虑受压钢筋的作用时,应满足下列要求:

一级抗震 $x \leqslant 0.25 h_0$ (6-85)

二、三级抗震 $x \leqslant 0.35 h_0$ (6-86)

式中 h_0——截面的有效高度。

2)地震作用时,梁、柱截面的剪力设计值应符合下列要求:

①对于跨高比大于 2.5 的梁和剪跨比大于 2 的柱,考虑地震组合的剪力设计值 V 应满足:

$$V \leqslant \frac{1}{\gamma_{RE}}(0.20 f_c b h_0)$$ (6-87)

②对于跨高比不大于 2.5 的梁和剪跨比不大于 2 的柱,考虑地震组合的剪力设计值 V 应满足:

$$V \leqslant \frac{1}{\gamma_{RE}}(0.15 f_c b h_0)$$ (6-88)

其中,剪跨比应按下式计算:

$$\lambda = \frac{M^c}{V^c h_0}$$ (6-89)

式中 M^c、V^c——分别为柱端截面组合的弯矩设计值、剪力设计值。

(2)节点核心区的抗震验算要求

1)为使节点核心区的剪应力不致过高,避免过早地出现斜裂缝,框架节点核心区的组合剪力设计值应符合下列要求:

$$V_j \leqslant \frac{1}{\gamma_{RE}}(0.3 \eta_j f_c b_j h_j)$$ (6-90)

2)节点核心区组合的剪力设计值为:

$$V_j = \frac{\eta_{jb} \sum M_b}{h_0 - a_s'}\left(1 - \frac{h_0 - a_s'}{H_c - h_b}\right)$$ (6-91)

9 度和一级框架尚应符合:

$$V_j = \frac{1.15 \sum M_{bua}}{h_0 - a_s'}\left(1 - \frac{h_0 - a_s'}{H_c - h_b}\right)$$ (6-92)

式中 η_{jb}——节点剪力增大系数,一级框架取 1.35,二级为 1.2。

其他符号意义同前。

3）框架节点核心区的抗震验算应符合下列要求（图6-28）：

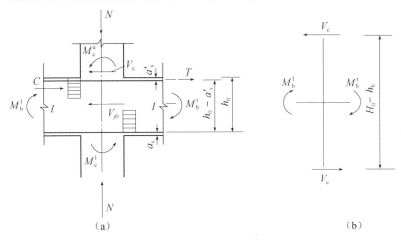

（a）　　　　　　　　　　　　　　　　　　　　（b）

图 6-28　节点核心区剪力计算

一、二级框架：

$$V_j \leq \frac{1}{\gamma_{RE}}\left(1.1\eta_j f_t b_j h_j + 0.05\eta_j N \frac{b_j}{b_c} + f_{yv}A_{svj}\frac{h_{b0}-a'_s}{S}\right) \tag{6-93}$$

9 度时，

$$V_j \leq \frac{1}{\gamma_{RE}}\left(0.09\eta_j f_t b_j h_j + f_{yv}A_{svj}\frac{h_{b0}-a'_s}{S}\right) \tag{6-94}$$

式中　f_t——混凝土抗拉强度设计值；

　　N——对应于组合剪力设计值的上柱组合轴向压力较小值，其取值不应大于柱的截面面积和混凝土轴心抗压强度设计值的乘积的 50%；当为拉力时，取 $N=0$；

　　f_{yv}——箍筋抗拉强度设计值；

　　A_{svj}——核心区有效验算宽度范围内同一截面验算方向箍筋的总截面面积；

　　S——箍筋间距；

　　$h_{b0}-a'_s$——梁上部钢筋合力点至下部钢筋合力点的距离；

　　h_j——节点核心区的截面高度，可采用验算方向的柱截面高度；

　　b_j——节点核心区截面有效验算宽度，当验算方向的梁截面宽度不小于该侧桩截面宽度的 1/2 时，可采用该侧柱截面宽度，当小于时可采用 $b_j = b_b + 0.5h_c$ 或 $b_j = b_c$ 的较小值，如图 6-29 所示；

　　b_b，b_c——分别为验算方向梁的宽度和柱的宽度；

　　h_c——验算方向的柱截面高度；

　　γ_{RE}——承载力抗震调整系数，此处取 0.85。

6.5.2.5　框架结构抗震构造要求

（1）梁、柱及节点核心区的箍筋配置。由于在地震作用下，梁、柱端部剪力最大，极易产生剪切破坏，所以，在梁、柱端部的一定长度范围内，箍筋间距应适当加密，并称此区域为箍筋加密区。

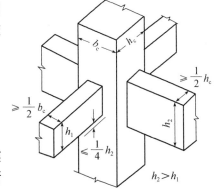

图 6-29　节点核心区强度验算尺寸

1）抗震规范规定，梁端加密区的箍筋配置，应符合表 6-39 的要求：

表 6-39 梁端箍筋加密区的箍筋长度、间距及最小直径要求

抗震等级	加密区长（采用最大值）	箍筋最大间距（采用最小值）	箍筋最小直径
一	$2h_b$，500	$h_b/4$，$6d$，100	Φ10
二	$1.5h_b$，500	$h_b/4$，$8d$，100	Φ8
三	$1.5h_b$，500	$h_b/4$，$8d$，150	Φ8
四	$1.5h_b$，500	$h_b/4$，$8d$，150	Φ6

注：1. 箍筋直径不应小于纵向钢筋直径的 1/4。

2. h_b 为梁高。

此外，梁端箍筋加密区箍筋的肢距，一级不宜大于 200mm 和 20 倍箍筋直径的较大值，二、三级不宜大于 250mm 和 20 倍箍筋直径的较大值，四级不宜大于 300mm。

2）抗震规范规定，柱端加密区的箍筋的范围应符合下列要求：柱端，取截面高度，层间柱净高的 1/6 和 500mm 三者中的最大值；底层柱，取柱根不小于柱净高的 1/3，当有刚性地面时，除柱端外尚应取刚性地面上下各 500mm；剪跨比不大于 2 的柱和因填充墙等形成的柱净高与柱截面高度比不大于 4 的柱，应取柱全高；此外，框支柱以及一、二级框架的角柱的加密区也取柱全高，如图 6-30 所示。柱端加密区的箍筋的最大间距和最小直径，一般应符合表 6-40 的要求：

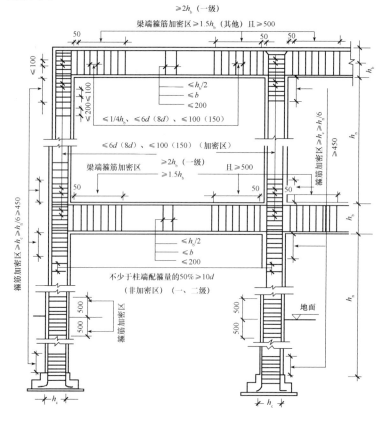

图 6-30 梁、柱端部及节点核心区的箍筋配置

表 6-40 柱端加密区的箍筋的最大间距和最小直径要求

抗震等级	箍筋最大间距（采用最小值）	箍筋最小直径
一	$6d$，100	Φ10
二	$8d$，100	Φ8
三	$8d$，150（柱根 100）	Φ8
四	$8d$，150（柱根 100）	Φ6（柱根 Φ8）

注：1. d 为柱纵向钢筋最小直径。

2. 柱根指框架底层柱的嵌固部位。

（2）框架钢筋锚固与接头。为了保证纵向钢筋和箍筋的可靠工作，钢筋的锚固与接头除应符合现行国家标准《钢筋混凝土工程施工及验收规范》的要求外，尚应符合下列要求：锚固长度和接头方式要求应符合表 6-41 的要求。

表 6-41 锚固长度和接头方式要求

抗震等级	纵向钢筋最小锚固长度（l_{aE}）	钢筋接头方式	
		框架梁	框架柱
一	$1.15l_a$	宜选用机械接头，也可采用搭接或焊接接头	宜选用机械接头
二	$1.15l_a$	可采用搭接或焊接接头	宜选用机械接头，也可采用搭接或焊接接头
三	$1.05l_a$	可采用搭接或焊接接头	宜选用机械接头，也可采用搭接或焊接接头
四	$1.01l_a$	可采用搭接或焊接接头	宜选用机械接头，也可采用搭接或焊接接头

注：表中 l_a 为纵向钢筋的锚固长度，按《钢筋混凝土设计规范》确定。

（3）框架梁柱纵向钢筋在节点核心区的锚固与搭接。框架梁柱纵向钢筋在节点核心区的锚固与搭接应符合图 6-31 的规定。

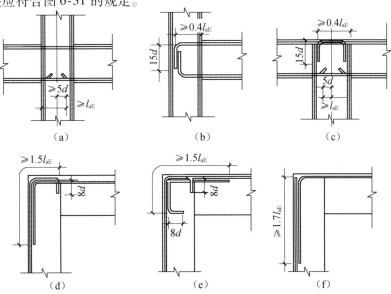

图 6-31 节点核心区钢筋的锚固与搭接

145

框架结构抗震设计实例见 6. 7 节。

6.6 隔震（振）耗能技术在结构抗震中的应用

6.6.1 减震的概念

传统的结构抗震是通过增强结构本身的抗震性能（强度、刚度、延性）来抵御地震作用的，即由结构本身储存和消耗地震能量，这是被动消极的抗震对策。由于人们尚不能准确地估计未来地震灾害作用的强度和特性，按传统抗震方法设计的结构不具备自我调节能力。因此，结构很可能不满足安全性的要求，而产生严重破坏或倒塌。造成重大的经济损失和人员伤亡。合理有效的抗震途径是对结构施加控制装置（系统），由控制装置与结构共同承受地震作用，即共同储存和耗散地震能量，以调节和减轻结构的地震反应。这种结构抗震途径称为结构减震控制。这是积极主动的抗震对策，是抗震对策的重大突破和发展。

6.6.2 减震控制分类及特点

结构减震控制根据是否需要外部能源输入可分为被动控制、主动控制、半主动控制和混合控制，如图 6-32 所示。

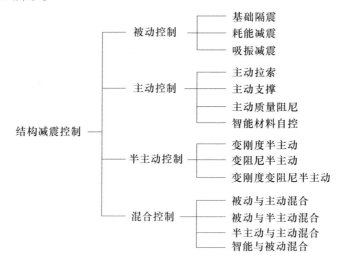

图 6-32 结构减震控制分类

（1）被动控制——不需要外部能源输入提供控制力，控制过程不依赖于结构反应和外界干扰信息的控制方法。如：基础隔震、耗能减震和吸能减震等均为被动控制。

（2）主动控制——需要外部能源输入提供控制力，控制过程依赖于结构反应信息或外界干扰信息的控制方法。主动控制系统由传感器、运算器和实力作动器三部分组成。主动控制是将现代控制理论和自动控制技术应用于结构抗震的新技术。

（3）半主动控制——不需要外部能源输入直接提供控制力，控制过程依赖于结构反应信息或外界干扰信息的控制方法。

（4）混合控制——不同控制方法相结合的控制方法。

结构减震控制的研究与应用已有近 30 年的历史。以改变结构频率为主的隔震技术是结构抗震控制技术中应用最多、最成熟的技术，国内外已建隔震建筑数百栋，并在桥梁、铁路等工程中大量应用，其中一些隔震建筑已在几次大地震中成功经受考验。以增加结构阻尼为主的被动耗能减震理论与技术已趋成熟，并已成功应用于结构抗震抗风控制中。结构减震的主动控制具有很广的应用范围，控制效果好，已进行了大量理论研究，并已在少数试点工程中应用。但控制系统结构复杂，造价昂贵，所需巨大能源在强烈地震时无法保证，其应用存在很大困难。混合控制是将主动控制与被动控制结合起来的方法，只要合理选取控制技术的较优组合，吸取各控制技术的优点，避免其缺点，可形成较为先进和有效的组合控制技术，但其本质上仍属于完全主动控制技术，仍需要外界输入较多能量。半主动控制以被动控制为主，只是应用少量能量对被动控制系统的工作状态进行切换，以适应系统对最优状态的跟踪，它既具有被动系统的可靠性，又具有主动控制系统的强适应性，通过一定的控制率可以达到主动控制系统的控制效果，是一种具有前景的控制技术。近年来，智能控制方法为抗震控制的发展开辟了新的途径。智能控制方法主要包括采用智能控制算法、智能驱动或智能阻尼装置为标志的控制方式。采用智能控制算法的减震控制与主动控制的差别主要表现在不需要精确的结构模型，而是采用智能控制算法确定输入或输出反馈与控制增益的关系，而控制力则是需要外部能源作动器来实现。采用智能驱动材料和器件为标志的智能控制，它的控制原理与主动控制基本相同，只是实施控制力的作动器是智能材料制作的智能驱动器或智能阻尼器。

目前，世界上许多国家进行着结构减震技术与理论的研究，并致力于该技术的推广应用。一些国家，如美国、日本、新西兰、加拿大等已制定了隔震或耗能设计的规范或标准。我国已在《建筑结构抗震设计规范》（GB 50011—2001）中纳入了隔震与消耗减震的内容，并制定了《建筑隔震橡胶支座标准》和《叠层橡胶支座隔震技术规程》。

6.6.3　隔震结构概述

6.6.3.1　隔震结构的概念与原理

在建筑物基础与上部结构之间设置隔震装置（或系统）形成隔震层，把房屋结构与基础隔离开来，利用隔震装置来隔离和耗散地震能量以避免或减小地震能量向上部结构传输，以减小建筑物的地震反应，实现地震时建筑物只发生轻微运动或变形，从而使建筑物在地震作用下不损坏或倒塌，这种抗震方法称之为房屋基础隔震，如图 6-33 所示。隔震系统一般由隔震器、阻尼器组成，它具有竖向刚度大、水平刚度小，能提供较大阻尼的特点。

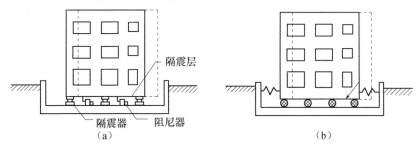

图 6-33　隔震结构的模型图

基础隔震的原理可以用建筑物的地震反应来说明。图 6-34a 和 6-34b 分别为普通建筑物的加速度反应谱和位移反应谱。从图中可以看出，建筑物的地震反应取决于自振周期和阻尼特性两个因素。一般中低层钢筋混凝土或砌体结构建筑物刚度大、周期短，基本周期正好与地震动卓越周期相近，所以，建筑物的加速度反应比地面运动加速度放大若干倍，而位移反应则较小，如图中 A 点所示。采用隔震措施后，建筑物的基本周期大大延长，避开了地面运动的卓越周期，使建筑物的加速度大大降低，若阻尼保持不变，则位移反应增加，如图中 B 点所示。由于这种结构的反应以第一振型为主，而该振型不与其他振型耦联，整个上部结构像一个刚体，加速度沿上部结构高度接近均匀分布，上部结构的自身位移很小。若增大结构的阻尼，则加速度反应继续减小，位移反应得到明显控制，如图中 C 点所示。

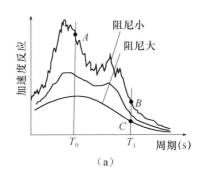
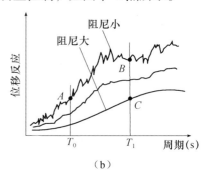

图 6-34　结构反应谱曲线

（a）加速度反应谱；（b）位移反应谱

综上所述，基础隔震的原理就是通过设置隔震装置系统形成隔震层，延长结构周期，适当增加结构的阻尼，使结构的加速度反应大大减小，同时使结构的位移集中于隔震层，上部结构就像刚体一样，自身相对位移很小，结构基本上处于弹性工作状态（图 6-35d）从而使建筑物不产生破坏或倒塌。

6.6.3.2　隔震结构的特点

抗震设计的原则是在多遇地震作用下，建筑物基本不产生损坏；在罕遇地震作用下，建筑物允许产生破坏但不倒塌。按抗震设计的建筑物，不能避免地震时的强烈晃动，当遭遇大地震时，虽然可以保证人身安全，但不能保证建筑物及其内部设备及设施安全，而且建筑物由于严重破坏常常不可修复，如果用隔震建筑就可以避免这类情况发生。隔震结构通过隔震层的集中大变形和所提供的阻尼将地震能量隔离或耗散，地震能量不能向上部结构全部传输，因而，上部结构的地震反应大大减小，震动减轻，结构不产生破坏，人员安全和财产安全均可以得到保证。图 6-35 为传统抗震结构与隔震结构在地震时的反应对比。与传统抗震结构相比，隔震结构具有以下优点：

（1）提高了地震时结构的安全性。

（2）上部结构设计更加灵活，抗震措施简单明了。

（3）防止内部物品的震动、移动、翻倒，减少了次生灾害。

（4）防止非结构构件的损坏。

（5）抑制了震动时的不舒适感，提高了安全感和居住性。

（6）可以保持机械、仪表、器具的功能。

（7）震后无需修复，具有明显的社会和经济效益。

（8）经合理设计，可以降低工程造价。

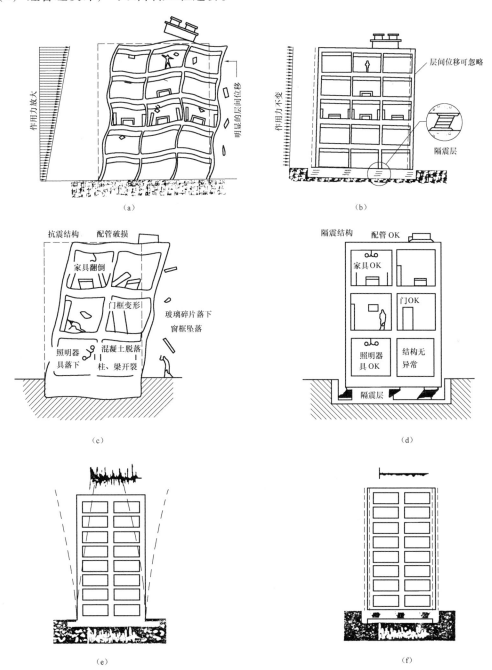

图 6-35　传统抗震房屋与隔震房屋在地震中的情况对比

（a）、（c）传统抗震房屋，强烈晃动，作用力放大；

（b）、（d）隔震房屋轻微晃动，作用力均匀；

（e）传统房屋的地震反应；（f）隔震房屋的地震反应

6.6.3.3 隔震结构的适用范围

隔震结构体系适用于下列类型建筑物：

（1）医院、银行、保险、通信、警察、消防、电力等重要建筑物。

（2）首脑机关、指挥中心以及放置贵重设备、物品的房屋。

（3）图书馆和纪念性建筑。

（4）一般工业与民用建筑。

6.6.3.4 隔震系统的组成及分类

（1）隔震系统的组成

隔震系统一般由隔震器、阻尼器、地基微震动与风反应控制装置等部分组成。在实际应用中，通常可以使几种功能由同一元件完成，以便使用。

隔震器的主要作用是：一方面在竖向支撑建筑物的重量，另一方面在水平向具有弹性，能提供一定的水平刚度，延长建筑物的基本周期，以避开地震动的卓越周期，降低建筑物的地震反应。能提供较大的变形能力和自复位能力。

阻尼器的主要作用是吸收或耗散地震能量，致使结构产生大的位移反应，同时在地震终了时帮助隔震器迅速复位。

地震微震动与风反应控制装置的主要作用是增加隔震系统的初期刚度，使建筑物在风荷载或轻微地震作用下保持稳定。

（2）隔震系统的分类

常用的隔震器有叠层橡胶支座、螺旋弹簧支座、摩擦滑移支座等。目前国内外应用最广泛的是叠层橡胶支座，它又可分为普通橡胶支座、铅芯橡胶支座、高阻尼橡胶支座等。

常用的阻尼器有弹簧性阻尼器、黏弹性阻尼器、黏滞阻尼器、摩擦阻尼器等。

常用的隔震系统有：叠层橡胶支座隔震系统、摩擦抗滑加阻尼器隔震系统、摩擦滑移摆隔震阻尼系统等。

目前，隔震系统形式多样，各有其优缺点，并且都在不断发展。其中叠层橡胶支座隔震系统技术相对成熟、应用较为广泛，尤其是铅芯橡胶支座和高阻尼橡胶支座系统，由于不用另附阻尼器，施工简易方便，在国际上十分流行。我国《建筑结构抗震设计规范》和《夹层橡胶垫隔震技术规程》仅针对橡胶隔震支座给出有关的设计要求。因此下面主要介绍叠层橡胶支座的类型与性能。

6.6.3.5 叠层橡胶支座的构造与性能

叠层橡胶支座是由薄橡胶板和薄钢板分层交替叠合，经高温高压硫化黏结而成，如图6-36所示。由于在橡胶层中加入若干块薄钢板，并且橡胶层与钢板紧密黏结，当橡胶支座承受竖向荷载时，橡胶层的横向变形受到钢板的约束作用，使橡胶支座具有很大的竖向承载能力和刚度。当橡胶层承受水平荷载时，橡胶层的相对位移大大减小，使橡胶支座具有较大的整体侧移而不致失稳，并且保持较小的水平刚度（竖向刚度的1/500～1/1000）。由于橡胶层与中间钢板紧密黏结，橡胶层在竖向地震作用下还能承受一定拉力。因此，叠层橡胶支座是一种竖向刚度大、承载力高，水平刚度较小，水平变形能力大的隔震支座。

橡胶支座形状可分为圆形、方形或矩形，一半多为圆形，因为圆形与方向无关。支座中心一般设有一圆孔，以使硫化过程中橡胶支座所受热量均匀，从而保证产品质量。

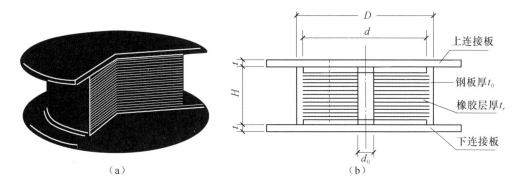

图 6-36　橡胶支座的形状与构造详图

（a）橡胶支座的形状；（b）橡胶支座的构造

根据叠层橡胶支座中使用的橡胶材料和是否加有铅芯叠层，橡胶支座可分为普通叠层橡胶支座、高阻尼叠层橡胶支座、铅芯叠层橡胶支座。

6.6.4　隔震结构设计

6.6.4.1　隔震结构设计要求

（1）隔震结构方案的选择

隔震主要用于高烈度地区或使用功能有特别要求的建筑，符合以下各项要求的建筑可采用隔震方案：

1）不隔震时，结构基本周期小于 1.0s 的多层砌体房屋、钢筋混凝土框架房屋等。

2）体型基本规则，且抗震计算可采用底部剪力法的房屋。

3）建筑场地宜为Ⅰ、Ⅱ、Ⅲ类，并应选用稳定性较好的基础类型。

4）风荷载和其他非地震作用的水平荷载不宜超过结构的总重力的 10%。

隔震建筑方案的采用，应根据建筑抗震设防类别、设防烈度、场地条件、建筑结构方案和建筑使用要求，进行技术、经济可行性综合比较分析后确定。

（2）隔震层的设置

隔震层宜设置在结构第一层以下的部位。当隔震层位于第一层及以上时，结构体系的特点与普通隔震结构可能有较大差异，隔震层以下的结构设计计算也更复杂，需作专门研究。

隔震层的布置应符合下列的要求：

1）隔震层可由隔震支座、阻尼装置和抗风装置组成。阻尼装置和抗风装置可与隔震支座合为一体，亦可单独设置。必要时可设置限位装置。

2）隔震层刚度中心宜与上部结构的质量中心重合。

3）隔震支座的平面布置宜与上部结构和下部结构的竖向受力构件的平面位置相对应。

4）同一房屋选用多种规格的隔震支座时，应注意充分发挥每个橡胶支座的承载力和水平变形能力。

5）同一支承处选用多个隔震支座时，隔震支座之间的净距应大于安装操作所需要的空间要求。

6）设置在隔震层的抗风装置宜对称、分散地布置在建筑物的周边或周边附近。

（3）上部结构的地震作用和抗震措施

目前的叠层橡胶隔震支座只具有隔离或耗散水平地震的功能，对竖向地震隔震效果不明显，为了反映隔震建筑隔震层以上结构水平地震反应减小这一情况，引入"水平向减震系数"。水平向减震系数按6.6.4.2节中的有关规定确定。

地震作用计算时，应对第6.3.1节中的水平地震影响系数量大值进行折减，即乘以水平向减震系数，但竖向地震影响系数最大值不应折减。确定抗震措施时，丙类建筑可根据水平向减震系数相应降低有关章节对设防烈度的部分要求，但竖向地震作用不予减少，并应保留设防烈度的部分要求。

当水平向减震系数不大于0.5时，丙类建筑的多层砌体房屋的层数、总高度和高宽比限值，可按《建筑抗震设计规范》第7章中降低一度的有关规定采用。

6.6.4.2 隔震结构的抗震计算

（1）橡胶隔震支座平均压应力限值和拉应力规定

橡胶支座的压应力既是确保橡胶隔震支座在无地震时正常使用的重要指标，也是直接影响橡胶隔震支座在地震作用时其他各种力学性能的重要指标。它是设计或选用隔震支座的关键因素之一。在永久荷载和可变荷载作用下组合的竖向平均压应力设计值，不应超过表6-42的规定，在罕遇地震作用下，不宜出现拉应力。

表6-42　橡胶隔震支座平均压应力限值

建筑类别	甲类建筑	乙类建筑	丙类建筑
平均压应力/MPa	10	12	15

注：1. 对需验算倾覆的结构，平均压应力应包括水平地震作用效应。

2. 对需进行竖向地震作用计算的结构，平均压应力设计值应包括竖向地震作用效应。

3. 当橡胶支座的第二形状系数小于5.0时，应降低平均压应力限值；外径小于300mm的支座，其平均压应力限值对丙类建筑为12MPa。

规定隔震支座中不宜出现拉应力，主要是考虑以下因素：

1）橡胶受拉后内部出现损伤，降低了支座的弹性性能。

2）隔震支座出现拉应力，意味着上部结构存在倾覆危险。

3）橡胶隔震支座在拉伸应力下滞回特性实物实验尚不充分。

（2）隔震结构的地震作用与地震反应分析方法

隔震结构的抗震计算可采用底部剪力法和时程分析法。

采用底部剪力法时，隔震层以上结构的水平地震作用，沿高度可采用矩形分布；确定水平地震作用的水平向减震系数应按下列规定确定：

1）一般情况下，水平向减震系数应通过结构隔震与非隔震两种情况下各层最大层间剪力的分析对比确定。当结构隔震后各层最大层间剪力与非隔震对应层最大层间剪力的比值不大于表6-43中各栏的数值时，可按表6-43确定水平向减震系数。层间剪力的对比分析，宜采用多遇地震作用下的时程分析。

表 6-43　确定水平向减震系数的比值划分

层间剪力比值	0.53	0.35	0.26	0.18
水平减震系数	0.75	0.50	0.38	0.25

2）砌体结构的水平减震系数，宜根据隔震后整个体系的基本周期，按公式（6-95）确定：

$$\psi = \sqrt{2}\eta_2(T_m/T_1)^\gamma \tag{6-95}$$

式中　ψ——水平向减震系数；

η_2——地震影响系数的阻尼调整系数，按式（6-37）确定；

γ——地震影响系数的曲线下降段衰减指数，按式（6-37）确定；

T_m——砌体结构采用隔震方案的特征周期，当小于 0.4s 时应按 0.4s 采用；

T_1——隔震后体系的基本周期，不应大于 2.0s 和 5 倍特征周期的较大值。

3）与砌体结构周期相当的结构，其水平向减震系数宜根据隔震后整个体系的基本周期，按下式确定：

$$\psi = \sqrt{2}\eta_2(T_g/T_1)^\gamma(T_0/T_g)^{0.9} \tag{6-96}$$

式中　T_0——非隔震结构的计算周期，当小于特征周期时应采用特征周期的较大值；

T_1——隔震后体系的基本周期，不应大于 5 倍特征周期值；

T_g——特征周期。

其余符号同上。

4）水平向减震系数不宜低于 0.25，且隔震后结构的总水平地震作用不得低于非隔震结构在 6 度设防时的总水平地震作用。

砌体结构及与其基本周期相当的结构，隔震后的基本周期 T_1 可按下式计算：

$$T_1 = 2\pi\sqrt{G/K_h g} \tag{6-97}$$

式中　G——隔震层以上结构的重力荷载代表值；

K_h——隔震层的水平动刚度，可按式（6-98）确定；

g——重力加速度。

隔震层的水平动刚度 K_h 和大小等效黏滞阻尼比 ξ_{eq} 可按下列公式确定：

$$K_h = \sum K_j \tag{6-98}$$

$$\xi_{eq} = \sum K_j\xi_j/K_h \tag{6-99}$$

式中　K_j，ξ_j——第 j 隔震支座的水平动刚度和等效黏滞阻尼比。

验算多遇地震时，K_j、ξ_j 宜采用隔震支座剪切变形为 50% 时的水平动刚度和等效黏滞阻尼比；验算罕遇地震时，对直径小于 600mm 的隔震支座，K_j、ξ_j 宜采用隔震支座剪切变形不小于 250% 时的水平动刚度和等效黏滞阻尼比；对直径不小于 600mm 的隔震支座，K_j、ξ_j 宜采用隔震支座剪切变形为 100% 时的水平动刚度和等效黏滞阻尼比。

采用时程分析法计算隔震和非隔震结构时，计算简图可采用剪切型结构模型，当上部结构体型复杂时，应计入扭转变形的影响。输入地震波的反应谱特性和数量，应符合《建筑抗震设计规范》的有关要求。计算结构宜取平均值；当处于发震断层 10km 以内时，若输入地震波未考虑近场影响，对甲、乙类建筑计算结果尚应乘以近场影响系数；5km 以内取 1.5，5km 以外取 1.25。

（3）隔震支座在罕遇地震作用下的水平位移验算

隔震支座在罕遇地震作用下的水平位移应按公式（6-100）进行验算。

$$u_i \leqslant [u_i] \tag{6-100}$$

$$u_i = \beta_i u_c \tag{6-101}$$

式中　u_i——罕遇地震作用下，第 i 个隔震支座考虑扭转的水平位移；

　　　$[u_i]$——第 i 个隔震支座的水平位移限值；对橡胶隔震支座，不宜超过该支座橡胶直径的 0.55 倍和支座橡胶总厚度 3.0 倍二者中的较小值；

　　　u_c——罕遇地震下隔震层质心处或不考虑扭转的水平位移；

　　　β_i——隔震层第 i 个隔震支座的扭转影响系数。

罕遇地震下的水平位移宜采用时程分析法计算，对砌体结构及与其基本周期相当的结构，隔震层质心处在罕遇地震下的水平位移可按下式计算：

$$u_c = \lambda_s \alpha_1 (\xi_{eq}) G/K_h \tag{6-102}$$

式中　λ_s——近场系数，距发震断层 5km 以内取 1.5；5~10km 取 1.25；10km 以外取 1.0；

　　　$\alpha_1 (\xi_{eq})$——罕遇地震下的地震影响系数值；

　　　K_h——罕遇地震下隔震层的水平动刚度，按式（6-98）确定。

隔震层扭转影响系数，应取考虑扭转和不考虑扭转时 i 支座计算位移的比值。当隔震支座的平面布置为矩形或接近矩形时，可按下列方法确定：

1）当隔震层以上结构的质心与隔震层刚度中心在两个主轴方向均无偏心时，边支座的扭转影响系数不宜小于 1.15。

2）仅考虑单向地震作用的扭转时，扭转影响系数可按下列公式估计：

$$\beta = 1 + 12es_i/(a^2 + b^2) \tag{6-103}$$

式中　e——上部结构质心与隔震层刚度中心在垂直于地震作用方向的偏心距，如图 6-37 所示；

　　　s_i——第 i 个隔震支座与隔震层刚度中心在垂直于地震作用方向的距离；

　　　a、b——隔震层平面的两个边长。

对边支座，其扭转影响系数不宜小于 1.15；当隔震层和上部结构采取有效的抗扭措施后或扭转周期小于平动周期的 70%，扭转影响系数可取 1.15。

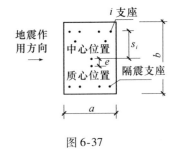

图 6-37

3）同时考虑双向地震作用的扭转时，可仍按公式（6-103）计算；但式中的偏心距 (e) 应采用下列公式中的较大值代替：

$$e = \sqrt{e_x^2 + (0.85e_y)^2} \tag{6-104}$$

$$e = \sqrt{e_y^2 + (0.85e_x)^2} \tag{6-105}$$

式中　e_x——y 方向地震作用时的偏心距；

e_y——x方向地震作用时的偏心距。

对边支座，其扭转影响系数不宜小于 1.2。

（4）隔震支座的水平剪力

隔震支座的水平剪力应根据隔震层在罕遇地震作用下的水平剪力按各隔震支座的水平刚度分配；当考虑扭转时，尚应计及隔震支座的扭转刚度。

隔震层在罕遇地震下的水平剪力 V_c 宜采用时程分析法计算，对砌体结构及与其基本周期相当的结构，可按下列计算：

$$V_c = \lambda_s a_i \xi_{eq} G \qquad (6\text{-}106)$$

（5）上部结构的计算

由于隔震层对竖向隔震效果不明显，故当设防烈度为 9 度时和 8 度且水平向减震系数为 0.25 时，隔震层以上的结构应进行竖向地震作用的计算；当设防烈度为 8 度且水平向减震系数不大于 0.5 时，宜进行竖向地震作用的计算。

对砌体结构，当墙体截面抗震验算时，其砌体抗震抗剪强度的正应力影响系数，宜按减去竖向地震作用效应后的平均压应力取值。

上部结构为框架等钢筋混凝土结构时，隔震层顶部的纵、横梁和楼板体系应作为上部结构的一部分按设防烈度进行计算和设计。

上部结构为砌体结构时，隔震层顶部各纵、横梁均可按受均布荷载的单跨简支梁或多跨连续梁计算。均布荷载可按《建筑抗震设计规范》第 7 章关于底部框架砖房的钢筋混凝土托墙梁的规定取值；当按连续梁算出的正弯矩小于单跨简支梁跨中弯矩的 0.8 倍时，应按 0.8 倍单跨简支梁跨中弯矩配筋。

（6）隔震层以下的结构计算

隔震层以下结构（包括地下室）的地震作用和抗震验算，应采用罕遇地震下隔震支座底部的竖向力、水平力和力矩进行计算。

隔震建筑基础的验算，应符合 6.2 节的有关规定。基础抗震验算和地基处理仍应按本地区抗震设防烈度进行，甲、乙类建筑的抗液化措施应按提高一个液化等级确定，直到全部消除液化沉陷。

6.6.4.3　隔震结构的构造措施

（1）隔震层的构造要求

隔震层应由隔震支座，阻尼器和为地基微震动与风荷载提供初刚度的部件组成，阻尼器可与隔震支座为一体，亦可单独设计。必要时，宜设置防风锁定装置。隔震支座和阻尼器的连接构造，应符合下列要求：

1）多层砌体房屋的隔震层位于地下室顶部时，隔震支座不宜直接放置在砌体墙上，并应验算砌体的局部承压；

2）隔震支座和阻尼器应安装在便于维护人员接近的部位；

3）隔震支座与上部结构、基础结构之间的连接件，应能传递罕遇地震下支座的最大水平剪力；

4）外露的预埋件应有可靠的防锈措施。预埋件的锚固钢筋应与钢板牢固连接；锚固钢筋的锚固长度应大于 20 倍锚固钢筋直径，且不应小于 250mm。

隔震支座连接定位时，支座底部的中心，标高偏差不大于 5mm，平面位置的偏差不大于 3mm。单个支座的倾斜度不大于 1/300。

隔震建筑应采取不阻碍隔震层在罕遇地震发生大变形的措施。上部结构的周边应设置防震缝，缝宽不宜小于各隔震支座在罕遇地震下的最大水平位移值的 1.2 倍。上部结构（包括与其相连的任何构件）与地面（包括地下室和与其相连的构件）之间，宜设置明确的水平隔离缝；当设置水平隔离缝确有困难时，应设置可靠的水平滑移垫层。在走廊、楼梯、电梯等部位，应无任何障碍物。

穿过隔震层的设备管、配线应采用柔性连接等适应隔震层的罕遇地震水平位移的措施；采用钢筋或刚架接地的避雷设备，应设置跨越隔震层的接地配线。

（2）隔震层顶部梁板体系的构造要求

为了保证隔震层能够整体协调工作，隔震层顶部应设置平面内刚度足够大的梁板体系。当采用装配整体式钢筋混凝土板时，为使纵横梁体系能够传递竖向荷载并协调横向剪力在每个隔震支座的分配，支座上方的纵、横梁应采用现浇，同时为增大梁板的平面内刚度，需加大梁的截面尺寸和配筋，上部结构为砌体时，按底部为框架砖房的钢筋混凝土托梁考虑抗震构造要求；上部结构为框架等钢筋混凝土结构时，按框支层考虑抗震构造要求。

隔震支座附近的梁柱受力状态复杂，地震时还会受冲切，因此，应考虑冲切和局部承压，加密箍筋并根据需要配置网状钢筋。

（3）砌体结构的构造要求

承重外墙尽端至门窗洞边的最小距离及圈梁的截面和配筋构造，应符合《建筑抗震设计规范》第 7 章的有关规定。

多层砖房钢筋混凝土构造柱的设置，当水平向减震系数为 0.75 时，应符合《建筑抗震设计规范》表 6.10 的规定；当设防烈度为 7～9 度，水平向减震系数为 0.5 和 0.38 时，应符合表 6-44 的规定，水平向减震系数为 0.25 时，应符合《建筑抗震设计规范》表 7.3.1 降低一度的规定。

表 6-44　隔震后砖房构造柱设置要求

房屋层数			设置部位
7 度	8 度	9 度	
三，四	二，三		每隔 15m 或单元横墙与外墙交接处
五	四	二	每隔三开间的横墙与外墙交接处
六，七	五	三，四	楼梯间、电梯间四角，外墙四角，错层部位横墙与外纵墙交接处，较大洞口两侧，大房间内外墙交接处	隔开间横墙（轴线）与外墙交接处，山墙与内纵墙交接处；9 度四层，外纵墙与内墙（轴线）交接处
八	六，七	五		内墙（轴线）与外墙交接处，内墙局部较小墙垛处；8 度七层，内纵墙与隔开间横墙交接处；9 度时内纵墙与横墙（轴线）交接处

注：9 度时房屋层数不宜多于五层。

混凝土小型空心砌块房屋芯柱的设置，当水平向减震系数为 0.75 时，仍应符合《建筑抗震设计规范》第 7 章表 7.4.1 的规定；当设防烈度为 7 ~ 9 度，水平向减震系数为 0.5 和 0.38 时，应符合表 6-45 的规定，当水平向减震系数为 0.25 时，宜符合《建筑抗震设计规范》第 7 章表 7.4.1 降低一度的有关规定。

表 6-45　隔震后混凝土小型空心砌块房屋芯柱设置要求

房屋层数			设置部位	设置数量
7 度	8 度	9 度		
三、四	二、三		外墙转角，楼梯间四角，大房间内外墙交接处；每隔16m 或单元横墙与外墙交接处	外墙转角，灌实 3 个孔 内外墙交接处，灌实 4 个孔
五	四	二	外墙转角，楼梯间四角，大房间内外墙交接处，山墙与内纵墙交接处，隔三开间横墙（轴线）与外纵墙交接处	
六	五	三	外墙转角，楼梯间四角，大房间内外墙交接处；隔开间横墙（轴线）与外纵墙交接处，山墙与内纵墙交接处；8、9 度时，外纵墙与横墙（轴线）交接处，大洞口两侧	外墙转角，灌实 5 个孔内外墙交接处，灌实 4 个孔 洞口两侧各灌实 1 个孔
七	六	四	外墙转角，楼梯间四角，各内墙（轴线）与外纵墙交接处；内纵墙与横墙（轴线）交接处；8、9 度时洞口两侧	外墙转角，灌实 7 个孔 内外墙交接处，灌实 4 个孔 内外墙交接处，灌实 4 ~ 5 个孔 洞口两侧各灌实 1 个孔

注：8 度时房屋层数不宜多于六层，9 度时房屋层数不宜多于四层。

其他构造措施，当水平向减震系数为 0.75 时，仍按《建筑抗震设计规范》第 7 章的相应规定采用；当设防烈度为 7 ~ 9 度时，水平向减震系数为 0.50 和 0.38 时，可按降低一度的相应规定采用；水平向减震系数为 0.25 时，可按降低二度且不低于 6 度的相应规定采用。

（4）钢筋混凝土结构的构造要求

隔震后钢筋混凝土结构的抗震等级，当水平向减震系数为 0.75 时，仍按《建筑抗震设计规范》第 6 章的相应规定划分；水平向减震系数不大于 0.5 时，抗震等级宜按表6-46划分，各抗震等级的计算和构造措施要求仍按《建筑抗震设计规范》第 6 章的有关规定采用。

表 6-46　隔震后现浇钢筋混凝土结构的抗震等级

结构类型		7 度		8 度		9 度	
框架	高度/m	< 20	> 20	< 20	> 20	< 15	> 15
	一般框架	四	三	三	二	二	一
抗震墙	高度/m	> 25	≥25	< 25	> 25	< 20	> 20
	一般抗震墙	四	三	三	二	二	一

6.6.5　隔震设计工程实例

（1）设计资料

某城市花园Ⅱ期工程位于 S 市，其中 3# 建筑（平面图如图 6-38 所示）是一幢多层砌体住宅楼。平面尺寸为 24.6m×12m，高约 17m，总共 6 层，每层为东西错层，有的开间较大，有一间房为 5.1m×5.4m，错层平面的高差为 1.4m 左右。总建筑面积为 1500m²，层高为 2.8m。为了获取较大的开间，该建筑纵向的砖墙不多。

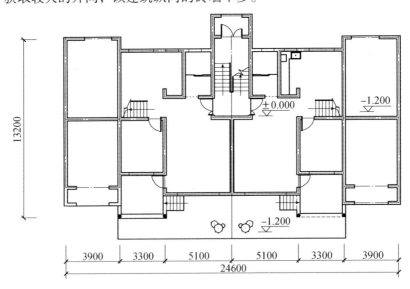

图 6-38　建筑平面图

（2）设计思路

该地区的场地土类型属于Ⅱ类土，设防烈度为 7 度。

采用普通多层砖混结构难以满足抗震要求。根据时程分析方法计算出每层的层间位移和层间的最大剪力，这种类型结构纵向在多遇地震下就不满足 7 度抗震设防要求。考虑采用基础隔震结构。

（3）支座选用

现在基础隔震装置用得比较多的是叠层橡胶支座，但是叠层橡胶支座价格比较贵。用滑板橡胶支座设计的隔震层的减震效果一般可以使设防烈度降低 1～2 度，而且支座的价格比较便宜，其性能价格比很好。但隔震层的位移比较大，这是因为滑板橡胶支座滑动后水平刚度变为零。使用普通橡胶支座与滑板橡胶支座组合，利用普通橡胶支座在滑板橡胶支座滑动后提供的水平刚度限制隔震层的最大位移。

隔震支座布置如图 6-39 所示。隔震结构和非隔震结构地震反应对比见表 6-47 和图 6-40。

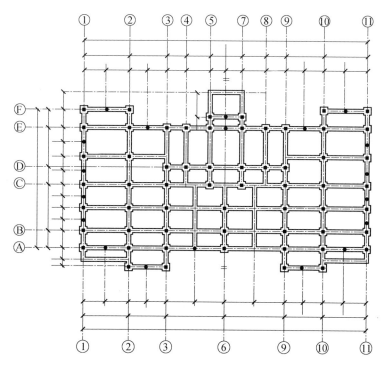

图 6-39　橡胶支座平面布置图
●普通橡胶支座；■滑板橡胶支座

表 6-47　罕遇烈度地震作用（El Centro 波，PGA = 220gal）

层数	基础固定结构		基础隔震结构	
	最大相对位移/mm	最大层间剪力/kN	最大相对位移/mm	最大层间剪力/kN
隔震层			41. 115	1936. 604
1	0. 314	5000. 14	0. 099	1571. 592
2	0. 369	4753. 74	0. 114	1475. 468
3	1. 029	4450. 37	0. 147	1403. 332
4	0. 319	4115. 98	0. 100	1294. 375
5	0. 424	4064. 37	0. 127	1205. 46
6	0. 293	3778. 07	0. 083	1066. 771
7	0. 364	3465. 00	0. 100	954. 608
8	0. 227	2926. 68	0. 061	785. 038
9	0. 262	2489. 5	0. 069	654. 957

159

续表

层数	基础固定结构		基础隔震结构	
	最大相对位移/mm	最大层间剪力/kN	最大相对位移/mm	最大层间剪力/kN
10	0.139	1793.61	0.036	463.189
11	0.132	1256.01	0.033	314.802
12	0.041	533.792	0.010	132.038

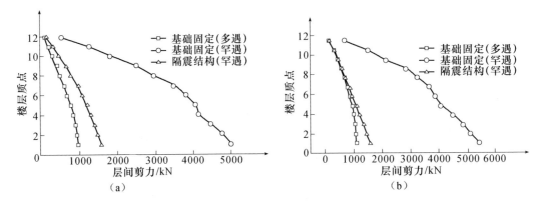

图 6-40　层间剪力对比（横向）

（a）El Centro 波；（b）人工波

6.6.6　耗能减震结构设计概述

6.6.6.1　结构耗能减震的基本概念

地震发生时，地面震动引起结构物的振动反应，地面地震能量向结构物输入，结构物接收了大量的地震能量，必然要进行能量转换或消耗才能最后终止振动反应。

传统抗震结构体系，容许结构及承重构件（如柱、梁、节点等）在地震中出现损坏。结构及承重构件地震中的损坏过程，就是地震能量的"消耗"过程。结构及构件的严重破坏或倒塌，就是地震能量转换或消耗的最终完成。

耗能减震技术是把结构物中的某些构件（如支撑、剪力墙等）设计成耗能部件或在结构物的某些部位（节点或连接处）装高阻尼器。在风载和小震作用下，耗能杆件和阻尼器处于弹性状态，结构体系具有足够的抗侧移刚度以满足正常使用要求；在强烈地震作用下，耗能杆件或阻尼器率先进入非弹性状态，大量耗散输入结构的地震能量，使主体结构避免进入明显的非弹性状态，从而保证主体结构在强震中免遭损坏。

以一般的能量表达式说明地震时的结构能量转换过程。

$$传统抗震结构 \qquad E_{in} = E_R + E_D + E_S \tag{6-107}$$

$$耗能减震结构 \qquad E_{in} = E_R + E_D + E_S + E_A \tag{6-108}$$

式中　E_{in}——地震时输入结构物的地震能量；

　　　E_R——结构物地震反应的能量，即结构物振动的动能和势能；

　　　E_D——结构阻尼消耗的能量（一般不超过 5%）；

E_S——主体结构及承重构件非弹性变形（或损坏）消耗的能量；

E_A——耗能构件或耗能装置消耗的能量。

对于传统抗震结构，E_D忽略不计（只占5%），为了最后终止结构地震反应（$E_R \rightarrow 0$），必然导致主体结构和承重构件的损坏、严重破坏或倒塌（$E_S \rightarrow E_{in}$），以消耗输入结构的地震能量。

对于耗能减震结构，E_D忽略不计（只占5%），耗能构件或耗能装置率先进入耗能工作状态，充分发挥耗能作用，大量消耗输入结构的地震能量（$E_A \rightarrow E_{in}$）。这样，既保护主体结构及承重构件免遭破坏（$E_S \rightarrow 0$），又迅速地衰减结构的地震反应（$E_R \rightarrow 0$），确保结构在地震中的安全。

6.6.6.2 结构采用耗能减震设计的特点

耗能减震结构体系与传统抗震结构体系相比，具有下述优越性：

（1）安全性 传统抗震结构体系实质上是把结构本身及主要承重构件（柱、梁、节点等）作为"耗能"构件，并且容许结构本身及构件在地震中出现不同程度的损坏，由于地震烈度的随机性和结构实际抗震能力设计计算的误差，结构在地震中的损坏程度难以控制，特别是出现超设防烈度地震时，结构难以确保安全。

耗能减震结构体系由于特别设置非承重的耗能构件（消能支撑、消能剪力墙等）或耗能装置，它们具有较大的耗能能力，在强地震中能率先消耗结构的地震能量，衰减结构的地震反应，并保护主体结构和构件，使之在强地震中确保安全。

根据国内外对耗能减震结构的振动台试验可知，耗能减震结构与传统抗震结构相对比，其地震反应可减小40%~60%。且耗能构件（或装置）对结构的承载能力和安全性不构成任何影响或威胁，因此，耗能减震结构体系是一种非常安全可靠的结构减震体系。

（2）经济性 传统抗震结构通过加强结构、加大构件截面、加多配筋等途径来提高抗震性能，因此，抗震结构的造价大大提高。

耗能减震结构是通过"柔性消能"的途径来减小结构的地震反应，因而，可以减少剪力墙的设置，减小构件截面，减少配筋，而其耐震安全度反而提高。

（3）技术合理 耗能减震结构则是通过耗能构件或装置，使结构在出现变形时大量迅速消耗地震能量，保证主体结构在强地震中的安全。结构越高、越柔，跨度越大，耗能减震效果越显著。因而，耗能减震技术必将成为采用高强轻质材料的高柔结构（超高层建筑、大跨度结构及桥梁等）的合理新途径。

6.6.6.3 结构耗能减震体系的适用范围

耗能减震体系已成功地应用于"柔性"工程结构物的减震（或抗风）。一般而言，层数越多、高度越高、跨度越大、变形越大，耗能减震效果越明显。所以多被应用于下述结构：

高层建筑，超高层建筑；高柔结构，高耸塔架；大跨度桥梁；柔性管道、管线（生命线工程）；旧有高柔建筑或结构物的抗震（或抗风）性能的改善提高。

6.6.6.4 结构耗能减震体系的分类

结构耗能减震体系由主体结构和耗能构件（或装置）组成，可按耗能构件的构件形式或耗能形式分类，如图6-41所示。

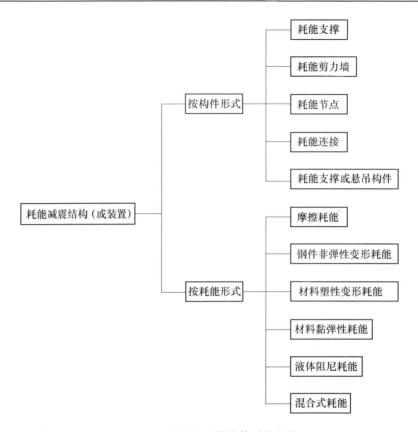

图 6-41　耗能减震结构体系的分类

6.6.6.5　结构耗能减震体系构造

耗能构件的构造形式有：

结构耗能减震体系中的耗能构件（或装置），按照其构造形式可以做成以下不同形式。

（1）耗能支撑（图 6-42）耗能支撑可以代替一般的结构支撑，在抗震（或抗风）中发挥支撑的水平刚度和耗能减震作用。耗能支撑可以做成方框支撑、圆框支撑、交叉支撑、斜杆支撑、K 形支撑和双 K 形支撑等。

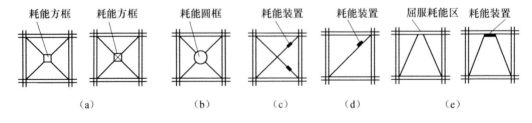

图 6-42　耗能支撑

（a）方框支撑；（b）圆框支撑；（c）交叉支撑；（d）斜杆支撑；（e）K 形支撑

（2）耗能剪力墙（图 6-43）耗能剪力墙可以代替一般结构的剪力墙，在抗震（或抗风）中发挥剪力墙的水平刚度和耗能减震作用。耗能剪力墙可以做成竖缝剪力墙、横缝剪力墙、斜缝剪力墙、周边缝剪力墙、整体剪力墙、分离式剪力墙等。

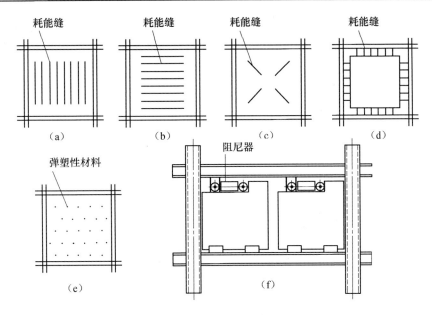

图 6-43　耗能剪力墙

（a）竖缝剪力墙；（b）横缝剪力墙；（c）斜缝剪力墙；（d）周边缝剪力墙；（e）整体剪力墙；（f）分离式剪力墙

（3）耗能节点（图6-44）在结构的梁柱节点或梁节点处装设耗能装置。当结构产生侧向位移，在节点处产生角度变化、转动式错动时，耗能装置即发挥耗能减震作用。

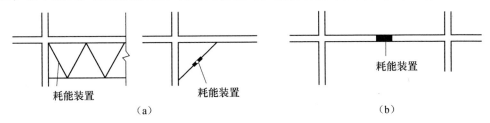

图 6-44　耗能节点

（a）梁柱耗能节点；（b）梁耗能节点

（4）耗能连接（图6-45）在结构的缝隙处或结构构件之间的连接处设置耗能装置。当结构在缝隙或连接处产生相对变形时，耗能装置即发挥耗能减震作用。

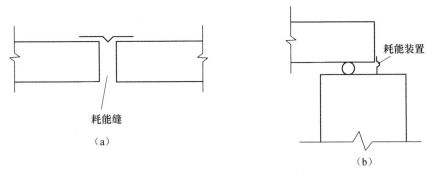

图 6-45　耗能连接

（a）结构耗能缝；（b）结构耗能连接

（5）耗能支撑或悬吊构件　对于某些线结构（如管道、线路等），设置各种支撑或悬吊耗能装置。当线结构发生振动时，支撑或悬吊件即发挥耗能减震作用。

6.6.7　结构采用耗能减震技术工程实例

（1）设计资料

某建设大厦位于 n 市，主体结构平面呈长方形，长 45.3m，宽 22.5m，地上 21 层，地下 1 层为设备用房，标准层高 3.4m，总高度为 70.5m。建筑立面、平面如图 6-46 所示。

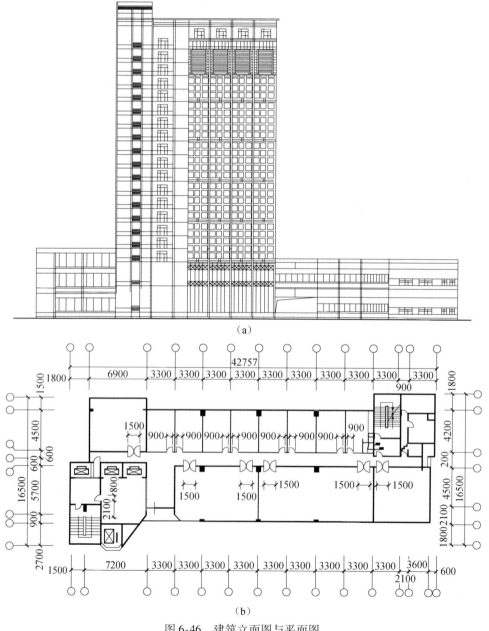

图 6-46　建筑立面图与平面图

（a）建筑正立面图；（b）建筑平面图

该市抗震设防烈度为 8 度，设计基本地震加速度值为 $0.30g$，设计地震第一组，建筑场地土为Ⅲ类。

（2）设计思路

该建筑为框架-剪力墙结构，其横向抗震墙比较容易布置，位移也容易得到控制。而纵向抗震墙布置存在一定困难，纵向抗震墙位置、数量和厚度按照《建筑抗震设计规范》概念设计原则确定。经分析，当采用上述抗震结构方案时，结构局部楼层（12～21 层）的层间位移略超过了《建筑抗震设计规范》规定的限值。采用在层间位移不满足《建筑抗震设计规范》要求的楼层增设耗能支撑的方案，来提高局部楼层的附加阻尼，从而降低其位移反应。

（3）选用耗能体系

该工程在 11～20 层的纵向框架柱间布置耗能支撑，如图 6-47 所示。耗能支撑的数量和设计参数通过多轮时程分析、优化调整后确定。每层设置 2 榀耗能支撑，每榀耗能支撑包括一只水平布置的黏滞阻尼器，黏滞阻尼器的阻尼系数 $C = 1100 \text{kN} \cdot \text{s/m}$，阻尼指数 $\xi = 0.35$，行程 ±40mm，最大受力 430kN。建筑横向不布置耗能支撑。

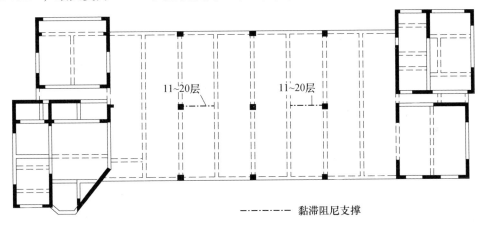

— · — · — · —　黏滞阻尼支撑

图 6-47　耗能支撑布置图

通过时程分析，比较减震结构和抗震结构的地震反应，见表 6-48。

表 6-48　8 度多遇地震（PGA = 0.110g）作用下楼层（纵向）最大层间剪力对比

楼　层	不同地震动作用下层间剪力最大值/kN						平均值/kN	
	El Centro 波		Gavilan 波		人工波			
	减震结构	抗震结构	减震结构	抗震结构	减震结构	抗震结构	减震结构	抗震结构
1	14448	15846	12762	13408	17391	19870	14867	16041
2	12958	14799	11290	12232	15906	18185	13384	15072
3	11753	14122	10844	11941	14566	16496	12388	14186
4	10741	13664	10596	10982	13573	15463	11637	13369
5	10432	12990	10092	10219	12634	14847	11053	12686
6	10338	12092	9645	10067	11495	14496	10493	12218
7	10067	10988	9324	10415	10169	13651	9853	11685
8	9628	10034	8798	10525	9135	12326	9187	10962
9	9074	9957	8619	10165	9529	11167	9074	10430

续表

楼　层	不同地震动作用下层间剪力最大值/kN						平均值/kN	
	El Centro 波		Gavilan 波		人工波			
	减震结构	抗震结构	减震结构	抗震结构	减震结构	抗震结构	减震结构	抗震结构
10	8455	9729	9275	10711	9765	11711	9165	10717
11	7792	9321	9893	10737	9827	11807	9170	10621
12	7300	8838	10493	10253	9885	11482	9226	10191
13	6285	8160	9730	9654	8593	10792	8203	9535
14	5989	7326	9012	8849	7069	9819	7356	8665
15	6487	7197	8526	8225	7486	8606	7500	8009
16	6388	6804	7450	7759	7357	7820	7065	7461
17	5398	6328	6017	6940	6713	7222	6043	6830
18	4816	5576	5255	5911	5682	6326	5251	5938
19	3282	4264	4385	4375	4121	4872	3930	4504
20	1336	2239	2052	2383	1894	2601	1761	2408
21	580	711	831	784	709	844	707	779

减震结构在 8 度罕遇地震（PGA = 0.510g）作用下各楼层的最大层间位移角，见表6-49。可以看出，在罕遇地震作用下，层间位移角均小于 1/220，满足《抗震规范》要求。

表6-49　8 度罕遇地震（PGA = 0.510g）作用下楼层最大层间位移角

楼层	不同地震动作用下层间位移最大值/mm						层间位移平均值/mm		层间位移角	
	El Centro 波		Gavilan 波		人工波					
	X 方向	Y 方向	X 方向	Y 方向	X 方向	Y 方向	X 方向	Y 方向	X 方向	Y 方向
21	21.63	20.19	20.68	17.11	22.96	19.90	21.76	19.06	1/229	1/262
20	15.53	14.76	14.71	12.30	16.45	14.55	15.56	13.87	1/231	1/259
19	16.96	16.32	16.01	13.38	17.89	16.09	16.95	15.26	1/230	1/255
18	14.97	14.42	14.01	11.81	15.69	14.20	14.89	13.48	1/228	1/252
17	15.27	14.57	14.14	11.91	15.89	14.30	15.10	13.60	1/225	1/250
16	15.64	14.57	14.25	11.71	16.11	14.11	15.33	13.50	1/221	1/251
15	16.02	14.69	14.02	11.25	16.26	13.54	15.44	13.16	1/220	1/258
14	16.23	14.63	13.69	11.10	16.22	13.01	15.38	12.91	1/221	1/263
13	16.38	14.52	12.42	10.39	16.05	12.64	14.95	12.52	1/227	1/271
12	16.39	14.18	11.67	10.33	15.91	11.91	14.66	12.14	1/231	1/279
11	15.91	13.88	11.37	10.22	15.67	11.67	14.32	11.92	1/237	1/285
10	15.62	13.52	11.37	9.53	185.31	11.29	14.10	11.46	1/241	1/296
9	14.75	13.01	11.23	9.31	14.82	10.68	13.60	11.00	1/250	1/309
8	14.03	12.20	10.94	9.04	14.19	10.37	13.05	10.53	1/260	1/322
7	13.00	11.56	10.40	8.71	13.47	10.00	12.29	10.09	1/276	1/336
6	11.80	10.69	9.61	8.32	12.71	9.64	11.37	9.55	1/298	1/356
5	10.61	9.80	8.79	7.77	11.70	9.16	10.37	8.91	1/327	1/381
4	9.46	8.78	7.77	7.05	9.52	8.46	8.92	8.10	1/381	1/419

楼层	不同地震动作用下层间位移最大值/mm						层间位移平均值/mm		层间位移角	
	El Centro 波		Gavilan 波		人工波					
	X 方向	Y 方向	X 方向	Y 方向	X 方向	Y 方向	X 方向	Y 方向	X 方向	Y 方向
3	8.37	7.55	6.57	6.21	8.53	7.51	7.82	7.09	1/434	1/479
2	8.16	7.29	5.94	6.03	8.82	7.51	7.64	6.94	1/523	1/576
1	7.37	6.63	4.68	5.54	8.33	7.15	6.79	6.44	1/750	1/791

6.7　钢筋混凝土框架设计实例

某建筑为一幢六层现浇钢筋混凝土框架房屋，屋顶有局部突出的楼梯间和水箱。设防烈度 8 度、第二组、Ⅰ类场地尼阻比等于 0.05。混凝土强度等级：梁为 C20，柱为 C25。主筋采用 HRB 335 钢筋，箍筋用 HPB 235 钢筋。框架平、剖面，构件尺寸和各层重力荷载代表值如图 6-48 所示。试验算横向中间框架（纵向框架验算本例从略）。

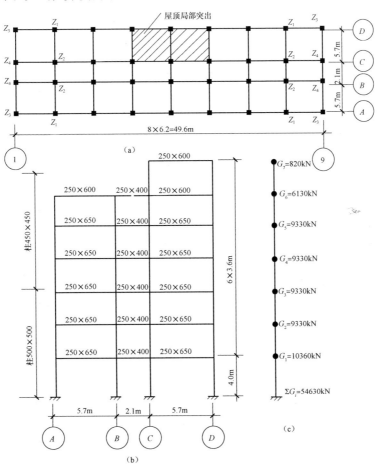

图 6-48　带局部突出屋顶间的 6 层框架结构房屋

（a）平面图，包括柱网尺寸和柱编号；（b）剖面图，包括框架及梁柱截面尺寸；

（c）计算简图，包括各层重力荷载代表值

（1）框架刚度

表 6-50 列出了梁的刚度计算过程。表 6-51 列出了按 D 值法计算柱的刚度计算过程。其中混凝土弹性模量 E_c：C20 为 $2.55 \times 10^4 \mathrm{N/mm^2}$，C25 为 $2.8 \times 10^4 \mathrm{N/mm^2}$。计算梁线刚度时考虑楼板的作用，边框架梁取 $1.5 E_c I_0$，中框架取 $2.0 E_c I_0$（I_0 为矩形截面梁的截面惯性矩）。

表 6-50　梁的刚度

部位	断面 $b \times h / \mathrm{m} \times \mathrm{m}$	跨度 L / m	矩形截面惯性矩 $I_0 / 10^{-3} \mathrm{m^4}$	边跨梁		中跨梁	
				$I_b = 1.5 I_0 / 10^{-3} \mathrm{m^4}$	$K_b = \dfrac{E_c I_b}{L} / (10^4 \mathrm{kN \cdot m})$	$I_b = 2 I_0 / 10^{-3} \mathrm{m^4}$	$K_b = \dfrac{E_c I_b}{L} / (10^4 \mathrm{kN \cdot m})$
屋顶梁	0.25×0.60	5.7	4.5	6.75	3.02	9.00	4.03
楼层梁	0.25×0.65	5.7	5.72	8.58	3.84	11.44	5.12
走道梁	0.25×0.40	2.1	1.33	2.00	2.43	2.66	3.23

注：C20：$E_c = 25.5 \times 10^6 \mathrm{kN/m^2}$；

C25：$E_c = 28 \times 10^6 \mathrm{kN/m^2}$。

表 6-51　柱的刚度

层次	层高/m	柱编号	柱根数	$\bar{K} = \dfrac{\sum K_b}{2 K_c}$	$a = \dfrac{\bar{K}}{2 + \bar{K}}$	$K_c / \mathrm{kN \cdot m}$	$\dfrac{12}{h^2} / (1/\mathrm{m^2})$	$D = a K_c \times \dfrac{12}{h^2}$	$\sum D$	楼层 D
								$10^4 \mathrm{kN/m}$		
6	3.6	1	14	1.72	0.462	2.66×10^4	0.926	1.138	15.932	45.458
		2	14	2.93	0.594			1.463	20.482	
		3	4	1.3	0.394			0.97	3.88	
		4	4	2.2	0.524			1.291	5.164	
								$10^4 \mathrm{kN/m}$		
4，5	3.6	1	14	1.92	0.49	2.66×10^4	0.926	1.207	16.898	47.428
		2	14	3.14	0.611			1.505	21.070	
		3	4	1.44	0.419			1.032	4.128	
		4	4	2.36	0.541			1.333	5.332	
2，3	3.6	1	14	1.26	0.388	4.05×10^4	0.926	1.455	20.37	58.396
		2	14	2.06	0.508			1.905	26.67	
		3	4	0.95	0.321			1.204	4.816	
		4	4	1.55	0.436			1.635	6.54	
				$K = \dfrac{\sum K_b}{K_c}$	$a = \dfrac{0.5 + \bar{K}}{2 + \bar{K}}$					

层次	层高/m	柱编号	柱根数	$\bar{K}=\dfrac{\sum K_b}{2K_c}$	$a=\dfrac{\bar{K}}{2+\bar{K}}$	$K_c/$ kN·m	$\dfrac{12}{h^2}/$ $(1/m^2)$	$D=aK_c\times\dfrac{12}{h^2}$	$\sum D$	楼层D
1	4.0	1	14	1.403	0.559	3.65×10^4	0.75	1.531	21.434	58.454
		2	14	2.288	0.650			1.780	24.92	
		3	4	1.052	0.509			1.392	5.568	
		4	4	1.718	0.597			1.633	6.532	

（2）自振周期计算

基本自振周期采用顶点位移法或能量法公式计算。其中非结构墙影响的折减系数 ψ_T 取 0.6。结构顶点假想侧移 u_T 计算结果列于表6-52。

表6-52 顶点假想侧移 u_T

层次	G_i/kN	$\sum G_i/kN$	$\sum D/$（10^4kN/m）	$u_i-u_{i-1}=\dfrac{\sum G_i}{\sum D}/m$	u_i/m
6	6950	6950	45.458	0.0153	0.3322
5	9330	16280	47.428	0.0343	0.3169
4	9330	25610	47.428	0.0540	0.2826
3	9330	34940	58.396	0.0598	0.2286
2	9330	44270	58.396	0.0758	0.1686
1	10360	54630	58.454	0.093	0.093

1）按顶点位移法公式（6-45）计算基本自振周期 T_1

$$T_1 = 1.7\psi_T \sqrt{u_T} = 1.7\times0.6\times\sqrt{0.3322} = 0.61\sec$$

2）按能量法计算基本周期 T_1

$$T_1 = 2\psi_T \sqrt{\dfrac{\sum\limits_{i=1}^{n}G_i u_i^2}{\sum\limits_{i=1}^{n}G_i u_i}}$$

$$= 2\times0.6\{(6950\times0.3322^2 + 9330\times0.3169^2 + 9330\times0.2826^2 + 9330\times0.2286^2 +$$

$$9330\times0.1686^2 + 10360\times0.093^2)/[6950\times0.3322 + 9330\times(0.3169 + 0.2826 +$$

$$0.2286 + 0.1686) + 10360\times0.093)]\}^{\frac{1}{2}} = 2\times0.60\times0.53 = 0.636s$$

故采用 $T_1 = 0.61s$。

（3）多遇水平地震作用标准值计算

该建筑的房屋总高度为22m，且质量和刚度沿高度分布比较均匀，按抗震规范规定可采用底部剪力法。对突出屋面的屋顶间的地震作用效应宜乘以增大系数3，此增大部分的地震作用效应不往下传递。该建筑不考虑竖向地震作用。

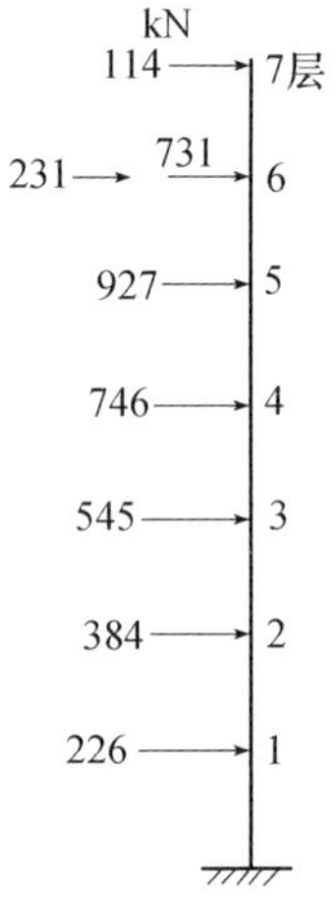

按地震影响系数 α 曲线（图6-11）8度，I类场地时，$\alpha_{max} = 0.16$，$T_g = 0.3s$

$$\alpha_1 = \left(\frac{T_g}{T_1}\right)^{0.9} \alpha_{max} = \left(\frac{0.3}{0.61}\right)^{0.9} \times 0.16 = 0.0845$$

由于 $T_1 > 1.4T_g$，需计算附加顶部集中力：

$$\delta_n = 0.08T_1 + 0.01 = 0.08 \times 0.61 + 0.01 = 0.0588$$

结构总水平地震作用效应标准值为：

$$F_{EK} = \alpha_1 G_{eq} = 0.0845 \times 0.85 \times 54630 = 3924kN$$

附加顶部集中力为：

$$\Delta F_E = \delta_n F_{EK} = 0.0588 \times 3924 = 231kN$$

各楼层水平地震作用标准值按下式计算，例如对第7层。

$$F_7 = \frac{G_i H_i}{\sum\limits_1^7 G_j H_j} F_{EK} (1 - \delta_n)$$

$$= \frac{820 \times 25.6}{\sum (820 \times 25.6) + (6130 \times 22) + \cdots + (10360 \times 4.0)} \times 3924 (1 - 0.0588)$$

$$= 114kN$$

各楼层水平地震作用标准值计算结果如图6-49所示，各楼层地震剪力及楼层间弹性位移计算过程见表6-53。按式（6-52）验算框架层间弹性位移可满足抗震规范要求。

图右侧：

kN
114 → 7层
231 → 731 → 6
927 → 5
746 → 4
545 → 3
384 → 2
226 → 1

图6-49 各楼层水平地震作用标准值计算结果

表6-53 多遇地震下楼层剪力及楼层弹性位移

层次	h_i/m	H_i/m	G_i/kN	F_i/kN	V_i/kN	$D_i/$（kN/m）	$\Delta_{ui} = \frac{V_j}{D_i}/cm$	$\frac{\Delta_{ui}}{h_i}$	
7	3.6	25.6	820	114	$114 \times 3 = 342$				
6	3.6	22.0	6130	731	1076	454580	0.236	1/1525	
5	3.6	18.4	9330	927	2003	474280	0.422	1/853	
4	3.6	14.8	9330	746	2749	474280	0.580	1/620	
3	3.6	11.2	9330	545	3314	583960	0.568	1/633	
2	3.6	7.6	9330	384	3698	583960	0.633	1/569	≤ [1/450]
1	4.0	4.0	10360	226	3924	584540	0.671	1/596	

（4）水平地震作用下内力分析

水平地震作用近似地取倒三角形分布，确定各柱的反弯点高度，利用 D 值法计算柱端和梁端弯矩，以中框架为例，计算结果如图6-50所示，梁端剪力及柱轴力标准值见表6-54。A、B 列柱轴力为拉力，C、D 柱轴力为压力。

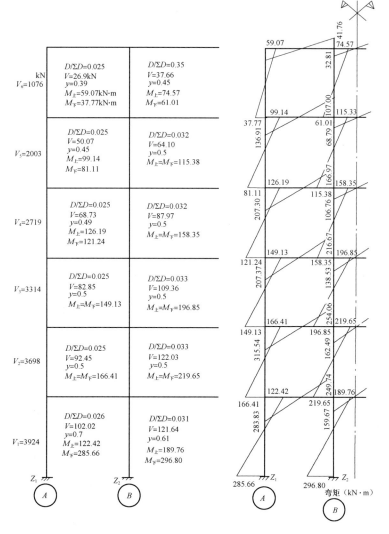

图 6-50　多遇水平地震作用下梁端、柱端弯矩（kN·m）（以中框架为例）

表 6-54　水平地震作用下中框架梁端剪力和柱轴力

层次	V_{Eh}/kN		N_{Eh}/kN	
	进深梁	走道梁	边　柱	中　柱
6	$\dfrac{59.07+41.76}{5.7}=17.69$	$\dfrac{2\times32.81}{2.1}=31.25$	17.69	$31.25-17.69=13.56$
5	$\dfrac{136.94+107.6}{5.7}=42.9$	$\dfrac{2\times68.79}{2.1}=65.51$	$17.69+42.9=60.59$	$13.56+65.51-42.90=36.17$
4	$\dfrac{207.3+166.97}{5.7}=65.66$	$\dfrac{2\times106.76}{2.1}=101.68$	$60.59+65.66=126.25$	$36.17+101.68-65.66=72.19$
3	$\dfrac{270.37+216.67}{5.7}=85.45$	$\dfrac{2\times138.53}{2.1}=131.93$	$126.25+85.45=211.7$	$72.19+131.93-85.45=118.67$

层次	V_{Eh}/kN		N_{Eh}/kN	
	进深梁	走道梁	边 柱	中 柱
2	$\dfrac{315.54+254.06}{5.7}=99.93$	$\dfrac{2\times162.44}{2.1}=154.70$	$211.7+99.93=311.63$	$118.67+154.7-99.93=173.44$
1	$\dfrac{288.83+249.74}{5.7}=94.48$	$\dfrac{2\times159.67}{2.1}=152.07$	$311.63+94.48=406.11$	$173.44+152.07-94.48=231.03$

（5）竖向荷载作用下内力分析

以中框架（无局部突出部分）为例，重力荷载代表值产生的柱轴压力见表 6-55。梁端和柱端弯矩采用弯矩分配法计算，考虑梁端塑性变形，梁固端弯矩的调幅系数取 0.8。这是为了简化计算，竖向荷载作用下梁端弯矩调幅计算，在确定梁端固端弯矩时即加以考虑。计算结果见表 6-56 和图 6-51。

表 6-55　竖向荷载作用下中框架柱轴压力 N_{GE}/kN

层 次	边 柱		中 柱	
	N_i	$N_{GE}=\sum\limits_{i}^{n}N_i$	N_i	$N_{GE}=\sum\limits_{i}^{n}N_i$
6	162	162	221	221
5	246	408	337	558
4	246	654	337	895
3	246	900	337	1232
2	246	1146	337	1569
1	273	1419	374	1943

表 6-56　梁和柱端弯矩 $M_{GE}/kN\cdot m$

层次	梁				柱			
	进深梁		走道梁		边 柱		中 柱	
	M_{bGE}^{l}	M_{bGE}^{r}	M_{bGE}^{l}	M_{bGE}^{r}	M_{cGE}^{t}	M_{cGE}^{b}	M_{cGE}^{t}	M_{cGE}^{b}
6	−46.5	56.1	−15.8	15.8	46.5	47.6	−40.3	−42.1
5	−94.6	103.9	−17.8	17.8	47.0	47.3	−44.0	−44.1
4	−93.9	103.8	−17.9	17.9	46.6	41.9	−41.8	−39.5
3	−99.9	107.5	−15.0	15.0	58.0	43.3	−53.0	−49.1
2	−107.3	111.3	−12.2	12.2	54.0	59.6	−50.0	−54.9
1	−98.4	106.3	−15.8	15.8	58.0	19.5	−35.6	−17.5

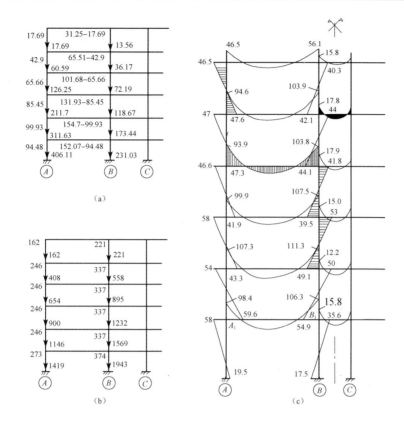

图 6-51　柱轴力及梁端弯矩

（a）柱轴力 N_{Eh}（kN）；（b）柱轴力 N_{GE}（kN）；（c）梁端、柱端弯矩 M_{GE}（kN·m）

（6）截面承载力验算

本例题只考虑水平地震作用效应和重力荷载效应的组合。房屋高度超过 12m，故抗震等级为二级框架。

1）梁（以第一层大梁 A_1B_1 为例）

①弯矩组合设计值：$M_{\mathrm{b}} = \gamma_{\mathrm{G}} M_{\mathrm{GE}} \pm \gamma_{\mathrm{E1}} M_{\mathrm{Eh}}$

一般情况下，取 $\gamma_{\mathrm{G}} = 1.2$，$\gamma_{\mathrm{E1}} = 1.3$。

梁左端负弯矩　　　　$-M_{\mathrm{b}}^l = 1.2\,(-98.4) + 1.3\,(-288.8) = -493.5\mathrm{kN \cdot m}$

梁左端正弯矩　　　　$+M_{\mathrm{b}}^l = 1.2\,(-98.4) - 1.3\,(-288.8) = 257.4\mathrm{kN \cdot m}$

梁右端负弯矩　　　　$-M_{\mathrm{b}}^r = 1.2 \times (106.3) - 1.3\,(249.7) = -197.1\mathrm{kN \cdot m}$

梁右端正弯矩　　　　$+M_{\mathrm{b}}^r = 1.2 \times (106.3) + 1.3\,(249.7) = 452.2\mathrm{kN \cdot m}$

第一层大梁组合弯矩如图 6-52 所示。

②正截面受弯承载力验算

根据《混凝土结构设计规范》（GB 50010—2002）第 11.3.1 条，按下式验算：

$$M_{\mathrm{b}} \leqslant \frac{1}{\gamma_{\mathrm{RE}}} \left[\alpha_1 f_{\mathrm{c}} b x \left(h_0 - \frac{x}{2} \right) + f_y' A_s' (h_0 - a_s') \right]$$

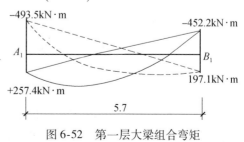

图 6-52　第一层大梁组合弯矩

173

$$f_{cm}bx = f_y A_s - f'_y A'_s$$

式中取 $\gamma_{RE} = 0.75$。依据梁端组合弯矩设计值，先按单筋矩形梁配筋公式计算下部钢筋面积，再以其作为受压钢筋按双筋矩形梁公式试算后可得上部钢筋面积，最后梁端截面配筋选用：

左端　上部 4 Φ 25，下部 4 Φ 22

右端　上部 4 Φ 25，下部 4 Φ 22

梁左、右端截面上、下部纵向钢筋面积比为：

$$\frac{A'_s}{A_s} = \frac{1520}{1964} = 0.77$$

满足二级框架 $A'_s / A_s \not< 0.3$ 的要求。

受压区高度验算。对于受压钢筋可按同截面受拉钢筋面积的 30% 考虑。则

$$x = \frac{A_s f_y - A_s f_y \times 0.3}{\alpha_1 f_c b} = \frac{1964 \times 310 - 1964 \times 310 \times 0.3}{1.0 \times 9.6 \times 250} = 177.6\text{mm}$$

相对受压区高度

$$\zeta = \frac{x}{h_0} = \frac{177.6}{615} = 0.29 < 0.35(可)$$

纵向受拉钢筋最大配筋率

$$\frac{A_s}{bh_0} = \frac{1964}{250 \times 615} = 1.28\% < 2.5\%(可)$$

③斜截面受剪承载力计算

计算从略。

2）柱（以第 1 层中柱 $B_0 B_1$ 为例）

①轴力组合设计值：$N_c = \gamma_G N_{GE} + 1.3 N_{Eh}$

当验算柱轴压比时，取 $\gamma_G = 1.2$：

$$N_c = 1.2 \times 1943 + 1.3 \times 231.03 = 2632\text{kN}$$

当验算正截面承载力时，取 $\gamma_G = 1.0$：

$$N_c = 1.0 \times 1943 - 1.3 \times 231.03 = 1643\text{kN}(取不利组合)$$

②弯矩组合设计值：$M_c = 1.2 M_{GE} + 1.3 M_{Eh}$

柱顶弯矩　　$M_c^u = 1.2 \times 35.6 + 1.3 \times 189.76 = 289\text{kN} \cdot \text{m}$

柱底弯矩　　$M_c^l = 1.2 \times 17.5 + 1.3 \times 296.8 = 407\text{kN} \cdot \text{m}$

③正截面承载力验算

轴压比　　$\dfrac{N}{f_c b_c h_c} = \dfrac{263200}{11.9 \times 500 \times 500} = 0.88(略大于 0.8)$

若将第一层中柱混凝土强度改用 C30 即可满足。

正截面承载力验算

$$Ne \leqslant \frac{1}{\gamma_{RE}} \left[\alpha_1 f_c bx \left(h_0 - \frac{x}{2} \right) + A'_s f'_y (h_0 - a'_s) \right]$$

$$e = e_0 + 0.5h_0 - a'_s, e_0 = \frac{\eta_M M_c}{N}, \gamma_{RE} = 0.8$$

其中柱底截面的弯矩增大系数 $\eta_M = 1.25$。由于二级抗震，一层柱顶节点应满足 $\sum M_c \geqslant 1.2 \sum M_b$ 的要求。由于柱计算长度与截面高度之比为 8，故取偏心距增大系数 $\eta = 1.0$。

$$e_0 = \frac{1.25 \times 407}{1643} = 0.31\text{m}$$

$$e = 0.31 + \frac{1}{2}(0.465) - 0.035 = 0.508\text{m}$$

$$x = \frac{N}{\alpha_1 f_c b} = \frac{1643000}{1.0 \times 11.9 \times 500} = 276\text{mm}$$

柱截面各侧配 4 Φ 22，$A_s = A_s' = 1520\text{mm}^2$

$Ne = 1643 \times 0.508$

$$= 843.64\text{kN} \cdot \text{m} < \frac{1}{0.8}\left[1.0 \times 11.9 \times 500 \times 276\left(465 - \frac{276}{2}\right) + 310 \times 1520\,(465 - 35)\right]$$

$$= 925\text{kN} \cdot \text{m （可）}$$

柱截面总配筋为 12 Φ 22，$A_s = 380 \times 12 = 4560\text{mm}^2$，配筋率 $\dfrac{4560}{500 \times 500} = 1.82\% > 0.8\%$，

满足构造要求。

④斜截面受剪承载力验算

二级抗震框架柱端截面组合剪力设计值：

$$V_{\text{col}} = 1.2 \frac{(M_c^u + M_c^l)}{H_n}$$

且应符合

$$V_{\text{col}} \leqslant \frac{1}{\gamma_{\text{RE}}}(0.2 f_c b_c h_{c0})$$

因柱底弯矩增大 1.25 倍，柱顶弯矩增大 1.1 倍，故：

$$V_{\text{col}} = 1.1 \times \frac{(1.1 \times 289 + 1.25 \times 407)}{3.675} = 247.43\text{kN}$$

$$\frac{1}{\gamma_{\text{RE}}}(0.2 f_c b_c h_{c0}) = \frac{1}{0.85}(0.2 \times 11.9 \times 500 \times 465)$$

$$= 651.0\text{kN} > 247.43\text{kN（可）}$$

柱端配 Φ 10@100 井字复合箍，受剪承载力和体积配箍率验算从略。

3）梁柱节点设计（以第一层中柱节点 B_1 为例）

二级抗震框架梁柱节点核心区的组合剪力设计值为：

$$V_j = \frac{1.2 \sum M_b}{h_{b0} - a_s'}\left(1 - \frac{h_{b0} - a_s'}{H_c - h_b}\right)$$

且应符合

$$V_j \leqslant \frac{1}{\gamma_{\text{RE}}}(0.3 \eta_j f_c b_j h_j)$$

因节点四面有梁约束并符合尺寸要求，取 $\eta_j = 1.5$；但节点两侧梁高不相等，故取平均值。又：

$$M_b^l = 1.2 \times 106.3 + 1.3 \times 249.74 = 452.2\text{kN} \cdot \text{m}$$

$$M_b^r = 1.2 \times (-15.8) + 1.3 \times 159.67 = 188.6\text{kN} \cdot \text{m}$$

得

$$V_j = \frac{1.2\,(452.2 + 188.6)}{(0.58 + 0.33)\ /2} \times \left[1 - \frac{(0.58 + 0.33)\ /2}{4.0\left(\dfrac{0.65 + 0.40}{2}\right)}\right] = 1398.7\text{kN}$$

$$\frac{1}{\gamma_{RE}}(0.3\eta_j f_c b_j h_j) = \frac{1}{0.85}(0.3 \times 1.5 \times 11.9 \times 500 \times 500)$$

$$= 1575.0kN > 1398.7kN(可)$$

第二层中柱底组合轴力设计值

$$N = 1569 - 1.3 \times 173.44 = 1343.5kN < 0.5f_c b_c h_c = 1487.5kN$$

节点核心区箍筋不应小于柱端加密区的配箍量，仍采用 4 肢Φ0@100 复合箍。其受剪承载力为：

$$\frac{1}{\gamma_{RE}}\left[1.1\eta_j f_t b_j h_j + 0.05\eta_j \cdot N \cdot \frac{b_j}{b_c} + f_{yv}\frac{A_{sh}}{s}(h_0 - a'_s)\right]$$

$$= \frac{1}{0.85}\left[1.1 \times 1.5 \times 1.27 \times 500 \times 500 + 0.05 \times 1.5\right.$$

$$\left. \times 1343500 \times \frac{500}{500} + 210\frac{4 \times 78.5}{100}\left(\frac{580 + 330}{2}\right)\right]$$

$$= 1087.84kN < 1398.7kN$$

（不足，当改用 C30 采用 4 肢Φ12@80 复合箍时，柱节点受剪承载力为 1448.20kN，已满足）
节点核心区体积配箍率验算从略。

（7）框架变形验算

1）层间弹性位移验算

多遇水平地震作用下框架层间弹性位移验算结果见表 6-53，均满足层间弹性位移要求。

2）层间弹塑性位移验算

罕遇水平地震作用下框架层间弹塑性位移可按下面步骤进行：

①计算各楼层受剪承载力。以中框架为例，计算结果如图 6-53 所示，得各楼层受剪承载力为：

$$V_{y6} = \frac{\sum \widehat{M}_{c,6}}{H_n}$$

$$= \frac{(130.2 + 137.5) + (138.1 + 112.7) + (151.9 + 155.55) + (68.9 + 58.6)}{3.6 - (0.6 + 0.65)/2}$$

$$= 320.49kN$$

$$V_{y5} = \frac{(137.5 + 183.3) + (112.7 + 152.1) + (155.55 + 238.2) + (58.6 + 87.8)}{2.95}$$

$$= 381.6kN$$

$$V_{y4} = \frac{(183.3 + 171.7) + (152.1 + 148.7) + (238.2 + 221.3) + (87.8 + 100.87)}{2.95}$$

$$= 442.02kN$$

$$V_{y3} = \frac{(261.0 + 200.6) + (226.07 + 231) + (336.4 + 303.8) + (153.3 + 154.05)}{2.95}$$

$$= 632.62kN$$

$$V_{y2} = \frac{(200.6 + 258.5) + (231 + 237.2) + (303.8 + 312) + (154.05 + 199.9)}{2.95}$$

$$= 643.07$$

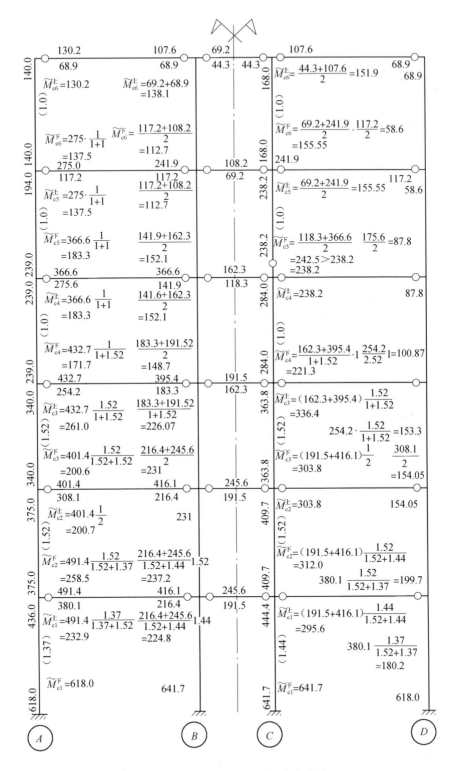

图 6-53　中框架楼层受剪承载力计算

$$V_{y1} = \frac{(232.9 + 618) + (224.8 + 641.7) + (295.6 + 641.7) + (180.2 + 618)}{3.675}$$

$$= 939.56 \text{kN}$$

②确定楼层罕遇地震下弹性地震剪力 V_e。

8 度水平地震影响系数最大值 $\alpha_{max} = 0.9$，此时，可用 $0.9/0.16$ 的比值乘以多遇地震作用下层间地震弹性剪力 V_i 求出 V_e，计算结果见表 6-57。

表 6-57　楼层屈服承载力系数 ξ_y 值

层	楼层刚度 $D/$（kN/m）	多遇地震下层间剪力 V_i/kN	罕遇地震下层间剪力/kN $V_e = \frac{0.9}{0.16} \times V_i$	楼层受剪承载力 V_y/kN	$\xi_y = \frac{V_y}{V_e}$
6	454580	1076	$5.625 \times 1076 = 6052.5$	$9 \times 320.49 = 2884.4$	0.476
5	474280	2003	11266.88	$9 \times 381.61 = 3434.5$	0.305
4	474280	2749	15463.1	$9 \times 442.02 = 3978.2$	0.257
3	583960	3314	18641.25	$9 \times 632.62 = 5693.6$	0.305
2	583960	3698	20801	$9 \times 643.07 = 5787.6$	0.278
1	467020	3724	22072.5	$9 \times 939.56 = 8456.0$	0.383

③计算楼层屈服承载力系数 ξ_y，结果见表 6-57。由表可见，柱截面减小的第四层的 $\xi_y = 0.257$ 为最小，也就是薄弱层。但与相邻层比较：

$$0.8 \bar{\xi_y} = 0.8 \left(\frac{0.305 + 0.305}{2} \right) = 0.244 < 0.257$$

说明仍属于比较均匀的框架，可按表 6-16 确定弹塑性层间位移增大系数 η_p。

④层间弹塑性位移验算（第四层）

$$\Delta u_e = \frac{V_e}{D} = \frac{15463.1}{474280} = 32.6 \text{mm}$$

由于计算中 D 值采用纯框架刚度，并未考虑填充墙的刚度。而在计算基本周期 T_1 时考虑了非结构填充墙的影响系数 0.6，使得 T_1 减小而 V_e 增大，二者不协调。由于 V_e 与 T_1 成正比，故可近似用 0.6 将 Δu_e 进行折减，得

$$\Delta u_e = 0.6 \times 32.6 = 19.6 \text{mm}$$

查表 6-16 得 $\eta_p = 2.06$，则弹塑性层间位移

$$\Delta u_p = \eta_p \Delta u_e = 2.06 \times 19.6 = 40.4 \text{mm}$$

$$< [\theta_p] h = \frac{1}{50} \times 3600 = 72 \text{mm}, \text{故满足要求。}$$

思考题

1. 什么是多遇地震和罕遇地震？

2. 抗震设防标准是如何确定的？

3. 什么是两阶段设计方法？简述其设计步骤。

4. 什么是建筑结构抗震的概念设计？概念设计有何意义？

5. 抗震概念设计包含哪些基本要求？

6. 场地土分哪几类？它们是如何划分的？

7. 什么是场地？怎样划分建筑场地的类别？

8. 简述地基基础抗震设计的原则。哪些建筑可以不进行天然地基基础的抗震承载力验算？为什么？

9. 什么是土的液化？怎样判断土的液化？如何确定土的液化严重程度？简述抗液化措施。

10. 什么是土的卓越周期？它的数值与哪些因素有关？研究土的卓越周期的工程意义是什么？

11. 结构的动力特性对结构的地震反应有哪些影响？我国抗震设计规范是如何考虑的？

12. 什么叫"鞭端效应"？结构设计中是如何考虑的？

13. 结构设计中，如何考虑地震作用与其他荷载效应的组合？

14. 混合结构有哪些主要抗震构造措施？

15. 多层钢筋混凝土结构有哪些主要抗震构造措施？

16. 隔震结构和传统抗震结构有何区别联系？

17. 隔震和耗能减震有何异同？

18. 隔震装置有哪些性能要求？

19. 隔震结构的布置应满足哪些要求？

20. 什么是水平向减震系数？如何取值？

21. 如何进行隔震结构在罕遇地震作用下的变形演算？

22. 耗能器有哪些类型？其性能特点是什么？

第七章　风灾害与抗风设计

7.1　风的类型和等级

7.1.1　风的类型

风是空气从气压高的地方向气压低的地方流动而形成的。自然界中常见的风的类型有热带气旋，季风和龙卷风。

（1）热带气旋　热带气旋是发生于热带或副热带海洋上的低气压系统，是在洋面上强烈发展起来的气旋性涡旋，在北半球做逆时针方向旋转，在南半球做顺时针方向旋转。

热带气旋的形成随地区不同而异，它主要是由太阳辐射在洋面所产生的大量热能转变为动能（风能和海浪能）而产生的。海洋水面受日照影响，往往在赤道及低纬度地区生成热而湿的水汽，水汽向上升起形成庞大的水汽柱和低气压。热低气压和稳定的高压区气压之差产生空气流动，由于平衡产生相互补充的力使之成螺旋状流动，气压高低相差越大，旋转流动的速度越快。旋转流动的中心及热带旋风中心，习惯上称为"眼"，在"眼"的范围内相对平衡，无风也无云层。"眼"的直径一般小于 10km，有时也可以大于 50km。台风的气旋直径可达 600~1000km，紧紧环绕在其周围的圆环形风带为强烈的暴风，并在旋转中向前水平移动。

热带气旋的强度以其中心附近的平均风力来确定，联合国世界气象组织制定了一个热带气旋的国际统一分类标准。

1）热带低压。中心附近最大平均风力 6~7 级，即风速为 10.8~17.1m/s。

2）热带风暴。中心附近最大平均风力 8~9 级，即风速为 17.2~24.4m/s。

3）强热带风暴。中心附近最大平均风力 10~11 级，即风速为 24.5~32.6m/s。

4）台风或飓风。中心附近最大平均风力 12 级或以上，即风速为 32.61m/s 以上。

（在西北太平洋和我国东南沿海称为台风，在大西洋、加勒比海、墨西哥湾及东太平洋地区称为飓风）

为了便于分辨和预防，我国每年对在经度 180°以西、赤道以北的西北太平洋和南海海面上出现的中心附近最大风力达 8 级及 8 级以上的热带气旋，按其出现的先后次序进行编号。编号采用四位数，前两位数码表示年份，后两位数码表示先后次序。例如，1999 年出现的第一次热带气旋，编号为 9901，第二次热带气旋为 9902，以此类推。有的国家（主要是英、美）以名称确认发生的热带气旋，例如，1965 年的 6504 号台风，美国关岛气象台命名为 Carla（卡拉）。我国于 2000 年开始，也在气象预报中采用台风的国际名称。

（2）季风　季风是大气流中出现的最为频繁的风，它是由内陆和海洋空气温度差引起的风。这种风冬季由内陆吹向海洋，夏季由海洋吹向内陆，这是由于陆地上四季气温的变化要比海洋大所引起的。由于地表性质不同，对热的反应也不同。冬季大陆上辐射冷却强烈，温度低就形成高压，而与它相邻的海洋，由于水的热容量大，其辐射冷却比大陆缓慢，温度比大陆高，因而气压低。因此，气压梯度的方向是由大陆指向海洋，即风从陆地吹向海洋。到了夏天，风向则相反。这种风由于与一年的四季有关，故称为季风。

（3）龙卷风　龙卷风是一种猛烈的小尺度天气系统，是出现在强对流云内的活动范围小、时间过程短，但风力极强，且具有近垂直轴的强烈涡旋。它的上端与雷雨云相接，下端有的悬在半空中，有的直接延伸到地面和水面，一边旋转，一边向前移动。发生在海上，犹如"龙吸水"，称为"水龙卷"；出现在陆上，卷扬尘土，卷走房屋、树木，称为"陆龙卷"。据统计，每个陆地国家都出现过龙卷风，其中美国是发生龙卷风最多的国家。加拿大、墨西哥、英国、意大利、澳大利亚、新西兰、日本和印度等国，发生龙卷风的机会也很多。

我国龙卷风主要发生在华南和华东地区，它还经常出现在海南的西沙群岛上。龙卷风的范围小，直径平均为 200～300m；直径最小的不过几十米，只有极少数直径达到 1000m 以上。它的寿命很短促，往往只有几分钟到几十分钟，最多不超过几小时。其整体移动速度平均为 15m/s，最快的可达 70m/s；移动路径的长度大多在 10km 左右，短的只有几十米，长的可达几百米或千米以上；它造成破坏的地面宽度一般只有 1～2km。

一般情况，龙卷风（就地旋转）的风速在 50～150m/s，极端情况下，可达到 300m/s 或超过声速。超声速的风能，可产生极大的威力。尤其可怕的是龙卷风内部存在低气压，所以，在龙卷风扫过的地方，它犹如一个特殊的吸泵一样，往往把所触及的水和沙尘、树木等吸卷而起，形成高大的柱体。当龙卷风把陆地上某种有颜色的物质或其他物质及海洋里的鱼类卷到高空，移到某地再随暴风雨降到地面，就形成"鱼雨"、"血雨""谷雨"、"钱雨"了。

当龙卷风扫过建筑物的顶或车辆时，由于它的内部气压极低，使建筑物或车辆内外形成强烈的气压差，顷刻间就会使建筑物或交通车辆发生"爆炸"。如果龙卷风的爆炸作用和巨大风力共同施展威力，那么它们所产生的破坏和损失将是极端严重的。

（4）其他风灾　其他能形成灾害的风有雷暴大风、"沙尘暴"等。

雷暴大风天气是强雷暴云的产物。强雷暴云，又称"强风暴云"，主要是指那些伴有大风、冰雹、龙卷风等灾害天的雷暴。强风暴云体的前部是上升气流，后部是下沉气流。由于后部下降的雨、雹等的降水物强烈蒸发，使下沉的气流变得比周围空气冷。这种急速下沉的冷空气在云底就形成一个冷空气对，气象上称"雷暴高压"，使气流迅速向四周散开。因此当强雷暴云来临的瞬间，风向突变，风力猛增，往往由静风突然变为狂风大作，暴雨、冰雹俱下。这种雷暴大风，突发性强，持续时间甚短，一般风力达 8～12 级，所以有很大的破坏力。当强风暴云中伴有大冰雹和龙卷风时，其破坏性就更强。

沙尘暴是由强风将地面大量的浮尘细沙吹起，卷入空中，使空气混浊，能见度很低的一种恶劣天气现象。发生沙尘暴的条件，一是要有足够强大而持续的风力；二是大风经过地区植被稀疏，土质干燥松软。因此，我国阿拉善高原、内蒙古北部、河西走廊和塔里木盆地、柴达木盆地及黄土高原北部等是最易出现沙尘暴的地区。春季，这些地区气温回升很快，低层空气很不稳定，空气极易扰动，能把沙土卷入空中。据研究，当风速达 7m/s 左右时，即可明显起沙。尤其当冷峰过境时，峰后大风更使大量沙粒、尘土扬向天空，有时沙尘气层厚度可达 4~5km，随后随高空气流向西南飘散，其浮尘部分常常可以扩散到几千公里远的地方。

北京地区受沙尘暴侵袭已有多年，目前正联合西北各省共同建造防风固沙林及改善植被。

7.1.2 风的风力等级

为了区分风的大小，根据风速的大小，将风划分为 13 个等级。当平均风速达 6 级或以上（即风速 10.8m/s 以上），瞬时风力达 8 级以上（风速大于 17.8m/s），对生产生活构成严重影响，称为大风。采用蒲福风力等级标准划分的风力等级，见表 7-1。

表 7-1 风力等级表（6 级以上）

风力等级	自由海面状况浪高/m		海岸船只征象	陆地地面物体征象	距地面 10m 高处的相当风速		
	一般	最高			km/h	nm/h	m/s
6	3.0	4.0	渔船加倍缩帆，捕鱼须注意风险	大树摇动，电线呼呼有声，举伞困难	39~49	22~27	10.8~13.8
7	4.0	5.5	渔船停泊港中，在海里下锚	全树摇动，迎风步行感觉不便	50~61	28~33	13.9~17.1
8	5.5	7.5	近港渔船返港避险	树木微枝折毁，迎风步行阻力甚大	62~74	34~40	17.2~20.7
9	7.0	10.0	汽船航行困难	烟囱或其他房屋突出部分摇动，建筑物和其他设施发生小损	75~88	41~47	20.8~24.4
10	9.0	12.5	汽船航行危险	陆上少见，如出现可使树木折毁、拔起，建筑物及其他设施破坏较严重	89~102	48~55	24.5~28.4
11	11.5	16.0	汽船航行极危险	陆上很少见，如出现对各种设施造成严重破坏	103~117	56~63	28.5~32.6
12	14.0		海浪滔天，船舶无法航行	陆上极少见，可颠覆毁坏车辆、房屋及其他设施，造成特别严重破坏	118~133	64~71	32.7~36.9
13~17					≥134	≥72	≥37.0

注：13~17 级风只能根据仪器确定结果判定（据西北师范学院地理系，1984）。

按气象学的概念，风力根据强度共分为 12 级：

0 级称为无风，陆地上的特征是烟直上；

1 级称为软风，特征是烟能表示风向，树叶略有摇动：

2 级称为轻风，特征是人面感觉有风，树叶有微响，旗子开始飘动，高的草开始摇动；

3 级称为微风，特征是树叶及小枝摇动不息，旗子展开，高的草摇动不息；

4 级称为和风，特征是能吹起地面灰尘和纸张，树枝动摇，高的草呈波浪起伏；

5 级称为清劲风. 特征是有叶的小树摇摆，内陆的水面有小波，高的草波浪起伏明显；

6 级称为强风，特征是大树枝摇动，电线呼呼有声，撑伞困难，高的草不时倾伏；

7 级称为疾风，特征是整个树摇动，大树枝弯下来，迎风步行感觉不便；

8 级称为大风，可折毁小树枝，人迎风前行感觉阻力甚大；

9 级称为烈风，特征是草房遭受破坏，屋瓦被揪起，大树枝可折断；

10 级称为狂风，特征是树木可被吹倒，一般建筑物遭破坏；

11 级称为暴风，特征是大树可被吹倒，一般建筑物遭严重破坏；

12 级称为飓风，这种风力的大风在陆地少见，其摧毁力很大。

风灾灾害等级一般可划分为 3 级：

（1）一般大风：相当 6～8 级大风，主要破坏农作物，对工程设施一般不会造成破坏。

（2）较强大风：相当 9～11 级大风，除破坏农作物、林木外，对工程设施可造成不同程度的破坏。

（3）特强大风：相当于 12 级和以上大风，除破坏农作物、林木外，对工程设施和船舶、车辆等可造成严重破坏，并严重威胁人员生命安全。

7.1.3　城市风

城市内的风是十分复杂的，它既受城市热岛效应引起的局部环流影响，又受城市下垫面对气流产生的特殊影响。一方面，城市粗糙的下垫面类似地形复杂的山区，街道中及高楼之间类似山区的风口，流线密集，风速加大。另一方面，由风洞试验得知，在一幢高层建筑的周围也可能出现大风区，即楼前的涡游流区和绕大楼两侧的角流区，风速增大 30%。局部地区可能增大 2 倍，例如楼下部设置通道。

7.2　风灾的危害

7.2.1　风灾害实例

大风，尤其是强热带风暴对人类造成的灾害在各种自然灾害中排行在前三位之内，是发生很频繁的自然火害。表 7-2 列出了 20 世纪部分特大风灾的情况。

表 7-2　20 世纪部分特大风灾

年份	地　点	风类型	受灾情况
1900	美国加尔维斯顿岛	飓风	6000 多人遇难
1906	中国香港地区	台风	1 万多人丧生，被毁房屋和船只价值 2000 万美元
1918	日本东京	强烈台风	死亡 13.9 万人，20 万间房屋倒塌
1922	中国汕头	台风	7 万人死亡，赤地千里

年份	地　点	风类型	受灾情况
1935	美国佛罗里达	飓风	279 人死亡
1937	中国香港地区	台风	死亡 1.1 万人、数十万人受伤
1957	美国得克萨斯	飓风	数座城市被毁，数千人死亡
1959	日本名古屋	超级台风	2006 多人失踪，经济损失达 20 亿美元
1963	加勒比海	飓风	5000 多人死亡，10 万人无家可归
1970	孟加拉国	风暴潮	50 万人死亡 400 多万人受灾
1974	美国 12 州	龙卷风	315 人丧生，财产损失超过 5 亿美元
1975	中国河南	暴雨	7503 号台风登陆引起暴雨，9 万人死亡，7 个县受灾
1985	加拿大、美国	龙卷风	死亡 200 余人，直接经济损失 3 亿美元
1988	美洲大陆加勒比	飓风	32 万公顷农田被毁，数百人死亡
1989	中国海南岛	台风	105 人死亡，1156 人受伤。40 多万间房屋倒塌，直接经济损失高达 27.48 亿元
1991	孟加拉湾	风暴潮	13 万余人丧生，数百万人无家可归
1991	中国海南岛	台风	受灾人口达 50 多万，32 人死亡，直接经济损失 6.3 亿多元
1992	美国佛罗里达	飓风	经济损失 300 多亿美元
1994	中国浙江	台风	40 多个县市受灾，受灾人口 1392.9 万，直接经济损失高达 177.6 亿元
1998	印度内陆地区	热带风暴	死亡 1000 多人，直接经济损失 4 亿美元

大风尤其是强热带风暴引发的灾害除强大的风力可以破坏建筑物外，还因引起大浪、风暴潮及暴雨而造成灾害。在世界灾害史上，一次灾害死亡人数达 5000 以上的，热带风暴占 20% 之多，一次死亡人数在 30 万人以上的有三次。全球平均每年发生热带气旋 80 个左右，平均死亡人数 2 万人左右，造成经济损失 60～70 亿美元。可见，热带气旋是世界上最严重的自然灾害之一。

7.2.2 强风的危害性

强风具有很大的破坏作用。概括地说，它可能对建筑物、构筑物本身造成破坏；强风可能会吹落高空物品，易造成砸伤砸死人事故；大风袭来可能会毁坏城市市政设施、通信设施和交通设施，造成停电、断水及交通中断等；大风还可能引起风暴潮，使沿海沿江水位抬高，导致潮水漫溢，海堤溃决冲毁房屋和各类建筑设施，淹没城镇农田，造成大量人员伤亡和财产损火。风灾危害实例场面，如图 7-1 所示。

（a）

（b）

（c）

图 7-1　风灾的危害

（a）台风摧毁海岸边的房屋（日本）；（b）台风刮倒大树并砸毁汽车（日本）；（c）台风引起海上巨浪

185

7.2.3 风对建筑物、构筑物的破坏作用

风对建筑物、构筑物的破坏作用主要表现在以下几个方面：

（1）对房屋建筑的破坏

对房屋建筑的破坏主要表现在以下几个方面：

1）对高层结构的破坏作用。大风可能使高层建筑发生塑性变形，造成维护结构严重破坏和（或）严重摇晃。

2）对外墙饰面、门窗玻璃及玻璃幕墙的破坏。

3）对高耸结构的破坏，如桅杆和电视塔等。这主要是因为：桅杆结构的刚度小，在风灾下易产生较大幅度的振动，从而容易导致桅杆的疲劳或破坏。世界范围内曾发生了数十起桅杆倒塌事故。

4）对简易房屋，尤其是轻屋盖的房屋造成破环。

（2）对生命线工程的破坏。供电线路的电杆一般埋深较浅，在大风中容易被刮倒，造成停电事故。公交线路上的停车路牌受风面大而埋深浅，也易在大风中被吹倒。

（3）对大跨度柔性桥梁的破坏。有记载的桥梁的风毁事故最早可追溯到 1818 年，苏格兰的 Dryburgh Abbey 桥因风的作用而遭到毁坏。在 1818 年到 1940 年间，世界范围内又有多起桥梁遭到风害的事故，见表 7-3。在我国，桥梁遭到风害的情况也时有发生。例如，江西九江长江公路铁路两用钢拱吊杆的涡激共振；上海杨浦斜拉桥的缆索索套在涡振和风雨振的作用下破坏等。

表 7-3 风毁桥梁一览表

桥　名	位置（所在地）	路径/m	毁坏年份
Dryburgh Abbey	苏格兰	80	1818
Union	英格兰	140	1821
Nassau	德国	75	1834
Brighton Chain Pier	英格兰	80	1836
Montrose	苏格兰	130	1838
Menai Straits	威尔士	180	1839
Roche-Bernard	法国	195	1852
Wheeling	美国	310	1854
Niagara-Lewiston	美国	320	1864
Tay	苏格兰	74	1874
Niagara-Clifton	美国	380	1889
Tacoma Narrows	美国	893	1940

（4）对广告牌、标语牌等附属建筑的破坏。广告牌、标语牌常建在主建筑物的顶部，常为竖向悬臂结构，受风面积相对较大，而根部抗弯能力往往不足，遇大风易翻倒。

7.3 工程结构的抗风设计

当风以一定的速度向前运动遇到阻塞时，将对阻塞物产生压力，即风压。将阻塞物体上的风压沿表面积分，就可得到风作用力，称为风荷载。这种风作用力可以有三个分力成分：即顺向风力、横向风力和扭力矩。由风荷载产生的结构内力、位移、速度和加速度的响应，称为风效应。与一般结构设计要求一样，风效应应该满足结构对于安全性、舒适性和耐久性的要求。在风荷载的三个分量中，顺风作用是最主要的，一般工程结构均应考虑；横向风力只在细长的结构计算时考虑，尤其是柔性圆截面结构，如烟囱、缆索等；对于柔性的细长或不对称结构，则应计算风扭力矩作用。

风荷载是一种动荷载。图7-2为一典型的顺风方向风速时程曲线（即风速与时间的关系曲线）。在风速的时程曲线中，包括两种成分：一种是长周期成分，其周期值一般在10min以上；另一种是短周期成分，一般只有几秒左右。根据风的这一特点，工程上采用实用的方法，将顺风方向的风效应分解为平均风和脉动风分别考虑。平均风相对稳定，主要受风的长周期成分影响。由于风的长周期远大于一般结构的自振周期，因此，这部分风的动力作用很小，可以忽略不计，可将其等效为静力作用。而脉动风是由于风的不规则性引起的，其强度随时间随机变化。由于脉动风周期较短，与一些工程结构的自振周期较接近，将使结构产生动力响应。实际上，脉动风是引起结构产生顺风方向的振动的主要原因。

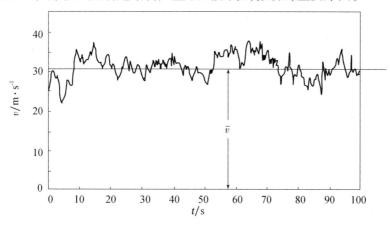

图7-2 典型顺风方向风速时程曲线

7.3.1 风对结构的作用

由于高层建筑和高耸结构的特点是高度较高和水平方向的刚度较柔，因此水平风荷载会引起较大的结构反应。自然界的风可分为异常风和良态风。很少出现的风，例如龙卷风，称为异常风，不属异常风的则称为良态风。以下主要讨论良态风作用下结构抗风分析内容。

风对结构物的作用具有如下的特点：

（1）作用于建筑物上的风包含有平均风和脉动风，其中脉动风压引起结构物的顺风向振动，这种形式的振动在一般工程结构中要考虑。

（2）风对建筑物的作用与建筑物的外形直接有关。如结构物背后的旋涡引起结构物的横向风（与风向垂直）的振动，对烟囱、高层建筑等一些主体结构物，特别是圆形界面结构物，都不可忽视这种形式的振动。

（3）风对建筑物的作用受周围环境影响较大，位于建筑群中的建筑物有时会出现更不利的风作用。

（4）风力作用在建筑物上分布很不均匀，在角区和立面内收区域会产生较大的风力。

（5）相对于地震来说，风力作用持续时间较长，往往达到几十分钟甚至几个小时。因此，风对结构的作用。会产生以下结果：

（1）使结构物或结构构件因受到过大的风力而不稳定。

（2）风力使结构开裂或留下较大的残余变形，对于塔桅、烟囱等高耸结构还存在被风吹倒和吹坏的实例。

（3）使结构物和结构构件产生过大的挠度和变形，引起外墙、外装修材料的损坏。

（4）由反复的风振动作用，引起结构或结构构件的疲劳破坏。

（5）气动弹性的不稳定性，致使结构物在风运动中产生加剧的气动力。

（6）由于过大的动态运动，使建筑物的居住者或有关人员产生不舒适感。

7.3.2 结构上的风荷载

在结构计算中，风荷载的组合值，频遇值和准永久值系数 ψ_c，ψ_f，ψ_q 分别取 0.6、0.4 和 0。

7.3.2.1 静力风荷载

（1）风压与风速的关系

在气压为 101.325kPa、常温 15℃ 和绝对干燥的情况下，$\gamma = 0.012018\mathrm{kN/m^3}$，在纬度 45°处，海平面上的重力加速度为 $g = 9.8\mathrm{m/s^2}$，风压与风速存在如下关系：

$$w = \frac{\gamma}{2g}v^2 = \frac{0.012018}{2 \times 9.8}v^2\mathrm{kN/m^2} = \frac{v^2}{1630}\mathrm{kN/m^2} \qquad (7\text{-}1)$$

由于各地地理位置不同，因而 γ 和 g 值不同。在地球上，重力加速度 g 不仅随高度变化，还随纬度变化。而空气重度 γ 与当地气压、气温和湿度有关。因此，各地的 $\frac{\gamma}{2g}$ 值均不相同，为方便计算，我国的荷载规范建议，在一般情况下可取为 1/1600。

（2）风荷载标准值

风压受地貌、高度、量测时距等多种因素影响。我国荷载规范规定：某一地区的基本风压是根据当地比较空旷平坦的地面，在离地 10m 高处，统计五十年一遇的 10min 时距平均年最大平均风速，以 w_0 表示。图 7-3 为荷载规范给出的全国基本风压分布。

实际工程中，建筑物所处高度不可能恰好为 10m，周围的地形也不一定空旷平坦，因而必须对基本风压进行修正。此外，公式（7-1）中风速与风压的关系是基于自由气流碰到障碍面而完全停滞所得到的。但一般工程结构物并不能理想地使自由气流停滞，而是让气流以不同方式在结构表面绕过，因此实际结构物所受的风压并不能直接按式（7-1）计算，而需对其进行修正，其修正系数与结构物的体型有关。

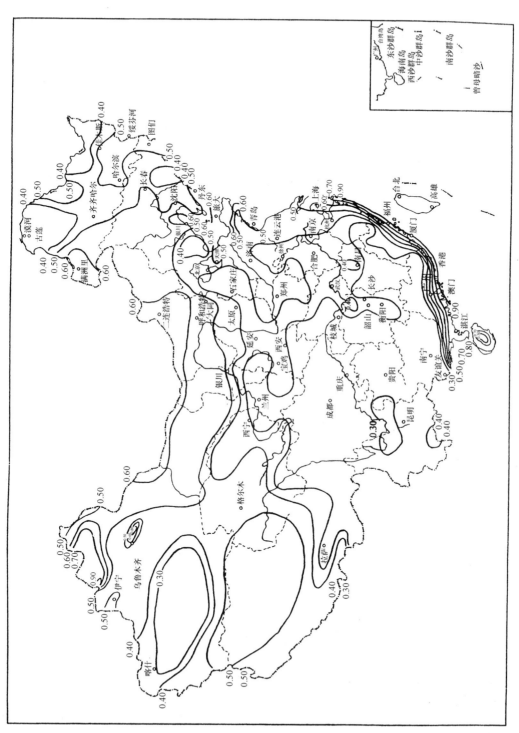

图7-3　全国基本风压分布图（单位：kN/m²）

于是，当计算垂直于建筑物表面上的风荷载标准值时，可按式（7-2）计算：

$$w_k = \beta \mu_s \mu_z w_0 \tag{7-2}$$

式中　w_k——风荷载标准值（kN/m²）；

　　　μ_s——风荷载体型系数；

　　　μ_z——风压高度变化系数；

　　　w_0——基本风压（kN/m²），如图 7-3 所示；

　　　β——风振系数。计算主要承重结构时取高度为 z 处的风振系数 β_z；计算围护结构时则取高度为 z 处的阵风系数 β_{gz}。

1）风压高度变化系数 μ_z

我国荷载规范将地面粗糙程度分为 A、B、C、D 四类，见表 7-4。风压高度变化系数应根据地面粗糙度类别，按表 7-5 确定。

表 7-4　地面粗糙度类别

类别	范　围	说　明
A 类	指近海海面和海岛、海岸、湖岸及沙漠地区	
B 类	指田野、乡村、丛林、丘陵以及房屋比较稀疏的乡镇和城市郊区	
C 类	指有密集建筑群的城市市区	
D 类	指有密集建筑群且房屋较高的城市市区	

表 7-5　风压高度变化系数 μ_z

离地面或海平面高度/m	地面粗糙度类别			
	A	B	C	D
5	1.17	1.00	0.74	0.62
10	1.38	1.00	0.74	0.62
15	1.52	1.14	0.74	0.62
20	1.63	1.25	0.84	0.62
30	1.80	1.42	1.00	0.62
40	1.92	1.56	1.13	0.73
50	2.03	1.67	1.25	0.84
60	2.12	1.77	1.35	0.93
70	2.20	1.86	1.45	1.02
80	2.27	1.95	1.54	1.11
90	2.34	2.02	1.62	1.19
100	2.40	2.09	1.70	1.27
150	2.64	2.38	2.03	1.61
200	2.83	2.61	2.30	1.92
250	2.99	2.80	2.54	2.19
300	3.12	2.97	2.75	2.45
350	3.12	3.12	2.94	2.68
400	3.12	3.12	3.12	2.91
≥450	3.12	3.12	3.12	3.12

对于山区的建筑物，风压高度变化系数可按平坦地面的粗糙度类别，由表 7-5 确定外，还应考虑地形条件的修正，修正系数 η 分别按下述规定采用：

①对于山峰和山坡，其顶部 B 处的修正系数可按下述公式采用：

$$\eta_B = \left[1 + \kappa\tan\alpha \left(1 - \frac{z}{2.5H} \right) \right]^2 \qquad (7-3)$$

式中　$\tan\alpha$——山峰或山坡在迎风面一侧的坡度；当 $\tan\alpha > 0.3$ 时，取 $\tan\alpha = 0.3$；

　　　κ——系数，对山峰取 3.2，对山坡取 1.4；

　　　H——山顶或山坡全高（m）；

　　　z——建筑物计算位置离建筑物地面的高度（m），当 $z > 2.5H$ 时，取 $z = 2.5H$。

②对于山峰和山坡的其他部位，可按图 7-4 所示，取 A、C 处的修正系数 η_A、η_C 为 1，AB 间和 BC 间的修正系数 η 按式（7-3）算出的 η_B 与 1 线性插值确定。

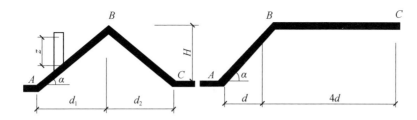

图 7-4　山峰和山坡示意图

山间盆地、谷地等闭塞地形　$\eta = 0.75 \sim 0.85$；

对于与风向一致的谷口、山口　$\eta = 1.20 \sim 1.50$。

对于远海海面和海岛的建筑物或构筑物，风压高度变化系数可按 A 类粗糙度类别，由表 7-5 确定外，还应考虑表 7-6 中给出的修正系数。

表 7-6　远海海面和海岛的修正系数 η

距海岸距离/km	η
<40	1.0
40 ~ 60	1.0 ~ 1.1
60 ~ 100	1.1 ~ 1.2

2）风荷载体型系数 μ_s

房屋和构筑物的风载体型系数，可按下列规定采用：

①房屋和构筑物与附录 C 中的体型类同时，可按该表的规定采用。

②房屋和构筑物与附录 C 中的体型不同时，可参考有关资料采用。

③房屋和构筑物与附录 C 中的体型不同且无参考资料可以借鉴时，宜由风洞试验确定。

④对于重要且体型复杂的房屋和构筑物，应由风洞试验确定。

⑤局部风压体型系数 μ_s'，见表 7-7。

表 7-7　局部风压体型系数 μ'_s

项次	风压体形系数 μ'_s	说　明
1	外表面 （1）正压区　按附录 C 采用 （2）负压区 1）对墙面，取 −1.0 2）对墙角边，取 −1.8 3）对屋面局部部位（周边和屋面坡度大于 10°的屋脊部位），取 −2.2 4）对檐口、雨篷、遮阳板等突出构件，取 −2.0	对墙角边和屋面局部部位的作用宽度为房屋宽度的 0.1 或房屋平均高度的 0.4，取其小者，但不小于 1.5m
2	内表面 对封闭式建筑物，按外表面风压的正负情况取 −0.2 或 0.2	

3）静力风荷载的风振系数 β_z

对于高度小于 30m，且高宽比小于 1.5 的房屋及单层厂房的主要承重结构均可不考虑风振系数 β_z，即取 $\beta_z = 1$。

7.3.2.2　结构上的脉动风压

（1）顺风向风振系数 β_z

对于基本自振周期 $T_1 > 0.25s$ 的工程结构，如房屋、屋盖、各种高耸结构，以及高度超过 30m 且高宽比大于 1.5 的高柔房屋，由于风引起的结构振动比较明显，而且随着结构自振周期的增长，风振也随之增强，因而均应考虑风压脉动对结构发生顺风风向风振的影响，原则上还应考虑多个振型的影响，对于前几个振型比较密集的结构，如桅杆、大跨屋盖应考虑的振型可多达 10 个及以上。对此类结构应按结构的随机振动理论进行计算。

随机振动理论比较复杂，一般由专业计算程序进行。对于一般的悬臂型竖向结构，如框架、塔架、烟囱等，以及高度大于 30m，高宽比大于 1.5 且可忽略扭转影响的高层建筑，可只考虑第 1 振型的影响，这时可用风振系数来表达。结构在高度 z 处的风振系数 β_z 可按下式计算

$$\beta_z = 1 + \frac{\xi \nu \varphi_z}{\mu_z} \tag{7-4}$$

式中　ξ——脉动增大系数，按表 7-8 确定；

ν——脉动影响系数，按表 7-9 和表 7-11 确定；

φ_z——振型影响系数，按表 7-12 确定；

μ_z——风压高度变化系数，按表 7-5 确定。

1）脉动增大系数　这实质上是风的动力作用产生的增大系数，它与风的脉动规律与结构的振动特性有关。

表 7-8 脉动增大系数 ξ

$w_0 T_1^2/\text{kNs}^2/\text{m}^2$	0.01	0.02	0.04	0.06	0.08	0.10	0.20	0.40	0.60
钢结构	1.47	1.57	1.69	1.77	1.83	1.88	2.04	2.24	2.36
有填充墙的房屋钢结构	1.26	1.31	1.39	1.44	1.47	1.50	1.61	1.73	1.81
混凝土及砌体结构	1.11	1.14	1.17	1.19	1.21	1.23	1.28	1.34	1.38
$w_0 T_1^2/\text{kNs}^2/\text{m}^2$	0.80	1.00	2.00	4.00	6.00	8.00	10.00	20.00	30.00
钢结构	2.46	2.53	2.80	3.09	3.28	3.42	2.54	3.91	4.14
有填充墙的房屋钢结构	1.88	1.93	2.10	2.30	2.43	2.52	2.60	2.85	3.01
混凝土及砌体结构	1.42	1.44	1.54	1.65	1.72	1.77	1.82	1.96	2.06

注：1. 近似的基本自振周期 T_1 可按 6.3.2 节和 7.3.3 节近似方法计算。

2. 计算 $w_0 T_1^2$ 时。对地面粗糙度 B 类地区可直接代入基本风压，而对 A 类、C 类和 D 类地区应按当地的基本风压分别乘以 1.38、0.62 和 0.32 后代入。

2）脉动影响系数 这一系数考虑了脉动风压及其相关性的影响，其值按随机振动理论，通过计算机计算确定。

对于一般常见结构形式，脉动影响系数可按下列情况分别确定。

① 结构迎风面宽度远小于其高度的情况（如高耸结构等）：

a. 若外形、质量沿高度比较均匀，脉动系数可按表 7-9 中数值来确定。

表 7-9 脉动影响系数 v（一）

总高度 H/m		10	20	30	40	50	60	70	80	90	100	150	200	250	300	350	400	450
粗糙度类别	A	0.78	0.83	0.86	0.87	0.88	0.89	0.89	0.89	0.89	0.89	0.87	0.84	0.82	0.79	0.79	0.79	0.79
	B	0.72	0.79	0.83	0.85	0.87	0.88	0.89	0.89	0.90	0.90	0.89	0.88	0.86	0.84	0.83	0.83	0.83
	C	0.64	0.73	0.78	0.82	0.85	0.87	0.88	0.90	0.91	0.91	0.93	0.93	0.92	0.91	0.90	0.89	0.91
	D	0.53	0.65	0.72	0.77	0.81	0.84	0.87	0.89	0.91	0.92	0.97	1.00	1.01	1.01	1.01	1.00	1.00

b. 当结构迎风面和侧风面的宽度沿高度按直线或接近直线变化，而质量沿高度按连续规律变化时，表 7-9 中的脉动影响系数应再乘以修正系数 θ_B 和 θ_v。θ_B 应为构筑物迎风面在 z 高度处的宽度 B_z 与底部宽度 B_0 的比值；θ_v 可按表 7-10 确定。

表 7-10 修正系数 θ_v

B_H/B_0	1	0.9	0.8	0.7	0.6	0.5	0.4	0.3	0.2	≤0.1
θ_v	1.00	1.10	1.20	1.32	1.50	1.75	2.08	2.53	3.30	5.60

注：B_H、B_0 分别为构筑物迎风面在顶部和底部的宽度。

② 结构迎风面宽度较大时，应考虑宽度方向风压空间相关性的情况（如高层建筑等）：若外形、质量沿高度比较均匀，脉动影响系数可根据总高度 H 及其与迎风面宽度 B 的比值，按表 7-11 确定。

表 7-11 脉动影响系数 v（二）

H/B	粗糙度类别	总高度 H/m							
		≤30	50	100	150	200	250	300	350
≤0.5	A	0.44	0.42	0.33	0.27	0.24	0.21	0.19	0.17
	B	0.42	0.41	0.33	0.28	0.25	0.22	0.20	0.18
	C	0.40	0.40	0.34	0.29	0.27	0.23	0.22	0.20
	D	0.36	0.37	0.34	0.30	0.27	0.25	0.24	0.22
1.0	A	0.48	0.47	0.41	0.35	0.31	0.27	0.26	0.24
	B	0.46	0.46	0.42	0.36	0.36	0.29	0.27	0.26
	C	0.43	0.44	0.42	0.37	0.34	0.31	0.29	0.28
	D	0.39	0.42	0.42	0.38	0.36	0.33	0.32	0.31
2.0	A	0.50	0.51	0.46	0.42	0.38	0.35	0.33	0.31
	B	0.48	0.50	0.47	0.42	0.40	0.36	0.35	0.33
	C	0.45	0.49	0.48	0.44	0.42	0.38	0.38	0.36
	D	0.41	0.46	0.48	0.46	0.46	0.44	0.42	0.39
3.0	A	0.53	0.51	0.49	0.42	0.41	0.38	0.38	0.36
	B	0.51	0.50	0.49	0.46	0.43	0.40	0.40	0.38
	C	0.48	0.49	0.49	0.48	0.46	0.43	0.43	0.41
	D	0.43	0.46	0.49	0.49	0.48	0.47	0.46	0.45
5.0	A	0.52	0.53	0.51	0.49	0.46	0.44	0.42	0.39
	B	0.50	0.53	0.52	0.50	0.48	0.45	0.44	0.42
	C	0.47	0.50	0.52	0.52	0.50	0.48	0.47	0.45
	D	0.43	0.48	0.52	0.53	0.53	0.52	0.51	0.50
8.0	A	0.53	0.54	0.53	0.51	0.48	0.46	0.43	0.42
	B	0.51	0.53	0.54	0.52	0.50	0.49	0.46	0.44
	C	0.48	0.51	0.54	0.53	0.52	0.52	0.50	0.48
	D	0.43	0.48	0.54	0.53	0.55	0.55	0.54	0.53

3）振型系数 φ_{z}

振型系数 φ_{z} 应根据结构动力计算确定。对外形、质量、刚度沿高度按连续规律变化的悬臂型高耸结构及沿高度比较均匀的高层建筑，振型系数也可根据表 7-12、表 7-13 和表7-14计算。其中，当

①迎风面宽度远小于其高度的高耸结构，其振型系数见表7-12。

②迎风面宽度较大的高层建筑，当剪力墙和框架均起主要作用时，其振型系数见表7-13。

③对截面沿高度规律变化的高耸结构，其第 1 振型系数可见表7-14。

表 7-12 高耸结构的振型系数

相对高度 z/H	振型序号			
	1	2	3	4
0.1	0.02	− 0.09	0.23	− 0.39
0.2	0.06	− 0.30	0.61	− 0.75
0.3	0.14	− 0.53	0.76	− 0.43
0.4	0.23	− 0.68	0.53	0.32
0.5	0.34	− 0.71	0.02	0.71
0.6	0.46	− 0.59	− 0.48	0.33
0.7	0.59	− 0.32	− 0.66	− 0.40
0.8	0.79	0.07	− 0.40	− 0.64
0.9	0.86	0.52	0.23	− 0.05
1.0	1.00	1.00	1.00	1.00

表 7-13 高层建筑的振型系数

相对高度 z/H	振型序号			
	1	2	3	4
0.1	0.02	− 0.09	0.22	− 0.38
0.2	0.08	− 0.30	0.58	− 0.73
0.3	0.17	− 0.50	0.70	− 0.40
0.4	0.27	− 0.68	0.46	0.33
0.5	0.38	− 0.63	− 0.03	0.68
0.6	0.45	− 0,48	− 0.49	0.29
0.7	0.67	− 0.18	− 0.63	− 0.47
0.8	0.74	0.17	− 0.34	− 0.62
0.9	0.86	0.58	0.27	− 0.02
1.0	1.00	1.00	1.00	1.00

表 7-14 高耸结构的第 1 振型系数

相对高度 z/H	高耸结构				
	$B_H/B_0 = 1.0$	0.8	0.6	0.4	0.2
0.1	0.02	0.02	0.01	0.01	0.01
0.2	0.06	0.06	0.05	0.04	0.03
0.3	0.14	0.12	0.11	0.09	0.07
0.4	0.23	0.21	0.19	0.16	0.13
0.5	0.34	0.32	0.29	0.26	0.21
0.6	0.46	0.44	0.41	0.37	0.31
0.7	0.59	0.57	0.55	0.51	0.45
0.8	0.79	0.71	0.69	0.66	0.61
0.9	0.86	0.86	0.85	0.83	0.80
1.0	1.00	1.00	1.00	1.00	1.00

4) 阵风系数 β_{gz}

按式（7-2）计算围护结构风荷载时的阵风系数应按表 7-15 确定。

表 7-15　阵风系数 β_{gz}

离地面高度/m	地面粗糙度类别				离地面高度/m	地面粗糙度类别			
	A	B	C	D		A	B	C	D
5	1.69	1.88	2.30	3.21	70	1.48	1.54	1.66	1.89
10	1.63	1.78	2.10	2.76	80	1.47	1.53	1.64	1.85
15	1.60	1.72	1.99	2.54	90	1.47	1.52	1.62	1.81
20	1.58	1.69	1.92	2.39	100	1.46	1.51	1.60	1.78
30	1.54	1.64	1.83	2.21	150	1.43	1.47	1.54	1.67
40	1.52	1.60	1.77	2.09	200	1.42	1.44	1.50	1.60
50	1.51	1.58	1.73	2.01	250	1.40	1.42	1.46	1.55
60	1.49	1.56	1.69	1.94	300	1.39	1.41	1.44	1.51

［例 7-1］　某单层工业房屋，房屋体型如附表 C，项次 2 所示，$\alpha = 15°$，基本风荷载 $w_0 = 0.45 kN/m^2$，地面粗糙度类别为 B，檐口高度 H 为 8m。求该房屋一般围护构件墙梁和檩条的最大风荷载标准值 w_k。

【解】　1. 墙梁 w_k

$H = 8m < 10m$，B 类，$\mu_\pi = 1$。按附录 C，项次 2，$\mu_s = +0.8$，-0.5

按表 7-7，正压区 $\mu'_s = 0.8 + 0.2 = 1.0$，负压区 $\mu'_s = -1.0 - 0.2 = -1.20$。

按表 7-15，$\beta_{gz} = 1.78 + (1.88 - 1.78) \dfrac{10 - 8}{10 - 5} = 1.82$

按公式（7-2）　　$w_k = \beta_{gz}\mu_z\mu'_s w_0$

正压区　　　　$w_k = 1.82 \times 1 \times 1 \times 0.45 = 0.82 kN/m^2 > 0.5 kN/m^2$

负压区　　　　$w_k = 1.82 \times 1 \times 1.2 \times 0.45 = 0.99 kN/m^2 > 0.5 kN/m^2$

2. 檩条 w_k

$H = 10m$，B 类，$\mu_z = 1$。$\alpha = 10°$

按附录 C，项次 2　$\mu_s = -0.6$，按表 7-7，$\mu'_s = -0.6 - 0.2 = -0.8$，按表 7-15，$\beta_{gz} = 1.78$

　　　　$w_k = \beta_{gz}\mu_z\mu'_s w_0 = 1.78 \times 1 \times 0.8 \times 0.45 = -0.64 kN/m^2$

（2）横风向风振

很多情况下，横风向力较顺风向力小得多，横风向力可以忽略。然而，对于一些细长的柔性结构，例如高耸塔架、烟囱、缆索等，横风向力可能会产生很大的动力效应，即风振，这时，横风向效应引起足够地重视。

横风向风振都是由不稳定的空气动力形成，其性质远比顺风向更为复杂，其中包括旋涡脱落（Vortex-shedding）、驰振（Galloping）、颤振（Flutter）、扰振或称抖振（Buffeting）等空气动力现象。其中，驰振与颤振主要出现在长跨柔性桥梁上。颤振和驰振都属于自激型发散振动，它们都具有对结构造成毁灭性破坏的特点。其中颤振是指桥梁以扭转振动形式或扭转与竖向弯曲振动相耦合（即两种或两种以上振动形式同时发生，耦连在一起）形式的破坏性发散振动；驰振则是指桥梁像骏马奔驰那样上下舞动的竖向弯曲形式的破坏性发散振动。1940 年美国 Tacoma 桥的毁坏就属于颤振破坏。驰振现象一般会出现在桥梁的绞缆索上。抖振是指风速中随机变化的脉动成分激励起的桥梁不规则的有限振幅振动。这在桥梁工程中，尤其是在大跨的柔性桥梁中有专门论述。长而细的建筑物受横向风的振动，主要是旋涡脱落引起的涡激共振，当然也可能伴有抖振。

1）横风向作用与结构共振现象

对圆截面柱体结构，当发生旋涡脱落时，若脱落频率与结构自振频率相符，将出现共振。这时横风向效应可能起控制作用，因而必须考虑。

如图 7-5 所示，气体流过圆形截面结构时，在圆柱边上 S 点处产生旋涡，并在圆柱体后脱落。若雷诺数在亚临界和跨临界范围内，尾流的旋涡会产生周期性的不对称脱落，其频率 f_s 为

$$f_{\mathrm{s}} = \frac{Stv}{D} \tag{7-5}$$

式中　v——风速；

　　　D——圆柱体的直径；

　　　St——与结构截面几何形状和雷诺数有关的参数，称为斯脱罗哈（Strou-hal）数。

对圆形截面结构取 0.2。

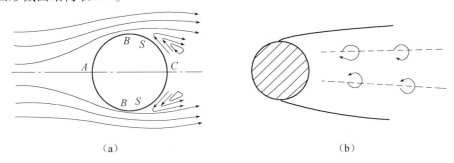

（a）　　　　　　　　　　　　　　　　（b）

图 7-5　旋涡的产生与脱落

雷诺数是判定空气振动规律的重要参数，由雷诺经大量实验，给出了空气流动时惯性力与黏性力之比。若雷诺数相同，流体便动力相似，雷诺数 Re 的定义为

$$Re = \frac{\rho v^2 l^2}{\dfrac{\mu v}{l} l^2} = \frac{\rho v l}{\mu} = \frac{vl}{x} \tag{7-6}$$

式中　$\rho v^2 l^2$——惯性力的量纲；

　　　$\dfrac{\mu v}{l} \cdot l^2$——黏性力的量纲；

　　　x——$x = \dfrac{\mu}{\rho}$ 为动黏性，它等于黏性系数 μ 除以流体密度 ρ。对空气，$x = 0.145 \times 10^{-4} \mathrm{m}^2/\mathrm{s}$。

将 x 值代入式（7-6），简化，并用垂直于流速方向物体截面的最大尺度 B 代替上式的 l，则上式成为

$$Re = 69000vB \tag{7-7}$$

当雷诺数 Re 超过某临界值，应考虑共振引起的风载效应。

2）横风向风振计算

①对圆形截面的结构，应根据雷诺数 Re 的不同情况按下述规定进行横风向风振（旋涡脱落）的校核。

a. 当 $Re < 3 \times 10^5$ 时（亚临界的微风共振），应按下式控制结构顶部风速 v_H 不超过临界风速 v_{cr}，v_{cr} 和 v_H 可按下列公式确定：

$$v_{cr} = \frac{D}{T_1 St} \tag{7-8}$$

$$v_H = \sqrt{\frac{2000\gamma_W \mu_H w_0}{\rho}} \tag{7-9}$$

式中 T_1——结构基本自振周期；

St——斯脱罗哈数，对圆截面结构取 0.2；

γ_W——风荷载分项系数，取 1.4；

μ_H——结构顶部风压高度变化系数；

w_0——基本风压（kN/m^2）；

ρ——空气密度（kg/m^3）；

D——计算截面的直径。在式（7-7）中，$B = D$。

当结构顶部风速超过 v_{cr} 时，可在构造上采取防振措施，或控制结构的临界风速 v_{cr} 不小于 15m/s。

b. $Re \geqslant 3.5 \times 10^6$ 且结构顶部风速大于 v_{cr} 时（跨临界的强风共振），应按式（7-10）考虑横风向风荷载引起的荷载效应。

c. 当结构沿高度截面缩小时（倾斜度不大于 0.02），可近似取 2/3 结构高度外的风速和直径。

②跨临界强风共振引起在 z 高处振型 j 的等效风荷载 w_{czj}（kN/m^2）可由下列公式确定：

$$w_{czj} = |\lambda_j| v_{cr}^2 \varphi_{zj}/12800\zeta_j \tag{7-10}$$

式中 λ_j——计算系数，按表 7-16 确定；

φ_{zj}——在 z 高处结构的 j 振型系数，应根据结构动力计算，或参考表 7-12，表 7-13 和表 7-14 计算；

ζ_j——第 j 振型的阻尼比；对第 1 振型，钢结构取 0.01，房屋钢结构取 0.02，混凝土结构取 0.05；对高振型的阻尼比，若无实测资料，可近似按第 1 振型的值取用。

表 7-16 中的 H_1 为临界风速起始点高度，可按下式确定：

$$H_1 = H\left(\frac{v_{cr}}{v_H}\right)^{1/\alpha} \tag{7-11}$$

式中 α——地面粗糙度指数，对 A、B、C 和 D 四类分别取 0.12、0.16、0.22 和 0.30；

v_H——结构顶部风速（m/s）。

注：校核横风向风振时所考虑的高振型序号不大于 4，对一般悬臂型结构，可只取第 1 或第 2 个振型。

表 7-16 λ_j 计算用表

结构类型	振型序号	H_1/H										
		0	0.1	0.2	0.3	0.4	0.5	0.6	0.7	0.8	0.9	1.0
高耸结构	1	1.56	1.55	1.54	1.49	1.42	1.31	1.15	0.94	0.68	0.37	0
	2	0.83	0.82	0.76	0.60	0.37	0.09	−0.16	−0.33	−0.38	−0.27	0
	3	0.52	0.48	0.32	0.06	−0.19	−0.30	−0.21	0.00	0.20	0.23	0
	4	0.30	0.33	0.02	−0.20	−0.23	0.03	0.16	0.15	−0.05	−0.18	0
高层建筑	1	1.56	1.56	1.54	1.49	1.41	1.28	1.12	0.91	0.65	0.35	0
	2	0.73	0.72	0.63	0.45	0.19	−0.11	−0.36	−0.52	−0.53	−0.36	0

3）校核横风向风振时，风的荷载总效应 S 可将横风向风荷载效应 S_C 与顺风向风荷载效应 S_A 按下式组合后确定：

$$S = \sqrt{S_C^2 + S_A^2} \tag{7-12}$$

4）对非圆形截面的结构，横风向风振的等效风荷载宜通过空气弹性模型的风洞试验确定；也可参考有关资料确定。

7.3.3 常用结构频率、周期和振型计算

（1）有限元法计算。由下式

$$|[K] - \omega^2[M]| = 0 \tag{7-13}$$

可求得所有各阶自振圆频率 ω_j（$j = 1, 2, \cdots$），周期 T_j（$j = 1, 2, \cdots$），通常均用计算机计算。圆频率 ω 与频率 f 及周期 T 关系为

$$f_j = \frac{\omega_j}{2\pi} \tag{7-14}$$

$$T_j = \frac{1}{f_j} = \frac{2\pi}{\omega_j} \tag{7-15}$$

得到了各阶圆频率 ω_j，由下式

$$([K] - \omega^2[M])\{\varphi\} = 0 \tag{7-16}$$

可求得各阶振型 φ_j，一般采用计算程序求得。

（2）能量法计算。

参见 6.3.2 节，公式（6-45）。

（3）顶点位移法。

参见 6.3.2 节，公式（6-44）。

7.3.4 高层建筑和高耸结构的抗风设计要求

由于高层建筑和高耸结构的主要特点是高度较高而横截面积相对较小，因而水平方向刚度较弱，因此水平荷载作用所引起的反应就会较大。

首先，为了使高层建筑和高耸结构不会发生破坏、倒塌、结构开裂和残余变形过大等现象，以保证结构的安全，结构的抗风设计必须满足强度要求。也就是说，要在设计风荷载和其他荷载组合作用下，使结构的内力满足强度或承载力设计要求。

其次，为了使高层建筑和高耸结构在风力作用下不会引起隔墙开裂、建筑装饰以及非结构构件的损坏，结构的抗风设计还必须满足刚度设计要求。也就是说，要使设计风荷载作用下的结构顶点水平位移和各层相对位移满足规范要求，以保证上述非结构构件不会因为结构位移过大而损坏。根据高层建筑和高耸结构的设计规范要求，对风力作用下高层建筑和高耸结构的顶点位移 Δ 和各层相对位移的限制规定分别见表 7-17 和表 7-18。

表 7-17　高层建筑结构水平位移限值

结构类型 位移限值	框架		架-剪力墙	剪力墙	简体
	实心砖填充墙	空心砖填充墙			
δ/h	1/400	1/500	1/600	1/800	1/700
Δ/H	1/450	1/550	1/800	1/1000	1/900

注：其中 H 和 h 分别为结构总的高度和结构层高。

表 7-18　高耸结构的水平位移限值

位移类型	Δ/H	δ/h
位移限值	1/100	1/100

再次，为了使高层建筑和高耸结构在风力作用下不会引起居住者不舒适，结构的抗风设计还必须满足舒适度的设计要求。根据国内外医学、心理学和工程学专家的研究结果可知，影响人体感觉不舒适的最主要因素是振动频率、振动加速度和振动持续时间。由于持续时间取决于阵风本身，而结构振动频率的调整又十分困难，因此一般采用限制结构震动加速度的方法来满足舒适度的设计要求。由于高层建筑和高耸结构的风振反应一般以第 1 振型为主，且其基本周期一般大于 1s，因此根据国内外人体振动的舒适度界限标准可得到结构舒适度的控制界限，见表 7-19。

表 7-19　人体振动舒适度控制界限

建筑类型	公寓建筑	公共建筑
界限 [a]	0.20m/s²	0.28m/s²

显然应根据结构层的不同功能来具体选择舒适度的控制界限。

此外，除了要使结构的抗风设计满足上述的强度、刚度和舒适度的设计要求，还需要对高层建筑和高耸结构上的外墙、玻璃、女儿墙及其他装饰构件合理设计，以防止风荷载引起此类构件的局部损坏。

7.4　防风减灾对策与防风减振技术

7.4.1　防风减灾的基本对策

风造成灾害的主要方式有：大风、大浪、风暴潮、暴雨，其破坏对象主要有建筑工程、园林绿化设施、城市生命线工程、海岸护坡等。

防止风灾害的对策有：

（1）在北方大陆内地建造防风固沙林，在沿海地区建造防风护岸植被，以减小风力，从而减小大风对城市或海岸的破坏。

（2）在经常受风灾害的地区，建立预报、预警体制。以目前的气象预报水平，提前几小时甚至几十小时进行大风预报是完全可能的。接到预报后，采取紧急的防灾措施，可以大大减小风的灾害。例如，高层建筑的门窗注意及时紧闭，行人不在广告牌等易倒建筑下停留，高耸机械及时加上索缆等。

（3）城市应编制风灾害影响区划，建立合理有效的应对策略，如避风疏散规划等。

（4）加强工程结构的抗风设计，针对非主体但易损构件的防风易损性分析，及时加固并做好防风设计。

（5）针对地区进行风荷载特性研究，如地区风压分布、地面粗糙度划分、高层建筑风效应、大跨结构的风振分析等。

7.4.2　控制技术在防风减振中的应用

在7.3节中介绍的抗风对策是传统的方法，即首先保证强度，然后验算位移，当位移过大时通过增强结构自身刚度和抗侧力能力来抵抗风荷载作用。这种做法往往使结构构件截面增大，不是经济的方法。我们在第六章中介绍的结构振（震）动控制技术，不仅在抗震减灾中得到应用，在抗风设计中，特别是在高层、高耸结构的抗风设计中亦得到了应用。基于类似的原理，在抗风设计中，通过在结构上附设控制构件和控制装置，在结构振动时通过被动或主动地施加控制力减小或抑制结构的动力反应，从而减少动力位移，以满足结构的安全性、使用性和舒适性要求。

结构振动控制技术可分为被动控制、主动控制、半主动控制和混合控制四种类型，其基本概念已在第六章减震控制技术中介绍。本节着重介绍多种形式的风振动控制装置的工作原理及这些控制装置的研究和应用实例。

7.4.2.1　主动控制技术

主动控制装置通常由传感器、计算机（运算器）、驱动设备三部分组成。传感器用来监测外部激励或结构响应，计算机根据选择的控制算法处理检测的信息及计算所需的控制力，驱动设备根据计算机的指令产生需要的控制力。现应用于风振控制中的主动控制系统有：

（1）主动调解质量阻尼器（简称ATMD），它是将调谐质量阻尼器与电液伺服机构连接，构成一个有源质量阻尼器，因质量运动所产生的主动控制力和惯性力都能有效地减小结构的振动反应。

（2）主动拉索控制装置，它是利用拉索分别连接着伺服机构和结构的适当位置，伺服机构产生的控制力由拉索实施于结构上以减小结构的振动反应。

（3）主动挡风板，在建筑物的适当位置安装主动挡风板可以减少在暴风荷载作用下结构的振动。

世界上第一个在实际工程中安装主动减振系统的建筑位于日本东京，这是一个11层的钢框架结构，整个尺寸长12m，宽4m，高33m，在顶部安装了主动调谐质量阻尼器系统以减小它的振动幅值。利用两个主动调谐质量阻尼器系统来控制结构的响应。建成后，进行了强迫振动试验和实测观测，获得了在地震及强台风作用使得实测数据，试验、地震相应数值分析及风振观测均表明控制效果很好。

1998 年我国兴建的南京电视塔高 340m，在设计风荷载的作用下，不能满足舒适度的要求，通过安装主动调谐质量阻尼器装置使得观光平台的加速度反应得到控制。投入使用后的实际结果表明，主动调谐质量阻尼器装置有效地减小了电视塔的风振反应，基本上满足了观光旅客对舒适度的要求。

主动控制的优点是控制效果较好；其不足在于需要从外部输入能量，且控制装置构造复杂，需要经常维护，经济上增添了额外的负担，并且由于计算方法和控制机构的灵敏度所带来的"时迟"效应，使它必须滞后于结构反应，尽管采取了"校正"的方法，也还未能很好地解决这一问题。另外，控制机构的可靠性还存在一些问题，往往使控制效果打折扣。

7.4.2.2 被动控制技术

被动控制中具有代表性的装置有：耗能器、被动拉索、被动调频质量阻尼器（简称 TMD）、调频液体阻尼器（简称 TLD）等。

（1）耗能器。高层建筑和高耸结构中加入耗能器装置，可以降低结构在外界干扰下的敏感性，从而可以达到减小结构振动的目的。耗能器通常安装在主体结构两点间位移较大处，由于两点间的相对位移，耗能器往复运动，从而带动耗能器变形而耗散能量。耗能器还可以安装在互连结构或多结构连系体系中，利用结构之间或主体结构与附属结构之间的相对位移，使耗能器产生减振效果。目前研发的耗能器按照耗能方式的不同可分为黏弹性耗能器、黏滞阻尼器和摩擦耗能支撑等几种，其构造和原理在 6.6 中做过介绍。

美国匹兹堡钢铁大厦（64 层）、西雅图哥伦比亚中心（77 层）等大楼中都安装了黏弹性耗能器。

（2）调频质量阻尼器。调频质量阻尼器是目前最常用的一种被动控制系统，它是在结构物顶部或上部某位置上加上惯性质量，并配以弹簧和阻尼器与主体结构相连。当结构在风荷载和地震作用下产生水平响应时带动调频质量阻尼器系统振动，而调频质量阻尼器系统振动产生的惯性力反馈回来作用与主体结构，从而产生制振效果。应用共振原理，对主体结构某些振型（通常是第 1 振型）的动力相应加以控制。

根据调频质量阻尼器系统的组成方式不同，系统可以分为以下几种：

1）支撑式。质量块支撑于结构的某部位上，可双向滑动并具有双向弹簧和双向阻尼器，大多设在顶部。

2）悬吊式。质量块悬吊于结构某部位上，可双向自由摆动，有时可利用结构的附属设备作为悬吊质量。

3）碰击式。在结构的某些部位上悬挂摆锤，但结构振动时，该摆锤碰击结构（在碰击处要设减震或消能装置），使结构振动衰减，常用于烟囱、塔架等高耸结构的控制。

要提高系统的控制效果，主要是通过调频质量阻尼器调整系统与主体结构控制振型的质量比、频率比和阻尼器的阻尼参数，使系统吸收更多的振动能量，从而大大减轻主体结构的振动效应。调频质量阻尼器是一种动力吸振装置，同时也是较为可靠及成熟的装置，实验及应用表明其对抑制结构振动是有效的。

调频质量阻尼器的具体应用也有不少实例。如 1976 年建于美国波士顿的约翰·汉考克大厦（John Hancock Tower），在 58 层上安装了两个重 300t 的调频质量阻尼器。结果表明，该调频质量阻尼器系统有效地减小了大楼的风振响应,防止了玻璃幕墙的掉落;1978 年鉴于美国纽约的花旗银行,是高 279m 的一幢多功能银行办公大楼,由于特殊原因,大楼底部仅设置四根粗大的柱子,相对较柔,在强风作用下水平摆动很大,于是在建筑物顶部的第 57 层内安装了调频质量阻尼器系统,实践证明该系统达到了预计的控制效果。

(3) 调频液体阻尼器控制。调频液体阻尼器对建筑物所起减振作用的机理与调频质量阻尼器有相似之处,调频液体阻尼器的构造是一个充有液体的储液箱。一旦结构产生振动,安装于结构上的储液箱中的自由液面就作相对于结构的晃动,晃动产生作用于箱壁和箱底的正压力和黏滞力,这些分布力合成作用于结构上的力,由作用于箱壁部分的正压力合成作用于结构上的力,与调频质量阻尼器的惯性力性质相同;但箱底有黏滞力合成作用于结构上的力,与调频质量阻尼器不同。调频液体阻尼器对建筑的减振作用只是近几年才被认识到,研究方面远不及调频质量阻尼器深入,但调频液体阻尼器具备调频质量阻尼器所不具备的许多优点:1) 调频液体阻尼器构造简单,易于安装。2) 自动激活性能好,即调频液体阻尼器的晃动阻尼小,在很小的反应下就能产生作用。3) 减振频带宽。4) 在剧烈振动后,调频液体阻尼器储液箱中的自由液面破碎后可再次生成,而调频质量阻尼器的弹簧破坏后就不可挽回。

一般来说,调频液体阻尼器的减振效果与容器中的液体的晃动频率、液体的黏滞性、容器的粗糙度、液体的质量等多种因素有关。调频液体阻尼器所提供的控制力由两部分组成:一部分是水随容器所在的结构层一起运动所引起的惯性力;另一部分是波浪对容器壁产生的动压力。设计调频液体阻尼器时,通过适当调整容器中水和波浪的晃动频率和水的质量,就可使调频液体阻尼器的控制效果最佳。

日本的新横滨王子旅馆是世界上第一个在高层建筑中应用调频液体阻尼器来减振的例子,该建筑主体部分为钢结构,呈圆柱形,外径为 38.2m,高为 149.4m。30 个相同的调频液体阻尼器被安装在建筑的顶部,沿周边布置。应用数值模拟分析的结果表明,加了调频液体阻尼器后,在平均风速为 25m/s 时,结构响应可减小到原来的 1/2。实测结果表明,当平均风速超过 20m/s 时,结构响应可减小到原来的 50% ~ 70%。另外两个安装了调频液体阻尼器的高耸结构是日本长崎的机场塔和横滨港的导航塔,它们都装有多层圆形的调频液体阻尼器,风振结果表明,减振效果明显。

与主动装置处于开始阶段不同,被动控制装置诸如调频质量阻尼器、耗能器等,用于实际工程经验已趋于成熟。理论研究和实际经验已经证实,对不同的结构,如果能选择适当的被动控制装置及其相应的参数取值,往往可以使其控制效果与采用相应的主动控制的效果接近。因此,目前被动控制在抗风减灾工程领域的应用更为广泛。

7.4.2.3 半主动控制技术

半主动控制系统结合了主动控制系统和被动控制系统的优点,既具有被动控制的可靠性又具有主动控制系统的强适应性,通过一定的控制律可以达到主动控制的效果,而且构造简单,所需能量小,不会使结构系统发生不稳定。

半主动控制系统根据结构的响应和(或)外刺激的反馈信息实时地调整结构参数,使结构的响应减到最小。该系统概括起来可以分为三类:主动变刚度控制系统、主动变阻尼控制系统和主动变刚度阻尼控制系统。

(1) 主动变刚度(AVS)控制系统 主动变刚度控制系统即在外界激励作用下,根据监测到结构响应和（或）外激励的反馈信息，利用一定的控制算法通过开关切换技术随时调整结构的刚度，从而使受控结构尽量避开共振状态，达到减小结构响应的目的。

（2）主动变阻尼（AVD）控制系统　主动变阻尼控制系统即是在外激励作用下，根据检测到结构响应和（或）外激励的反馈信息，利用一定的控制算法通过开关切换技术随时向受控结构提供最佳的阻尼，从而达到减小结构响应的目的。随着对变阻尼装置的不断研究，出现了许多控制装置，主要有以下几种：

1）半主动流体阻尼器：该装置由充满硅油的外缸、不锈钢活塞杆、铜制活塞和具有一控制阀的旁路组成。利用控制阀改变通过旁路流体的流量，进而控制阻尼器的阻尼特性。

2）可变孔隙阻尼器：该装置以传统的液压流体阻尼器为基础，利用可调的机电变孔隙阀来改变对流体流动的阻力，从而提供可变的阻尼。

3）变摩擦阻尼器：该装置主要由外缸、滑移杆、两个制动垫、压电作动器、支撑板和间隙可调螺栓组成，下部的制动垫附着在外壳上，上部制动垫放在滑移杆上，压电作动器一面与上部的制动垫相连，另一面与支撑板相连，并且根据主控制器提供的电压指令改变自身长度，进而改变制动垫与滑移杆间的压力实现摩擦力可调。

4）半主动液压阻尼器：该阻尼器由可调阻尼单元和阻尼力控制器两部分组成，变阻尼单元包括一双推杆式液压缸体和一管路，在管路中装有流量控制阀、止回阀和蓄能器。阻尼力的大小通过流量控制阀来调节，阻尼力指令由主计算机根据使结构每一层的风振响应达到最优的反馈控制算法计算。

5）半主动调频质量阻尼器和半主动调频液体阻尼器：被动的调谐质量阻尼器基本上由单一自由度的质量-弹簧-阻尼器系统组成，一般固定在多层结构的顶层。

（3）主动变刚度阻尼（AVSD）控制系统　主动变刚度阻尼控制系统在外激励的作用下，根据检测到的结构响应和（或）外激励的反馈信息，利用一定的控制算法使结构在不同的刚度、阻尼间进行切换。这种系统既有主动变刚度系统避开共振状态的优点，同时又具有主动变阻尼系统削减动力反应峰值的减振性能，因而是一种具有发展前途的半主动控制系统。虽然目前对主动变刚度阻尼控制系统的研究尚少，但由于这一方式将 AVS 控制和 AVD 控制结合起来，极具发展潜力。

7.4.2.4　混合控制技术

混合控制就是主动控制和被动控制的结合。由于具备多种控制装置参与作用，混合控制能摆脱一些对主动控制和被动控制的限制，从而更好地实现控制效果。尽管它相对于完全主动结构更复杂，但是其效果比一个完全主动控制结构要可靠一些。现在，有越来越多的高层建筑和高耸结构采用混合控制来抑制动力反应。现在混合控制的研究与应用主要集中在这两个方面：混合质量阻尼器系统和混合基础隔震系统。对于风振控制主要是混合质量阻尼器系统（简称 HMD）。

混合质量阻尼器系统是现在应用最普遍的工程控制装置，其构成原理是联合了一个调频质量阻尼器和一个主动控制驱动器，其降低结构反应的能力主要依靠调频质量阻尼器运动时的惯性力，主动控制驱动器所产生的作用力主要是增加混合质量阻尼器的作用效率，以及通过增加强度来改变结构的动力参数。研究结构表明，达到同样的控制效果，一个混合质量阻尼器所需要的能量远小于一个完全主动控制装置所需要的能量。

世界上第一个安装混合质量控制系统的建筑是位于日本东京清水公司技术研究所的 7 层建筑。平时装置保持控制力为零的状态，当强风或地震作用下的响应超过一定水平时，驱动装置自动启动。通过几次强迫震动试验和风振观测表明，控制效果是令人满意的。另外，还可以利用若干个混合质量阻尼器来减小建筑物不同方向的振动。

思考题及习题

1. 风是如何形成的？风的类型有哪些？
2. 风对结构有什么危害？
3. 基本风压是如何确定的？风速与风压有何关系？
4. 影响基本风压的因素有哪些？
5. 产生横风向风振的原因是什么？在什么条件下需要考虑结构横风向风效应？
6. 如何进行抗风设计？
7. 减小风振的措施有哪些？

第八章　洪灾及城市防洪

8.1　概述

洪水是指河流水位超过河滩地面溢流的现象的总称，常由出现洪水地区上游或当地的暴雨所致，常以人为设定的某一影响水位为标准，超过这一水位则被定义为洪水。

洪水大小常以洪峰水位（洪峰流量）、洪水总量、洪水历时来描述，统称为洪水三要素。洪水三要素越大，则洪水越大。洪水大小也可用统计学方法表示，以洪水三要素之一（常用洪峰流量或洪峰水位）出现的超过概率来表示。

洪灾是指一个流域内因集中大暴雨或长时间降雨，汇入河道的径流量超过其泄洪能力而漫溢两岸或造成堤坝决口导致泛滥的灾害。水灾一般是指因河流泛滥淹没田地所引起的灾害；涝灾是指因过量降雨而产生地面大面积积水或土地过湿使作物生长不良而减产的现象。因为水灾和涝灾常同时发生，有时也难以区别，所以常把水灾和涝灾统称为洪水灾害，简称洪灾或水灾。

8.2　洪灾的破坏作用

洪水灾害不仅造成人员伤亡，还往往给国民经济造成巨大的损失。这些经济损失包括直接经济损失和间接经济损失。直接经济损失包括以下一些内容：

（1）农业损失。洪水冲毁农作物，或使农作物受淹浸，粮食大量减产甚至绝收。另外，洪水带来的泥沙压毁作物；堆积在田间，使土质恶化，造成连续多年减收减产。一般洪水范围广阔，使农业生产遭受的损失是巨大的。

（2）城乡居民家庭财产损失。洪水冲塌房屋，居民财产被洪水吞没，无家可归，个人受灾，也给国家增加了负担。

（3）工矿企事业财产损失。由于水灾使工厂、机关的财产、设备被洪水吞没或者造成工厂停产、机关停业等损失。

（4）洪水冲断铁路、公路、输电线路等使运输中断造成设施破坏损失。另一方面，还使运输、电力部门停止营业，造成损失。

（5）水利设施破坏损失。洪水灾害往往是由于水利设施的破坏而引起的，如大坝溃决、堤防溃决等。另外，洪水还冲毁渠道、桥梁、涵闸等水利工程，也造成很大的破坏。

洪水还可造成林业及其他的一些间接经济损失。一次洪灾，不是每一种损失都产生，目前也没有精确的统计方法，一般是把各类损失进行估计后相加。

8.3　洪灾的分类及特点

按洪水形成机理和环境分有：溃决型洪水、漫溢型洪水、内涝型洪水、行蓄洪型洪水、山洪型洪水、风暴潮型洪水、海啸型洪水及城市洪水。

按洪水成因和地理位置分有：河流洪水、湖泊洪水和风暴潮洪水等。其中河流洪水是我国最常见的类型。依照其成因的不同，河流洪水又可分为以下几种类型：

（1）暴雨洪水

暴雨洪水是最常见且威胁最大的洪水。它是由较大强度的降雨形成的，简称雨洪。河流洪水的主要特点是峰高量大，持续时间长，灾害波及范围广。近代以来的几次大水灾，都是这种类型的洪水。我国受暴雨洪水威胁的地区主要分布在长江、黄河、淮河、海河、珠江、松花江、辽河7大江河的下游和东南沿海地区。

（2）山洪

山洪是山区溪沟中发生的暴涨暴落的洪水。由于山区地面和河床坡降都较陡，暴雨后易产流和汇流，形成急剧涨落的洪峰。所以山洪具有突发性、水量集中、破坏力强等特点，但一般灾害波及范围较小。这种洪水如形成固体径流，则称为泥石流。

（3）融雪洪水

融雪洪水主要发生在高纬度积雪地区或高山积雪地区。我国新疆大部分地区受冷暖气流影响，极易发生融雪洪水。

（4）冰凌洪水

冰凌洪水主要发生在黄河、松花江等北方江河上。由于某些河段由低纬度流向高纬度，在气温上升，河流开冻时，低纬度的上游河段先行开冻，而高纬度的下游河段仍封冻，上游河水和冰块堆积在下游河床，形成冰坝，容易造成灾害。在河流封冻时，也有可能产生冰凌洪水。

（5）溃坝洪水

溃坝洪水是大坝或其他挡水建筑物发生瞬时溃决，水体突然涌出，造成下游地区灾害。这种溃坝洪水虽然范围不太大，但破坏力很大。此外，在山区河流上，在地震发生时，有时山体崩滑，阻塞河流，形成堰塞湖。一旦堰塞湖溃决，也形成类似的洪水。这种堰塞湖溃决形成的地震次生水灾的损失，有时比地震本身所造成的损失还要大。

8.4　洪灾形成的影响因素

影响洪水灾害的因素可归结为自然和社会两个方面。自然因素有：天气系统的变化、暴雨时间和地域分布得不均匀、热带风暴和台风的影响、地形地貌的变化等；社会因素主要表现为人类活动的加剧，这些活动包括：砍伐森林、破坏植被、围湖造田、河道设障等，加剧了水土流失，减少了蓄洪面积，阻塞了河道泄洪，最终导致洪峰流量增大。

8.5　我国洪涝灾害特点

（1）分布范围广且不均衡

由于我国所处的地理纬度，受地形和季风气候的影响，水土资源分布是不均衡的。除沙漠和极端干旱区、高寒山区等人类极难生存的地区外，大约2/3的国土面积有着不同类型和不同危害程度的洪水灾害，有80%以上的耕地受到洪水的威胁。我国大陆从东南沿海到西北内陆，年降水量从1600mm递减到不足200mm，多寡悬殊。东部地区不仅降水多，而且雨量大，因此，我国东部地区往往发生暴雨洪水，它是我国洪水灾害的主要因素。

（2）季节性强

我国洪水的季节变化规律性明显。我国地处欧亚大陆的东南部，太平洋西岸，地理位置决定了降水量有明显的季节性，也就决定了我国洪水发生的季节性变化规律。集中雨带常出现在西太平洋副热带高压的西北侧，雨带的移动与副热带高压脊的位置变动密切相关。一般年份，4月初至6月初，副热带高压脊线在北纬15°~20°，暴雨洪水多出现在珠江流域，南岭以南进入前汛期；6月中旬到7月初，副热带高压脊第一次北跳至北纬20°~25°，雨带北移至江淮流域，南岭以南前汛期结束，江淮梅雨开始；7月中下旬副热带高压脊第二次北跳至北纬30°附近，雨带移至黄河流域，江淮梅雨结束，黄河两岸雨季开始；7月下旬至8月中旬，副热带高压脊第三次北跳，跃过北纬30°，达到全年最北为止，雨带也达到海滦流域、河套地区和东北一带，此时，华南受副热带高压脊以南的东北风影响，低层的赤道复合线上热带气旋扰动经常出现，热带风暴和台风不断登陆，酿成第二个降水高峰期，副热带高压脊控制下的地区则出现伏旱，其范围可扩大到陕甘交界处；8月下旬，副热带高压脊开始南撤，华北、华中雨季相继结束。以上是我国汛期降水，也是暴雨洪水集中出现南北移动的正常过程，如果发生副热带高压脊在某一位置上迟到、早退或停滞不前均将产生干旱或洪涝灾害。

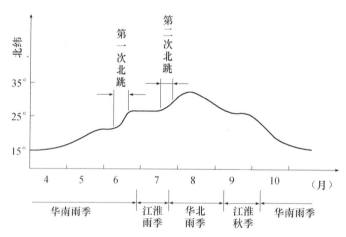

图8-1　中国历年各月副热带高压脊线的平均和相应的东部雨带位置图

我国大部分地区降水集中在夏季数月之中，绝大部分地区50%以上集中在5~9月，并多以暴雨形式出现。其中淮河以北和西北大部分地区，西南、华南南部，台湾大部分地区有70%~90%，淮河到华南北部的大部分地区有50%~70%集中在5~9月。所以洪水发生也就相应集中，但随着活动时期的变化，洪水发生时间也有先后之别，出现的时序有一定规律。

（3）形式多样

我国幅员辽阔，各地气候、地形、地质特性差异很大。如果沿着400mm降水量等值线从东北到西南画一条斜线，将国土分成东西两部分，那么东部地区的沿海省、自治区、直辖市每年都有部分地区遭受风暴潮引起的洪水袭击，洪涝灾害主要由暴雨和沿海风暴潮形成；西部地区的新疆、青海、西藏等地洪涝灾害主要由融冰、融雪和局部地区暴雨形成。此外，北方地区冬季黄河、松花江等河流有时会出现因冰凌引起的洪水，对局部河段造成灾害。占国土面积70%的山地、丘陵和高原地区常因暴雨发生山洪、泥石流、水库垮坝，人为坝堤决口造成的洪水也时有发生。

（4）发生频繁，存在周期性

据《明史》和《清史稿》资料统计，明清两代（1368～1911）的543年中，范围涉及数州县到30州县的水灾共有424次，平均每4年发生3次，其中范围超过30州县的共有190次，平均每3年一次。新中国成立以来，洪涝灾害年年都有发生，只是大小有所不同而已。特别是20世纪50年代，10年中就发生大洪水11次。

严重的洪水灾害存在周期性变化。从暴雨洪水发生的历史规律来看，造成严重洪水灾害的历史特大洪水存在着周期性的变化。根据全国6000多个河段历史洪水调查资料分析，近代主要江河发生过的大洪水，历史上几乎都出现过极为类似的洪水，且洪水分布情况极为相似。如1963年8月海河南系大洪水与1668年同一地区发生的特大洪水十分相似；1921年、1954年长江中下游于淮河流域的特大洪水，其气象成因和暴雨洪水的时空分布基本相同。一般认为，暴雨洪水有大体重复发生的规律性，大洪水也存在着相对集中的时期。从历史资料中不同年代发生特大洪水的次数分析，20世纪30年代和50年代是中国洪涝灾害最为频繁的一个时期。

（5）突发性强

我国东部地区常常发生强度大、范围广的暴雨，而江河防洪能力又较低，因此洪涝灾害的突发性强。1963年，海河流域南系7月底还大面积干旱，8月2日至8日，突发一场特大暴雨，使这一地区发生了罕见的洪涝灾害。山区泥石流突发性更强，一旦发生，人员往往来不及撤退，造成重大伤亡和经济损失。

（6）损失大

据不完全统计，我国平均每年洪涝受灾面积一亿一千多万亩，成灾七千多万亩，成灾率达62%，经济损失100亿元左右。

我国大江大河的中下游地区主要城市与乡镇，多处于洪水位以下，受洪水威胁这一地区有5亿人口、5亿亩耕地，工农业总产值占全国60%，是我国的精华所在。建国以来，长江、淮河、海河发生的几次大洪水，都给国家和人民带来巨大损失，如1954年长江流域发生特大洪水，使4755万亩农田受淹，影响京广线通车100天，直接经济损失约100亿元；1963年，海河流域发生特大洪水，104个县、市受灾，32座县城进水，受灾面积7294万亩，倒塌房屋1265万间，京广、石德、石太等铁路线多处冲毁，直接经济损失60亿元以上；1975年，淮河发生大洪水，20多个县市、820万人口、1700多万亩耕地受灾，京广线冲毁102公里，中断18天，直接经济损失近100亿元。

20世纪80年代以来，由于人口不断增长，经济迅速发展，而水利投资却相应减少，影响了防洪工程的修复和兴建，削弱了抗御洪涝灾害的能力，使局部暴雨洪水造成的损失要比过去大得多，受灾面积和成灾率均有上升。特别是1998年，长江、松花江、西江与闽江等流域同时发生特大洪水，全国共有29个省（自治区、直辖市）遭受不同程度的洪涝灾害，死亡4150人，倒塌房屋685万间，直接经济损失2551亿元。

8.6 水文分析与设计洪水

8.6.1 水文基础知识

水文学是研究自然界各种水体的变化规律及其分布的科学，其目的是为水利工程的规划、设计、施工和运行管理提供有关暴雨、洪水、年径流、泥沙等方面的分析计算和预报的水文依据。水文工作的一项主要内容就是洪水预报。洪水预报是根据洪水形成的客观规律，利用过去或现实已经掌握的水文、气象资料（称水文信息或水文数据），对洪水的未来状态作出预测。洪水预报是防汛、蓄洪、减灾必不可少的重要信息，在度汛防洪中占有很重要的地位。洪水预报包括河段洪水预报与流域降雨径流预报两部分。河段洪水预报是根据河段上断面已出现的洪水过程（即洪水入流过程），推算其下断面即将出现的过程。降雨径流预报是根据当前已经测到的流域降雨过程和径流资料，按产汇流计算原理推算流域出口断面未来出现的洪水过程。洪水预报直接为防汛抗洪服务，因此，提高洪水预报精度和增长有效预见期，是要解决的主要难题。

为了在防洪工作中及时提供准确有效的水情信息，对洪水过程作出较准确的预报，平时就要做好水文基础工作。水文基础工作包括基础资料的观测、收集、整理及分析、计算两个方面。水文资料的主要来源，是各种水文观测站观测和整编的资料，而水文站是组织进行水文测验、搜集水文资料的基本场所。在防洪方面，主要是针对降雨、流量、水位等项目进行观测和资料整编，把分散的、逐次的一些测验成果，整理推算成各种水文要素的全年变化过程、分布情况和各项特征值，为水文分析和洪水预报打下基础。我国在主要江河流域上都建立了许多水文站，观测和收集了大量的水文数据，并按照国家统一标准进行了整编，每年刊布一次，成为水文年鉴，可作为洪水分析最基本的资料。水文分析计算主要是应用统计学的基本原理和方法，对各种水文要素如年径流、洪峰流量、洪水过程、设计洪峰流量、设计洪峰过程等进行分析推求，为防洪工程的设计、建设及防洪调度提供科学依据。

8.6.2 水文观测站

我国水文工作具有悠久的历史，战国时代李冰在都江堰水利工程上就开始用石人观测水位。近代连续观测降水记录最长的为北京，开始于 1841 年；水位和流量有连续最长观测记录的是长江汉口站，开始于 1865 年，除 1945 年缺测外，亦有 120 多年的历史了。1937 年全国水文站数仅有 403 处，连同其他测站有 2600 处；至 1949 年只剩下 148 处，连同其他测站共有 353 处。新中国成立以后，水文工作迅速发展，1956 年进行了全国水文站网规划，除边远地区外，于 1959 年基本建成了预期的水文测站体系，形成了全国性的水文网络。

我国将水文测站按性质分为基本站和专用站两大类。基本站组成水文基本站网，任务是长期、稳定、系统地观测和累积资料，一般不能任意撤销，主要为探索研究水文变化规律及满足水资源评价、水文分析计算、水利水电工程的规划设计、防汛抗旱方面的水文情报预报等方面的需要；专用站是为专用目的而设立的，对水文基本站网起补充作用。

8.6.3 水文统计

由于水文现象受众多因素的影响，其发生、发展和演变过程既有必然性，又有随机性，透过随机性研究大量尝试段观测资料就可以找出其中内在的水文变化规律，对防洪更有意义。统计方法是研究随机性的有力工具，这一方法的实质在于用统计数学的理论，来研究和分析随机水文现象的统计变化特征，并以此为基础对水文现象未来可能的长期变化作出在概率意义下的定量预测，以满足工程计算的各种需求。

8.6.3.1　随机变量

水文统计的研究对象是水文随机变量。随机变量是表示随机试验结果的一个数量，可分为离散型和连续型两种。

如果相邻两个随机变量之间，不存在中间值，则称为离散型随机变量。如某站年降雨量的总日数，出现在天数只有 $1 \sim 365$（366）种可能性，不能取其任何中间值。

如果随机变量在一个由县区间内可以取得任何数值，则称为连续随机变量。

8.6.3.2　随机变量的概率分布

随机变量取得某一可能值具有一定的概率。这种随机变量与其概率一一对应的关系，称为随机变量的概率分布规律，简称概率分布。它反映了随机现象的变化规律。

离散随机变量 X 只可能取有限个或是一连串的值，设 X 的一切可能值为 x_1，x_2，$\cdots$，x_n，且对应的概率为 p_1，p_2，$\cdots$，p_n，即

$$P(X = x_1) = p_1, P(X = x_2) = p_2, \cdots, P(X = x_n) = p_n$$

或将 X 可能取值及其相应的概率列成表，称为随机变量 X 的概率分布表。

[例8-1]　南方某水文站6月上旬降雨日数，其有11种可能结果，各种结果以随机变量0，1，2，$\cdots$，8，9，10来表示。如设 x 的统计（试验）结果为 $p(x=0)=3\%$，$p(x=1)=5\%$，$p(x=2)=8\%$，$\cdots$，$p(x=7)=33\%$，$\cdots$，$p(x=10)=6\%$，则其随机变量 X 的概率分布，见表8-1。

表8-1　某水文站6月上旬降雨日数统计

$X_日$	0	1	2	3	4	5	6	7	8	9	10
P（%）	3	5	8	12	16	22	27	33	21	13	6

根据表8-1可绘制概率 $P(x)$ 与 x 的关系，如图8-2所示。

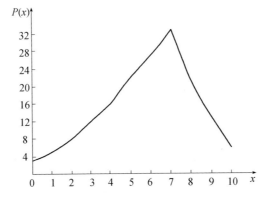

图8-2　离散型随机变量分布图（6月上旬降雨日数）

对于连续随机变量，其所有可能取值充满某一区间，取得任何个别值的概率趋近于零。连续随机变量只能研究某个区间的概率。一般为方便起见，研究 $X \geq x$ 的概率，将此概率表示为 $P(X \geq x)$；同样可研究 $X < x$ 的概率。两者之间有互换关系，即：

$$F(X \geq x) = 1 - P(X < x)$$

因此只需研究一种概率。

显然，$P(X \geq x)$ 是随机变量 x 的分布函数，记为：

$$F(x) = P(X \geq x)$$

它代表 X 大于某一取值 x 的概率，其几何曲线称为概率分布曲线；如果用实测资料点绘的，水文上称为累积频率曲线。

8.6.3.3 重现期

水文特征值常常是随机变量，因此在进行工程规划设计时，对这些基本的水文特征值必须应用随机分析方法，求得这些特征值在不同线型下的累积频率曲线，从而推求某一特征值在不同累积频率下的量值。在工程设计中，对于那些以年为周期的水文特征值，如设计洪水等，在取用其设计值时，常引入"重现期"的概念，并根据工程规模、水文特征值的特点和工程重要性，在工程设计标准中对重现期作出规定。重现期是指在某一随机变量序列多次出现的一些数值中，某一数值重复出现的时间间隔的平均数，即平均重现间隔期。重现期 T 与累积频率 P 有一定的关系，根据不同的研究问题，有两种不同的表示方法：

（1）当为了防洪治涝研究暴雨或洪水时，一般的设计频率 $P < 50\%$，则

$$T = \frac{1}{P} \tag{8-1}$$

式中　T——重现期，以年计；

　　　P——累积频率，以小数或百分数计。

若某一年水文特征值，例如洪峰流量的累积频率为 $P = 0.2\%$，代入式（8-1）得 $T = 1/0.002 = 500$ 年，即可以说设计标准为 500 年一遇洪水。

（2）当考虑水库兴利调节或河道供水而研究枯水问题时，为了保证灌溉、发电及供水等用水需要，设计频率 P 常采用大于 50%，则

$$T = \frac{1}{1 - P} \tag{8-2}$$

例如，某一河段供水的设计保证率（最低水位设计累积频率）$P = 95\%$，代入式（8-2）得 $T = 1/(1 - 0.95) = 20$ 年，称为以"20 年一遇"的枯水年作为设计供水水位的标准，即平均 20 年中有一年的水位小于此枯水年的水位，而其余 19 年的河道水位等于或大于此数值，说明平均具有 95% 的可靠程度（保证率）。

由于水文现象一般并无固定的周期性，上述累积频率是指多年平均出现的机会，重现期则是指平均若干年出现一次，而不是固定周期。所谓百年一遇，并不意味着每隔百年发生一次，实际上某一百年内可能出现若干次，也许不出现，只反映在很长时间内，平均一百年可能出现一次的几率。另外，通常对于某一水文特征值（例如洪峰），所说的"百年不遇"，是指其在近百年内的最大值，与百年一遇的该水文特征值的概念不同，它仅是一个通俗的说法，非统计学概念，它可能小于、等于或大于其百年一遇的标准。

8.6.4 设计洪水

8.6.4.1 设计洪水与防洪标准

当流域内降落暴雨或冰雪速融时，大量的径流急速汇入江河，致使江河流量激增，出现一次洪水过程，如图 8-3 所示。洪水过程通常用三个要素描述，即洪峰流量 Q_m、一次洪水过程总量 W（图中 $ABCDE$ 所包围面积，AC 为地面和地下径流分割线）、洪水历时 T（由涨水历时 t_1 与退水历时 t_2 相加求得）。

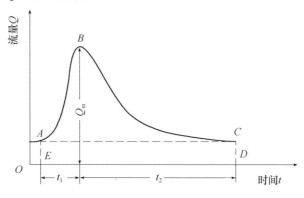

图 8-3 洪水流量过程

由于实际洪水过程可能退水历时很长，为简化而取 C 点，使其与起涨流量相等，即假定 C 点以后的退水水量与 A 点以前上次洪水的退水水量相等。进行防洪规划时，洪水流量过程需要选定某一量级的洪水作为设计依据。为解决某特定目标的防洪问题，需要对有关的地点和河段，按照指定的标准，预估出未来水利工程运行期间可能发生的洪水情势，这种设计水利工程所依据的各种标准的洪水总称为设计洪水。它具有两个性质：一是按照什么标准作为计算的依据，一是对于这种标准如何确定洪水数值（如洪峰、洪量、洪水过程线）。标准与数据是相关联的。设计洪水的标准高，其相应的洪水数值就大，则水库等建筑物的规模亦大，造价就高，水库安全上承担的风险就小。这是安全与经济的矛盾，如何将安全与经济（防洪效益与工程投资）协调起来，求出最优的标准和相应洪水数据，是一个难题。目前我国和世界上许多国家一般都是根据防护对象的重要程度和洪灾损失情况，确定适度的防洪标准，以该标准相应的洪水作为防洪规划、设计、施工和管理的依据。此防洪标准是指防护对象防御洪水能力相应的洪水标准，防洪标准统一采用洪水的重现期表示，如 50 年一遇、100 年一遇等。

自建国以来，为满足大规模防洪建设的需要，我国有关部门对所管理的防护对象的防洪标准，先后作过一些规定。由于我国是发展中国家，目前财力有限，不可能用大量投资进行防洪建设。考虑我国现阶段的社会经济条件，水利部于 1994 年重新颁布了《防洪标准》（GB 50201—94），此标准按照具有一定的防洪安全度，承担一定的风险，经济上基本合理、技术上切实可行的原则，在各部门现行规定的基础上，经综合分析研究，充实补充制定。随着社会经济的发展，国家财力的增强，防洪安全要求的提高，我国的防洪标准也会相应地进行修订。新的《防洪标准》（GB 50201—94）把防护对象分为九类：城市、乡村、工矿企业、交通运输设施、水利水电工程、动力设施、通信设施及文明古迹和旅游设施。标准还指出，各类防护对象的防洪标准，应根据防洪安全的要求，并考虑经济、政治、社会、环境等因素，综合论证确定。表 8-2 是城市的等级和防洪标准。

表 8-2　城市的等级和防洪标准

等级	重要性	非农业人口/万人	防洪标准（重现期/年）
Ⅰ	特别重要的城市	≥150	≥200
Ⅱ	重要的城市	150～50	200～100
Ⅲ	中等城市	50～20	100～50
Ⅳ	一般城镇	≤20	50～20

为保证水库和大坝等永久性水工建筑物的安全，《防洪标准》又规定了校核标准。设计洪水所对应的是正常运用的洪水标准，用它来决定工程的设计洪水位、设计泄流量等。但一旦永久性水工建筑物出现超过设计标准的洪水时，就到了短时期的"非常运用条件"，非常运用洪水标准所对应的洪水称为校核洪水。在非常运用洪水期，主要水工建筑物不允许破坏，但允许一些次要建筑物破坏。因此规范规定在进行设计时要提供两种标准的洪水情况进行设计与校核，以保证在两种运用条件下主要建筑物都不破坏。表 8-3 是水库工程水工建筑物的防洪标准。

表 8-3　水库工程水工建筑物的防洪标准

水工建筑物级别	防洪标准（重现期/年）				
	山区、丘陵区			平原区、滨海区	
	设计	校核		设计	校核
		混凝土坝、浆砌石坝及其他水工建筑物	土坝、堆石坝		
1	1000～500	5000～2000	可能最大洪水（PMF）或 10000～5000	300～100	2000～1000
2	500～100	2000～1000	5000～2000	100～50	1000～300
3	100～50	1000～500	2000～1000	50～20	300～100
4	50～30	500～200	1000～500	20～10	100～50
5	30～20	200～100	300～200	10	50～20

8.6.4.2　设计洪水计算的内容和方法

（1）设计洪水计算的内容

设计洪水主要包括设计洪峰流量、不同时段（最大 3、5、7、11 日……）的设计洪水总量和设计洪水过程三项。工程特点不同，需要计算的设计洪水的内容和重点亦不同。如蓄洪区、水库工程，都有一定的调节库容，水库的出流过程与水库的整个入流过程有关，不只是与一、两个入流洪水特征值（如洪峰或某时段流量）有关。此时，不仅需要计算设计洪峰流量或某时段设计流量，还需计算完整的设计洪水过程线。

（2）推求设计洪水的基本方法

根据资料条件和设计要求，推求设计洪水有三种基本方法：1）由流量资料推求设计洪水。在流量资料比较充分时，先求出一定累积频率的设计洪峰量和各时段的设计洪量；然后选择典型洪水过程线，用所求得的设计洪峰、洪量放大或缩小得到一个完整的设计洪水过程线。2）由暴雨资料推求设计洪水。当流量资料不足而实测暴雨资料较多时，可先用频率分析法求设计暴雨过程，再经产流和汇流计算，最后求得设计洪水过程线；如果暴雨是通过天气形势分析，并统计风速、露点等气象资料加以移置、改正推求的可能最大暴雨，则经产汇流计算推求出来的是可能最大洪水过程。3）在流量和降雨资料非常少或缺乏时，可用水文比拟法、等值线图法、水力学公式法等来推求。

8.7 防洪减灾措施

防洪减灾工作涉及两个重要方面，一是江河流域的防洪问题；二是城市防灾。城市是江河流域的一个点，范围小，但涉及的问题多，任务重。

8.7.1 江河流域防灾主要措施

一般河流或地区的防洪措施总体规划都是按照蓄泄兼筹、上下游兼顾、因地制宜和综合治理的原则，通过江河治理的全面规划，选定不同河段或地区的防洪标准，采取不同工程措施与非工程措施相结合的办法，达到规定防洪标准下的行洪安全，对超标准洪水采取相应的应急措施，把灾害损失降到最低程度。防洪措施分为工程措施和非工程措施。

8.7.1.1 防洪工程措施

防洪工程措施指为控制和抗御洪水以减免洪灾损失而修建的各种工程措施，主要包括堤坝、分洪工程、河道整治、水库等，水土保持因具有一定的蓄水、拦沙、减轻洪患作用也可归入其中。

（1）筑堤防洪与防汛抢险

筑堤是平原地区为了防护两岸免受洪灾损害而广泛采取的一种行之有效的工程措施。沿河筑堤，束水行洪，可加大河道泄洪能力。这一措施对防御常遇洪水较为经济，容易实行。但是筑堤也会带来一些负面的影响，如筑堤可能使原来散落洪泛区的泥沙在河道淤积，抬高河床，恶化防洪情势；筑堤还缩窄河槽，造成同流量相应水位的抬高，使沿河地区排涝不畅。筑堤后当发生超标洪水时，如果漫堤和溃决，造成的损害会远大于洪水自然泛滥的情形，即对于超过堤防标准的洪水而言，堤防对洪水可能带来负效应。

需要特别指出的是：由于我国的堤防基本上是经过几十年的不断修建逐步形成的，加上我国汛期长，防洪战线长，防洪标准低，非工程措施不够完善等，使得在考虑筑堤防洪时必须与防汛抢险紧密结合起来，才能真正发挥已建堤防的作用。具体来说，就是在每年汛前维修加固堤防，发现并消除隐患；洪峰来临时监视水情，及时堵漏、护岸、或突击加高培厚堤防；汛后修复险工，堵塞决口等。堤防险情一般包括漏洞、管涌（泡泉、翻沙、鼓水）、渗水、穿堤建筑物接触冲刷、漫溢、风浪、滑坡、崩岸、裂缝、跌窝与堤防决口等。当险情发生时，应根据出险情况进行具体分析，然后决定实施抢险方案。如果重大险情发生，应迅速成立抢险专门组织，分析判断险情和出险原因，研究抢险方案，筹集人力、物料，立即全力以赴投入抢险，如重大险情得不到及时处理，往往会在很短的时间内造成严重的后果。

对于新建堤防，要严格按照设计标准进行建设，并保证施工质量。一般来说，筑堤要尽可能在地势较高、土质较好的地段。对于透水性较强的地基，应考虑防渗及增强堤围稳定性的专门措施。对位于强地震区和险工险段的堤防，应采取必要的防震和护险措施。

（2）疏浚与整治河道

疏浚与整治河道是河流综合开发中的一项综合性工程措施，可根据防洪、航运、供水等方面的要求及天然河道的演变规律，合理进行河道的局部整治。就防洪而言，其目的是为了使河床平顺通畅，提高河道宣泄洪水的能力，并稳定河势、护滩保堤。通常的做法包括：拓宽和浚深河槽，裁弯取直（图8-4），消除阻碍水流的障碍物等。疏浚是用人力、机械和炸药来进行作业，整治则是修建整治建筑物来影响或改变水流流态，二者常互相配合使用。内河航道工程也要疏浚与整治河道，但其目的是为了改善枯水通航条件，而防洪却是为了提高洪水时河床的过水能力。因此，它们的具体工程布置与要求不同，但在一定程度上可以互相结合兼顾。河道整治还可以通过修建挖导工程、丁坝挑流、险工险段的坝垛或护岸工程等来控制河道流势、保护堤岸安全。堤防只有通过与河道整治措施有机结合，才能稳定和充分发挥作用。

（3）分洪、滞洪与蓄洪

平原地区依靠加高堤防、整治河道来提高江河的防洪能力是有一定限度的，一般只能解决常遇洪水，对于较大的稀遇洪水，还必须修建水库或分蓄洪工程进行控制调节，才能保障行洪安全。

分洪、滞洪与蓄洪是我国长期使用的一项防洪措施，这三者的目的都是为了减少某一河段的洪水流量，使其控制在河床安全泄量以下。分洪是在过水能力不足的河段上游适当地点，修建分洪闸，开挖分洪水道（又称减河），将超过本河段安全泄量的部分洪水引走，以减轻本河段的泄洪负担。分洪水道可兼顾作为航运或灌溉的渠道。滞洪是利用水库、湖泊、洼地等暂时滞留一部分洪水，以削减洪峰流量（图8-5a），洪峰一过，即将滞留的洪水放归原河下泄，以腾空蓄水容积迎接下次洪峰。蓄洪则是蓄留一部分或全部洪水，待枯水期供兴利部门使用，也同样起到削减洪峰流量的作用（图8-5b）。

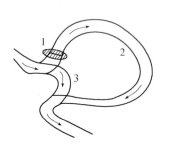
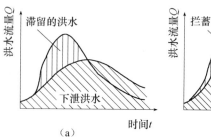
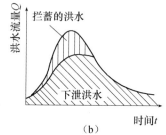

图8-4 裁弯取直示意图
1—堵口锁坝；2—原河道；3—新河道

图8-5 滞洪与蓄洪
（a）入库洪水过程线；（b）泄流过程线

分蓄洪区只在出现大洪水时才应急使用。对于分洪口下游的重点保护河段，启用分蓄洪区可承纳河道的超额洪量，等于提高了该重点防护河段的防洪标准。建国以来，经过几十年的防洪建设，河道行洪能力有了很大的提高，分蓄洪区的使用机会大大减少，分蓄洪区内经济发展很快，人口急剧增加，有些甚至修建了工厂，扩大了城镇，因此使用分蓄洪区的损失和困难越来越大。如何保证分蓄洪时居民的安全，并妥善解决分洪的种种矛盾，是保证江河防洪安全的重大问题。

（4）水库工程

水库是水资源开发利用的一项重要的综合性工程措施，是一种非常有效的蓄洪工程。水库具有调蓄洪水的能力，同时可以利用水库的有效库容调节河川径流，发挥水库的综合效益。大江大河通常在防洪规划中利用有利地形，合理布置干支流水库，共同对洪水起有效的控制作用。特别是一些控制性水库，往往对整个流域的防洪起着决定性的作用。

（5）水土保持

水土保持既是改变山区、丘陵区的自然和经济面貌，建立良好的生态环境，发展农业生产的一项根本性措施，也是防止水土流失，保护和合理利用水土资源的重要内容，还是治理江河、保持水利设施有效利用的关键因素。它有利于把雨水尽量截流和涵蓄在雨区，减少山洪、增加枯水径流、保护地面土壤、防止冲刷、减少下游河床淤积，这不但对防洪有利，还能增加山区灌溉水源，改善下游河流通航条件，以及美化环境等。水土流失不仅导致水库、湖泊、河道中下游严重淤积，降低防洪工程的作用，而且改变自然生态，加剧洪旱灾害发生的频次。

8.7.1.2 防洪的非工程措施

由于任何防洪工程措施都是在一定的技术经济条件下修建的，其防洪标准的采用必须考虑经济上合理、技术上可行，因此，防洪工程防御洪水的能力总是有限的，一般只能防御防洪标准以下的洪水，而不能防御超标准的细雨洪水。洪水是一种自然现象，其发生和发展带有一定的随机性，当出现超过工程防洪标准的细雨洪水时，在采用工程措施的同时，采取各种可能的非工程防洪措施来减轻洪灾的影响是十分必要的，也是切实可行的。

所谓非工程防洪措施，就是通过法令、政策、行政管理、经济手段和直接利用蓄泄防洪工程以外的其他技术手段，来减少洪灾损失的措施。非工程防洪措施并不能减少洪水的来量或增加洪水的出路，而是更多地利用自然和社会条件去适应洪水特性，减少洪水的破坏，降低洪灾造成的损失。其基本内容有：

（1）防洪设施的管理。除工程管理外，还要管好河道和天然湖泊，对河湖洲滩的利用要严格控制，保持正常的蓄泄能力。

（2）对分蓄洪区或一般洪泛区进行特殊管理。

（3）对洪水经常泛滥地区的生活生产设施建设进行指导。

（4）建立洪水预报警报系统，以便更有效地进行洪水调度和及时采取应变计划，拟定居民的应急撤离计划和对策。

（5）制定超标准洪水的紧急应急措施方案，设立各类洪水标志，建立应急组织，准备必要的设备和物资，确定撤退方式、路线、次序和安置计划。

（6）实行防洪保险。这属于减轻洪水泛滥影响的措施，洪水保险具有社会互助救助的性质，即社会以投保者身份按年（或季）拨一定的支出来补上少数受灾者的集中损失，以改变洪灾损失的分担方式，减少洪灾影响。

（7）建立救灾基金和救灾组织以及临时维持社会秩序的群众组织等。多年的实践表明，只有把工程措施与非工程措施紧密结合，才能缩小洪水泛滥的范围，大幅度减少洪灾损失和人口伤亡。

作为非工程措施中的一项关键技术，洪水预报预警系统越来越受到人们的重视，它对防御洪水和减少洪灾损失具有特别重要的作用。有了洪水预报，才能据此制定防洪方案，并抢在洪峰到来之前，采取必要的防洪措施，如水库开闸泄淤腾空库容、迅速加高加固堤防、转移可能受灾的群众和物资、动用必要的防洪设施等，把洪水灾害减小到最低限度。

根据国内外的防洪经验，一个流域发生洪灾，所造成的损失大小与发布洪水预报、预警的预见期成反比，预见期长，抗洪抢险准备时间充裕，洪灾损失就小。我国目前基本上在大众河流都设置了水文报汛网，大致有两种：一种是较先进的水文自动测报系统；另一种是由雨量站通过有线或无线通信，把雨情报给防汛部门，防汛部门再根据降雨和径流模型，经计算分析，预报流域各站洪水。传统的测报方法一般都比较慢。近年来，一些利用水文气象基本资料和数学模型，并广泛应用现代电子技术如遥感、遥控、卫星定位和通信的新型洪水预报预测系统正在兴起，其预报速度快、精度高、有效期长，是今后洪水预报预测的发展方向。

8.7.2　城市防洪

城市是政治、经济、文化的中心，人口集中，我国工业产值的 80% 左右集中在城市，上缴的税利约占全国国民经济收入的 70% ~ 80%。城市的安危关系到国家的社会安定和经济发展，因此，城市防洪是江河防洪的重点。

城市防洪应注意以下特点：

（1）城市的兴建和发展大多紧靠江河湖海，城市防洪单防城区河段自身还不能完全解除洪水威胁，还要依靠流域的全面规划和综合治理。因此，城市防洪规划要与流域防洪规划相结合。

（2）城市防洪建设涉及城市建设的诸多方面，如道路、桥梁、排水、航运、码头、绿化等。城市滨江、滨河地带，是城市环境优美的地方，城市防洪规划可结合园林绿化，供城市居民游览、休息、开展文化娱乐和体育锻炼。因此城市防洪规划要与城市建设总体规划相结合，以便发挥城市防洪设施的综合效益。

（3）城市防洪设施受到各种条件的限制，其结构形式必须根据城市的特点进行设计，但是不能缩窄河道行洪断面。

（4）城市的防洪标准一般都高于农村，确定一个城市的防洪标准涉及的面比较广，主要根据城市大小和重要性，同时考虑遭受洪涝灾害后政治上的影响，还要考虑在技术上的可能性和经济上的合理性。我国易受洪水威胁的城市，主要是在七大江河中下游平原地区，有近 100 万平方公里的面积。这些地区的地面高程多在江河洪水位以下，主要依靠堤防保护安全。洪水威胁区涉及 800 多个县（市），占全国的 34%、包括北京、天津、上海、广州、武汉、南京、合肥、南昌、长沙、西安、济南、郑州、西宁、南宁、沈阳、长春、哈尔滨、成都、太原、石家庄等直辖市和省辖市。

8.8　防洪工程设计

堤防工程是江河洪水的主要屏障，是防洪工程体系的重要组成部分，也是古今中外最广泛采用的一种防洪工程措施。

8.8.1 堤防工程的防洪设计原则和设计标准

8.8.1.1 设计原则

（1）堤防工程的设计，应以所在河流、湖泊、海岸带的综合规划或防洪、防潮专业规划为依据。城市堤防工程的设计，还应以城市总体规划为依据。

（2）堤防工程的设计，应具备可靠的气象水文、地形地貌、水系水域、地质及社会经济等基本资料。堤防加固、扩建设计，还应具备堤防工程现状及运用情况等资料。

（3）堤防工程设计应满足稳定、渗流、变形等方面要求。

（4）堤防工程设计应贯彻因地制宜、就地取材的原则，积极慎重采用新技术、新工艺、新材料。

（5）位于地震烈度7度及其以上地区的1级堤防工程，经主管部门批准，应进行抗震设计。

（6）堤防工程设计应符合国家现行有关标准和规范的规定。

8.8.1.2 设计标准

防洪设计标准是指通过采取各种措施后使防护对象达到的防洪能力，一般以江河的某一段所能防御的一定重现期的洪水表示。防洪标准的高低取决于防护对象在国民经济中所处的地位和重要性。我国许多受洪水威胁的地区，人口稠密，财富集中，又常是交通枢纽地带，一旦被洪水淹没将受到巨大经济损失并带来严重的社会影响，因此，客观上要求达到的防洪标准往往很高。但防洪标准也受制于人们控制自然的实际可能性，包括工程技术的难易、所需投入的多少等。一般来说，要求通过控制使其完全符合人们的愿望是难以做到的。进行江河治理，只能根据一定的投入，力求最大限度地适应各方面的需求，并使可能受到的损失和影响限制在国民经济与社会发展所能承受的风险之内。防洪标准越高，需要的投入越多，承担的风险越小。相反，标准越低，投入越少，承担的风险越大。因此，采用的防洪标准实质上是国家在一定时期中技术政策和经济政策的具体体现，要在防洪规划中根据任务要求，结合国家或地区的经济状况和工程条件，通过技术经济论证确定。

新制定的国家防洪标准对城镇、乡村、工矿企业、民用机场、文明古迹和风景区以及位于洪泛区的铁路、公路、航运、水利水电工程、动力设施、通信设施等防护对象，分别按其重要程度，统一规定了适当的防洪安全度。其中，关于城市的防洪标准，见表8-2；工矿企业和乡村的标准，见表8-4和8-5。

表8-4 工矿企业的等别和防洪标准

等别	工矿企业规模	防洪标准（主要厂区或车间）（重现期/年）
I	特大型	200～100
II	大型	100～50
III	中型	50～20
IV	小型	20～10

注：辅助厂区（或车间）和生活区可以单独进行防护的，其防洪标准可适当降低。

表 8-5　乡村防护区的等别和防洪标准

等别	防护区人口/10^4 人	防护区耕地面积/10^4 hm^2	防洪标准（重现期/年）
Ⅰ	≥150	≥20	100 ~ 50
Ⅱ	150 ~ 50	20 ~ 6.67	50 ~ 30
Ⅲ	50 ~ 20	6.67 ~ 2	30 ~ 20
Ⅳ	≤20	≤2	20 ~ 10

根据防洪标准，可确定堤防工程的级别，见表 8-6。

表 8-6　堤防工程的级别

防洪标准（重现期/年）	≥100	<100，且≥50	<50，且≥30	<30，且≥20	<20，且≥10
堤防工程级别	1	2	3	4	5

对遭受洪灾或失事后损失巨大，影响十分严重的堤防工程，其级别可适当提高；遭受洪灾或失事后损失及影响较小或使用期限较短的临时堤防工程，其级别可适当降低。

堤防的安全加高值应根据堤防工程的级别和防浪要求，按表 8-7 的规定确定。1 级堤防重要堤段的安全加高值，经过论证可适当加大，但不得大于 1.5m。

表 8-7　堤防工程的安全加高值

堤防工程的级别		1	2	3	4	5
安全加高值/m	不允许越浪的堤防工程	1.0	0.8	0.7	0.6	0.5
	允许越浪的堤防工程	0.5	0.4	0.4	0.3	0.3

8.8.2　防洪工程设计的基本资料及堤线布置和堤型选择

8.8.2.1　基本资料

（1）气象与水文资料

进行堤防设计之前，必须清楚地了解、收集当地的气象与水文资料，包括气温、风况、蒸发、降水、水位、流量、流速、泥沙、波浪、冰情、地下水等资料，以及与工程有关的水系、水域分布、河势演变和冲淤变化等。

（2）社会经济资料

堤防工程设计必须具备防护区及堤防工程区的社会经济资料，包括：面积、人口、耕地、城镇分布等社会概况；农业、工矿企业、交通、能源、通信等行业的规模、资产、产量、产值等国民经济概况；生态环境概况；历史洪潮灾害情况。

（3）工程地形及工程地质资料

堤防工程设计的地形测量资料应包括地形图、纵断面图及横断面图。3 级及以上的堤防工程设计的工程地质及筑堤材料资料，应符合国家现行标准《堤防工程地质勘察规程》的规定。4、5 级的堤防工程设计的工程地质及筑堤材料资料，可适当简化。

8.8.2.2　堤线布置及堤型选择

（1）堤线布置

堤线布置应根据防洪规划、地形、地质条件，河流或海岸线变迁，结合现有及拟建建筑物的位置、施工条件、已有工程状况以及征地拆迁、文物保护、行政区划等因素，经过技术经济比较后综合分析确定。

一般说来，堤线布置应遵循下列原则：

1）河堤堤线应与河流流向相适应，并与大洪水的主流线大致平行。一个河段两岸堤防的间距或一岸高地一岸堤防之间的距离应大致相等，不宜突然放大或缩小。

2）堤线应力求平顺，各堤段平缓连接，不得采用折线或急弯。

3）堤防工程应尽可能地利用现有堤防和有利地形，修筑在土质较好、比较稳定的滩岸上，留有适当宽度的滩地，尽可能地避开软弱地基、深水地带、古河道、强透水地基。

4）堤线应布置在占压耕地、拆迁房屋等建筑物少的地带，避开文物遗址，以利于防汛抢险和工程管理。

5）湖堤、海堤应尽可能避开强风或暴潮正面袭击。

（2）堤型选择

根据筑堤材料不同，堤型可分为土堤、石堤、混凝土或钢筋混凝土防洪墙、分区填筑的混合材料堤等。根据堤身的断面形式，可分为斜坡式堤、直墙式堤和直斜复合式堤（如图8-6所示）。根据防渗体设计，可分为均质土堤、斜墙式和心墙式土堤等。

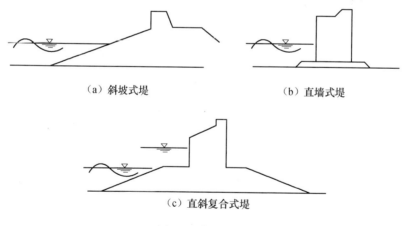

（a）斜坡式堤　　　　　　　　　　（b）直墙式堤

（c）直斜复合式堤

图 8-6　各式海堤

进行堤防设计时，堤型的选择应按照因地制宜、就地取材的原则，根据堤段所在的地理位置、重要程度、堤址地质、筑堤材料、水流及风浪特性、施工条件、运用和管理要求、环境景观、工程造价等因素，经过技术经济比较论证，综合确定堤防的形式。

在同一堤线的不同堤段可根据具体条件采用不同的堤型。在堤型变换处应做好连接处理，必要时应设过渡段。

8.8.3　堤顶高程的确定

在我国现阶段，堤顶高程应按设计洪水位或设计高潮位加堤顶超高确定。

设计洪水位与设计高潮位应根据国家现有的有关标准规定计算。在设计中，堤顶超高值的大小直接关系到整个工程的投资大小，因此，堤顶超高值的计算非常关键，可按下式计算通常 1、2 级堤防的堤顶超高值不应小于 2.0m。

$$Y = R + e + A \tag{8-3}$$

式中 Y——堤顶超高（m）；

  R——设计波浪爬高（m）；

  e——设计风壅增水高度（m）；

  A——安全加高（m），按表 8-7 计算。

其中风壅增水值 e 和波浪爬高值 R 需单独计算确定。

8.8.3.1 风壅水面高度计算

在有限风区的情况下，风壅水面高度可按下式计算

$$e = \frac{Kv^2 F}{2gd}\cos\beta \tag{8-4}$$

式中 e——计算点的风壅水面高度（m）；

  K——综合摩阻系数，可取 $K = 3.6 \times 10^{-6}$；

  v——设计风速，按计算波浪的风速确定；

  F——由计算点逆风向量到对岸的距离（m）；

  d——水域的平均水深（m）；

  β——风向与垂直于堤轴线的法线的夹角（°）。

8.8.3.2 波浪爬高计算

（1）在风的直接作用下，正向来波在单一斜坡上的波浪爬高可按下列方法确定：

1）当 $m = 1.5 \sim 5.0$ 时，可按下式计算：

$$R_p = \frac{K_\Delta K_v K_p}{\sqrt{1 + m^2}} \sqrt{\overline{H}L} \tag{8-5}$$

式中 R_p——累积频率为 p 的波浪爬高（m）；

  K_Δ——斜坡的糙率及渗透性系数，根据护面类型按表 8-8 确定；

  K_v——经验系数，可根据风速 v（m/s）、堤前水深 d（m）、重力加速度 g（m/s²）组成无维量 $v/\sqrt{gd}$，可按表 8-9 确定；

  K_p——爬高累积频率换算系数，可按表 8-10 确定；对不允许越浪的堤防，爬高累积频率宜取 2%；对允许越浪的堤防，爬高累积频率宜取 13%；

  m——斜坡坡率，$m = \cot\alpha$，α 为斜坡坡角（°）；

  $\overline{H}$——堤前波浪的平均波高（m）；

  L——堤前波浪的波长（m）。

2）当 $m \leqslant 1.25$ 时，可用下式计算：

$$R_p = K_\Delta K_v K_p R_0 \overline{H} \tag{8-6}$$

式中 R_0——无风情况下，光滑不透水护面（$K_\Delta = 1$）、$\overline{H} = 1$m 时的爬高值（m），可按表 8-11 确定。

表 8-8 斜坡的糙率及渗透性系数 K_Δ

护面类型	K_Δ
光滑不透水护面（沥青混凝土）	1.0
混凝土及混凝土板护面	0.9
草皮护面	0.85 ~ 0.90
砌石护面	0.75 ~ 0.80
抛填两层块石（不透水基础）	0.60 ~ 0.65
抛填两层块石（透水基础）	0.50 ~ 0.55
四脚空心方块（安放一层）	0.55
四脚锥体（安放二层）	0.40
扭工字块体（安放二层）	0.38

表 8-9 经验系数 K_v

$v/\sqrt{gd}$	≤1	1.5	2	2.5	3	3.5	4	≥5
K_v	1	1.02	1.08	1.16	1.22	1.25	1.28	1.30

表 8-10 爬高累积频率换算系数 K_p

$\overline{H}/d$	$P(\%)$	0.1	1	2	3	4	5	10	13	20	50
<0.1		2.66	2.23	2.07	1.97	1.90	1.64	1.64	1.54	1.39	0.96
0.1 ~ 0.3	$\dfrac{R_p}{\overline{R}}$	2.44	2.08	1.94	1.86	1.80	1.75	1.57	1.48	1.36	0.97
>0.3		2.13	1.86	1.76	1.70	1.65	1.61	1.48	1.40	1.31	0.99

注：$\overline{R}$ 为平均爬高。

表 8-11 R_0 值

$m = \cot\alpha$	0	0.5	1.0	1.25
R_0	1.24	1.45	2.20	2.50

3）当 $1.25 < m < 1.5$ 时，可由 $m = 1.5$ 和 $m = 1.25$ 的计算值按内插法确定。

（2）带有平台的复合斜坡堤（图 8-7）的波浪爬高，可先确定该断面的折算坡度系数 m_e，再按坡度系数为 m_e 的单坡断面确定其爬高。折算坡度系数 m_e，可按下列公式计算：

1）当 $\Delta m = (m_下 - m_上) = 0$，即上下坡度一致时：

$$m_e = m_上 \left(1 - 4.0 \frac{|d_w|}{L} \right) K_b \tag{8-7}$$

$$K_b = 1 + 3\frac{B}{L} \tag{8-8}$$

223

2）当 $\Delta m > 0$，即下坡缓于上坡时：

$$m_e = \left(m_\text{上} + 0.3\Delta m - 0.1\Delta m^2 \right)\left(1 - 4.5\frac{d_\text{w}}{L} \right)K_\text{b} \tag{8-9}$$

3）当 $\Delta m < 0$，即下坡陡于上坡时：

$$m_e = \left(m_\text{上} + 0.5\Delta m + 0.08\Delta m^2 \right)\left(1 + 3.0\frac{d_\text{w}}{L} \right)K_\text{b} \tag{8-10}$$

式中　$m_\text{上}$、$m_\text{下}$——平台以上、以下的斜坡坡率；

$\qquad d_\text{w}$——平台上的水深(m)，当平台在静水位以上时取正值；平台在静水位以下时取负值(图 8-7)，$\mid d_\text{w} \mid$ 表示取绝对值；

$\qquad K_\text{b}$——经验系数，按公式（8-8）计算；

$\qquad B$——平台宽度(m)；

$\qquad L$——波长(m)。

注：折算坡度法适用于 $m_\text{上} = 1.0 \sim 4.0$，$m_\text{下} = 1.5 \sim 3$，$d_\text{w}/L = -0.067 \sim +0.067$，$B/L \le 0.25$ 的条件。

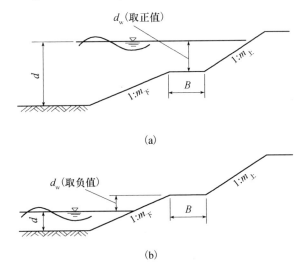

图 8-7　带平台的复式斜坡堤

（3）当来波波向线与堤轴线的法线成 β 角（°）时，波浪爬高应乘以系数 K_β，当堤坡坡率 $m \ge 1$ 时，K_β 可按表 8-12 确定。

（4）对 1、2 级堤防或断面形状复杂的复式堤防的波浪爬高，宜通过模型试验验证。

表 8-12　系数 K_β

$\beta/°$	≤15	20	30	40	50	60
K_β	1	0.96	0.92	0.87	0.82	0.76

思考题及习题

1. 什么是洪水？

2. 我国洪水灾害的主要影响因素是什么？

3. 简述我国的主要洪水灾害。

4. 简述防治水灾的意义。

5. 我国洪水灾害的主要类型是什么？

6. 简述我国暴雨洪水的成因及特点。

7. 简述我国风暴潮及冰凌洪水的特点。

8. 什么是水文及洪水预报？洪水预报分为哪几种类型？

9. 离散型随机变量与连续型随机变量有何区别？

10. 设计洪水与防洪标准的含义是什么？

11. 城市防洪有哪些特点？

12. 什么是防洪措施？它分哪两种？

13. 防洪工程措施的主要内容有哪些？

14. 什么是非工程措施？它通常包含哪些内容？

15. 什么是堤防工程防洪设计标准？其设计基本原则是什么？

16. 进行防洪工程设计需要哪些基本资料？

17. 现阶段我国堤防堤顶高度是如何确定的？

第九章　城市防雷、防爆及防空工程概述

9.1　城市防雷工程

雷灾是联合国"联合国国际减灾十年"公布的最严重的自然灾害之一。雷电的灾害性主要表现为雷电造成的雷击具有极大的破坏性，每个闪电的强度可以高达 10 亿伏。一个中等尺度的雷暴的功率有十万千瓦，相当于一个小型核电站的输出功率。雷电以其热效应、机械效应、反击电压、雷电感应等方式产生破坏作用，从而造成人员伤亡、火灾、爆炸、建筑物和各种设施损毁、电力通讯中断等。一些雷击事故令人触目惊心，给人类带来许多危害。

9.1.1　雷电的基本知识

雷电形成于大气运动过程中的剧烈摩擦生电以及云块切割磁力线。当带有不同电荷的雷云与大地凸出物相互接近达到一定距离时，其间的电场超过 $25 \sim 30 \text{kV/cm}$，就将发生激烈的放电，同时出现强烈的闪光。由于放电时温度高达 $2000 \, ℃$，空气受热急剧膨胀，随之发生爆炸的轰鸣声，这就是闪电与雷鸣。

雷电的主要特点是：

（1）冲击电流大，雷击时电流高达几万至几十万安培。

（2）时间短，一般累计分为三个阶段，即先导放电、主放电、余光放电。整个过程一般不会超过 $60 \mu\text{s}$。

（3）雷电流变化梯度大，有的可达 $10 \text{kA}/\mu\text{s}$。

（4）冲击电压高，强大的电流产生的交变磁场，其感应电压可高达上亿伏。

雷电分为直击雷、感应雷、球形雷，最常见的是直击雷和感应雷。

直击雷是带电的云层与大地上某一点之间发生迅猛的放电现象，是直接打击到物体上的雷电。它是云体与地面（特别是凸起物）之间，由于带电的性质不同，形成很强的电场把大气击穿，从而击穿放电通路上的建筑物与输电线，击死击伤人畜等。

感应雷是通过雷击目标旁边的金属物等导电体感应，间接打击到物体上；感应雷击是间接的，是感应电荷放电时造成的。感应电荷是由于雷雨云的静电效应或放电时的电磁感应作用，使建筑物上的金属物体（如管道、钢筋、电线等）感应出与雷雨云相反的一种电荷。

球形雷是球形闪电的现象，是一些呈殷红色、灰红色、紫色或蓝色的"火球"，它们有时从天空降落然后又在空中或沿地面水平方向移动，有时平移有时滚动；这种"火球"能通过烟囱、开着的窗户、门和其他缝隙进入室内，或者发出哔哔的声音，或者无声无息地消失，或者发生剧烈的爆炸；这种"火球"碰到人畜会造成伤亡事故，碰到建筑物会造成严重破坏。

9.1.2　防雷的基本原理和措施

现代防雷技术的原则是：全方位防护，综合治理，层层把关，把防雷看成是一项系统工程。这是由于雷电的危害是无孔不入的，到目前为止人类仍没有完全避免发生雷击的办法。"防雷"并非是预防雷电的发生，而是给雷电流设计出一条流入大地的通道，而不是让它流过被保护的建筑物和设备。随着近年来城市建设和发展，高层建筑物和智能大厦的增多，现代计算机和网络技术在各行各业普遍使用，对防雷系统的要求也越来越高，而杜绝雷电灾害重在预防。现代防雷技术就是采取一系列的措施，全方位地堵截雷电的入侵。

防雷的基本原理就是提供一条使雷电对大地泄放的合理低阻抗路径。防雷的所有措施方法就是这些原理的具体应用，包括：躲、搭接、引导、分流、接地和屏蔽等。躲就是在建设项目规划、选址时，考虑防雷需要，尽可能多开多雷区或易落雷的地点。搭接就是在电气装置或某一空间内将各种金属导电部分以适合的方式相互连接，使其电位相等或相近，从而消除或减少期间的电位差。引导就是利用避雷针等装置，将雷电流通过引下线传导至接地装置而泄入大地，从而防止闪电电流经过建筑物。分流就是对一切可能入雷的通道上如电源线、天馈线和信号线等安装上避雷器装置并接至地线，从而达到分流作用。接地是防雷的基本措施，所有防雷措施都离不开接地系统，雷电流入地都要通过接地系统。接地装置的接地电阻越小，其防护效果就越好（图9-1）。屏蔽就是用金属网、箔、壳等导体把需要保护的电子设备包围起来，雷电电磁脉冲等电磁干扰都将被屏蔽，其效果好，但投资大。

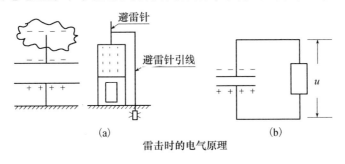

图9-1　避雷原理

（a）雷击时雷云与大地的示意图；（b）雷击时的等效电路图

9.1.3　建筑物防雷电装置和设置方式

根据建筑物防雷电的装置和其设置形式，可将建筑物防雷方式分为两种，即常规方式和非常规方式。

常规防雷电方式又可分为防直击雷电、防感应雷电和综合性防雷电三种。防直击雷电装置由三部分组成，即接闪器、引下线和接地体。其中常用的接闪器有避雷针、避雷线、避雷带和避雷网等。防感应雷电装置主要是避雷器。对同一保护对象同时采用多种避雷装置，称为综合性防雷电。

非常规防雷装置主要有：激光素引雷、火箭引雷、水柱引雷、放射性避雷针、排雷器等。大多数非常规防雷装置还处于研究试验阶段，对新的更为有效的避雷技术的探索仍在继续。

9.1.4　城市和建筑工程防雷措施

造成雷电灾害的原因有多种，而城市新建高层建筑物不断增加，导致雷电活动不断加剧，建筑物内现代化通信、计算机等抗扰能力较弱的现代化设备越来越普及，以及易燃易爆场所的迅速增加等是雷电灾害频繁的客观原因。因此，城市和建筑物防雷是防雷工作的重点之一。

9.1.4.1　建筑物和构筑物遭受雷击的特点

容易遭受雷击的建筑物有：

（1）高耸突出的建筑物，如水塔、电视塔、高楼等；且建筑物越高，遭受雷击的可能性越大。

（2）排出导电尘埃、废气热气柱的厂房、管道等。

（3）内部有大量金属设备的厂房。

（4）地下水位高或有金属矿床等地区的建（构）筑物。

（5）孤立、突出在旷野的建（构）筑物。

同一建筑物易遭受雷击的部位：

（1）平屋面和坡度不大于 1/10 的屋面，檐角、女儿墙和屋檐。

（2）坡屋度大于 1/10 且小于 1/2 的屋面、屋角、屋脊、檐角和屋檐。

（3）坡度大于 1/2 的屋面、屋角、屋脊和檐角。

（4）建（构）筑物屋面突出部位，如烟囱、管道、广告牌等。

9.1.4.2　建筑物的防雷分类

根据建筑物的重要性、使用性质、发生雷电事故的可能性和后果，《建筑物防雷设计规范》把建筑物按防雷要求分为三类。

（1）一类防雷建筑物：

1）凡制造、使用或贮存炸药、火药、起爆药、火工品等大量爆炸物质的建筑物，因电火花而引起爆炸，会造成巨大破坏和人身伤亡。

2）具有 0 区或 10 区爆炸危险环境的建筑物。

3）具有 1 区爆炸危险环境的建筑物，因电火花而引起爆炸，会造成巨大破坏和人身伤亡者。

（2）第二类防雷建筑物：

1）国家级重点文物保护的建筑物。

2）国家级的会堂、办公建筑物、大型展览和博览建筑物、大型火车站、国宾馆、国家级档案馆、大型城市的重要给水水泵房等特别重要的建筑物。

3）国家级计算中心、国际通讯枢纽等对国民经济有重要意义且装有大量电子设备的建筑物。

4）制造、使用或贮存爆炸物质的建筑物，且电火花不易引起爆炸或不致造成巨大破坏和人身伤亡者。

5）具有 1 区爆炸危险环境的建筑物，且电火花不易引起爆炸或不致造成巨大破坏和人身伤亡者。

6）具有 2 区或 11 区爆炸危险环境的建筑物。

7）工业企业内有爆炸危险的露天钢质封闭气罐。

8）预计雷击次数大于 0.06 次/a 的部、省级办公建筑物及其他重要或人员密集的公共建筑物。

9）预计雷击次数大于 0.3 次/a 的住宅、办公楼等一般性民用建筑物。

（注：预计雷击次数按规范中计算方法计算）

（3）第三类防雷建筑物：

1）省级重点文物保护的建筑物及省级档案馆。

2）预计雷击次数大于或等于 0.012 次/a，且小于或等于 0.06 次/a 的部、省级办公建筑物及其他重要或人员密集的公共建筑物。

3）预计雷击次数大于或等于 0.06 次/a，且小于或等于 0.3 次/a 的住宅、办公楼等一般性民用建筑物。

4）预计雷击次数大于或等于 0.06 次/a 的一般性工业建筑物。

5）根据雷击后对工业生产的影响及产生的后果，并结合当地气象、地形、地质及周围环境等因素，确定需要防雷的 21 区、22 区、23 区火灾危险环境。

6）在平均雷暴日大于 15d/a 的地区，高度在 15m 及以上的烟囱、水塔等孤立的高耸建筑物；在平均雷暴日小于或等于 15d/a 的地区，高度在 20m 及以上的烟囱、水塔等孤立的高耸建筑物。

对于处于爆炸危险环境的建筑物，规范将其分为两类，见表 9-1。

表 9-1　爆炸危险环境的建筑物防雷分类

危险区域 防雷等级	0 区（10 区）	1　区	2 区（11 区）
第一类防雷建筑物	是	电火花容易引起爆炸并造成巨大破坏和人身伤亡的	否
第二类防雷建筑物	是	电火花不易引起爆炸或爆炸不致造成巨大破坏和人身伤亡的	是

表 9-1 所列的分区为：

（1）0 区：连续出现或长期出现爆炸气体混合物的环境，或者说存在着连续级释放源的区域。

（2）1 区：在正常运行时可能出现爆炸气体混合物的环境，或者说存在着第一级释放源的区域。

（3）2 区：在正常运行时不可能出现爆炸气体混合物的环境，即使出现也是短时间存在爆炸气体混合物的环境，或者说存在着第二级释放源的区域。

（4）当通风良好时，应降低爆炸危险区域等级；当通风不良时，应提高爆炸危险区域等级。

我国的《爆炸和火灾危险环境电力装置设计规范》根据爆炸粉尘混合物出现的频繁程度和持续时间，按照下列规定进行等级分区：

（1）10 区：连续出现或长期出现爆炸粉尘混合物的环境。

（2）11 区：有时会将积留下来的粉尘扬起而偶然出现爆炸粉尘混合物的环境。

有爆炸危险的露天钢制封闭气罐属于第二类防雷建筑物。

9.1.4.3 防雷措施

对建筑物、构筑物的防雷基本原则是：对重点部位实施重点保护。对建（构）筑物，按其防雷类别进行分类保护。

（1）雷电重点保护

把整个建筑物置于避雷针保护之内，这样的防雷措施固然有较大的可靠性，但往往需要避雷针条数较多，或者要增加每条避雷针的高度，接地系统也相应复杂，因而建筑物的投资要增加，也影响建筑物的美观。

由于大量观测雷击经验和模拟实验结果表明，雷电对建（构）筑物的袭击有明显的规律性。各种房屋的雷电命中主要集中在屋角和屋脊两端，其次是屋顶四周屋檐和屋脊，平屋顶是屋顶四周的女儿墙，无女儿墙的是屋顶四周。

所以建筑物重点保护方式是根据上述雷击规律而采用相应的雷电保护方式，它比较经济，建筑造型方面的要求也容易处理。根据调查和试验结果，对一般建筑物：

1）建筑物的屋角与檐角必须加以保护。

2）平顶房屋的屋角和四周女儿墙必须保护，无女儿墙的顶层四周要保护。

3）一般坡顶建筑物高度小于16m、宽度不大于21m，屋顶坡度不小于27°，在雷电活动不特别强的地方，可以对屋角、檐角、屋脊和屋檐进行保护。

4）对屋顶上的特殊突出结构（如烟囱等），应采取保护措施。

（2）一般工业、民用建（构）筑物分类防雷措施

按照使用性质的不同，《建筑防雷设计规范》对一般工业、民用建筑进行了分类。其中，工业建、构筑物分为三类，民用建、构筑物分为两类。

1）工业建、构筑物的防雷分类

①第一类工业建、构筑物

在建、构筑物中制造、使用或贮存大量爆炸物质，如炸药、火药、起爆药、火工品等，因电火花会引起爆炸而造成巨大破坏和人身伤亡的，以及 Q—1 级或 G—1 级爆炸危险场所。所谓 Q—1 级爆炸性危险场所是指有气体或蒸气爆炸性混合物的地方，并且正常情况下能形成爆炸性混合物的场所。所谓 G—1 级爆炸危险场所是指有粉尘或纤维爆炸性混合物，并且在正常情况下能形成爆炸性混合物的场所。

②第二类工业建、构筑物

凡在建、构筑物中制造、使用或贮存爆炸物质，但电火花不易引起爆炸或不致造成巨大破坏和人身伤亡，以及属 Q—2 级或 G—2 级爆炸危险场所。所谓 Q—2 级爆炸危险场所是指有气体或蒸气爆炸性混合物爆炸危险的场所，而在正常情况下不能形成、仅在不正常情况下才能形成爆炸性混合物的场所。所谓 G—2 级爆炸危险场所是指有粉尘或纤维混合物的爆炸危险场所，而在正常情况下不能形成、仅在不正常情况下能形成爆炸性混合物的场所。

③第三类工业建、构筑物

根据雷击对工业生产的影响，并结合当地气象、地形、地质及周围环境等因素，确定需要防雷的 Q—3 级爆炸危险场所、或 H—1、H—2、H—3 级火灾危险场所；即在不正常情况

下整个空间形成爆炸性混合物的可能性较小、后果较轻的场所和在生产过程中产生、使用、加工、贮存或转运闪点高于环境温度的可燃液体，在数量和配置上能引起火灾危险的场所；在生产过程中不可能形成爆炸性混合物的悬浮状、或堆积状可燃粉尘，或可燃纤维，在数量配置上能引起火灾危险的场所；有固体状可燃物质，在数量配置上能引起火灾危险的场所。

根据建筑物年计算雷击次数为 0.01 及以上，并结合当地雷击情况，确定需要防雷的建筑物；历史上雷害事故较多地区的较重要的建、构筑物；高度在 15m 以上的烟囱、水塔等孤立的高耸建、构筑物（在少雷区，高度可放宽至 20m 及以上），都视为第三类工业建、构筑物。

2）民用建、构筑物的防雷分类

①第一类民用建、构筑物

具有重大的政治意义的建筑物，如国家机关、迎宾馆、大会堂、大型火车站、大型体育馆、大型展览馆、国际机场等主要建筑物，以及属于重点文物保护的建筑物。

②第二类民用建、构筑物

重要公共建筑，如大型百货公司、大型影剧院等，结合当地发生雷击情况确定需要防雷的民用建筑物；根据雷击后的后果，并结合当地的气象、地形、地质及周围环境等因素确定需要防雷的 Q—3 级爆炸危险场所，或 H—1、H—2、H—3 级火灾危险场所；历史上雷害较多地区较重要的建、构筑物；高度在 15m 及以上的烟囱、水塔等孤立高耸建、构筑物。

总体而言，第一、二类工业建筑物应有防直击雷、感应雷和雷电波侵入的措施。第三类工业建、构筑物及第一、二类民用建、构筑物应有防直击雷和防雷电波侵入的措施。对不属于上面讲的一、二、三类工业和一、二类民用建、构筑物，不必装设防雷装置，但应着重采取防雷电波沿架空线侵入的措施。

分类保护的详细措施见附录 D。

（3）特殊建、构筑物的防雷措施

1）高层建、构筑物的防雷措施

随着城市经济社会的发展，高层建筑如雨后春笋般拔地而起。高层建筑的首要特点是高，其次是大，因而也给避雷带来特殊问题。

雷云的形状和运动的轨迹是随机的，所以对高层建筑而言，不能认为建筑顶层设置了良好的接闪器，建筑就不会被雷击，或者室内的人员、仪器就完全安全了。事实上，雷击可能不发生在建筑物的最高处，而是发生在离最高处很远的地方。另外，高层建筑往往由于大雷电流传送不均匀，就使各点产生电位差而带来危害。针对以上两个问题，高层建筑应采取一些特殊的防雷措施。

目前高度大于 20m 的建筑物广泛采用钢构架或钢筋混凝土结构，这对防雷十分有利。这种结构形式是使雷电流能沿多路平行通路分布的最好办法。当然，钢筋必须通过夹具、电焊或绑扎线进行连接。相互隔开的引下线也可以放入混凝土中，各预制板中的钢筋也应以软性接头连在一起，雷电流流过的钢筋越多，则内部的避雷效果越好。柱子和墙壁中的一些钢筋应该通过绑扎线与楼板中的钢筋连接，以达到等电位的目的。

为避免横击雷电击落在建筑物顶部以下部分而造成损坏，高层建筑应从距地面 30m 开始，沿高度每隔 10~20m 在其外部装设旁侧接闪装置，以防侧击雷。其实，旁侧接闪器就是围绕着建筑物外部的一个镀锌钢环，它须与相同高度的建筑物的梁、柱或楼板的钢筋及金属窗框做良好的电气连接，以达到电位均衡的目的，所以旁侧接闪装置也叫等电位环。接地导体应放置在大楼的基础内，并将它接到环形或网状接地网络上去，然后将这个网络与防雷引下线和建筑物的钢筋做良好的电气连接。

由于高层建筑的设备多装在楼顶，如通风机、电梯机房、擦窗机导轨、天线杆或飞机警告灯等，建议为它们装置隔开的接闪装置，并把这些接闪装置连接到柱子或墙壁的钢筋上去，或尽可能多装一些引下线。

凡是电源线必须通过避雷器与接闪系统相连，电缆入口处也应有电位均衡措施。此外，还应特别注意，在大楼出入口处采取措施，减少跨步电压。高塔、烟囱和类似的高层构筑物的防雷保护，原则上与高层建筑的防雷保护一样。

2）电视接收天线的避雷措施

为保证图像清晰、防止反射干扰，电视天线都尽可能架设得高一些。由于天线一般都安装在楼顶、山顶，高于其他建筑物，因而遭受雷击的机会较多。

电视天线本身是金属构件，暴露在空间，就相当于一个自然的接闪器，所以必须保证它有良好的直接接地装置。通常的做法是馈送电缆的金属铠装与天线做良好的电气连接，并有良好的接地措施。当电缆引至地面接收机前，还应将金属外皮与接地装置再次连接，从而保证雷击时有较好的均衡电位。这样，雷击造成的损失将大大减少。

共用天线往往是一个庞大的通讯网，现代的共用天线网往往与有线广播、闭路电视、电话，甚至计算机共用，因而对避雷要求就更高。为了避雷更加可靠，可以采用独立避雷针保护方式，只是投资会大一些。

3）建筑工地的防雷保护措施

由于建筑工地的起重机、卷扬机、脚手架等容易发生雷击，工地上木堆积又多，万一遭受雷击，施工人员的生命受到威胁，同时也容易发生火灾，因而，建筑工地尤其是高层建筑施工工地应采取如下防雷措施。

①施工时应按设计图纸要求，先作全部接地装置，并注意跨步电压问题。

②在开始架设结构骨架时，应按图纸规定将混凝土的主筋与接地装置焊接，以防施工期间遭受雷击。

③要将临时的和永久的金属通道、电缆金属铠装在进入建筑工地的进口处，与接地装置做电气连接，并把电气设备的金属构架及外壳连接在接地系统。

④在沿建筑物的角、边竖起的杉篙脚手架上，做数支避雷针，并接到接地装置上，针长最少高出杉篙30cm，以免接闪时木材燃烧。金属排棚每升高10多米应与建筑物的钢筋作临时性多处焊接，以保证受雷击时保持电位平衡。在雷雨季节施工，应随着杉篙接高，及时把避雷针加高。

⑤起重机最上端必须装设避雷针，应将起重机钢架连接于接地装置上。对水平移动的起重机，其地下钢轨也应与接地系统相连。起重机的避雷针必须能保护整部起重机。

9.2 城市爆炸灾害及其预防

爆炸是与人类的生产活动密切相关的一种现象，一旦对它失去控制，就会酿成巨大的灾害。爆炸灾害是城市灾害的一个重要方面，往往是房屋倒塌，人员伤亡，造成难以估计的损失。

随着我国城市建设的不断发展和气体燃料资源的广泛开发，城镇燃气的应用日益普遍，由此引起的燃气爆炸事故也越来越多，损失越来越严重。燃气爆炸灾害每年都造成重大人员伤亡和巨大经济损失，它已成为城市灾害中一个不容忽视的问题。防止和减少这类事故的发生是城市与工程防灾减灾的重要目标之一。

常见的爆炸事故有：火药在生产、运输过程中的爆炸；可燃气体、可燃蒸气和可燃粉尘的爆炸；气体压力容器爆炸及失控化学反应引起的爆炸等。除军事战争、恐怖事件、正常的生活需要外，其他爆炸几乎都是事故爆炸。随着工业生产的发展，事故爆炸日益频繁，严重程度与日俱增。

9.2.1　爆炸的基础知识

爆炸是物质系统的一种极为迅速的物理的或化学的能量释放和转化，它能在极短时间内，释放出大量能量，产生高温，并放出大量气体，在周围介质中造成高压。从广义上讲，爆炸是系统蕴藏的或瞬间形成的大量能量在有限的体积和极短的时间内，骤然释放或转化的现象。在这种释放和转化的过程中，系统的能量将转化为机械功以及光和热的辐射等。

9.2.1.1　爆炸的分类

按照爆炸过程的性质和爆炸发生的机理，可将爆炸现象分为三类：物理爆炸、化学爆炸和核爆炸。

（1）物理爆炸　凡是爆炸物质的形态发生变化而化学成分没有改变的，称为物理爆炸，例如：强脉冲放电、锅炉爆炸、火山爆发等。

物理爆炸的实质是物质仅发生物态的急剧变化，而物质的分子组成在爆炸前后并未发生改变。平常所见的锅炉爆炸就属于物理爆炸。由于锅炉里的水迅速变成过热水蒸气，从而形成很高的压力，当锅炉材料承受不了这种高压而发生爆裂就会发生爆炸。各种有机液体或液化气体变为过热状态也会引起爆炸。这种物理爆炸的特点是完全不需要着火，因此，不管液态物质是可燃的还是不可燃的，都有可能发生爆炸。因此，人们常把这种以过热液体蒸发为基础的物理爆炸现象称为蒸气爆炸。地壳内部弹性压缩能引起的地壳运动（地震、火山爆发等），是一种强烈的物理爆炸现象。最大的地震能量可达 $10^{16} \sim 10^{18}$ J，比 100 万吨级的核爆炸还厉害。

强火花放电（闪电和雷击）或高压电流通过细金属丝所引起的爆炸也是一种物理爆炸，但此时的能源是电能。强放电时能量在 $10^{-6} \sim 10^{-7}$ s 的时间内释放出来，使放电区达到巨大的能量密度和数万度的高温，因而导致放电区的空气压力急剧升高，并在周围形成很强的冲击波，其破坏作用是相当大的。

（2）化学爆炸　凡是爆炸物质的化学成分发生变化的称为化学爆炸。例如：煤尘爆炸、瓦斯爆炸、炸药爆炸等。化学爆炸是消防工作中防治爆炸的重点。

化学爆炸是一种常见的爆炸现象，许多爆炸灾害是由于化学爆炸引起的。与物理爆炸相比，化学爆炸的意义显而易见，即在爆炸过程中不仅有物态的变化，还有物质分子组成的变化。常见的化学爆炸有三种：炸药爆炸、可燃气体爆炸、粉尘爆炸。

炸药爆炸一般具有三个特征：爆炸过程的放热性、高速度和爆炸过程中产生大量气体产物。热量的释放是爆炸的一个重要条件，某一物质能否形成爆炸，取决于反应过程中能否放出热量，只有放热过程才具有爆炸性。爆炸反应过程中释放出的热叫爆炸热，或爆热，在一般工程技术中使用的炸药的爆热为：$3760 \sim 7520 J/kg$。

爆炸反应与一般化学反应相比，一个最突出的不同点是爆炸过程具有极高的速度。炸药在向最终生成物转变是在十万分之一到百万分之一秒内发生的，反应速度是爆炸的必要条件。炸药爆炸所产生的能量密度要比一般燃烧所达到的能量密度高数百倍乃至数千倍。正因为如此，炸药爆炸才具有巨大的做功功率和强烈的破坏作用。

（3）核爆炸

凡是由于核裂变或聚变反应，释放出核能所形成的爆炸，称为核爆炸。核爆炸产生的高温、高压、强光、热辐射及各种放射性粒子的辐射，具有很强的破坏力。

9.2.1.2 爆炸的冲击波和压力波

所有爆炸都压缩周围的空气而产生超压，通常所说的爆炸压力均值超过正常大气压的超压。核爆、化爆、燃爆都产生超压，只是幅度不同。核爆、化爆由于是在极端的时间内压力达到峰值，周围的气体急速地被挤压和推动而产生很高的运动速度，形成波的高速推进，称之为冲击波。冲击波所到之处，除产生压力升高即超压之外，还有一高速运动引起的动压。超压为静压，它是向超压空间内的所有表面的挤压作用，而动压则与物体的形状和受力面的方位有关，与风压类似。燃气爆炸的效应以超压为主，动压可以忽略，这种波也称为压力波。

9.2.1.3 爆炸极限

爆炸性混合物发生爆炸的起码条件是达到爆炸极限浓度。爆炸极限浓度是指可燃气体（或粉尘、纤维）与空气混合达到一定浓度时，遇点火源就可能发生爆炸的浓度范围。通常用可燃气体在空气中的体积百分比（%）表示。爆炸极限是在常温常压等标准条件下测定出来的。发生爆炸的最低浓度称为爆炸下限，最高浓度称为爆炸上限。如果可燃气体（或粉尘、纤维）在空气中的浓度低于爆炸下限，遇到点火源既不会爆炸也不会燃烧；如果高于爆炸上限，遇到点火源不会爆炸但却能燃烧。

9.2.2 爆炸对结构的影响

爆炸往往对结构产生破坏作用，造成爆炸灾害。破坏作用与爆炸物的性质和数量有很大关系。在诸多爆炸中，核爆炸的破坏作用最大。很显然，爆炸物质数量越多，爆炸威力越大，破坏作用也越强烈。另外，破坏作用还与爆炸的条件有关，如温度、初始压力、混合均匀程度以及点火源和起爆能力等。爆炸发生的位置不同，其破坏作用也会不同。一般来说，在结构内部发生的爆炸起破坏作用比在结构外部发生的大。爆炸对结构的破坏形式通常有直接的爆破作用、冲击波的破坏作用和火灾三种。

（1）直接的破坏作用

机械设备、装置、容器等爆炸后产生许多碎片，飞出后会在相当大的范围内造成危害。一般碎片在 $100 \sim 500m$ 内飞散。如：1979 年浙江温州电化厂液氯钢瓶爆炸，钢瓶的碎片最远飞离爆炸中心830m，其中碎片击中了附近的液氯钢瓶、液氯计量槽、储槽等，导致大量氯气泄漏，发展成为重大恶性事故，59 人死亡，779 人受伤。

（2）冲击波的破坏作用

物质爆炸时，产生的高温高压气体以极高的速度膨胀，像活塞一样挤压周围空气，把爆炸反应释放出的部分能量传递给压缩的空气层，空气受冲击而发生扰动，使其压力、密度等产生突变，这种扰动在空气中传播就称为冲击波。冲击波的传播速度极快，在传播过程中，可以对周围环境中的机械设备和建筑物产生破坏作用和使人员伤亡。冲击波还可以在它的作用区域内产生震荡作用，使物体因震荡而松散，甚至破坏。冲击波对结构的破坏作用，主要由超压和动压引起。在爆炸中心附近，空气冲击波波阵面上超压 ΔP 可以达到几个甚至十几个大气压。另外，当冲击波由爆炸中心向外运动时，波阵面后的空气粒子的流动形成风，所产生的压力就是动压。某些形状的建筑物，如圆形建筑物对动压产生的拖曳力比较敏感，因为冲击波在圆形建筑物的各个面上产生的超压相同，此时建筑物受到的水平移动力主要由动压引起。

概括而言，冲击波的破坏作用的大小主要取决于以下因素：1）冲击波波阵面上超压 ΔP 的大小。2）冲击波的作用时间及作用压力随时间变化的性质。3）建筑物所处的位置，即建筑物与冲击波的相对位置。4）建筑物的形状和大小。5）建筑物的自振周期。

当冲击波大面积作用于建筑物时，波阵面超压在 20～30kPa 内，足以使大部分砖木结构建筑物受到强烈破坏。超压在 100kPa 以上时，除坚固的钢筋混凝土建筑外，其余部分将全部破坏。

（3）爆炸引起的火灾

爆炸发生后，爆炸气体产物的扩散只发生在极其短促的瞬间，对一般可燃物来说，不足以造成起火燃烧，而且冲击波造成的爆炸风还能起灭火作用。但是，建筑物内遗留的大量热和残余火苗，会把从破坏的设备内部不断流出的可燃气体或以燃烧液体的蒸气点燃，也可能把其他易燃物点燃，引起火灾。当盛装易燃物的容器、管道发生爆炸时，爆炸跑出的易燃物有可能引起大面积火灾，这种情况在油罐、液化气瓶爆炸后最易发生。火灾当中有相当一部分是由爆炸引起的。

建筑物一旦发生火灾，不仅会烧毁室内财物，而且容易造成人身伤亡、建筑结构破坏、倒塌以及引起相邻建筑物起火。建筑火灾的发生、蔓延以及建筑物的损坏程度与建筑物材料很有关系。钢筋混凝土结构的建筑物，其墙、梁、柱、板等构件为非燃烧体，且具有一定耐火极限，但建筑物内部可能存放有可燃或易燃物质，一旦遇到明火或达到引起燃烧的能量，就会发生火灾。随着火灾的发展，室内温度不断上升，直到引燃一切可燃物及木质门窗等，导致门窗破裂，火焰传出向外蔓延。另外，在高温条件下，混凝土强度会降低，变形增大，甚至可能爆裂。钢材在 550℃ 左右急剧软化，导致构件受火 15～30min 会突然倒塌。

（4）造成中毒和环境污染

在实际生产中，许多物质不仅是可燃的，而且是有毒的，发生爆炸事故时，会使大量毒物质外泄，造成人员中毒和环境污染。

9.2.3　燃气爆炸及对策

可燃气体与空气混合后，遇明火即发生猛烈爆炸，简称"燃爆"。民用燃气的组分决定了它具有一般气体爆炸的特性。日常生活中，一些闪点较低的可燃气体，如汽油、乙醚等在常温下极易挥发形成可燃蒸气；甚至一些闪点较高的可燃液体，遇燃后同样会生成可燃蒸气，这些蒸气达到一定浓度，遇明火点燃即发生爆炸。

燃气一般要经过生产、输送、贮配和使用四个环节才能获得能量转换，以供人们使用，其中每一个环节都可能发生爆炸酿成灾害。

9.2.3.1 燃爆灾害的特点

燃爆相对于其他灾害如地震、洪水等，具有如下一些特点。

（1）频率高，偶然性大。燃气的使用已经极为普遍，且从生产到使用的环节很多，任何一个环节都有可能发生爆炸。

（2）常与火灾伴生，既是火灾的引发源，也是火灾的次生、伴生灾害。由于燃爆的动力效应和可燃介质的传播、蔓延，因而常比一般单纯火灾严重。

（3）灾害具有显著的人为特征，因而预防的可能性强，人为干涉的能力强。

（4）灾害较为局部，一般局限于一个单体建筑、一个小区或一段管道等。爆炸对结构的破坏的程度也较一般化学爆炸低，且均为封闭体的约束爆炸，因而对泄爆非常敏感。泄爆成为减轻室内燃爆的重要手段之一。

（5）与其他灾害相比，抗灾措施较易实施。

9.2.3.2 燃爆灾害的对策

根据燃爆灾害的特点，其预防对策与其他灾害相比也有所不同，大致可以有下面的内容：

（1）在设置燃气管道、燃气管和燃气炉的厨房部位，应采取相应的抗燃爆措施。如户外窗户应开的大一些以增加泄爆面积，厨房通向餐厅或居室的门要经常关闭，不在厨房放置自动打火启动的冰箱等装置。如有条件因安装燃气浓度报警装置。

（2）结构设计要考虑厨房部位一旦发生燃爆，一面墙或一隅倒塌时，不会造成整个房屋的连续倒塌。

（3）加强预防燃爆基础知识的宣传。例如，厨房要注意通风，即使在严寒的冬日也应留一定的通风口，使得万一出现燃气泄漏也能及时稀释而不致引起爆炸。

（4）在建筑设计上加以考虑。一般钢筋混凝土梁板构件，其自振周期大都在 20～50ms，而燃爆的升压时间多在 100～300ms，故燃爆压力波对一般钢筋混凝土结构来说可视为静载，也不大可能产生像地震或核爆炸那样的动力加速度。因此对一般建筑特别是在地震区已有考虑抗震设计的建筑物无需进行专门的抗燃爆设计。

9.2.4 建筑结构防止连续倒塌的措施

就结构设计而言，建筑物防爆的重点是防止燃爆发生后建筑物的连续倒塌。

房屋连续倒塌指不同诱因（地震、风灾、自然灾害及爆炸撞击等人为突发事故）使结构遭受部分破坏，在重力作用下，引起连锁反应，造成破坏范围不断扩大直至连续倒塌的现象，不同结构体系对连续倒塌有不同的敏感性。板柱结构、大跨度框架结构、框支剪力墙结构及大洞口无翼缘短肢剪力墙结构等存在连续倒塌的潜在危险性。平面不规则特别是较多凹角的情况，也是不利因素。控制结构连续倒塌应结合结构体系和构件设计两方面来考虑。

236

由人为事故，例如爆炸等引起的连续倒塌不同于地震作用下的连续倒塌。以下重点介绍防止燃爆引起的局部倒塌并引起连续倒塌的控制。

9.2.4.1　结构选型原则

建筑设计伊始或在结构设计时，就需要考虑结构材料的选择、结构布置及施工方式等。

应选择抗爆性能良好的结构形式。如具有良好的结点延性现浇钢筋混凝土框架、剪力墙、筒体结构或钢框架结构等形式，它们无需再采取特殊措施。

由于这些结构形式整体性能好，发生局部破坏时，完好部分可以分担塌落荷载和部分正常作用而改变传力路径所带来的荷载变化，从而防止连续倒塌。尽量避免采用混合结构、装配式壁板结构，它们的结点延性较差，在发生局部破坏时，易于出现倒塌的连锁反应。

选择有较好的抗竖向冲击荷载的结构形式，防止大量爆炸碎片下落冲击引起的连续倒塌。应避免采用无梁楼盖、装配式结构和混合结构。

9.2.4.2　防止钢筋混凝土结构连续倒塌的措施

防止钢筋混凝土结构连续倒塌的主要措施是加强一些局部强度或构造一些新的传力途径。在结构布置上遵循以下原则：

（1）墙体布置避免出现孤立的直墙，即墙尽量有连续的转折，避免有薄弱的构造，如图9-2所示。

（2）楼板布置使结构具有良好的整体性。

楼板的刚度和整体性的好坏与其形式有关。按施工方法分：选型以现浇板最好，它具有较好的整体性。其次为大板预制楼板、迭合楼板等与结

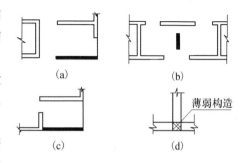

图9-2　墙体布置时应当避免的结构形式

构连结成装配整体式，也具有较好的整体性。最不利的情况为预应力空心板。按传力方式分：板以双向传力为好，一边或两边支承失去后可由其余边连续承担正常荷载，而不致完全丧失支承，发生倒塌。如果空心板承重端破坏，失去支承，垂直方向的连续倒塌则不可避免。

（3）加强某些位置的强度和延性性能，以防止结构的连续倒塌，如图9-3和图9-4所示。

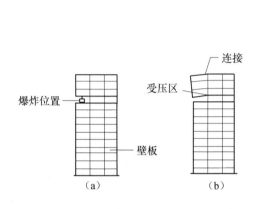

图9-3　失去支撑结构可能出现的机构

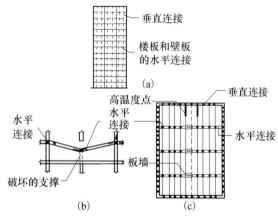

图9-4　结构整体需要加强的部位

在图 9-4a 所示的结构中，当某些支承失去之后，会出现 9-4b 所示的机构。在这个机构中，当内力或变形过大，超过材料的抗力，就会导致结构倒塌。

（4）不同结构形式的抗连续倒塌措施

1）对于框架结构，当：

底层中柱失效，可分别考虑相邻上部及两侧框架梁柱内力重分布。

框架柱失效，框架梁纵筋可能处于全部受拉，框架的纵筋及腰筋应贯通节点并满足连接锚固要求。

由于底层柱失效，相邻上层柱宜考虑吊柱要求，在梁核心区设⌐⌐形吊筋锚入上柱。

考虑框架梁端在中柱失效作用下出现塑性铰但不致倒塌，梁端截面全部纵筋承受剪拉，按式（9-1）进行验算，跨中计算弯矩不宜少于简支弯矩的 80%。

$$V \leqslant 0.75 f_y A_s \qquad (9-1)$$

式中　V——考虑中柱失效由楼层荷载（$1.0D + 0.25L$）产生的梁端剪力；

　　　f_y——梁纵筋抗拉强度设计值；

　　　A_s——梁端截面满足锚固长度的全部纵筋截面面积。

框架结构的楼板考虑框架长向梁失效，楼板长向应按（$1.0D + 0.25L$）荷载验算配筋，抗拉强度设计值可取 $1.25 f_y$。框架梁除正常设计外均应按式（9-1）验算梁端纵筋受剪拉作用，承托楼梯踏步板的横梁亦应按式（9-1）验算纵筋。V 值还应适当考虑楼梯两侧砌体填充墙倒塌堆积荷载的影响。

2）剪力墙结构应设置内纵墙以支承或减少横墙长度，内墙和外墙应有与其相交的拐角墙、翼墙以提高稳定性。剪力墙的墙肢应双面配筋，并在墙肢两端设约束边缘构件，边缘构件应能承担重力荷载（$1.0D + 0.25L$）。带有不规则开洞的剪力墙在洞口周边应设置纵横约束边缘构件，形成暗框架，保证竖向传力途径。

3）框剪结构的框架宜按框架结构考虑。框剪结构中的剪力墙应采用露明框架梁，并应能承受楼层荷载及剪力墙自重，楼层荷载可按（$1.0D + 0.25L$）验算。

4）筒体结构的墙体构造宜按框剪结构的剪力墙考虑。在楼层外应设圈梁，圈梁厚度应满足楼层大梁纵筋的锚固要求。

5）框支结构

框支结构的某一根框支柱失效，应考虑框支梁跨度增大连同上部结构进行重力荷载作用下的内力重分布分析。框支层框架的两端应有落地剪力墙，框支柱内应设置核心柱，或采用 SRC 柱。核心柱或 SRC 型钢应能承担（$1.0D + 0.25L$）的重力荷载。框支梁宜采用 SRC 结构。框支层以上剪力墙宜采用类似框剪结构的有边框剪力墙。

（5）钢筋混凝土楼板及板柱结构的抗连续倒塌措施

防止连续倒塌的关键在于初始失效发生后板的设计和构造可以开辟第二道传力机制。图 9-5a 表示边缘完全嵌固的楼板含有锚固在支座的连续配筋，在板初始失效并经受很大变形后，开始出现受拉薄膜作用，钢筋网作用类似悬网，最后将由于钢筋拉断而倒塌。图 9-5b 表示双向平板结构内跨的理想化荷载-位移反应。在初始失效发生后配筋的构造应能将板挂在柱上。第二道形成的受荷机制应在冲切破坏之后楼板总体受弯屈服，如最后破坏荷载大于初始失效荷载说明达到了防止连续倒塌的要求。

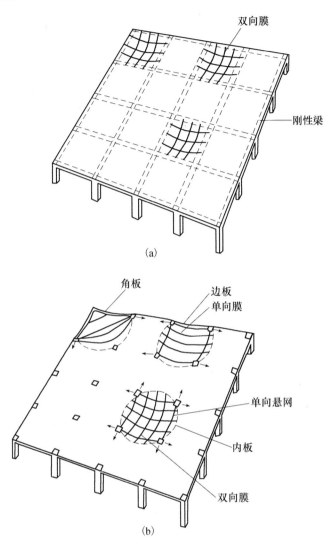

(a)

(b)

图9-5　双向板结构的悬网发展过程

（a）由刚性梁支承的板；（b）平板结构

因此，部分底部受弯配筋应锚入柱内，在楼板受冲切破坏后起悬挂作用，假定对于单向悬链作用限制跨中变形不大于 $0.15l_n$，则沿 l_n 方向底部连续钢筋面积 A_{sb} 应满足下式要求：

$$A_{sb} = \frac{0.5W_s l_n l_2}{\phi f_y} \tag{9-2}$$

式中　A_{sb}——底部有效连续配筋沿 l_n 方向穿过支承面积的最少截面面积；

　　　W_s——在初始失效后应负担的荷载，可假定为作用在楼板上的总使用荷载或板静重的两倍二者的较大值；

　　　l_n——所考虑方向的净跨长度；

　　　l_2——由一侧悬挂线楼板的中线至悬挂线另侧楼板中线的距离；

　　　f_y——钢筋屈服强度；

　　　ϕ——钢筋应力降低系数，拉力可取 0.9。

底部配筋 A_{sb} 可考虑为有效连续的条件：

1）在支座范围搭接，搭接长度满足规定要求 l_d。

2）紧靠支座以外搭接长度不小于 $2l_d$。

3）弯起、弯勾或其他连接方式足以在支座表面达到 A_{sb} 屈服强度。

当 A_{sb} 计算值相邻两跨不同时，则各跨均应采用较大值，底部配筋不但对防止连续倒塌起作用，对防止板柱结构早期冲切破坏也起一定作用。

无柱帽-板柱结构的内节点冲切破坏后容易导致连续倒塌，而外节点则不易引起连续倒塌，加大设计活载对防止连续倒塌不起作用。按受拉薄膜作用考虑底部配筋是有效的，如不能按受拉薄膜设计则节点冲切强度取值不应大于穿过柱的钢筋屈服承载力的 0.5 倍。此外，加大暗梁的配箍率，对改善抗冲切承载力及防止连续倒塌也是有利的。

9.2.4.3 钢结构控制连续倒塌设计

（1）钢结构控制连续倒塌的主要措施

1）增加传力途径。

2）提高荷载重分布能力。

3）保证塑性变形能力（构件及材料）。

4）提高节点连接的承载力。

5）选择有效的防火材料，保证结构构件的抗火能力。

（2）设计步骤

1）确定设计目标

估计由于意外事故哪些承重构件可能失效及发生连续倒塌可能性，确定是否按控制倒塌设计，确定是否同时考虑抗火。

2）基本设计

基本设计考虑失去承重构件的规模，也就是哪些承重构件可以考虑失去后由荷载重分布来平衡，哪些关键承重构件必须采取加强保护措施，例如沿防火通道的承重构件和竖筒。为了提高高层建筑的赘余度，很重要的是保护竖向通道，也就是合理地布置筒体和保护筒体，图 9-6 表示典型的筒体布置。

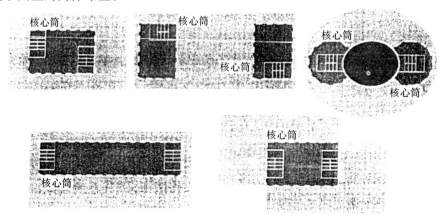

图 9-6　典型筒体布置

楼梯宜对称布置有利于疏散。更重要的是用抗火材料采取隔离措施，防止蔓延到筒体内。

（3）设计关键构件

关键构件失效会造成连续倒塌，必须考虑意外荷载加以妥善保护。如框架角柱就属于关键构件，为此角柱宜采用抗火钢、钢管混凝土外包防火保护等措施。框架柱宜每三根选定一根作为关键柱，关键柱应能承受各楼层失效柱引起的荷载。关键构件的设计应包括梁柱连接构造、楼板构造及防火隔墙构造等。

（4）关键构件的防护

图 9-7 说明抗火钢与普通钢在不同温度作用下的屈服强度，抗火钢在 600℃ 以下可维持常温条件下屈服强度的 2/3，图 9-8 表示无防火保护的钢管混凝土柱在轴力比 <0.25 条件下耐火时间可超过 3h。

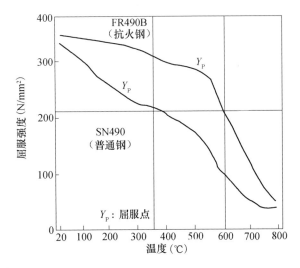

图 9-7　抗火钢与普通钢高温屈服强度

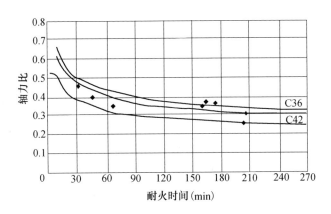

图 9-8　钢管混凝土柱强度与温度曲线

注：C36、C42 为混凝土强度等级。

（5）控制倒塌设计流程图

钢结构控制倒塌设计流程，如图 9-9 所示。

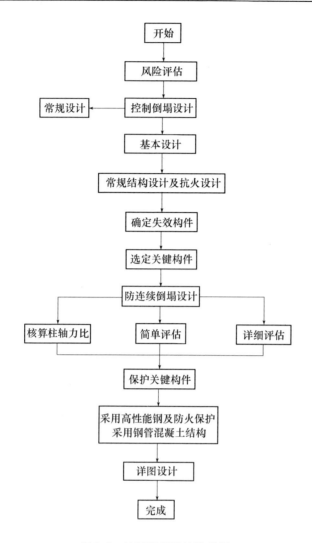

图 9-9　控制倒塌设计流程图

注：柱轴力比——柱压应力与柱屈服强度比；简单评估——考虑构件失效的传力途径；
详细评估——荷载重分布能力，塑性变形能力，节点连接承载力

9.2.4.4　砌体结构的抗连续倒塌设计与构造

（1）砌体墙与现浇、预制大板、迭合楼板结构的抗连续倒塌设计原理

参照图 9-4 的墙体布置情况，假设图中墙体的上部仍有墙体，当这些孤立的墙体因爆炸坍塌以后，上部墙体传来的正常集中荷载(线荷载)分布于楼板(或楼板的边缘)上，使板的支承(边界条件)及荷载都发生变化，需按变化了的边界条件和变化了的荷载条件两种情况进行内力的校核。

对于板受竖向冲击荷载和堆积荷载的力学性能，有很多论述。对于一般民用居住建筑因多数不存在柱头附近等处板的冲切易坏面，其抗冲切能力难于定量估计，此时板的抗冲切能力与冲击荷载的撞击部位和角度有关，按一般冲切破坏估计公式则过于保守。

（2）砌体结构抗连续倒塌的构造要求

砌体墙结构不论水平方向还是垂直方向都能发生连续倒塌。从结构的观点来看，稳固的墙体可使结构坚固，即使在燃气爆炸之后，造成局部破坏，残余结构也可以承担起尚存的荷载，避免引起结构的连续倒塌。结构的构造要求，如承重墙、非承重墙之间或本身相互连接时，可以参照抗震规范中有关构造进行。房屋内的隔墙，在满足建筑功能的前提下，可选防止结构水平和竖向的连续倒塌，需要加强结构构造，可按以下要求：

1）圈梁构造。为防止局部破坏的发生和抵抗挤压推力，在每道承重墙设置钢筋混凝土后浇带，如图9-10a所示，混凝土强度不低于预制板混凝土强度。此后浇带也与圈梁做在一起，圈梁形式略有变化，并且每道横墙都宜有圈梁拉结，如图9-10b所示。圈梁可做成与板底齐，或低于板底。后者构造稍复杂，且施工不便。

2）结构布置纵向后浇带，如图9-10c所示，在实际应用中可结合阳台、走廊等处的处理，设置现浇带以提高整体性。

3）每隔一段距离（单元），纵向加设止推构造，把可能的水平连续倒塌局限在一个较小的水平单元内，如图9-10d所示。

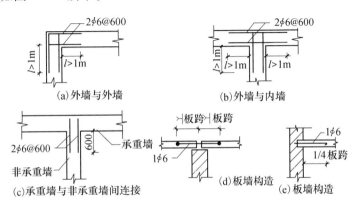

图 9-10　砌体结构的一般构造

9.3　城市人民防空工程

9.3.1　概述

人民防空（国外称民防）简称人防，是国防的重要组成部分，是一项全民性的长期的战备工作。它是为了防备敌人突然袭击，保护人民生命财产的安全，减少国民经济损失，有效地保存战争潜力，为夺取未来反侵略战争的胜利而采取的重要战略措施。

我国的国土防空体系由要地防空、军队防空（又称野战防空）和人民防空组成。其中要地防空是保障重要地区的安全的防空，如重要城市，交通枢纽和重要军事基地的防空；军队防空是保障地面部队作战行动安全的防空；而人民防空则是动员和组织城市居民采取的防空措施。

人民防空是以阻碍敌人空袭和兵器发挥效能或消除空袭后果为手段的防空，它与要地防空和军队防空等积极防空不同，主要防护手段是"走"、"藏"、"消"。"走"就是疏散，在临战前组织城市人口疏散和工厂搬迁，将战时不宜留城的居民及对支援战争具有重要作用的厂矿企业疏散搬迁到安全地区，以避免和减少遭敌空袭时不必要的损失；"藏"就是隐蔽，在敌人对我方实施空袭时，及时发放和传递空袭警报，组织留城坚持战斗、生产和工作的人员转入地下，并将各种重要的战备和生产、生活物资转入地下，利用人防工程进行隐蔽，减少人员和物资的损失；"消"就是消除空袭后果，组织人防专业队伍和人民群众，迅速消除敌人空袭造成的后果，包括灭火、消除核化沾染、抢救受伤人员、清理废墟、开辟通道、运送各种生活物资、修复被毁的人防工程、通信枢纽及城市供电、供水、供热等系统，保证城市生产、生活的稳定，更好地支持反侵略战争。

9.3.2 人防工程设计的原则和措施

9.3.2.1 人防工程设计的总原则

我国人防工程遵循的是：长期准备、重点建设、平战结合的原则。

（1）长期准备。在和平时期，居安思危，有计划、有步骤实施人防建设。战争可能几年、十几年遇不上，但自然或人为灾害却几乎年年发生。因此，把防空建设与城市防灾减灾工作结合起来，进行一体化建设和管理，就可以充分利用和发挥其防护功能，减少灾害和各种事故造成的破坏损失，保护人民生命安全，保障经济建设的顺利进行。

（2）重点建设。在服从经济建设大局的前提下，区分轻重缓急，有重点、分层次地实施人防建设。根据现代战争的特点，由于城市对国家和地区有着极其重要的政治、经济意义，城市是战争潜力的集结地，有些城市还具有直接的军事战略价值，因此城市在战时必定成为敌人的主要攻击目标。城市是政治、经济、文化和军事中心，同样，一个国家的工业大部分在城市，以常规空袭武器打击一个城市的重点经济目标成为空袭目标的重点，由此城市防护问题可归结到重点目标防护。

（3）平战结合。人防建设要在平时和战时发挥作用，实现战备效益、社会效益、经济效益的统一。人防工程有防灾抗毁和应付突发事件的功能。人防是发展经济和现代化城市建设的需要，随着经济发展，现代化的城市人口膨胀、交通拥挤、地皮紧张、生态失衡等问题日益严重，要解决这些问题，城市建设必须开辟新的空间，向立体化发展。结合民用建筑修建的防空地下室在平时可开发利用，充分发挥社会效益和经济效益，进一步完善城市功能。另外，人防工程为经济建设和城市建设服务，有自己的独特优势。一是冬暖夏凉，节省能源；二是没有噪声、尘土，免受震动影响；三是温湿度适当，易于贮藏、保鲜。据统计，地下搞科研、商场、医院、仓库，不仅安全，而且便于管理，可降低成本。所以说，合理开发利用人防工程也是经济发展和现代化城市建设的需要。

9.3.2.2 人防工程的防护措施

人防的保护措施是一个非常宽泛的概念。它涉及到与防空和减轻空袭灾害相关的各个方面。概括起来有两大方面：一是群众自己采取的保护措施；二是政府动员和组织群众采取的防护措施。

人民群众自身采取的保护措施，是接受各种形式的人民防空知识教育。政府组织和动员群众采取的防护措施，主要是指按照人民防空要求，修建各类人防工程、通信警报设施，组建群众防空组织，做好城市人口疏散和安置的准备。

9.3.3　城市人防工程的建设要求

9.3.3.1　城市人防工程的设置范围

（1）在人防重点城市的市区（中央直辖市含近郊区）新建民用建筑（指住宅、旅馆、招待所、商店、大专院校教学楼和办公、科研、医疗用房，下同）按下列标准修建防空地下室：

1）一、二、三类人防重点城市新建十层以上或基础埋置深度达 3m（含 3m）以上的九层以下民用建筑，应利用地下空间建设"满堂红"防空地下室。

2）一、二类人防重点城市，城市规划确定新建的住宅区、小区和统建住宅，按一次下达的规划设计任务地面新建总面积（不含执行第（1）条规定的楼房面积）的百分之二统一规划修建防空地下室。

3）中央和地方各企业、事业、行政单位和部队，在一、二类人防重点城市新建的九层以下，基础埋置深度小于 3m 的民用建筑项目，其总建筑面积达 7000m² 以上的，按地面总建筑面积的百分之二修建防空地下室。按此标准修建职工家属住宅的防空地下室面积不足一个楼门地基面积的，按一个楼门的地基面积另加室外出入口进行安排；其他民用建筑防空地下室面积不足 150m² 的，按 150m² 另加室外出入口进行安排。

4）三类人防重点城市，除符合第 1）条规定者外，原则上暂不修建防空地下室。

（2）结合民用建筑修建防空地下室，应贯彻平战结合的原则，确保工程质量，提高投资效果。防空地下室的设计既要符合战时防空的要求，又要充分考虑平时使用的需要，使其具有战时能防空，平时能为生产、生活服务的双重功能。在报批民用建筑的设计任务书时，要明确防空地下室的平时用途。

（3）结合民用建筑修建防空地下室，一律由建设单位负责修建。所需的资金，列入建设项目的设计任务书和概（预）算之内，纳入基本建设投资计划。所需材料，按现行规定，根据建设项目的不同所有制、不同隶属关系、不同投资渠道，分别由部门、地方和企事业单位安排。

（4）各级基建管理部门，在审批民用建筑项目的设计和概（预）算时，对防空地下室的部分要吸收人防和城建部门参加。凡不按规定修建防空地下室的，城建部门不得发给施工执照。

9.3.3.2　城市人防工程的设计原则

（1）人防工事应在搞好人防工程规划和有可靠的水文地质与工程地质资料的基础上进行。

（2）应充分利用城镇高地修建坑道，争取较厚的自然防护层。平原地区应积极创造条件深挖地道，其深度应根据人防工事用途、抗力要求，从适应经济、施工条件、出入等方面综合分析确定。

（3）地下水位高、土质条件差的地区，人防工事深挖有困难，可修建掘开式工事，其顶层的覆土厚度应满足防早期核辐射的要求。

（4）人防工事的设计既要满足战时使用，又要在平面布置、结构形式、房间布局、通风、防潮、给排水、照明、内部装修和消防等方面，采取相应的措施，以满足平时使用。

（5）出入口、进排风口、排烟口等暴露部位和地面战斗工事，均应进行伪装。伪装手段应因地制宜、就地取材，达到与环境协调一致的效果，并考虑遭到破坏后易于清除。

（6）防护密闭处理。非人防工事自身需要的一切管道，不得穿越主体结构。特殊情况下，允许管道直径 70mm 以下的供水、采暖管道通过，但必须在人防工事内部的管道入口处设置阀门。污水管及煤气管等危害性的管道，均不得穿越人防工事。

（7）人员隐蔽工事应按地面建筑物的规模、布局、容纳人数以及平时使用要求划分防护单元。每个防护单元容纳的隐蔽人数一般为 150 ~ 200 人，最大不宜超过 400 人。

9.3.3.3 城市人防工程的设计标准

（1）城市人防工程总面积的确定

城市人防规划首先要确定人防工程的大致总量规模，然后才能确定人防设施的布局。而预测城市人防工程总量又需先确定城市战时留城人口数。一般说来，战时留城人口约占城市总人口的 30% ~ 40% 左右。按人均 1 ~ 1.5m² 的人防工程面积标准，就可推算出城市所需的人防工程面积。

在居住区规划中，应按总建筑面积的 2% 设置人防工程，或按地面建筑总投资的 6% 左右进行安排。居住区防灾地下室战时用途应以居民掩蔽为主，规模较大的居住区的防灾地下室项目应尽量配套齐全。

（2）城市专业人防工程的规模

城市防灾专业工程的规模，见表 9-2。

表 9-2 城市防灾专业工程规模要求

名　　称	项　目	使用面积/m²	参　考　标　准
医疗救护工程	中心医院	3000 ~ 5000	200 ~ 300 张病床
	急救医院	2000 ~ 2500	100 ~ 150 张病床
	救护站	1000 ~ 1300	10 ~ 30 张病床
连队、专业队工程	救护	600 ~ 700	救护车 8 ~ 10 台
	消防	1000 ~ 1200	消防车 8 ~ 10 台，小车 1 ~ 2 台
	防化	1500 ~ 1600	大车 15 ~ 18 台，小车 8 ~ 10 台
	运输	1800 ~ 2000	大车 25 ~ 30 台，小车 2 ~ 3 台
	通信	800 ~ 1000	大车 6 ~ 7 台，小车 2 ~ 3 台
	治安	700 ~ 800	摩托车 20 ~ 30 台，小车 8 ~ 10 台
	抢险抢修	1300 ~ 1500	大车 5 ~ 6 台，施工机械 8 ~ 10 台

（3）城市人防工事的抗力标准

根据抗地面超压（指动压）的不同，城市人防工事的抗力标准分为五级：一级为 240t/m²，二级为 120t/m²，三级为 60t/m²，四级为 30t/m²，五级为 10t/m²。

（4）城市人防工事防早期核辐射的标准

通过防空地下室顶部、外墙和出入口进入室内的早期核辐射总剂量不得超过 50 伦。防早期核辐射的土壤保护层和临空墙（系按照钢筋混凝土或混凝土墙计算；如按砖墙，表 9-2

中所列的数值应乘以修正系数 1.4 的最小厚度），见表 9-3。

表 9-3　防早期核辐射防空保护层的最小厚度　　　　　　　　　　　cm

防 护 等 级	三 级	四 级	五 级
土壤防护层厚度	130	105	65
室内出入口临空墙	70	55	25
室内出入口临空墙	35	25	20

（5）城市防空地下室使用面积标准和房间净高

城市防空地下室使用面积标准和房间净高，见表 9-4。

表 9-4　城市防空地下室使用面积标准和房间净高

类　别＼项　目	使用面积/（m²/人）	房间净高/m	类　别＼项　目	使用面积/（m²/人）	房间净高/m
人员隐蔽室	1.0	2.4	医院、救护所	4.0～5.0	2.4～2.8
全国人防重点城市、直辖市区的指挥所、通信工程	2.0～3.0	2.4～2.8	防空专业队伍隐蔽室	1.0～1.2	2.4～2.6

（6）城市各类防空地下室战时新鲜空气量标准

城市各类防空地下室战时新鲜空气量标准，见表 9-5。城市人防工事生活用水量标准，见表 9-6。

表 9-5　城市各类防空地下室战时新鲜空气量标准

类　别	清洁式通风量/（m³/人·时）	过滤式通风量/（m³/人·时）
人员隐蔽室	3～7	1.5～3
全国人防重点城市、直辖市区的指挥所、通信工程	10～20	3～5
医院、救护所	15～20	3～5
防空专业队伍隐蔽室	10～15	2～3

表 9-6　城市人防工事生活用水量标准

用 水 项 目	用水量/（L/人·d）	用 水 项 目		用水量/（L/人·d）
饮用水	3～5	伤病员用水	住院	60～80（含以上用水）
洗漱用水	5～10		门诊	4～6
冲洗厕所用水	24	煮食物用水		4～6

9.3.3.4　城市人防工事的平面设计

（1）平面布置形式

城市人防工事的平面布置形式多种多样，合理的布置形式应使用方便、经济合理，且有利于防护能力的提高。

1）掘开式工事

它为采用掘开方式施工，其上部无较坚固的自然防护层或地面建筑物的单建式工事。工事顶部只有一定厚度的覆土，称为单层掘开式工事。顶层构筑遮弹层的，称为双层掘开式工事。这类工事有以下特点：

①受地质条件限制少。

②作业面大，便于快速施工。

③一般需要足够大的空地，且土方量较大。

④自然防护能力较低。若抵抗力要求较高时，则需耗费较多材料，造价较高。它大体上可分3种布置形式（图9-11所示）。

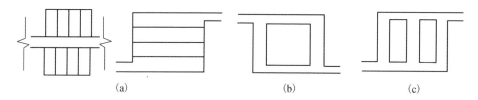

图9-11　掘开式工事示意

（a）集中式；（b）分散式；（c）混合式

a. 集中式：其优点是工作联系方便，防水面积、土方量较少，缺点是局部被破坏后影响较大，结构较复杂，不便于自然通风。

b. 分散式：其优缺点和集中式正好相反。

c. 混合式：其优缺点介于集中式和分散式之间。

单层式工事宜采用分散式或混合式。

2）附建式工事（防空地下室）

按防护要求，在高大或坚固的建筑物底部修建的地下室，称防空地下室。

①不受地形条件影响，不单独占用城市用地，并便于平时利用。

②可利用地面建筑物增加工事的防护能力。

③地下室与地面建筑基础合为一体，降低了工程造价。

④能有效地增强地面建筑的抗震能力。

其特点如下：

受地面建筑物平面形状和承重墙分布的制约，防空地下室的布置形式基本上和地面建筑物一样，即多属集中式。

3）坑道式工事

系在山地岩石或土中暗挖构筑，其基本平面形式是由若干通道相连，然后沿通道按一定的方式布置房间而形成。该通道中心线称为轴线。轴线长度主要决定于地形和工事的使用要求。在满足使用的前提下，为节省人力和材料，轴线的长度愈短愈好。其特点是：

①自然防护层厚，防护能力强。

②利用自然防护层，可减少人工被覆厚度或不作被覆，大大节省材料。

③便于自然排水和实现自然通风。

④施工、使用较方便。

⑤受地形条件的限制，作业面小，不利于快速施工。

坑道工事房间的布局形式有两种：即平行通道式和垂直通道式（图 9-12）。

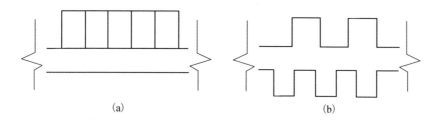

图 9-12　坑道工事示意图

（a）平行通道式；（b）垂直通道式

a. 平行通道式：优点是形式简单，表面积小，便于施工和通风，内部隔墙可根据使用要求的变化灵活分隔。缺点是跨度较大，岩石条件差时不便施工。

b. 垂直通道式：优缺点正好和前者相反。岩石条件许可时，应尽量采用平行通道式。

4）地道式工事

在平地或小起伏地区，采用暗挖或掘开方法构筑的线形单建式工事，称地道工事。其出入口坡向内部，特点如下：

①能充分利用地形、地质条件，增加工事防护能力。

②不受地面建筑物和地下管线影响，但受地质条件影响较大。高水位和软土质地区构筑工事较困难。

③防水、排水和自然通风较坑道工事困难。

④施工工作面小，不便于快速施工。

⑤工事多构筑于土中，故支撑结构耗费材料较高，增加了工程造价。

⑥跨度受限制，平时利用范围有限。

其布置形式基本上与坑道工事相同，房间尽可能采用平行通道式。

（2）出入口

1）出入口形式

出入口是人防工事与外界联系的部分，其形式是指防护门前部分的基本形状，它与防护效果有密切关系，常见出入口形式有以下 4 种。

①直通式：优点是人员、设备的进出及施工均较方便，结构简单，材料节省。缺点是冲击波自正前方来时，防护门上的荷载较大，自卫性能差。

②单向式：优点是自卫能力较好，人员进出方便，结构简单，且节省材料。缺点是大设施（如柱架、电机等）进出不便，冲击波从侧前方来时，防护门荷载较穿廊式大。

③穿廊式：优点是冲击波无论从何方来，作用于防护门上的荷载均较小，自卫性能较好，人员出入方便。缺点是结构较复杂，耗费材料多，大设施进出不便。

④垂井式：优点是节省材料，无论冲击波来自何方，作用在门上的荷载均较小。缺点是出入不方便。

2）出入口数量

其数量应根据战术、技术要求来确定。数量多对工事的防护与使用有利，但会增加造价。一般不应少于 2 个出入口。

一个连通片（区）内，应有一定数量的室外出入口设置在地面建筑物倒塌范围之外。

3）出入口的伪装

人防工事的抗力，不仅取决于工事结构和各种孔口防护设备的强度，还和工事隐蔽条件密切相关。工事结构程度很高，但十分暴露，这样就易被发现而遭破坏。这种工事的实际防护能力不能算高。所以，必须重视人防工事的伪装，即出入口部分的伪装。

出入口的伪装主要由当地地形、地貌环境所决定，应做到就地取材、灵活多种。如平坦地区可用轻便、防火的建筑物进行伪装，坑道工事出入口接通道路时可用接近道路的伪装。

（3）其他要求

1）重要出入口附近应设置能控制出入口部的火力点（视情况在临战前修建），并与主体工事连通，有条件的应与附近的城防、国防工事衔接连通，以便相互支援。

2）人防工事应按照工事用途、防护等级以及行政地位等划分为若干防护单元，分片进行保护。每个防护单元应自成防护体系，有 2 个以上的出入口（包括连通口）、有独立的通风系统。防护单元之间的连接通道内应设置 1～2 道防护密闭门。

3）疏散机动干道分为主干道和支干道两种类型：主干道可构筑人行通道和车行通道，作为前运粮弹、后运伤员和机动疏散之用；支干道是贯通各片工事与主干道相连接的人行隧道。保护单元之间、防护单元与支干道之间均应构筑连接通道。

主干道、支干道和连接通道的走向，应根据工事分布情况、战时机动疏散的需要和有利于平时使用来确定。主干道宜从人口稠密区通过，并连接重要工事。地上、地下要统一安排，避免与地面建筑、地下管线及其他地下构筑物相互影响和矛盾。

人行主干道、支干道每 600～800m 设置迂回通道和管理站，内设指挥、救护、隐蔽、饮水、厕所和出入口等设施。车行主干道的单车道每隔一定距离设置错车道。主干道、支干道和连接通道的交叉口应设置路牌。

采取自流排水时，应使防护单元和连接道的地面标高高于支干道，而支干道的地面标高高于主干道。

4）人防工事一般在半径为 300～500m 范围内设置给水点，无内水源的人防工事可设置储水池。

5）重点人防工事应设置独立的内部电源。一般人防工事应因地制宜，采取多种方式，优先保障战时工事照明。人防工事照明用电应做到分片、分段控制，有条件时可集中构筑较大的平战两用区域性的地下电站和变电站，战时统一向地下工程供电，平时在地面用电高峰时投入电网。

6）应将全部或部分通信枢纽站的机线转入地下。重点单位均应具备地下通讯手段，形成通信骨干，保障战时指挥、警报畅通。防空战斗片和主干道、支干道内部应设置有线通讯设备或广播对讲机设备的预装设施。

7）人防工事的消防应以防为主，制定防火管理规定，主干道、支干道和连接通道内应按照分段防毒、防烟、防灌水的要求进行分段防火且密闭。多层工事宜采用封闭防火楼梯间，并设置防火门。工事的重要部位，必要时可装置灭火设备和消防器材。

人防的地位与作用正在被世界各国所进一步认识。20 世纪 90 年代以来，人防的概念在发展，它不仅限于军事意义，不仅是防空措施，不仅在战时发挥作用，在许多国家，它正发挥着保证城市综合防护和促进城市建设的作用。目前世界上已有100多个国家开展了民防工作，各军事大国以及保持中立的发达国家民防建设已具相当规模。有一组数字可证：将全国国民隐蔽于地下的能力，以色列是100%，瑞士是89%，瑞典是85%，美国是70%。像俄罗斯的莫斯科其重要部门和重要目标的人防工程，通过战备地铁已实现了四通八达、快速机动与转移的程度。只不过各国今天的"防空洞"早已摆脱了昔日潮湿、阴冷，以"防"、"藏"为主的被动局面，代之以"能打能防"、"能藏能储"、"平战结合"的全维系统的综合构建，将战争与建设、国防与发展、军用与民用有机地结合起来，将人防（民防）建设与城市规划和开发地下资源有机地结合起来，使人防（民防）工程为国家经济建设和战争准备发挥出综合的效能。

思考题及习题

1. 什么是爆炸？爆炸分为几类？
2. 简述各类型爆炸的主要特点。
3. 燃气爆炸与一般化学爆炸有何不同？
4. 爆炸对结构的破坏作用有哪些？试简述之。
5. 冲击波对结构的破坏作用主要取决于哪些因素？
6. 试述燃气爆炸灾害的特点及对策。
7. 如何在结构设计上防止燃气爆炸下结构的连续倒塌？
8. 简述人防工程设计的总原则。
9. 简述人防工程的设置范围。

第十章　灾害的风险分析与评价

风险分析是对人类社会中存在的各种风险进行风险识别、风险估计、风险评价，并在此基础上优化组合各种风险管理技术、做出风险决策。近年来，起源于经济学的风险分析理论，被应用于灾害风险分析，为防灾减灾决策提供了有利的决策依据。本章介绍风险分析理论及其在灾害风险分析中的应用。

10.1　风险分析理论

10.1.1　风险的含义

风险是指不幸事件发生的可能性及其发生后将要造成的损害。这里，"不幸事件发生的可能性"称为"风险概率"；不幸事件发生后所造成的损失称为"风险后果"。有关专家将风险定义为风险度与风险后果两者的积。即：

$$风险 = 风险度 \times 风险后果$$

就风险自身而言，具有两个特点：一方面风险具有发生或出现人们不期望后果的可能性；另一方面风险具有不确定性和不肯定性。

10.1.2　风险分析的目的

风险分析的目的在于，对风险实施有效地控制和妥善处理风险所致损失的后果，期望以最小的成本获得最大的安全保障的效能。所谓"成本"是指风险分析研究的对象的人力、物力、财力、资源的投入；所谓"最大安全保障"是指将预期的损失减小到最低程度，以及一旦出现损失时获得经济补偿的最大保证。偶遇风险具有动态性，人们认识水平及风险管理技术处于不断完善的过程中，因此风险分析是一种动态过程。管理者必须根据实际情况随时修改决策方案，才能达到以最小的成本获得最大安全保障的目的。

10.1.3　风险分析的基本内容

风险分析的基本内容为：风险识别、风险估计与风险评价、风险处理、风险决策等四个方面。

（1）风险识别是找出风险所在及引起风险的主要因素，并对其后果做出定性的估计。

（2）风险估计是在风险识别的基础上，通过对大量损失资料的分析，运用概率论和数理统计方法，对风险发生的概率及其后果进行定量的估计。风险评价是把风险发生概率与损失后果结合考虑，用一个指标决定其大小，如期望值、标准差、风险度等，再根据国家所规定的安全指标或公认的安全指标去衡量风险的程度，以便确定风险是否需要处理和处理的程度。

（3）风险处理是根据风险评价的结果，选择风险管理技术，以实现风险分析目的。风险管理技术由两方面组成：控制型技术和财务型技术。控制型技术指避免、消除和减少风险（灾害）发生的机会，限制已发生的损失继续扩大的一切措施，前面章节所述的防治各种灾害的工程措施即属于控制型技术；财务型技术是指在实施控制技术后，对已发生的风险损失所做的财务安排。

（4）风险决策是对若干个可行的风险处理方案，可导致的风险后果进行分析，做出决策，即选择采用哪一种风险处理的对策和方案。

10.1.4　风险分析的一般程序

风险分析需要经过风险识别、风险估计与风险评价、风险处理和风险决策四个阶段，如图 10-1 所示。风险分析的动态性，决定了风险分析是一个周期性循环的过程。

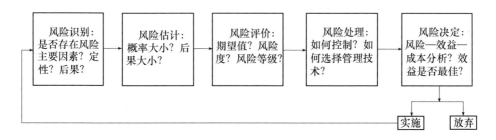

图 10-1　风险分析的一般程序

10.1.5　风险分析的主要方法及指标

10.1.5.1　风险估计的概率分析法

（1）风险的测度　在风险分析中，对风险的测度有两类指标，即平均指标和变异指标。平均指标反映了风险变量的集中趋势，而变异指标则表达了风险变量的离散趋势。常用的平均指标为期望值，变异指标则为标准差和变异系数。标准差体现了在灾难状态下的风险损失和风险损失期望值的离散程度，是风险测度的绝对指标；变异系数（也称为风险度）是标准差与期望值之比，为风险测度的相对指标，是对标准差的补充。

1）期望值 $E(x)$

$$E(x) = \sum_{i=1}^{n} x_i P_i \tag{10-1}$$

$$E(x) = \int_{b}^{a} x f(x) \, \mathrm{d}x \tag{10-2}$$

式中　x_i、P_i（$i=1,2,\cdots,n$）——离散型风险变量及相应的概率；

a、b——x 取值的上、下限；

$f(x)$——连续型风险变量的密度函数。

2）标准差 σ

$$\sigma = \sqrt{D(x)} = \sqrt{E(x - \bar{x})^2} \qquad (10\text{-}3)$$

式中 $E(x - \bar{x})^2$——$(x - \bar{x})$ 的数学期望值。

3）风险度 FD

$$FD = \frac{\sigma}{E(x)} \qquad (10\text{-}4)$$

风险度越大，就表示对将来越没有把握，风险也就越大。

（2）风险变量的概率分析　主要包括风险变量的概率估计，给出风险出现的可能性的大小。风险估计方法有主观和宏观两种方法：主观估计是专家根据长期积累的各方面的经验及当时搜集到的信息所做的估计；宏观估计是依据现有的各种数据和资料对未来事件发生的可能性进行预测。无论是主观估计还是客观估计都要给出风险变量的概率分布。用概率分布来描述各风险变量的变化规律，是进行风险分析的一种较完善方法。风险估计中常用的概率分布有阶梯长方形分布、梯形分布、三角形分布、理论概率分布。

1）阶梯长方形分布。其概率密度分布，如图 10-2 所示。

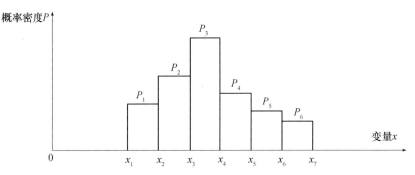

图 10-2　阶梯长方形分布

这种分布可以充分利用所获得的信息，并且有多少信息就用多少信息，不苛求更多的信息。估计者可根据要求将所获信息分成任意几个区间，画出大致概率分布图来。由于这种分布是分段取常值，故其均值 $E(x)$ 和方差 $D(x)$ 为

$$E(x) = \sum_{i=1}^{6} Pi \frac{x_{i+1}^2 - x_i^2}{2} \qquad (10\text{-}5)$$

$$D(x) = \sum_{i=1}^{6} Pi \frac{[x_{i+1} - E(x)]^3 - [x_i - E(x)]^3}{3} \qquad (10\text{-}6)$$

2）梯形分布。如图 10-3 所示，此时对变量的最可能值有所估计，且又估计不准，只是知道一个区间及相应于在正常情况下的取值。另外又估计出在极端情况下的最小值和最大值（x_1 和 x_4）。极端情况与正常情况之间即属于不正常情况，发生的概率要比正常情况下小，这里用直线相连。可以看出，很多主观概率分布都比较符合梯形分布。其均值与方差为

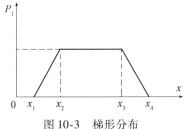

图 10-3　梯形分布

$$E(x) = \frac{1}{6}P_1\left[(x_3^2 + x_3x_4 + x_4^2) - (x_1^2 + x_1x_2 + x_2^2)\right]$$

$$= \frac{1}{3}\left[(x_1 + x_2 + x_3 + x_4) + \frac{x_1x_2 - x_3x_4}{x_3 + x_4 - x_1 - x_2}\right] \tag{10-7}$$

$$D(x) = \frac{1}{12}P_1\left[(x_3^2 + x_4^2)(x_3 + x_4) - (x_1^2 + x_2^2)(x_1 + x_2)\right]$$

$$+ \frac{1}{2}P_1\left[E(x)\right]^2(x_3 + x_4 - x_1 - x_2) - 2\left[E(x)\right]^2$$

$$= \frac{1}{6} \times \frac{1}{x_3 + x_4 - x_1 - x_2}\left[(x_3 + x_4)(x_3^2 + x_4^2)\right.$$

$$\left. - (x_1 + x_2)(x_1^2 + x_2^2)\right] - \left[E(x)\right]^2 \tag{10-8}$$

3）三角形分布。图 10-4 是三角形分布，它表示的是梯形分布的一种特殊情况，在主观估计中最为常用。该分布的一个突出优点是对所论风险变量只需专家提供最小值、最可能值和最大值三个特征的估计值。三角形分布的均值及方差为

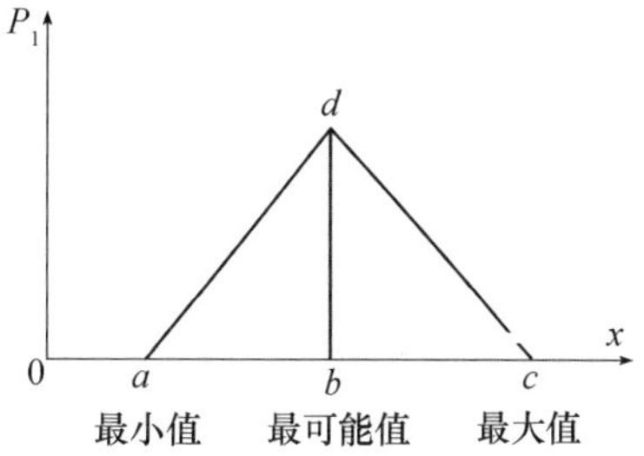

图 10-4　三角形分布

$$E(x) = \frac{1}{6}P_1(x_3 - x_1)(x_1 + x_2 + x_3) = \frac{x_1 + x_2 + x_3}{3} \tag{10-9}$$

$$D(x) = \frac{1}{12}P_1(x_3 - x_1)(x_1^2 + x_2^2 + x_3^2 + x_1x_2 + x_3x_1)$$

$$+ \frac{1}{2}P_1\left[E(x)\right]^2(x_3 - x_1) - 2\left[E(x)\right]^2$$

$$= \frac{(x_3 - x_1)^2 + (x_2 - x_1)(x_2 - x_3)}{18} \tag{10-10}$$

4）理论概率分析。它是风险估计中大量采用的估计方法，是用数学方法抽象出来的概率分布规律，并用数学表达式进行精确的描述。如果根据某些随机现象的性质分析或大量数据统计的结果，能看出这些随机现象符合一定的理论概率分布或与它近似地吻合，便可由一两个参数来确定整个变量的分布，并由这一理论分布来描述所研究的随机现象。理论概率分布依据其变量的分枝下去，就像树的生长形态一样，故这类分层次的图形分解法统称为"树"。一般的概率树如图 10-5 所示，把所研究的对象作为初始事件 E，它有一些可能的后果 $C_{ij\cdots k}$。可以看出，某一特定后果取决于初始事件后面的后续事件，即出现的某一给定的后果，在概率树中必然会出现一个系列的后续事件或途径；而给定一初始事件，就可能随后有几个"第一次后续事件"，显然，这些后续事件是互斥的；假定某一项第一次后续事件，则可能出现一组互斥的"第二次后续事件"。所以，概率树的每条途径表示某项给定的后续事件序列，并产生某种特定后果；某一特定途径发生的概率，就是该条途径上所有事件概率的乘积，由图 10-5 可得到

$$P(C_{ij\cdots k} \backslash E) = P(E_{1i} \backslash E)P(E_{2j} \backslash E_{1i}E)\cdots P(E_{nk} \backslash E_{1i}E_{2j}\cdots E) \tag{10-11}$$

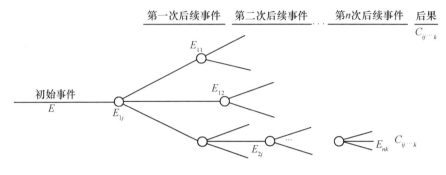

第一次后续事件　第二次后续事件　第n次后续事件　后果

图 10-5　概率树的结构

10.1.5.2　风险评价的主要方法

（1）层次分析法　层次分析法是人们在研究复杂事物时常用的一般性的方法。层次分析法是美国运筹学家沙泰在20世纪70年代提出的一种定性与定量相结合得多因素决策分析方法，其优点是将专家的经验判断进行量化。用层次分析法做系统分析，首先要把问题层次化，根据问题的性质和要达到的总目标，将问题分解为不同的组成因素，并按照因素间的关联影响和隶属关系，将因子按不同层次组合，形成一个多层次的分析结构模型，最终将系统分析归结为最低层次相对于最高层次的相对权重值的确定或有优劣次序的排序问题。这种方法的主要特点就是把复杂的事物，按一定的分解原则，分层次地逐步分解为若干个比较简单、容易分析和认识的事物，以便对这些较简单的事物进一步作具体、深入地研究。

在复杂的系统中，由于不确定性的广泛存在而引起的风险因素很多，研究中不能把所有的风险因素杂乱无章地罗列在一起，这会使分析工作无法入手。层次分析法是在复杂的大系统研究中常用的方法，利用层次分析法可以分析各因素之间的因果关系，并便于分别识别各个层次的主要风险因素。利用这种方法要经历一个由简到繁、再由繁到简的过程；由简到繁是为了不遗漏重要的风险因素；由繁到简是对已列出的各种风险因素做认真地分析和筛选，找出影响较大，需要深入研究的主要风险因素。

层次分析法可以用直观的图形即"树"的形式来表示。"树"的用途很广，用于决策分析的称决策树，用于概率分析的称概率树，用于风险分析的称风险树。

1）故障树分析。故障树分析采用树形图的形式，把系统的故障与组成系统的部件的故障有机地联系在一起。故障树分析首先确定系统不发生的事件作为顶事件，然后，掼照演绎分析的原则，从顶事件一级一级向下分析各自的直接原因事件，根据彼此间的逻辑关系，用逻辑门符号连接上下事件，直至所要求的分析深度。根据构造出来的故障树，分析导致系统顶事件发生的部位失效组合状态与结构重要度。应用故障树分析时，还可进行顶事件发生概率的计算等定量的分析和计算。

2）事件树分析。任何事故都是一个多环节时间的变化的结果。在给定一个初因事件的情况下，事件树分析指利用逻辑归纳法，以人、物和环境的综合系统为对象，分析事故的起因、发展和结果的全过程及可能导致的各种时间序列与后果。事件树分析由初因事件出发，确定事故发展的阶段，形成环节事件。事件可能有两种情况：成功与失败。事件树分析按照事故发展的顺序，从每种实践的成功与失败两种可能性出发进行定性分析，这种分析一直持续到可用树形图表时期可能结果为止。在定性分析的基础上，事件树分析还可进行事故序列发生概率的计算等定量分析。

3）因果分析。因果分析是故障树分析（表明原因）和事件树分析（表明后果）的总和。因果关系以事件树中失败的初因和环节事件为故障树的顶事件进行故障树分析；采用事件树动态分析系统的危险事件，预测系统可能发生的各种事故结果；以故障树对形成时间的机理进行微观分析，寻求控制事故的安全措施。因果分析中的故障树是一棵倒置的树，树根是初因事件，树叶是可能的后果。因果分析综合故障树和事件树可以得到因果分析图，从而可以清楚地列出事故因果链，从原因到危险事件直至后果。因果分析图是从危险事件出发，向下生长为表示原因的故障树，向上生长为表示结果的事件树。故障树分析和事件树分析两种方法各自保持其自然的发展程序，但又通过危险事件有机地联系起来，成为有因有果的因果关系。

（2）专家调查法 在风险识别工作中很难采用实验分析及建立数学模型来进行理论上的推导，主要还是依靠实际经验和采用推断的方法。为了克服个别分析者经验上的局限性，采用集中一些专家意见的专家调查法在风险识别阶段是很有用的。专家调查法的方法很多，并没有固定的模式，工作中可以根据实际情况灵活地采用或根据需要创造新的方法。

（3）幕景分析法 它是一种研究、辨识引起风险的关键因素及其影响程度的方法。一个幕景就是对某个风险事件未来某种状态的描述。这种描述可以在计算机上进行计算和显示，可用图表、曲线等进行描述。由于计算复杂、方案众多，一般都在计算机上进行。研究的重点是：当某种因素变化时，整个事件的变化情况以及会有什么风险出现。就像电影上一幕一幕场景一样，供人们进行研究比较。

（4）统计分析法 收集历史上的有关数据，利用统计分析的方法求取类似事故发生的概率。如事故时天气条件的计算、疾病发生率的估计等多用此方法。

（5）公式评价法 通过对事故的模拟分析，推导或实验得出的经验公式，利用公式计算出风险的可能大小，通过进一步实验和观测，对公式逐步修正。例如，有毒气体的泄漏，利用在类似条件下的大气扩散模式；污染物在水中的泄漏，利用水体迁移扩散模式；人体健康风险也可采用暴露危害计算公式。

（6）模糊数学法 风险就是可能发生的危险，用模糊数学的语言来描述，风险是对安全的隶属度。某些风险涉及复杂的因果关系，往往用精确的方法难以解决，风险在大与小之间没有明显的界限，模糊数学恰恰能够表达这种差异的中间过渡性，较为客观地刻画出风险的大小。如在输油管线的泄漏风险评价中，运用该方法就得到了比较满意的结果，其研究和应用正在逐步深入。

（7）图形叠加法 单因素城市灾害风险评价结果有时采用图形表示，特别是风险危害后果在用上述方法难以计算时采用图形表达，如有毒危险性气体的泄漏扩散一般可绘制浓度等值线图。在风险综合评价时，将各个环境风险因素的分布图进行合理叠加，得到整个研究区域中不同功能区的风险相对大小。

10.1.6 风险评价指标

风险的评价指标包括可靠性指标、回弹性指标和脆弱性指标。

（1）可靠性 指系统在一定时间、条件下，某一期望事件发生的概率。

（2）回弹性　指系统一旦发生破坏，恢复到满意状态或正常状态的历时特性。系统在遭受一次破坏中，如果破坏历时长，系统恢复得慢，还可能对系统产生更严重的后果。

（3）脆弱性　它是衡量系统遭到破坏强度大小的指标。对于某些系统的破坏，虽然破坏的历时不长，但破坏的深度过大，超过了系统承受的能力，也就是通常所说的集中破坏的方式，这同样要造成非常不利的后果。

10.1.7　风险决策的方法

进行风险决策的方法有：回避风险的方法、可靠性风险评价方法、费用—效益分析法。

回避风险的方法是指人们放弃某些有风险性的事件，割断其与风险的联系，将风险的影响降到最低限度，因而也不用将它与其他风险或获利情况作比较讨论。

可靠性风险评价就是对事件发生的风险率进行比较，其基本步骤是：先计算出风险率，然后把风险率与安全指标相比较。若风险率大于安全指标，系统处于危险状态，两数据相差越大，系统越危险；对于危险系统需要采用控制措施。若风险率小于安全指标，则认为系统是安全的，没有必要或暂时没有必要采取控制措施。

费用—效益分析法是一种综合考虑费用与效益的决策方法。为了减少风险，就需要采取措施，付出一定的代价。付出多大代价，所能获取的效益如何，这就是费用—效益分析所要解决的问题。

10.2　灾害风险分析

灾害风险分析是应用风险分析的基本原理和手段，用技术的、经济的、效率的观点综合地评价、审查防灾减灾系统的合理性以及系统设计的成功的可能性，选择适当的可能实现的最优系统或方案供决策者参考。

开展灾害风险综合分析和重大自然灾害的风险评价，是为了从质和量两方面分析灾害的发生和变化规律，合理确定灾害防御标准，科学制定防灾减灾方案，加强防灾减灾体系建设，为防灾减灾和社会、经济持续发展提供安全保障措施。

10.2.1　灾害风险分析的主要环节

灾害风险分析是对风险区遭受不同强度灾害的可能性及其可能造成的后果进行定量分析和评估。就自然灾害而言，它涉及以下三个主要方面：

（1）致灾因子风险分析

在自然灾害系统中，灾害源称为致灾因子。例如，地震、洪水都是致灾因子。致灾因子风险分析的主要任务是，研究给定区域内各种强度的灾害发生的概率或重现期。

（2）承灾体易损性评价

承灾体易损性评价包括：确定一定强度灾害发生时的风险区范围；对风险区主要建筑物、其他固定设备和建筑内部财产，风险区内的人口数量、分布和经济发展水平等进行分析和评价；对风险区内的财产进行综合抗灾性能分析。

（3）灾情损失评估

评估风险区内一定时段内可能发生的一系列不同强度的灾害给风险区造成的可能后果。

在某些领域，灾害风险分析，主要指致灾因子风险，侧重于自然系统，如在地震工程领域，灾害风险分析也称为危险性分析。事实上，致灾因子是导致灾害风险的要素之一，易损性和社会经济特性决定了是否成灾。

10.2.2 灾害风险分析指标体系的确立

指标体系的设计是灾害风险评价中的重要工作。风险评价的成功与失败，不仅决定于评价资料的全面性和可靠性，也决定于评价标准的客观性、全面性、系统性。设计评价指标要考虑被评价系统所涉及的方方面面，并考虑其定性、定位及动态跟踪；同时还要尽可能地与国家和地方的方针、政策、法规的要求相一致。例如，对于城市灾害系统的风险评价，不仅要考虑自然系统，还要考虑社会系统，所以在设计其指标体系时，包含了灾害指标和社会经济指标。

设计评价体系的具体步骤是：在进行灾害风险评价之前，对影响灾害的各因素进行分析，构建评价指标体系结构，并将这些指标量化，排除各因素量纲的影响，确定权重等。

指标体系的内容范围十分广泛，例如，城市系统的指标体系包含以下内容：

（1）政策性指标：包括政府的方针、政策、法令以及法律约束和发展规划等方面的要求，这在城市规划、管理和建设中尤为重要。

（2）技术性指标：重大建设工程项目的地质条件、设备、设施等技术指标要求。

（3）经济性指标：如方案成本、方案效益、建设周期等。

（4）社会性指标：如社会福利、居民文化素质、人口结构等。

（5）效益性指标：如经济效益、社会效益、环境效益等。

（6）环境性指标：如大气污染、水体污染、固体废物等。

（7）空间性指标：即与评价对象的空间地理位置和空间关系密切相关的指标，如选址中常用的交通、资源接近性指标。

城市火灾风险评价的指标体系，如图 10-6 所示。

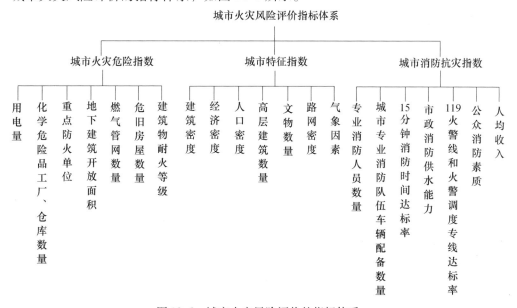

图 10-6 城市火灾风险评价的指标体系

10.2.3　灾害风险分析的具体内容

（1）灾害风险识别的主要工作有：

1）灾害基础资料调查。收集本地区的地理、地貌、地址、地震、水文等资料，建立城市地理结构模型；收集城市气候、气象资料，建立区域环境大气扩散迁移模型；收集生物、生态资料，建立城市生态结构模型；收集人口资料，建立城市人口结构模型；调查城市灾害历史与现状，收集灾害风险评估与管理所需的各种标准，如各项污染物的浓度限制标准等。

2）灾害风险源调查。常规灾害调查，计算和实测重大技术设施在生产运行中危害物质的排放参数，如危险物的类型、排风口位置、排放量等；调查和模拟灾害物质进入环境的迁移过程与归宿，实测危害物在环境中时空浓度分布及进入人体的途径。调查本区环境生态变化过程，公众健康状态，如职业病、地方病等。

3）事故风险调查。统计城市各企业、单位以及重大技术设施在生产运作中，年发生重大事故频率、伤亡人数、经济损失等；统计年交通事故频率、伤亡人数、经济损失等；统计年火灾频率、伤亡人数、财产损失等；调查城市重大技术设施是否发生过灾难性事故，发生原因，发生后对整个城市环境生态、公众健康、社会经济的危害。

4）潜在风险调查。技术设施的损耗测量，检查重大技术设施的完好程度，评估它们的安全使用寿命。调查城市易燃、易爆、有毒、放射性物质储存库的位置、储存量，这些危险物质储存库是否有安全保证；特别要调查这些危险物质储存库位置与高密度的人口区、与企业区群的距离是否合适；评估这些危险物质一旦发生恶性事故时的爆炸、杀伤及毒害范围；调查城市的自然灾害史，如地震、洪水、飓风、旱灾等发生的年频率，历史上发生过的自然灾害最大危害程度。

（2）灾害风险估计与评价的主要工作是：评估风险区内一定时段内可能发生的一系列不同强度的灾害给风险区造成的可能后果。在实际工作中，这种评估依赖于一整套贯穿于从致灾因子到灾害影响的、能前后相连的模型。这是一个跨越灾害理论、工程技术、经济分析的多领域的工作。所以，这一工作往往是由多方面的专家共同完成的：由各灾种的专家提供给定区域内致灾因子的时、空、强度的可能数值；由防灾减灾工程师依据致灾因子的强度，提供人类社会系统各种破坏的可能数值；由经济学家和社会学家们依据破坏程度，推测各种损失的可能性数值，最后由风险分析人员将三个环节的可能数值组合起来，给出损失风险。

灾害风险分析是一个复杂的过程。图10-7示意性地给出了自然灾害风险分析的具体工作和各步骤之间的关系。

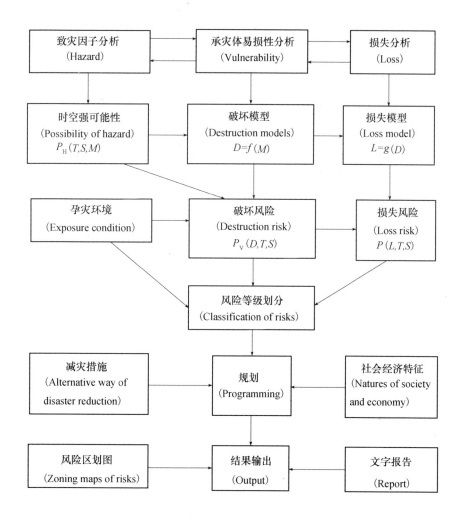

图 10-7 自然灾害风险分析流程图

注：T——灾害事件发生的时间；S——灾害事件发生的地点；M——灾害事件的强度；
D——承灾体破坏程度；L——自然灾害系统损失值

思考题及习题

1. 风险分析的目的是什么？

2. 风险分析包括哪些基本内容？

3. 灾害风险分析的主要环节有哪些？

4. 建立灾害风险分析指标体系应考虑哪些因素？

5. 进行灾害风险决策有哪些方法？

第十一章　城市防灾减灾规划

11.1　城市防灾减灾规划概述

城市是国家经济、文化、政治、科技信息的中心。防灾减灾是城市化发展中的重要课题。根据城市灾害的特点和城市防灾减灾工程现状，制定长期的、系统的城市综合防灾减灾规划，是实现城市综合防灾减灾的前提。

11.1.1　城市综合防灾减灾规划概念

城市防灾减灾规划是依社会科学和自然科学综合研究为先导，形成以地方应急管理为主体的灾害预防、救援及灾后重建的行政管理体系以及以防灾保险为依托的社会保障机制。在灾害面前，人们并非束手无策，而是可通过采取实现的措施消灭或减弱灾害源、限制灾害载体、保护或转移承载体，制定防灾减灾规划就是为达到这一目的。目前我国已相继制定了针对单一灾种的防治规划，如：城市抗震防灾规划、城市防洪规划、城市消防规划、城市地质灾害防治规划、城市人防规划等专项规划。

综合防灾减灾规划是城市总体规划中的专项规划。所谓综合防灾减灾规划就是强调系统化的综合分析与决策，抓住"综合"的关键，协调好以下十个关系：

（1）经济建设与防灾减灾建设一起抓。

（2）防灾、抗灾、救灾与恢复建设一起抓。

（3）各行政管理部门应相互配额，实施工程与减灾管理的综合网络。

（4）灾害预测研究部门、工程建设、政府机构与学术社团相互结合。

（5）促进灾害科学自然态与社会态的结合，形成交叉性课题。

（6）工程减灾的硬措施与非工程性减灾的软措施相结合。

（7）数据观测、灾情资料、趋势预测的交流、发布预警与救灾措施的结合。

（8）减灾与兴利相结合。

（9）政府科技行为与社会公众安全文化活动相结合。

（10）可持续发展与减灾未来学的关系。

11.1.2　综合减灾规划与单灾种减灾规划的关系

提高一个城市的防灾能力旨在提高这个城市综合减灾科技与管理能力，它绝不仅仅是城市的抗震能力、防洪能力等单一指标问题，而应强调协调能力的水准。只有协调得好，这个城市的防灾减灾总体规划才可行。因此，防灾减灾规划应与各种灾害的特点相适应，如：抗震防灾规划不能适应防洪排涝的需要，消防规划不能满足抗震防灾的需要等。因此，编制综合防灾规划的第一步是编制各单灾种的规划，各单灾种的规划是综合减灾规划的基础。由于城市灾害的多样性及其链式效应，如果各单灾种减灾规划各行其是，条块分割，将会造成各种减灾规划之间极不协调甚至互相矛盾，并可能导致防灾减灾设施和机构的重叠浪费。因此，编制综合防灾减灾规划就是要协调各单灾种规划，并与城市总体规划的功能与目标相一致。

11.1.3　城市减灾规划与城市规划的关系

城市减灾规划不是一个全新的规划，它是依附于城市总体规划的分规划；但它又是在传统的城市规划理论及方法上的新发展，是总体规划的补充和完善，同时具有自身的完整性、独立性和系统性。城市总体规划要有长远的减灾规划和目标，提高安全防灾指标，增强城市防灾能力；在进行城市建设总体规划的同时，制定隶属于它的二级规划——城市防灾减灾规划。

城市防灾减灾规划除了规划本身要符合国家标准以外，在规划布局上应当服从城市规划的统一安排，如城市的防洪、消防工程规划布局要在城市规划中加以协调。另外，城市规划也要尽量满足城市防灾规划的要求。例如城市详细规划中要保持建筑物的合理间距，使街道宽度在两侧建筑倒塌后仍有救灾的通道；规划足够的绿地和空地作为灾时避灾场所等。

11.2　城市防灾减灾规划的基本原则和主要内容

11.2.1　城市减灾规划的基本原则

城市减灾规划的基本原则是：
（1）防灾减灾与城市社会发展有机统一。
（2）防灾减灾与城市环境协调发展。
（3）防灾减灾规划应具有系统性并可适应防灾减灾的动态发展趋势。
（4）在专业规划中体现防灾意识。
（5）防灾减灾规划应具有全局性和独立性。

11.2.2　城市防灾减灾规划的主要内容

城市防灾减灾规划是指城市规划中的防灾减灾内容、内涵或有关方面。减灾规划的主要内容在城市土木工程基础设施规划中有着重体现，但却远非局限于此，它在总体规划和专业规划中都有所体现。

依据灾害发生的前后时间可将防灾减灾规划分为防灾规划和救灾规划两部分。防灾规划的主要内容包括以下几方面：

（1）科学选择城市建设用地，制定与自然共生存、维护生态系统的土地利用规划。城市建设拥挤，要从城市用地评定做起，即在调查城市各项自然和社会基础资料的基础上，对可能成为城市的发展建设用地的地区进行科学地分析与评定，确定城市用地在防灾上的适用程度。通过选址避开自然易灾地段，例如避开易产生崩塌、滑坡的山坡的坡脚，易发生洪水和泥石流的山谷的谷口，易发生地震液化的饱和砂层地区，易发生震陷的填土区和古河道等。如果选择得当，就可以节约大量资金，提高城市安全性，加快城市建设速度；反之则可能带来许多后患，一旦发生灾害，损失将大幅加剧。

（2）合理考虑城市各项用地的功能布局。

（3）对城市用地进行综合评定后，要解决好用地的功能布局，在布局中不但使其达到经济合理、使用方便，而且要符合防灾抗灾的要求。通过合理的布局避免产生人为的易灾区。如易爆物仓库需远离易燃物集中处和人口建筑密集区；释放有毒、有害气体的单位建于下风口等。

（4）建立适于避灾、抗灾、救灾和防灾的城市单元结构布局，以实现较优的系统防灾环境。

（5）进行城市抗灾能力的评估。如评估城市社会经济状况、防灾设施现状等。

总之，城市防灾规划的主要考虑点是：优选地质、地貌等自然环境；规划有利于避灾、防灾、抗灾、救火等社会功能与结构布局；强化某些社会职能性网点使其成为减灾隐性"韧"环境；根据实际情况补插减灾特殊建筑物等。

城市救灾规划是在临灾或灾害发生时以及灾后所采取的抗灾救灾措施与规划，它是广义上的城市防灾规划内容的重要部分。因为就某些大的自然灾害而言，即使有了预防规划，仍会造成严重的破坏后果，编制救灾规划的目的是在灾害发生后，有组织、系统地进行救灾抢救，控制混乱局面，进而减少城市灾害损失。

救灾规划的主要内容包括以下几方面：

（1）规划生命线系统的最简抗灾性功能覆盖网络。

（2）综合开发利用地下空间。

（3）规划城市结构、设计抗灾目标以尽量防止灾害链接点的存在。

（4）规划多功能临时性救灾"中转"场地。如避难场地、救灾物资集散地、临时医护站等。

（5）规划救灾指挥系统。

（6）规划救灾支持环境。

（7）要有应急管理方案。其主要内容是：突发性事故灾害的应急监测、应急措施、应急对策等。有资料表明：有效的应急方案可将灾害损失降低到无应急方案的情况下的6%。

11.3 城市综合防灾减灾规划的编制和实施

11.3.1 城市综合防灾减灾规划的编制要点

（1）编制城市综合防灾减灾规划应包括全市防灾减灾总体规划、行业防灾减灾规划和区域防灾减灾规划等，这当中以全市性规划为主，专业性和区域性规划为辅。

（2）防灾减灾规划的内容应包含历史灾情调查，防灾减灾效益和现有防灾减灾能力评估、存在问题、防灾减灾目标、防灾减灾行动、防灾减灾体系建设、防灾减灾优先项目建设和可行性分析等。

（3）编制城市防灾减灾规划，应获取以下基础资料：

1）城市历史与现状，城市性质、规模以及其政治、经济、人文特征。

2）城市发展目标。

3）当地灾害史研究，各类自然灾害趋势性预测与规律分析。

4）当地自然环境、人工环境调查、监测分析与评价，社会系统与单元灾害易损性分析，自然灾害与防灾、救灾区划。

（4）编制城市防灾减灾规划在总体上应遵循以下模式，如图 11-1 所示。

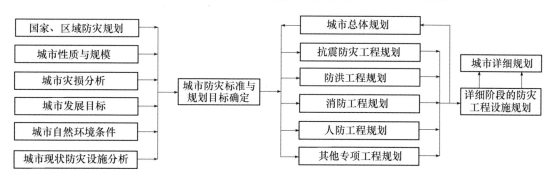

图 11-1　城市防灾减灾规划模式

11.3.2　城市减灾规划的主要实施步骤

（1）由政府出面组建"城市综合防灾减灾规划"领导班子和工作班子，也可委派科委或某个主管部门牵头成立工作班子进行工作。工作班子应由一定资历、热心于减灾事业的领导干部和专业性广泛的有关专家、科技人员组成。

（2）确定城市减灾目标、实施标准与途径。城市的防灾减灾规划目标和任务，应根据全国减灾规划目标，结合当地实际提出，并应提出分年目标和任务计划。

（3）结合总体规划，进行城市减灾结构分区。

（4）根据城市社会与环境间的复杂的动态特征关系、城市发展目标与减灾目标等，在减灾结构分区与减灾环境评估的基础上，应用专业知识与运筹学、系统论、信息论或其他有关的理论与方法，规划具有较高抗灾能力与功能覆盖能力的道路、水电供应或其他生命线工程的主干网络，以及最重要的救灾支持条件。

（5）进行全方位体现防灾减灾意图的城市详细规划。无论是建筑类型，还是建筑密度、高度等控制指标的总平面布置，道路系统的规划设计，工程管网的综合规划与竖向规划，无不与防灾减灾目的的实现有密不可分的关系。故需把防灾减灾意识渗入到城市规划的指导思想中去。例如，由于地震波的共振效应，在某些高度时，建筑物的地震易损性比在其他高度时大得多。城市管线的布局、连接关系、断面特征、结构形式、物流控制，所处的地质环境等更是决定了这些建筑、构筑物的防灾能力及其支持防灾、救灾的职能是否能得以顺利地高效地实现。

（6）进行防灾、救灾的计算机模拟，作投资效果分析，进而改善与补充防灾减灾规划。

11.4 城市灾害应急预案

城市灾害应急救援预案又称城市灾害应急预案，是城市灾害预防系统的重要组成部分，是政府或企业为了降低事故或灾害的后果严重程度，以对灾害源的评价和事故预测结果为依据而预先制定的灾害控制和抢险救灾方案，是应急救援活动的行动指南，以其指导应急准备、训练和演习，乃至迅速高效的应急行动。应急预案的总目标是控制城市灾害大发展并尽可能将城市灾害对人、财产和环境的损失减小到最低程度。

11.4.1 应急预案的类型

根据对象和级别的不同，应急预案可以分为以下四类：

（1）应急行动指南或检查表。针对已辨识的危险采取特定应急行动，简要描述应急行动必须遵守的基本程序，如发生情况向谁报告，报告什么信息，采取哪些应急措施。这种应急预案主要起提示作用，对现管人员要进行培训，有时将这种预案作为其他类型预案的补充。

（2）应急响应预案。针对现场每项设施和场所可能发生的事故情况编制的应急相应预案，如化学泄漏事故的应急相应预案，台风应急相应预案等。应急相应预案要包括所有可能的危险情况，明确有关人员在紧急情况下的职责。这类预案仅说明处理紧急事务的必须行动，不包括实现要求（如培训、演练等）和事后措施。

（3）互助应急预案。相邻企业为了在事故应急处理中共享资源，互相帮助制定的应急预案。这类预案适合于资源有限的中、小企业以及高风险的大企业，需要高效的协调管理。

（4）应急管理预案。应急管理预案是综合性的事故应急预案，这类预案详细描述事故前、事故过程中和事故后何人做何事、什么时候做、如何做。这类预案要明确完成每一项责任的具体实施程序。应急管理预案包括事故应急的 4 个逻辑步骤：预防、预备、响应、恢复。

应急预案根据制定的部门不同分为：政府部门的应急预案和企业的应急预案。

（1）政府部门的应急预案主要是针对其管辖范围内的重大灾害和突发事件的救援，其侧重于应急救援的整体实施、部署和协调工作，是一种宏观的具有指导性的应急预案。政府部门的应急预案主要是应急程序，不含具体作业层文件，但应对政府各部门和企业的应急预案提出制定要求。

（2）企业部门的应急预案是针对本企业内部所有可能发生的事故的应急预案，是针对企业的具体事故制定的应急预案，是一种微观方面的预案，其内容十分具体，针对性非常强。

11.4.2 应急预案的分级

城市重大应急预案由现场企业应急预案和现场外政府应急预案两部分组成。现场应急预案由企业负责，场外应急预案由政府部门负责。两部分应急预案应分别制定，但协调一致。

根据可能的事故后果的影响范围、地点及应急方式，建立我国事故应急救援体系可将事故应急预案分为以下五种级别：

（1）一级（企业级）应急预案。这类事故的有害影响局限在一个单位（如某个工厂、火车站、仓库、农场、煤气或石油管道加压站/终端站等的界区之内）；而且可被现场的操作者遏制和控制在该区域内。这类事故可能需要投入整个单位的力量来控制，但其影响预期不会扩大到社区。

（2）二级（县、市/社区级）应急预案。这类事故所涉及的影响可扩大到公共区，但可被该公共区的力量加上所涉及的工厂、工业部门的力量所控制。

（3）三级（地区/市级）应急预案。这类事故影响范围大，后果严重，或是发生在两个县或县级市管辖区边界上的事故。应急救援需动员地区的力量。

（4）四级（省级）应急预案。对可能发生的特大火灾、爆炸、毒物泄漏事故，特大危险品运输事故以及属于省级特大事故隐患、省级重大危险源应建立省级事故应急反应预案。它可能是一种规模极大的灾害事故，或可能是一种需要用事故发生的城市或地区所没有的特殊技术和设备进行处理的特殊事故。这类意外事故需要全省范围内的力量来控制。

（5）五级（国家级）应急预案。对事故后果超过省、直辖市、自治区边界以及列为国家级事故隐患、重大危险源的设备及其场所，应制定国家级应急预案。

11.4.3 城市中需要编制应急预案的单位和场所

（1）城市政府部门。

（2）城市的灾害和安全管理部门。如城市的防洪、抗震、气象、公安、消防、人防、泥石流防治等管理部门及其下属部门。

（3）可能有危险物或设备引起火灾和爆炸事故的场所。主要是爆炸性物质、活性化学物质、可燃、易燃物质的生产、经营和储存场所，例如，民用爆炸物质、危险化学品生产、储存单位的危险品库区、灌区；有高压线区、压力管道和特种设备的场所；可能发生毒物泄漏的场所等。

（4）有毒物质的生产、经营、储存场所。

（5）容易发生重大事故的企业。矿山、建筑施工及涉及危险化学品的生产、经营、储存、运输等企业。

（6）运输部门。道路交通、水上交通、铁道运输、民航等运输管理部门及各个运输企业。

（7）无危险物质，但可由活动中的因素引起火灾或爆炸的场所。例如，歌舞厅、影剧院等公共娱乐场所；医院、酒店、宾馆等服务场所；图书馆、商场、大型超市、火车站、机场等公共场所；举办集会、焰火晚会、灯会等大型活动的场所。

（8）国家或地方政府规定的城市的其他场所或单位。

（9）大型活动的举办单位也应制定针对本次活动的应急预案。

11.4.4　应急预案的基本要素及其内容

应急预案基本要素包括以下十项：

（1）组织机构及其职能

1）明确应急反应组织机构、参加单位、人员及其作用。

2）明确应急反应总负责人以及每一具体行动的负责人。

3）列出本区域以外能提供援助的有关机构。

4）明确政府和企业在事故应急中各自的职责。

（2）危险辨识与风险评估

1）确认可能发生的事故类型、地点。

2）确定事故影响及可能影响的人数。

3）按所需应急反应的级别，划分事故严重度。

（3）通告程序和报警系统

1）确定报警系统及程序。

2）确定现场 24 小时的通告、报警方式，如电话、警报器等。

3）确定 24 小时与政府主管部门的通讯、联络方式，以便应急指挥和疏散居民。

4）明确相互认可的通告、报警形式和内容（避免误解）。

5）明确应急反应人员向外求救的方式。

6）明确向公众报警的标准、方式、信号等。

7）明确应急反应指挥中心怎样保证有关人员理解并对应急报警反应。

（4）应急设备与设施

1）明确可用于应急救援的设备，如办公室、通行设备、应急物资等；列出有关部门，如企业现场、武警、消防、卫生、防疫等部门可用的应急设备。

2）描述与有关医疗机构的关系，如急救站、医院、救护队等。

3）描述可用的危险检测设备。

4）列出可用的个体防护装备（如呼吸器、防护服等）

5）列出与有关机构签订的互援协议。

（5）应急评价能力与资源

1）明确决定各项应急时间的危险程度的负责人。

2）描述评价危险程度的程序。

3）描述评估小组的能力。

4）描述评价危险场所使用的监测设备。

5）确定外援的专业人员。

（6）保护措施程序

1）明确可授权发布疏散居民指令的负责人。

2）描述决定是否采取保护措施的程序。

3）明确负责执行和核实疏散居民（包括通告、运输、交通管制、警戒）的机构。

4）描述对特殊设施和人群的安全保护措施（如学校、幼儿园、残疾人员等）。

5）描述疏散居民的接待中心或避难场所。

6）描述决定终止保护措施的方法。

（7）信息发布与公众教育

1）明确各应急小组在应急过程中对媒体和公众的发言人。

2）描述向媒体和公众发布事故应急信息的决定方法。

3）描述为确保公众了解如何面对应急情况所采取的周期性宣传以及提高安全意识的措施。

（8）事故后的恢复程序

1）明确决定终止应急，恢复正常秩序的负责人。

2）描述确保不会发生未授权而进入事故现场的措施。

3）描述宣布应急取消的程序。

4）描述恢复正常秩序的程序。

5）描述连续监测受影响区域的方法。

6）描述调查、记录、评估应急反应的方法。

（9）培训与演练

1）对应急人员进行培训，并确保合格者上岗。

2）描述每年培训演练计划。

3）描述定期检查应急预案的情况。

4）描述通信系统监测频度和程度。

5）描述进行公众通告测试的频度和程度并评价其效果。

6）描述对现场应急人员进行培训和更新安全宣传材料的频度和程度。

（10）应急预案的维护

1）明确每项计划更新、维护的负责人。

2）描述每年更新和修订应急预案的方法。

3）根据演练、检测结果完善应急计划。

思考题及习题

1. 为何要制定城市综合防灾减灾规划？
2. 防灾减灾规划与城市规划的关系。
3. 为何要编制城市灾害应急预案？
4. 城市灾害应急预案的分类和分级。
5. 应急预案的基本要素和内容。

附录 A 我国主要城镇抗震设防烈度、设计基本地震加速度和设计地震分组

本附录仅提供我国抗震设防区各县级及县级以上城镇的中心地区建筑工程抗震设计时所采用的抗震设防烈度、设计基本地震加速度值和所属的设计地震分组。

注：本附录一般把"设计地震第一、二、三组"简称为"第一组、第二组、第三组"。

A.0.1 首都和直辖市

1 抗震设防烈度为 8 度，设计基本地震加速度值为 0.20g：

北京（除昌平、门头沟外的 11 个市辖区），平谷，大兴，延庆，宁河，汉沽。

2 抗震设防烈度为 7 度，设计基本地震加速度值为 0.15g：

密云，怀柔，昌平，门头沟，天津（除汉沽、大港外的 12 个市辖区），蓟县，宝坻，静海。

3 抗震设防烈度为 7 度，设计基本地震加速度值为 0.10g：

大港，上海（除金山外的 15 个市辖区），南汇，奉贤

4 抗震设防烈度为 6 度，设计基本地震加速度值为 0.05g：

崇明，金山，重庆（14 个市辖区），巫山，奉节，云阳，忠县，丰都，长寿，壁山，合川，铜梁，大足，荣昌，永川，江津，綦江，南川，黔江，石柱，巫溪[*]

注：1. 首都和直辖市的全部县级及县级以上设防城镇，设计地震分组均为第一组。

2. 上标[*]指该城镇的中心位于本设防区和较低设防区的分界线，下同。

A.0.2 河北省

1 抗震设防烈度为 8 度，设计基本地震加速度值为 0.20g：

第一组：廊坊（2 个市辖区），唐山（5 个市辖区），三河，大厂，香河，丰南，丰润，怀来，涿鹿

2 抗震设防烈度为 7 度，设计基本地震加速度值为 0.15g：

第一组：邯郸（4 个市辖区），邯郸县，文安，任丘，河间，大城，涿州，高碑店，涞水，固安，永清，玉田，迁安，卢龙，滦县，滦南，唐海，乐亭，宣化，蔚县，阳原，成安，磁县，临漳，大名，宁晋

3 抗震设防烈度为 7 度，设计基本地震加速度值为 0.17g：

第一组：石家庄（6 个市辖区），保定（3 个市辖区），张家口（4 个市辖区），沧州（2 个市辖区），衡水，邢台（2 个市辖区），霸州，雄县，易县，沧县，张北，万全，怀安，兴隆，迁西，抚宁，昌黎，青县，献县，广宗，平乡，鸡泽，隆尧，新河，曲周，肥乡，馆

陶，广平，高邑，内丘，邢台县，赵县，武安，涉县，赤城，涞源，定兴，容城，徐水，安新，高阳，博野，蠡县，肃宁，深泽，安平，饶阳，魏县，藁城，栾城，晋州，深州，武强，辛集，冀州，任县，柏乡，巨鹿，南和，沙河，临城，泊头，永年，崇礼，南宫*

第二组：秦皇岛（海港、北戴河），清苑，遵化，安国

4 抗震设防烈度为 6 度，设计基本地震加速度值为 0.05g：

第一组：正定，围场，尚义，灵寿，无极，平山，鹿泉，井陉，元氏，南皮，吴桥，景县，东光

第二组：承德（除鹰手营子外的 2 个市辖区），隆化，承德县，宽城，青龙，阜平，满城，顺平，唐县，望都，曲阳，定州，行唐，赞皇，黄骅，海兴，孟村，盐山，阜城，故城，清河，山海关，沽源，新乐，武邑，枣强，威县

第三组：丰宁，滦平，鹰手营子，平泉，临西，邱县

A.0.3 山西省

1 抗震设防烈度为 8 度，设计基本地震加速度值为 0.20g：

第一组：太原（6 个市辖区），临汾，忻州，祁县，平遥，古县，代县，原平，定襄，阳曲，太谷，介休，灵石，汾西，霍州，洪洞，襄汾，晋中，浮山，永济，清涂

2 抗震设防烈度为 7 度，设计基本地震加速度值为 0.15g：

第一组：大同（4 个市辖区），朔州（朔城区），大同县，怀仁，浑源，广灵，应县，山阴，灵丘，繁峙，五台，古交，交城，文水，汾阳，曲沃，孝义，侯马，新绛，稷山，绛县，河津，闻喜，翼城，万荣，临猗，夏县，运城，芮城，平陆，沁源*，宁武*

3 抗震设防烈度为 7 度，设计基本地震加速度值为 0.10g：

第一组：长治（2 个市辖区），阳泉（3 个市辖区），长治县，阳高，天镇，左云，右玉，神池，寿阳，昔阳，安泽，乡宁，垣曲，沁水，平定，和顺，黎城，潞城，壶关

第二组：平顺，榆社，武乡，娄烦，交口，隰县，蒲县，吉县，静乐，孟县，沁县，陵川，平鲁

4 抗震设防烈度为 6 度，设计基本地震加速度值为 0.05g；

第二组：偏关，河曲，保德，兴县，临县，方山，柳林

第三组：晋城，离石，左权，襄垣，屯留，长子，高平，阳城，泽州，五寨，岢岚，岚县，中阳，石楼，永和，大宁

A.0.4 内蒙古自治区

1 抗震设防烈度为 8 度，设计基本地震加速度值为 0.30g：

第一组：土默特右旗，达拉特旗*

2 抗震设防烈度为 8 度，设计基本地震加速度值为 0.20g：

第一组；包头（除白云矿区外的 5 个市辖区），呼和浩特（4 个市辖区），土默特左旗，乌海（3 个市辖区），杭锦后旗，磴口，宁城，托克托*

3 抗震设防烈度为 7 度，设计基本地震加速度值为 0.15g：

第一组：喀喇沁旗，五原，乌拉特前旗，临河，固阳，武川，凉城，和林格尔，赤峰（红山*，元宝山区）

第二组：阿拉善左旗

4 抗震设防烈度为7度，设计基本地震加速度值为0.10g；

第一组：集宁，清水河，开鲁，傲汉旗，乌特拉后旗，卓资，察右前旗，丰旗，扎兰屯，乌特拉中旗，赤峰（松山区），通辽*

第三组：东胜，准格尔旗

5 抗震设防烈度为6度，设计基本地震加速度值为0.05g：

第一组：满洲里，新巴尔虎右旗，莫力达瓦旗，阿荣旗，扎赉特旗，翁牛特旗，兴和，商都，察右后旗，科左中旗，科左后旗，奈曼旗，库伦旗，乌审旗，苏尼特右旗

第二组：达尔罕茂明安联合旗，阿拉善右旗，鄂托克旗，鄂托克前旗，白云

第三组：伊金霍洛旗，杭锦旗，四王子旗，察右中旗

A.0.5 辽宁省

1 抗震设防烈度为8度，设计基本地震加速度值为0.20g：

普兰店，东港

2 抗震设防烈度为7度，设计基本地震加速度值为0.15g：

营口（4个市辖区），丹东（3个市辖区），海城，大石桥，瓦房店，盖州，金州

3 抗震设防烈度为7度，设计基本地震加速度值为0.10g：

沈阳（9个市辖区），鞍山（4个市辖区），大连（除金州外的5个市辖区），朝阳（2个市辖区），辽阳（5个市辖区），抚顺（除顺城外的3个市辖区），铁岭（2个市辖区），盘锦（2个市辖区），盘山，朝阳县，辽阳县，岫岩，铁岭县，凌源，北票，建平，开原，抚顺县，灯塔，台安，大洼，辽中

4 抗震设防烈度为6度，设计基本地震加速度值为0.05g：

本溪（4个市辖区），阜新（5个市辖区），锦州（3个市辖区），葫芦岛（3个市辖区），昌图，西丰，法库，彰武，铁法，阜新县，康平，新民，黑山，北宁，义县，喀喇沁，凌海，兴城，绥中，建昌，宽甸，凤城，庄河，长海，顺城

注：全省县级及县级以上设防城镇的设计地震分组，除兴城、绥中、建昌、南票为第二组外，均为第一组。

A.0.6 吉林省

1 抗震设防烈度为8度，设计基本地震加速度值为0.20g：

前郭尔罗斯，松原

2 抗震设防烈度为7度，设计基本地震加速度值为0.15g：

大安*

3 抗震设防烈度为7度，设计基本地震加速度值为0.10g：

长春（6个市辖区），吉林（除丰满外的3个市辖区），白城，乾安，舒兰，九台，

永吉*

4　抗震设防烈度为 6 度，设计基本地震加速度值为 0.05g：

四平（2 个市辖区），辽源（2 个市辖区），镇赉，洮南，延吉，汪清，图们，珲春，龙井，和龙，安图，蛟河，桦甸，梨树，磐石，东丰，辉南，梅河口，东辽，榆树，靖宇，抚松，长岭，通榆，德惠，农安，伊通，公主岭，扶余，丰满

注：全省县级及县级以上设防城镇，设计地震分组均为第一组。

A.0.7　黑龙江省

1　抗震设防烈度为 7 度，设计基本地震加速度值为 0.10g：

绥化，萝北，泰来

2　抗震设防烈度为 6 度，设计基本地震加速度值为 0.05g：

哈尔滨（7 个市辖区），齐齐哈尔（7 个市辖区），大庆（5 个市辖区），鹤岗（6 个市辖区），牡丹江（4 个市辖区），鸡西（6 个市辖区），佳木斯（5 个市辖区），七台河（3 个市辖区），伊春（伊春区，乌马河区），鸡东，望奎，穆棱，绥芬河，东宁，宁安，五大连池，嘉荫，汤原，桦南，桦川，依兰，勃利，通河，方正，木兰，巴彦，延寿，尚志，宾县，安达，明水，绥棱，庆安，兰西，肇东，肇州，肇源，呼兰，阿城，双城，五常，讷河，北安，甘南，富裕，龙江，黑河，青冈*，海林*

注：全省县级及县级以上设防城镇，设计地震分组均为第一组。

A.0.8　江苏省

1　抗震设防烈度为 8 度，设计基本地震加速度值为 0.30g：

第一组：宿迁，宿豫*

2　抗震设防烈度为 8 度，设计基本地震加速度值为 0.20g：

第一组：新沂，邳州，睢宁

3　抗震设防烈度为 7 度，设计基本地震加速度值为 0.15g：

第一组：扬州（3 个市辖区），镇江（2 个市辖区），东海，沭阳，泗洪，江都，大丰

4　抗震设防烈度为 7 度，设计基本地震加速度值为 0.10g：

第一组：南京（11 个市辖区），淮安（除楚州外的 3 个市辖区），徐州（5 个市辖区），铜山，沛县，常州（4 个市辖区），泰州（2 个市辖区），赣榆，泗阳，盱眙，射阳，江浦，武进，盐城，盐都，东台，海安，姜堰，如皋，如东，扬中，仪征，兴化，高邮，六合，句容，丹阳，金坛，丹徒，溧阳，溧水，昆山，太仓

第三组：连云港（4 个市辖区），灌云

5　抗震设防烈度为 6 度，设计基本地震加速度值为 0.05g：

第一组：南通（2 个市辖区），无锡（6 个市辖区），苏州（6 个市辖区），通州，宜兴，江阴，洪泽，金湖，建湖，常熟，吴江，靖江，泰兴，张家港，海门，启东，高淳，丰县

第二组：响水，滨海，阜宁，宝应，金湖

第三组：灌南，涟水，楚州

A. 0. 9　浙江省

1　抗震设防烈度为 7 度，设计基本地震加速度值为 0. 10g：

岱山、嵊泗，舟山（2 个市辖区）

2　抗震设防烈度为 6 度，设计基本地震加速度值为 0. 05g：

杭州（6 个市辖区），宁波（5 个市辖区），湖州，嘉兴（2 个市辖区），温州（3 个市辖区），绍兴，绍兴县，长兴，安吉，临安，奉化，鄞县，象山，德清，嘉善，平湖，海盐，桐乡，余杭，海宁，萧山，上虞，慈溪，余姚，瑞安，富阳，平阳，苍南，乐清，永嘉，泰顺，景宁，云和，庆元，洞头

注：全省县级及县级以上设防城镇，设计地震分组均为第一组。

A. 0. 10　安徽省

1　抗震设防烈度为 7 度，设计基本地震加速度值为 0. 15g：

第一组：五河，泗县

2　抗震设防烈度为 7 度，设计基本地震加速度值为 0. 10g：

第一组：合肥（4 个市辖区），蚌埠（4 个市辖区），阜阳（3 个市辖区），淮南（5 个市辖区），枞阳，怀远，长丰，六安（2 个市辖区），灵璧，固镇，凤阳，明光，定远，肥东，肥西，舒城，庐江，桐城，霍山，涡阳，安庆（3 个市辖区）*，铜陵县*

3　抗震设防烈度为 6 度，设计基本地震加速度值为 0. 05g：

第一组：铜陵（3 个市辖区），芜湖（4 个市辖区），巢湖，马鞍山（4 个市辖区），滁州（2 个市辖区），芜湖县，砀山，萧县，亳州，界首，太和，临泉，阜南，利辛，蒙城，凤台，寿县，颍上，霍丘，金寨，天长，来安，全椒，含山，和县，当涂，无为，繁昌，池州，岳西，潜山，太湖，怀宁，望江，东至，宿松，南陵，宣城，郎溪，广德，泾县，青阳，石台

第二组：濉溪，淮北

第三组：宿州

A. 0. 11　福建省

1　抗震设防烈度为 8 度，设计基本地震加速度值为 0. 20g：

第一组：金门*

2　抗震设防烈度为 7 度，设计基本地震加速度值为 0. 15g：

第一组：厦门（7 个市辖区），漳州（2 个市辖区），晋江，石狮，龙海，长泰，漳浦，东山，诏安

第二组：泉州（4 个市辖区）

3　抗震设防烈度为 7 度，设计基本地震加速度值为 0. 10g：

第一组：福州（除马尾外的 4 个市辖区），安溪，南靖，华安，平和，云霄

第二组：莆田（2 个市辖区），长乐，福清，莆田县，平潭，惠安，南安，马尾

4 抗震设防烈度为 6 度，设计基本地震加速度值为 0.05g：

第一组：三明（2 个市辖区），政和，屏南，霞浦，福鼎，福安，柘荣，寿宁，周宁，松溪，宁德，古田，罗源，沙县，尤溪，闽清，闽侯，南平，大田，漳平，龙岩，永定，泰宁，宁化，长汀，武平，建宁，将乐，明溪，清流，连城，上杭，永安，建瓯

第二组：连江，永泰，德化，永春，仙游

A.0.12 江西省

1 抗震设防烈度为 7 度，设计基本地震加速度值为 0.10g：

寻乌，会昌

2 抗震设防烈度为 6 度，设计基本地震加速度值为 0.05g：

南昌（5 个市辖区），九江（2 个市辖区），南昌县，进贤，余干，九江县，彭泽，湖口，星子，瑞昌，德安，都昌，武宁，修水，靖安，铜鼓，宜丰，宁都，石城，瑞金，安远，定南，龙南，全南，大余

注：全省县级及县级以上设防城镇，设计地震分组均为第一组。

A.0.13 山东省

1 抗震设防烈度为 8 度，设计基本地震加速度值为 0.20g：

第一组：郯城，临沭，莒南，莒县，沂水，安丘，阳谷

2 抗震设防烈度为 7 度，设计基本地震加速度值为 0.15g：

第一组：临沂（3 个市辖区），潍坊（4 个市辖区），菏泽，东明，聊城，苍山，沂南，昌邑，昌乐，青州，临驹，诸城，五莲，长岛，蓬莱，龙口，莘县，鄄城，寿光*

3 抗震设防烈度为 7 度，设计基本地震加速度值为 0.10g：

第一组：烟台（4 个市辖区），威海，枣庄（5 个市辖区），淄博（除博山外的 4 个市辖区），平原，高唐，茌平，东阿，平阴，梁山，郓城，定陶，巨野，成武，曹县，广饶，博兴，高青，恒台，文登，沂源，蒙阴，费县，微山，禹城，冠县，莱芜（2 个市辖区）*，单县*，夏津*

第二组：东营（2 个市辖区），招远，新泰，栖霞，莱州，日照，平度，高密，垦利，博山，滨州*，平邑*

4 抗震设防烈度为 6 度，设计基本地震加速度值为 0.05g：

第一组：德州，宁阳，陵县，曲阜，邹城，鱼台，乳山，荣成，兖州

第二组：济南（5 个市辖区），青岛（7 个市辖区），泰安（2 个市辖区），济宁（2 个市辖区），武城，乐陵，庆云，无棣，阳信，宁津，沾化，利津，惠民，商河，临邑，济阳，齐河，邹平，章丘，泗水，莱阳，海阳，金乡，滕州，莱西，即墨

第三组：胶南，胶州，东平，汶上，嘉祥，临清，长清，肥城

A.0.14 河南省

1 抗震设防烈度为 8 度，设计基本地震加速度值为 0.20g：

第一组：新乡（4个市辖区），新乡县，安阳（4个市辖区），安阳县，鹤壁（3个市辖区），原阳，延津，汤阴，淇县，卫辉，获嘉，范县，辉县

2 抗震设防烈度为7度，设计基本地震加速度值为0.15g：

第一组：郑州（6个市辖区），濮阳，濮阳县，长恒，封丘，修武，武陟，内黄，浚县，滑县，台前，南乐，清丰，灵宝，三门峡，陕县，林州[*]

3 抗震设防烈度为7度，设计基本地震加速度值为0.10g：

第一组：洛阳（6个市辖区），焦作（4个市辖区），开封（5个市辖区），南阳（2个市辖区），开封县，许昌县，沁阳，博爱，孟州，孟津，巩义，偃师，济源，新密，新郑，民权，兰考，长葛，温县，荥阳，中牟，杞县[*]，许昌[*]

4 抗震设防烈度为6度，设计基本地震加速度值为0.05g：

第一组：商丘（2个市辖区），信阳（2个市辖区），漯河，平顶山（4个市辖区），登封，义马，虞城，夏邑，通许，尉氏，睢县，宁陵，柘城，新安，宜阳，嵩县，汝阳，伊川，禹州，郏县，宝丰，襄城，郾城，鄢陵，扶沟，太康，鹿邑，郸城，沈丘，项城，淮阳，周口，商水，上蔡，临颍，西华，西平，栾川，内乡，镇平，唐河，邓州，新野，社旗，平舆，新县，驻马店，泌阳，汝南，桐柏，淮滨，息县，正阳，遂平，光山，罗山，潢川，商城，固始，南召，舞阳[*]

第二组：汝州，睢县，永城

第三组：卢氏，洛宁，渑池

A.0.15 湖北省

1 抗震设防烈度为7度，设计基本地震加速度值为0.10g：

竹溪，竹山，房县

2 抗震设防烈度为6度，设计基本地震加速度值为0.05g：

武汉（13个市辖区），荆州（2个市辖区），荆门，襄樊（2个市辖区），襄阳，十堰（2个市辖区），宜昌（4个市辖区），宜昌县，黄石（4个市辖区），恩施，咸宁，麻城，团风，罗田，英山，黄冈，鄂州，浠水，蕲春，黄梅，武穴，郧西，郧县，丹江口，谷城，老河口，宜城，南漳，保康，神农架，钟祥，沙洋，远安，兴山，巴东，秭归，当阳，建始，利川，公安，宣恩，咸丰，长阳，宜都，枝江，松滋，江陵，石首，监利，洪湖，孝感，应城，云梦，天门，仙桃，红安，安陆，潜江，嘉鱼，大冶，通山，赤壁，崇阳，通城，五峰[*]，京山[*]

注：全省县级及县级以上设防城镇，设计地震分组均为第一组。

A.0.16 湖南省

1 抗震设防烈度为7度，设计基本地震加速度值为0.15g：

常德（2个市辖区）

2 抗震设防烈度为7度，设计基本地震加速度值为0.10g：

岳阳（3个市辖区），岳阳县，汨罗，湘阴，临澧，澧县，津市，桃源，安乡，汉寿

3　抗震设防烈度为 6 度，设计基本地震加速度值为 0.05*g*：

长沙（5 个市辖区），长沙县，益阳（2 个市辖区），张家界（2 个市辖区），郴州（2 个市辖区），邵阳（3 个市辖区），邵阳县，泸溪，沅陵，娄底，宜章，资兴，平江，宁乡，新化，冷水江，涟源，双峰，新邵，邵东，隆回，石门，慈利，华容，南县，临湘，沅江，桃江，望城，溆浦，会同，靖州，韶山，江华，宁远，道县，临武，湘乡*，安化*，中方*，洪江*

注：全省县级及县级以上设防城镇，设计地震分组均为第一组。

A. 0. 17　广东省

1　抗震设防烈度为 8 度，设计基本地震加速度值为 0.20*g*：

汕头（5 个市辖区），澄海，潮安，南澳，徐闻，潮州*

2　抗震设防烈度为 7 度，设计基本地震加速度值为 0.15*g*：

揭阳，揭东，潮阳，饶平

3　抗震设防烈度为 7 度，设计基本地震加速度值为 0.10*g*：

广州（除花都外的 9 个市辖区），深圳（6 个市辖区），湛江（4 个市辖区），汕尾，海丰，普宁，惠来，阳江，阳东，阳西，茂名，化州，廉江，遂溪，吴川，丰顺，南海，顺德，中山，珠海，斗门，电白，雷州，佛山（2 个市辖区）*，江门（2 个市辖区）*，新会*，陆丰*

4　抗震设防烈度为 6 度，设计基本地震加速度值为 0.05*g*：

韶关（3 个市辖区），肇庆（2 个市辖区），花都，河源，揭西，东源，梅州，东莞，清远，清新，南雄，仁化，始兴，乳源，曲江，英德，佛冈，龙门，龙川，平远，大埔，从化，梅县，兴宁，五华，紫金，陆河，增城，博罗，惠州，惠阳，惠东，三水，四会，云浮，云安，高要，高明，鹤山，封开，郁南，罗定，信宜，新兴，开平，恩平，台山，阳春，高州，翁源，连平，和平，蕉岭，新丰*

注：全省县级及县级以上设防城镇，设计地震分组均为第一组。

A. 0. 18　广西壮族自治区

1　抗震设防烈度为 7 度，设计基本地震加速度值为 0.15*g*：

灵山，田东

2　抗震设防烈度为 7 度，设计基本地震加速度值为 0.10*g*：

玉林，兴业，横县，北流，百色，田阳，平果，隆安，浦北，博白，乐业*

3　抗震设防烈度为 6 度，设计基本地震加速度值为 0.05*g*：

南宁（6 个市辖区），桂林（5 个市辖区），柳州（5 个市辖区），梧州（3 个市辖区），钦州（2 个市辖区），贵港（2 个市辖区），防城港（2 个市辖区），北海（2 个市辖区），兴安，灵川，临桂，永福，鹿寨，天峨，东兰，巴马，都安，大化，马山，融安，象州，武宣，桂平，平南，上林，宾阳，武鸣，大新，扶绥，邕宁，东兴，合浦，钟山，贺州，藤县，苍梧，容县，岑溪，陆川，凤山，凌云，田林，隆林，西林，德保，靖西，那坡，天

等，崇左，上思，龙州，宁明，融水，凭祥，全州

　　注：全自治区县级及县级以上设防城镇，设计地震分组均为第一组。

A.0.19　海南省

　　1　抗震设防烈度为 8 度，设计基本地震加速度值为 0.30g：

海口（3 个市辖区），琼山

　　2　抗震设防烈度为 8 度，设计基本地震加速度值为 0.20g：

文昌，定安

　　3　抗震设防烈度为 7 度，设计基本地震加速度值为 0.15g：

澄迈

　　4　抗震设防烈度为 7 度，设计基本地震加速度值为 0.10g：

临高，琼海，儋州，屯昌

　　5　抗震设防烈度为 6 度，设计基本地震加速度值为 0.05g：

三亚，万宁，琼中，昌江，白沙，保亭，陵水，东方，乐东，通什

　　注：全省县级及县级以上设防城镇，设计地震分组均为第一组。

A.0.20　四川省

　　1　抗震设防烈度不低于 9 度，设计基本地震加速度值不小于 0.40g：

第一组：康定，西昌

　　2　抗震设防烈度为 8 度，设计基本地震加速度值为 0.30g：

第一组：冕宁*

　　3　抗震设防烈度为 8 度，设计基本地震加速度值为 0.20g：

第一组：松潘，道孚，泸定，甘孜，炉霍，石棉，喜德，普格，宁南，德昌，理塘

第二组：九寨沟

　　4　抗震设防烈度为 7 度，设计基本地震加速度值为 0.15g：

第一组：宝兴，茂县，巴塘，德格，马边，雷波

第二组：越西，雅江，九龙，平武，木里，盐源，会东，新龙

第三组：天全，荥经，汉源，昭觉，布拖，丹巴，芦山，甘洛

　　5　抗震设防烈度为 7 度，设计基本地震加速度值为 0.10g：

第一组：成都（除龙泉驿、清白江的 5 个市辖区），乐山（除金口河外的 3 个市辖区），自贡（4 个市辖区），宜宾，宜宾县，北川，安县，绵竹，汶川，都江堰，双流，新津，青神，峨边，沐川，屏山，理县，得荣，新都*

　　第二组：攀枝花（3 个市辖区），江油，什邡，彭州，郫县，温江，大邑，崇州，邛崃，蒲江，彭山，丹棱，眉山，洪雅，夹江，峨眉山，若尔盖，色达，壤塘，马尔康，石渠，白玉，金川，黑水，盐边，米易，乡城，稻城，金口河，朝天区*

　　第三组：青川，雅安，名山，美姑，金阳，小金，会理

　　6　抗震设防烈度为 6 度，设计基本地震加速度值为 0.05g：

第一组：泸州（3 个市辖区），内江（2 个市辖区），德阳，宣汉，达州，达县，大竹，邻水，渠县，广安，华蓥，隆昌，富顺，泸县，南溪，江安，长宁，高县，珙县，兴文，叙永，古蔺，金堂，广汉，简阳，资阳，仁寿，资中，犍为，荣县，威远，南江，通江，万源，巴中，苍溪，阆中，仪陇，西充，南部，盐亭，三台，射洪，大英，乐至，旺苍，龙泉驿，清白江

第二组：绵阳（2 个市辖区），梓潼，中江，阿坝，筠连，井研

第三组：广元（除朝天区外的 2 个市辖区），剑阁，罗江，红原

A.0.21　贵州省

1　抗震设防烈度为 7 度，设计基本地震加速度值为 0.10g：

第一组：望谟

第二组：威宁

2　抗震设防烈度为 6 度，设计基本地震加速度值为 0.05g：

第一组：贵阳（除白云外的 5 个市辖区），凯里，毕节，安顺，都匀，六盘水，黄平，福泉，贵定，麻江，清镇，龙里，平坝，纳雍，织金，水城，普定，六枝，镇宁，惠水，长顺，关岭，紫云，罗甸，兴仁，贞丰，安龙，册亨，金沙，印江，赤水，习水，思南[*]

第二组：赫章，普安，晴隆，兴义

第三组：盘县

A.0.22　云南省

1　抗震设防烈度不低于 9 度，设计基本地震加速度值不小于 0.40g：

第一组：寻甸，东川

第二组：澜沧

2　抗震设防烈度为 8 度，设计基本地震加速度值为 0.30g：

第一组：剑川，嵩明，宜良，丽江，鹤庆，永胜，潞西，龙陵，石屏，建水

第二组：耿马，双江，沧源，勐海，西盟，孟连

3　抗震设防烈度为 8 度，设计基本地震加速度值为 0.20g：

第一组：石林，玉溪，大理，永善，巧家，江川，华宁，峨山，通海，洱源，宾川，弥渡，祥云，会泽，南涧

第二组：昆明（除东川外的 4 个市辖区），思茅，保山，马龙，呈贡，澄江，晋宁，易门，漾濞，巍山，云县，腾冲，施甸，瑞丽，梁河，安宁，凤庆[*]，陇川[*]

第三组：景洪，永德，镇康，临沧

4　抗震设防烈度为 7 度，设计基本地震加速度值为 0.15g：

第一组：中甸，泸水，大关，新平[*]

第二组：沾益，个旧，红河，元江，禄丰，双柏，开远，盈江，永平，昌宁，宁蒗，南华，楚雄，勐腊，华坪，景东[*]

第三组：曲靖，弥勒，陆良，富民，禄劝，武定，兰坪，云龙，景谷，普洱

5　抗震设防烈度为7度，设计基本地震加速度值为0.10g：

第一组：盐津，绥江，德钦，水富，贡山

第二组：昭通，彝良，鲁甸，福贡，永仁，大姚，元谋，姚安，牟定，墨江，绿春，镇沅，江城，金平

第三组：富源，师宗，泸西，蒙自，元阳，维西，宣威

6　抗震设防烈度为6度，设计基本地震加速度值为0.05g：

第一组：威信，镇雄，广南，富宁，西畴，麻栗坡，马关

第二组：丘北，砚山，屏边，河口，文山

第三组：罗平

A.0.23　西藏自治区

1　抗震设防烈度不低于9度，设计基本地震加速度值不小于0.40g：

第二组：当雄，墨脱

2　抗震设防烈度为8度，设计基本地震加速度值为0.30g：

第一组：申扎

第二组：米林，波密

3　抗震设防烈度为8度，设计基本地震加速度值为0.20g：

第一组：普兰，聂拉木，萨嘎

第二组：拉萨，堆龙德庆，尼木，仁布，尼玛，洛隆，隆子，错那，曲松

第三组：那曲，林芝（八一镇），林周

4　抗震设防烈度为7度，设计基本地震加速度值为0.15g：

第一组：札达，吉隆，拉孜，谢通门，亚东，洛扎，昂仁

第二组：日土，江孜，康马，白朗，扎囊，措美，桑日，加查，边坝，八宿，丁青，类乌齐，乃东，琼结，贡嘎，朗县，达孜，日喀则*，噶尔*

第三组：南木林，班戈，浪卡子，墨竹工卡，曲水，安多，聂荣

5　抗震设防烈度为7度，设计基本地震加速度值为0.10g：

第一组：改则，措勤，仲巴，定结，芒康

第二组：昌都，定日，萨迦，岗巴，巴青，工布江达，索县，比如，嘉黎，察雅，左贡，察隅，江达，贡觉

6　抗震设防烈度为6度，设计基本地震加速度值为0.05g：

第一组：革吉

A.0.24　陕西省

1　抗震设防烈度为8度，设计基本地震加速度值为0.20g：

第一组：西安（8个市辖区），渭南，华县，华阴，潼关，大荔

第二组：陇县

2　抗震设防烈度为7度，设计基本地震加速度值为0.15g：

第一组：咸阳（3 个市辖区），宝鸡（2 个市辖区），高陵，千阳，岐山，凤翔，扶风，武功，兴平，周至，眉县，宝鸡县，三原，富平，澄城，蒲城，泾阳，礼泉，长安，户县，蓝田，韩城，合阳

第二组：凤县

3　抗震设防烈度为 7 度，设计基本地震加速度值为 0.10g：

第一组：安康，平利，乾县，洛南

第二组：白水，耀县，淳化，麟游，永寿，商州，铜川（2 个市辖区）[*]，柞水[*]

第三组：太白，留坝，勉县，略阳

4　抗震设防烈度为 6 度，设计基本地震加速度值为 0.05g：

第一组：延安，清涧，神木，佳县，米脂，绥德，安塞，延川，延长，定边，吴旗，志丹，甘泉，富县，商南，旬阳，紫阳，镇巴，白河，岚皋，镇坪，子长[*]

第二组：府谷，吴堡，洛川，黄陵，旬邑，洋县，西乡，石泉，汉阴，宁陕，汉中，南郑，城固

第三组：宁强，宜川，黄龙，宜君，长武，彬县，佛坪，镇安，丹凤，山阳

A.0.25　甘肃省

1　抗震设防烈度不低于 9 度，设计基本地震加速度值不小于 0.40g：

第一组：古浪

2　抗震设防烈度为 8 度，设计基本地震加速度值为 0.30g：

第一组：天水（2 个市辖区），礼县，西和

3　抗震设防烈度为 8 度，设计基本地震加速度值为 0.20g：

第一组：宕昌，文县，肃北，武都

第二组：兰州（5 个市辖区），成县，舟曲，徽县，康县，武威，永登，天祝，景泰，靖远，陇西，武山，秦安，清水，甘谷，漳县，会宁，静宁，庄浪，张家川，通渭，华亭

4　抗震设防烈度为 7 度，设计基本地震加速度值为 0.15g：

第一组：康乐，嘉峪关，玉门，酒泉，高台，临泽，肃南

第二组：白银（2 个市辖区），永靖，岷县，东乡，和政，广河，临潭，卓尼，迭部，临洮，渭源，皋兰，崇信，榆中，定西，金昌，两当，阿克塞，民乐，永昌

第三组：平凉

5　抗震设防烈度为 7 度，设计基本地震加速度值为 0.10g：

第一组：张掖，合作，玛曲，金塔，积石山

第二组：敦煌，安西，山丹，临夏，临夏县，夏河，碌曲，泾川，灵台

第三组：民勤，镇原，环县

6　抗震设防烈度为 6 度，设计基本地震加速度值为 0.05g：

第二组：华池，正宁，庆阳，合水，宁县

第三组：西峰

A. 0. 26 青海省

1 抗震设防烈度为 8 度，设计基本地震加速度值为 0.20g：

第一组：玛沁

第二组：玛多，达日

2 抗震设防烈度为 7 度，设计基本地震加速度值为 0.15g：

第一组：祁连，玉树

第二组：甘德，门源

3 抗震设防烈度为 7 度，设计基本地震加速度值为 0.10g：

第一组：乌兰，治多，称多，杂多，囊谦

第二组：西宁（4 个市辖区），同仁，共和，德令哈，海晏，湟源，湟中，平安，民和，化隆，贵德，尖扎，循化，格尔木，贵南，同德，河南，曲麻莱，久治，班玛，天峻，刚察

第三组：大通，互助，乐都，都兰，兴海

4 抗震设防烈度为 6 度，设计基本地震加速度值为 0.05g：

第二组：泽库

A. 0. 27 宁夏回族自治区

1 抗震设防烈度为 8 度，设计基本地震加速度值为 0.30g：

第一组：海原

2 抗震设防烈度为 8 度，设计基本地震加速度值为 0.20g：

第一组：银川（3 个市辖区），石嘴山（3 个市辖区），吴忠，惠农，平罗，贺兰，永宁，青铜峡，泾源，灵武，陶乐，固原

第二组：西吉，中卫，中宁，同心，隆德

3 抗震设防烈度为 7 度，设计基本地震加速度值为 0.15g：

第二组：彭阳

4 抗震设防烈度为 6 度，设计基本地震加速度值为 0.05g：

第三组：盐池

A. 0. 28 新疆维吾尔自治区

1 抗震设防烈度不低于 9 度，设计基本地震加速度值不小于 0.40g：

第二组：乌恰，塔什库尔干

2 抗震设防烈度为 8 度，设计基本地震加速度值为 0.30g：

第二组：阿图什，喀什，疏附

3 抗震设防烈度为 8 度，设计基本地震加速度值为 0.20g：

第一组：乌鲁木齐（7 个市辖区），乌鲁木齐县，温宿，阿克苏，柯坪，米泉，乌苏，特克斯，库车，巴里坤，青河，富蕴，乌什[*]

第二组：尼勒克，新源，巩留，精河，奎屯，沙湾，玛纳斯，石河子，独山子

第三组：疏勒，伽师，阿克陶，英吉沙

4　抗震设防烈度为 7 度，设计基本地震加速度值为 0.15g：

第一组：库尔勒，新和，轮台，和静，焉耆，博湖，巴楚，昌吉，拜城，阜康*，木垒*

第二组：伊宁，伊宁县，霍城，察布查尔，呼图壁

第三组：岳普湖

5　抗震设防烈度为 7 度，设计基本地震加速度值为 0.10g：

第一组：吐鲁番，和田，和田县，昌吉，吉木萨尔，洛浦，奇台，伊吾，鄯善，托克逊，和硕，尉犁，墨玉，策勒，哈密

第二组：克拉玛依（克拉玛依区），博乐，温泉，阿合奇，阿瓦提，沙雅

第三组：莎车，泽普，叶城，麦盖提，皮山

6　抗震设防烈度为 6 度，设计基本地震加速度值为 0.05g：

第一组：于田，哈巴河，塔城，额敏，福海，和布克赛尔，乌尔禾

第二组：阿勒泰，托里，民丰，若羌，布尔津，吉木乃，裕民，白碱滩

第三组：且末

A.0.29　港澳特区和台湾省

1　抗震设防烈度不低于 9 度，设计基本地震加速度值不小于 0.40g：

第一组：台中

第二组：苗栗，云林，嘉义，花莲

2　抗震设防烈度为 8 度，设计基本地震加速度值为 0.30g；

第二组：台北，桃园，台南，基隆，宜兰，台东，屏东

3　抗震设防烈度为 8 度，设计基本地震加速度值为 0.20g：

第二组：高雄，澎湖

4　抗震设防烈度为 7 度，设计基本地震加速度值为 0.15g：

第一组：香港

5　抗震设防烈度为 7 度，设计基本地震加速度值为 0.10g：

第一组：澳门

附录 B　中国地震烈度区划图

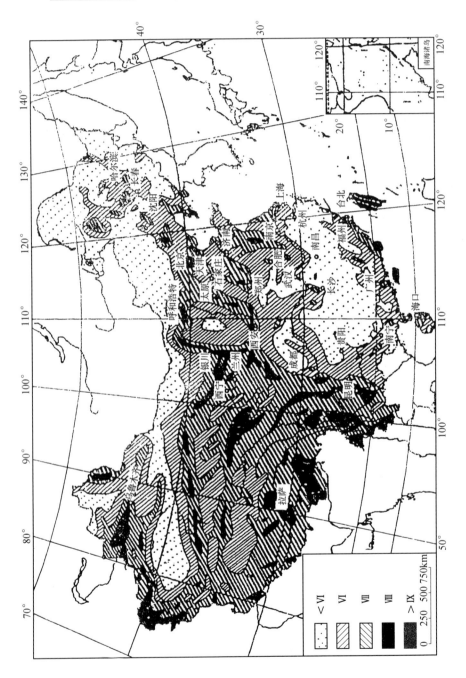

附录 C　风荷载体型系数

风荷载体型系数表

项次	类别	体型及体型系数 μ_s
1	封闭式 落地双坡屋面	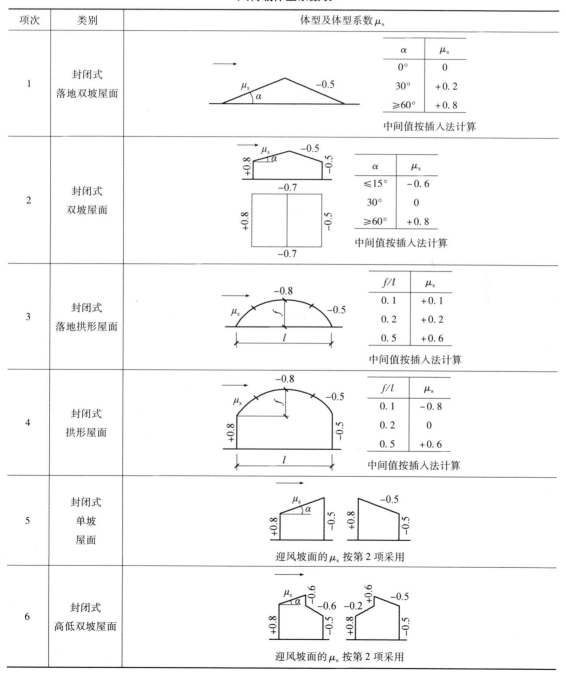 （见下方图表）
2	封闭式 双坡屋面	
3	封闭式 落地拱形屋面	
4	封闭式 拱形屋面	
5	封闭式 单坡 屋面	
6	封闭式 高低双坡屋面	

项次	类别	体型及体型系数 μ_s
7	封闭式 带天窗 双坡屋面	 带天窗的拱形屋面可按本图采用
8	封闭式 双跨双坡屋面	 迎风坡面的 μ_s 按第 2 项采用
9	封闭式 不等高不等跨 的双跨双坡屋面	 迎风坡面的 μ_s 按第 2 项采用
10	封闭式 不等高不等跨 的三跨双坡屋面	 迎风坡面的 μ_s 按第 2 项采用 中跨上部迎风墙面的 μ_{s1} 按下式采用： $$\mu_{s1}=0.6\ (1-2h_1/h)$$ 但当 $h_1=h$ 时，取 $\mu_{s1}=-0.6$
11	封闭式 带天窗带披 的双坡屋面	
12	封闭式 带天窗带双披 的双坡屋面	
13	封闭式 不等高不等跨 且中跨带天窗 的三跨双坡屋面	 迎风坡面的 μ_s 按第 2 项采用 中跨上部迎风墙面的 μ_{s1} 按下式采用： $$\mu_{s1}=0.6\ (1-2h_1/h)$$ 但当 $h_1=h$ 时，取 $\mu_{s1}=-0.6$

项次	类别	体型及体型系数 μ_s
14	封闭式带天窗的双跨双坡屋面	 迎风面第 2 跨的天窗面的 μ_s 按下列采用： 当 $a \leqslant 4h$ 时，取 $\mu_s = 0.2$ 当 $a > 4h$ 时，取 $\mu_s = 0.6$
15	封闭式带女儿墙的双坡屋面	 当女儿墙高度有限时，屋面上的体型系数 可按无女儿墙的屋面采用
16	封闭式带雨篷的双坡屋面	 迎风坡面的 μ_s 按第 2 项采用
17	封闭式对立两个带雨篷的双坡屋面	 本图适用于 s 为 8～20m，迎风坡面的 μ_s 按第 2 项采用
18	封闭式带下沉天窗的双坡屋面或拱形屋面	
19	封闭式带下沉天窗的双跨双坡或拱形屋面	
20	封闭式带天窗挡风板的屋面	

287

项次	类别	体型及体型系数 μ_s
21	封闭式带天窗挡风板的双跨屋面	
22	封闭式锯齿形屋面	 迎风坡面的 μ_s 按第 2 项采用 齿面增多或减少时，可均匀地在（1）、（2）、（3）三个区段内调节
23	封闭式复杂多跨屋面	 天窗面的 μ_s 按下列采用： 当 $a \leqslant 4h$ 时，取 $\mu_s = 0.2$ 当 $a > 4h$ 时，取 $\mu_s = 0.6$
24	靠山封闭式双坡屋面	a） 本图适用于 $H_m/H \geqslant 2$ 及 $s/H = 0.2 \sim 0.4$ 的情况 体型系数 μ_s：

体型系数 μ_s：

β	α	A	B	C	D	
30°	15°	+0.9	-0.4	0	+0.2	-0.2
	30°	+0.9	+0.2	-0.2	-0.2	-0.3
	60°	+1.0	+0.7	-0.4	-0.2	-0.5
60°	15°	+1.0	+0.3	+0.4	+0.5	+0.4
	30°	+1.0	+0.4	+0.3	+0.4	+0.2
	60°	+1.0	+0.8	-0.3	0	-0.5
90°	15°	+1.0	+0.5	+0.7	+0.8	+0.6
	30°	+1.0	+0.6	+0.8	+0.9	+0.7
	60°	+1.0	+0.9	-0.1	+0.2	-0.4

项次	类别	体型及体型系数 μ_s
24	靠山封闭式双坡屋面	
25	靠山封闭式带天窗的双坡屋面	
26	单面开敞式双坡屋面	

项次 24：

b）

体型系数 μ_s:

β	ABD	E	$A'B'C'D'$	F
15°	−0.8	+0.9	−0.2	−0.2
30°	−0.9	+0.9	−0.2	−0.2
60°	−0.9	+0.9	−0.2	−0.2

项次 25：

本图适用于 $H_m/H \geqslant 2$ 及 $s/H = 0.2 \sim 0.4$ 的情况

体型系数 μ_s:

β	A	B	C	D	D'	C'	B'	A'	E
30°	+0.9	+0.2	−0.6	−0.4	−0.3	−0.3	−0.3	−0.2	−0.5
60°	+0.9	+0.6	+0.1	+0.1	+0.2	+0.2	+0.2	+0.4	+0.1
90°	+1.0	+0.8	+0.6	+0.2	+0.6	+0.6	+0.6	+0.8	+0.6

项次 26：

a）　　　　b）

迎风坡面的 μ_s 按第 2 项采用

289

续表

项次	类别	体型及体型系数 μ_s
27	双面开敞及四面开敞式双坡屋面	 体型系数 μ_s： 表格见下 注：1. 本图屋面对风有过敏反应，设计时应考虑 μ_s 值变化的情况 2. 纵向风荷载对屋面所引起的总水平力： 当 $\alpha \geqslant 30°$ 时，为 $0.05Aw_h$ 当 $\alpha < 30°$ 时，为 $0.10Aw_h$ A 为屋面的水平投影面积，w_h 为屋面高度 h 处的风压 3. 当室内堆放物品或房屋处于山坡时，屋面吸力应增大，可按第 26 项 a）采用
28	前后纵墙半开敞双坡屋面	 迎风坡面的 μ_s 按第 2 项采用 本图适用于墙的上部集中开敞面积 $\geqslant 10\%$ 且 $< 50\%$ 的房屋 当开敞面积达 50% 时，背风墙面的系数改为 -1.1
29	单坡及双坡顶盖	a） b） 体型系数按第 27 项采用 c）

项次 27 体型系数表：

α	μ_{s1}	μ_{s2}	备注
$\leqslant 10°$	-1.3	-0.7	中间值按插入法计算
$30°$	$+1.6$	$+0.4$	

项次 29 a）体型系数表：

α	μ_{s1}	μ_{s2}	μ_{s3}	μ_{s4}	备注
$\leqslant 10°$	-1.3	-0.5	$+1.3$	$+0.5$	中间值按插入法计算
$30°$	-1.4	-0.6	$+1.4$	$+0.6$	

项次	类别	体型及体型系数 μ_s
29	单坡及双坡顶盖	 | α	μ_{s1}	μ_{s2}	备 注
---	---	---	---
≤10°	+1.0	+0.7	中间值按插入
30°	−1.6	−0.4	法计算	 注：b)、c) 应考虑第 27 项注 1 和注 2
30	封闭式房屋和构筑物	a）正多边形（包括矩形）平面 b）Y形平面 c）L形平面　　d）Ⅱ形平面 e）十字形平面　　f）截角三边形平面
31	各种截面的杆件	 $\mu_s = +1.3$

291

续表

项次	类别	体型及体型系数 μ_s
32	桁架	a） 单榀桁架的体型系数 $\mu_{st} = \phi \mu_s$ μ_s 为桁架构件的体型系数，对型钢杆件按第 31 项采用，对圆管杆件按第 36b） 项采用 $\phi = A_n / A$ 为桁架的挡风系数 A_n 为桁架杆件和节点挡风的净投影面积 $A = hl$ 为桁架的轮廓面积 b） n 榀平行桁架的整体体型系数 $$\mu_{stw} = \mu_{st} \frac{1 - \eta^n}{1 - \eta}$$ μ_{st} 为单榀桁架的体型系数，η 按下表采用

ϕ \ b/h	≤1	2	4	6
≤0.1	1.00	1.00	1.00	1.00
0.2	0.85	0.90	0.93	0.97
0.3	0.66	0.75	0.80	0.85
0.4	0.50	0.60	0.67	0.73
0.5	0.33	0.45	0.53	0.62
0.6	0.15	0.30	0.40	0.50

项次	类别	体型及体型系数 μ_s
33	独立墙壁及围墙	+1.3
34	塔架	① ② ③ ④ ⑤ a） 角钢塔架整体计算时的体型系数 μ_s

项次	类别	体型及体型系数 μ_s				

表格（项次34 塔架）：

挡风系数 ϕ	方　形			三角形
	风向①	风向②		风向 ③④⑤
		单角钢	组合角钢	
≤0.1	2.6	2.9	3.1	2.4
0.2	2.4	2.7	2.9	2.2
0.3	2.2	2.4	2.7	2.0
0.4	2.0	2.2	2.4	1.8
0.5	1.9	1.9	2.0	1.6

34　塔架

b）管子及圆钢塔架整体计算时的体型系数 μ_s

当 $\mu_z w_0 d^2 \leqslant 0.002$ 时，μ_s 按角钢塔架的 μ_s 值乘以 0.8 采用

当 $\mu_z w_0 d^2 \geqslant 0.015$ 时，μ_s 按角钢塔架的 μ_s 值乘以 0.6 采用

中间值按插值法计算

35　旋转壳顶

a）$f/l > \dfrac{1}{4}$　　　　b）$f/l \leqslant \dfrac{1}{4}$

$\mu_s = -\cos^2\phi$

$\mu_s = 0.5\sin^2\phi \sin\psi - \cos^2\phi$

36　圆截面构筑物（包括烟囱、塔槐等）

a）局部计算时，表面分布的体型系数 μ_s

	$H/d \geqslant 25$	$H/d = 7$	$H/d = 1$	备　注
0°	+1.0	+1.0	+1.0	
15°	+0.8	+0.8	+0.8	
30°	+0.1	+0.1	+0.1	
45°	-0.9	-0.8	-0.7	表中数值适
60°	-1.9	-1.7	-1.2	用于 $\mu_z w_0 d^2 \geqslant$
75°	-2.5	-2.2	-1.5	0.015 的表面光
90°	-2.6	-2.2	-1.7	滑情况，其中
105°	-1.9	-1.7	-1.2	w_0 以 kN/m²
120°	-0.9	-0.8	-0.7	计，d 以 m 计
135°	-0.7	-0.6	-0.5	
150°	-0.6	-0.5	-0.4	
165°	-0.6	-0.5	-0.4	
180°	-0.6	-0.5	-0.4	

项次	类别	体型及体型系数 μ_s
36	圆截面构筑物（包括烟囱、塔桅等）	b）整体计算时的体型系数 μ_s
37	架空管道	本图适用于 $\mu_z w_0 d^2 \geqslant 0.015$ 的情况 a）上下双管 b）前后双管 表列 μ_s 值为前后两管之和，其中前管为 0.6 c）密排多管 μ_s 值为各管之总和
38	拉索	 风荷载水平分量 w_x 的体型系数 μ_{sx} 及垂直分量 w_y 的体型系数 μ_{sy}：

项次 36 的表格：

$\mu_z w_0 d^2$	表面情况	$H/d \geqslant 25$	$H/d = 7$	$H/d = 1$	备 注
$\geqslant 0.015$	$\Delta \approx 0$	0.6	0.5	0.5	中间值按插入法计算 Δ 为表面凸出高度
	$\Delta = 0.02d$	0.9	0.8	0.7	
	$\Delta = 0.08d$	1.2	1.0	0.8	
$\leqslant 0.002$		1.2	0.8	0.7	

项次 37 a）上下双管：

s/d	$\leqslant 0.25$	0.5	0.75	1.0	1.5	2.0	$\geqslant 3.0$
μ_s	+1.2	+0.9	+0.75	+0.7	+0.65	+0.63	+0.6

项次 37 b）前后双管：

s/d	$\leqslant 0.25$	0.5	1.5	3.0	4.0	6.0	8.0	$\geqslant 10.0$
μ_s	+0.68	+0.86	+0.94	+0.99	+1.08	+1.11	+1.14	+1.20

项次 37 c）密排多管： $\mu_s = +1.4$

项次 38 拉索：

α	μ_{sx}	μ_{sy}	α	μ_{sx}	μ_{sy}
0°	0	0	50°	0.60	0.40
10°	0.05	0.05	60°	0.85	0.40
20°	0.10	0.10	70°	1.10	0.30
30°	0.20	0.25	80°	1.20	0.20
40°	0.35	0.40	90°	1.25	0

一般工业、民用建筑防雷措施

1. 第一类工业建、构筑物的防雷措施

（1）对于预防直击雷应符合下列要求：

1）装设独立避雷针或架空避雷线，使被保护的建、构筑物及突出屋面的物体（如风帽、放散管等），均应处于避雷针或架空避雷线的保护范围内。对排放有爆炸危险的气体、蒸气或粉尘的管道，其保护范围高出管顶不应小于2m。

2）独立避雷针至被保护建、构筑物及与其有联系的金属物（如管道、电缆等）之间的距离应符合下列公式要求，但不得小于3m。

地上部分：$S_{k_1} \geqslant 0.3R_{ch} + 0.1h_x$

地下部分：$S_{d_1} \geqslant 0.3R_{ch}$

式中 S_{k_1}——空气中距离（m）；

$\quad\quad S_{d_1}$——地中距离（m）；

$\quad\quad R_{ch}$——避雷针接地装置的冲击接地电阻（Ω）；

$\quad\quad h_x$——被保护建、构筑物或计算点的高度（m）。

3）架空避雷线的支柱和接地装置至被保护建、构筑物及其有联系的金属物之间的距离和上面所讲的独立避雷针与周围的建、构筑物规定的距离 S_{d_1}、S_{k_1} 相同。架空避雷线屋面和各种突出屋面的物体（如风帽、放散管等）之间的距离应符合下式要求，并不应小于3m。

$$S_{k_2} \geqslant 0.15R_{ch} + 0.08(h + L/2)$$

式中 S_{k_2}——架空避雷线弧垂的空气中距离（m）；

$\quad\quad h$——避雷线的支柱高度（m）；

$\quad\quad L$——避雷线的水平长度（m）。

4）独立避雷针或架空避雷线应有独立的接地装置，其中冲击电阻不宜大于10Ω。在土壤电阻率较高的地区可适当增大冲击电阻，但接地体与周围建筑的距离应按上面2）、3）点规定。

（2）防雷电感应的措施应符合下列要求：

1）防止静电感应产生火花，建、构筑物内的金属物（如设备、管道、构架、电缆铠装、钢屋架、钢窗等较大金属构件）和突出屋面的金属物（如放散管、风管等）均应接到防雷电感应的接地装置上。

金属屋面周边每隔18～24m应采用引下线接地一次。现场浇制的或由预制构件组成的钢筋混凝土屋面，其钢筋宜绑扎或焊接成电气闭合回路，并应每隔18～24m采用引下线接地一次。

2）为防止静电感应产生火花，平行敷设的长金属物，如管道、构架和电缆金属铠装，其净距离小于100mm时应每隔20～30m用金属线跨接。交叉净距离小于100mm时，其交叉处也应跨接。

当金属管道连接处，如弯头、阀门、疏结、法兰盘等，不能保持良好的金属接触时，在连接处用金属线跨接。用丝扣紧密连接的 $\phi25$ 及以上的管接头和法兰盘，在非腐蚀环境下可不跨接。

3）防雷电感应的接地装置，其接地电阻不应大于 10Ω，并应和电气设备接地装置共用。此接地装置与独立避雷针（或架空避雷线的接地装置）之间的距离应符合独立避雷针和架空避雷线支柱与周围金属物之间的距离要求。

屋内接地干线与防雷电感应接地装置的连接不应小于两处。值得注意的是，有特殊要求的电力、电子设备的接地装置能否和防雷电感应的接地装置共用，应按有关专用规定执行，以下同。

（3）防止雷电波侵入的措施，应符合下列要求：

1）低压线路宜全线用电缆直接埋地敷设，在入户端应将电缆的金属铠装到防雷电感应的接地装置上。当全线采用电缆有困难时，可采用钢筋混凝土杆横担架空线，但应使用一段长度不小于 50m 的金属铠装电缆直接埋地引入。在电缆与架空线连接处，还应装设阀型避雷器。电缆金属铠装和绝缘子铁脚等应连在一起接地，其冲击接地电阻不应大于 10Ω。

2）架空金属管道在进入建、构筑物处，应与防雷电感应的接地装置相连。距离建筑物 100m 内的管道还应每隔 25m 左右接地一次，其冲击电阻不应大于 20Ω。金属和钢筋混凝土支架的基础可作为接地装置。

埋地或地沟内的金属管道，在进入建、构筑物处也应与防雷电感应的接地装置相连。

（4）由于建、构筑物太高或其他原因，难以装设独立避雷针或架空避雷线时，可将避雷针或网格不大于 $6m \times 6m$ 的避雷网直接接在建、构筑物上，但必须同时符合下列要求：

1）所有避雷针应用避雷带或金属条相互连接。

2）引下线不应小于两根，其间距不应大于 18m，沿建、构筑物外墙均匀布置。

3）排放有爆炸危险气体、蒸气或粉尘的突出屋面的放散管、呼吸阀、排风管等，应采用避雷针保护，管口上方 2m 应在保护范围内。避雷针针尖应设在爆炸危险区之外（包括水平和垂直两个方向）。

4）建、构筑物应装设均压环（在建筑物某水平高度，围绕建筑物敷设一个闭合的金属环），环间垂直距离应不大于 12m，所有引下线，建、构筑物内的金属结构和金属设备均应连在环上。亦可利用电气设备接地干线环路作为均压环。

5）防止直击雷的接地装置应围绕建、构筑物敷设成闭合回路，其冲击接地电阻不应大于 10Ω，并应和电气设备接地装置及所有进入建、构筑物的金属管道相连，此接地装置兼作防雷电感应之用。

（5）如树木高于建、构筑物，且不在避雷针保护范围以内，为了防止雷击树木时产生反击，建、构筑物距离树木的净距离不应小于 5m。

2. 第二类工业建、构筑物的防雷措施

（1）对防止直击雷，一般采用装设在建、构筑物上的避雷针、避雷网。避雷网应沿屋角、屋脊、屋檐和檐角等易受雷击的部位敷设，并应在整个屋面组成不大于 $10m \times 10m$ 的网格。所有避雷针应用避雷带相互连接。

（2）突出屋面的物体，如放散管、风管、烟囱等，应按下列方法保护：

1）对排放有爆炸危险的气体、蒸气粉尘的放散管、呼吸管和排风管等，宜在管口或其附近装设避雷针保护，且针尖高出管口不应小于 3m，管口上方 1m 应在保护范围内。但煤气放散管和装有阻火器的上述管阀可接下述第 2）条的方式保护。

2）对排放无爆炸危险的气体、蒸气或粉尘的放散管、烟囱及 Q—2 级和 G—2 级爆炸危险的场所的自然通风管等，防雷保护应符合下列要求：金属体一般不装接闪器，但应和屋面防雷装置相连；在屋面接闪器保护范围之外的非金属物体应另装接闪器，并和屋面防雷装置相连。

（3）防雷装置引下线不应小于 2 根，其间距不宜大于 24m。

（4）防止直击雷和感应雷宜共用接地装置，其冲击接地电阻不宜大于 10Ω，并应和电气设备接地装置以及埋地金属管道相连。

（5）建、构筑物内的主要金属物，如设备、管道、构架等，应与接地装置相连，以防静电感应、平行敷设的长金属物应符合第一类工业建、构筑物的防雷措施规定的上述第（2）条有关防雷电感应的措施规定，以防电磁感应。但用法兰盘和丝扣连接的金属管道，连接处可不跨接。

屋内接地干线与接地装置的连接不应小于 2 处。

（6）为防止雷电流流经引下线时产生的高电位对附近金属物的反击，金属物至引下线的距离应符合下式要求：

$$S_{k_3} \geqslant 0.05Lx$$

式中　S_{k_3}——空气中距离（m）；

　　　　Lx——引下线计算点到地面的长度（m）。

如距离不满足上述要求时，金属物应与引下线相连接；当引下线和金属物之间有自然接地体或人工接地极的钢筋混凝土构件等隔开时，其距离可不受限制。

（7）钢筋混凝土柱和基础内的钢筋宜作为引下线和接地装置，但钢筋混凝土构件中的钢筋由于流过雷电流而温度升高时，其温度值对于需要验算疲劳的构件，不宜超过 60℃；对于屋架、托架、屋面梁等，不宜超过 80℃；构件内钢筋的接点应绑扎或焊接，各构件之间必须连接成电气通路。

（8）防雷电波侵入的措施应符合下列要求：

1）低压架空线宜用长度不小于 50m 的金属铠装电缆直接埋地引入，入户端电缆的金属铠装应与防雷接地装置相连，在电缆与架空线连接处还应装置阀型避雷器。避雷器、电缆金属铠装和绝缘子铁脚应连在一起接地，其冲击电阻不大于 10Ω；

2）爆炸危险性较小或年平均雷暴日在 30 日以下的地区可采用低压架空线直接引入建、构筑物内，但应符合下列要求：

a. 在入户处装设阀型避雷器或 2～3mm 的空气间隙，并应与绝缘子铁脚连在一起接到防雷接地装置上，其冲击接地电阻不应大于 5Ω。

b. 入户端的三基电杆绝缘子铁脚也应接地，靠近建、构筑物的电杆，其冲击接地电阻不应大于 10Ω，其余两基电杆不应大于 20Ω。

3）架空和直接埋地的金属管道在入户处应与接地装置相连，架空金属管道在距离建、构筑物约25m处还应接地一次，其冲击电阻不大于10Ω。

（9）露天装设的有爆炸危险的金属封闭气罐和工艺装置，当其壁厚大于4mm时，一般不装设接闪器，但应接地，且接地点不应小于2处，两接地点间距离不宜大于30m，冲击接地电阻不应大于30Ω。放散管和呼吸阀的保护应符合第一、二类工业建、构筑物的防雷措施第（2）点中第1）条的要求。

3. 第三类工业建、构筑物的防雷措施

（1）对防直击雷，一般建、构筑物易受雷击的部位装设避雷带或避雷针，即按重点保护方式进行保护。

当采用避雷带时，屋面上任何一点距离避雷带不应大于10m。当有3条及以上平行避雷带时，每隔30~40m宜将平行避雷带连接起来。屋面上装有多支避雷针时，可不按前面讲的计算保护范围，但两针间距离不宜大于30m，并符合下式要求：

$$D \geqslant 15h_a$$

式中　D——两针间的距离（m）；

　　　h_a——避雷针的有效高度（m）。

屋面上单支避雷针的保护范围宜按60°保护角确定。

（2）防止直击接地装置的冲击接地电阻不宜大于30Ω，并应与电气设备接地装置及埋地金属管道相连接。

（3）对突出屋面物体的保护方式，要求与上述第二类工业建、构筑物的第（2）点第2）条相同。

（4）砖烟囱、钢筋混凝土烟囱，一般采用装设在烟囱上的避雷针或避雷环保护，多支避雷针应连接在闭合环上。钢筋混凝土烟囱的钢筋宜在其顶部和底部与引下线相连接。金属烟囱应作为接闪器和引下线。

（5）防雷装置的引下线不宜小于2根，其间距不宜大于30m，有困难时可放宽到40m。周长和高度均不超过40m的建、构筑物可只设一根引下线。

（6）为防止雷电沿低压架空线侵入建筑物，在架空线入户处应将绝缘子铁脚接到防雷及电气设备的接地装置上。进入建、构筑物的架空金属管道在入户处宜和上述接地装置相连。

（7）建、构筑物宜利用钢筋混凝土屋面板、梁、柱和基础中的钢筋作为防雷装置，也可以分别利用屋面板作为接闪器，柱内钢筋作为引流线，基础中的钢筋作为接地装置。但钢筋混凝土构件中的钢筋由于流过雷电流而温度升高时，其温度值对于需要验算疲劳的构件不宜超过60℃，对屋架、托架、屋面梁等不宜超过80℃。构架内钢筋和接点应绑扎或焊接。各构件间必须连成电气通路。

4. 第一类民用建、构筑物的防雷措施

（1）对防直击雷，一般在建筑物上装设避雷网或避雷带。避雷网或避雷带应沿屋角、屋脊、檐角和屋檐等易受雷击的部位敷设。屋面上的避雷网应由不大于10m×10m的网格组成。屋面上任何一点距避雷带均不应大于5m。当有3条及以上的平行避雷带时，每隔不大于24m处应将平行避雷带连接起来。

建、构筑物可利用钢筋混凝土屋面板、梁、柱和基础中的钢筋作为防雷装置，但应符合第三类工业建、构筑物的第（7）条有关规定。对突出屋面的构件的保护方式，应符合第二类工业建、构筑物的防雷措施的有关规定。

（2）避雷网或避雷带的接地装置宜围绕建、构筑物敷设，其冲击接地电阻不应大于10Ω。防雷接地装置宜与电气设备接地装置及埋地金属管道相连接，如不相连接时，两者间的距离应符合下式要求，但不应小于2m。

$$S_d \geqslant 0.2R_{ch}$$

式中　S_d——地下距离（m）。

（3）防雷装置的引下线不应小于2根，其间距不宜大于24m，引下线与金属物之间的距离应符合第二类工业建、构筑物的防雷措施的有关规定。当防雷接地装置不与电气设备装置及埋地金属管道相连接时，引下线与金属物之间的距离应符合下式要求：

$$S_{K_4} \geqslant 0.2R_{ch} + 0.05l_x$$

式中　S_{K_4}——空气中的距离（m）。

（4）为防止雷电波侵入，当低压线路采用电缆直接埋地引入时，在入户端应将电缆金属铠装与接地装置相连。当架空线转换电缆直接埋地引入时，应符合第二类工业建、构筑物的防雷措施的相关规定。当架空线直接引入时，在入户处应加装避雷器，并将其绝缘子铁脚连在一起，并接到电气设备的接地装置上。靠近建筑物的两根电杆上的绝缘子铁脚还应接地。其中，冲击接地电阻不应大于30Ω。进入建筑物的金属管道应在入户处与接地装置相连。

5. 第二类民用建、构筑物的防雷措施

（1）第二类民用建、构筑物的防雷设施应符合第三类工业建、构筑物的防雷措施的相关要求。

（2）重要的公共建、构筑物防雷装置的冲击接地电阻不应大于10Ω，其他建、构筑物防雷接地的冲击接地电阻不宜大于30Ω。防雷接地装置宜与电气设备接地装置以及埋地金属管道相连接，如不相连时，两者的距离不宜小于2m。

6. 其他防雷措施

（1）不设防直击雷装置的建、构筑物，为防止雷电沿低压架空线侵入，在入户处或接户线杆上应将绝缘子铁脚接到电气设备接地装置上，如无该地装置时，应增设接地装置，其冲击接地电阻不宜大于30Ω。若符合下列条件之一者，绝缘子铁脚可不接地：

1）年平均雷暴日在30日以下的地区；

2）受建筑物等屏蔽的地方；

3）低压架空干线的接地点距入户处不超过50m；

4）土壤电阻率在200Ω·m及以下的地区，使用铁横担的钢筋混凝土杆线路。

（2）粮、棉及易燃物大量集中的露天堆场，应采取适当的防雷措施。

（3）在建、构筑物上，接近接闪器并固定在建筑上的节日彩灯、航空障碍信号灯的线路，应根据建、构筑物的重要性采取相应的防止雷电波侵入的措施。在一级情况下，从配电盘引出的线路宜穿钢管，并装设避雷器或空气间隙。在线路接近接闪器的一端，还应将钢管和防雷装置相连接。

（4）为防止雷电波侵入，严禁在独立避雷针、避雷线支柱上悬挂电话线、广播线及低压架空线等。

附录 E 灾害自救常识

一、火灾逃生自救常识

1. 发现火灾，及时报警，牢记火警电话"119"。报火警时的主要步骤：（1）报警时要讲清着火单位所在区县、街道、胡同、门牌号或乡村地址；（2）要说清是什么东西着火和火势大小，以便消防部门调出相应的消防车辆；（3）说清楚报警人的姓名和使用的电话号码；（4）要注意听清消防队员的询问，正确简洁地予以回答，待对方明确说明可以挂断电话时，方可挂断电话；（5）报警后要到路口等候消防车，指示消防车去火场的道路。报警时要讲清失火单位的名称、地址、着火物及火势大小，并派人到路口等候消防车。

2. 当周围发生火灾时，一定要保持镇定，以免在慌乱中做出错误的判断或采取错误的行动，受到不应有的伤害。

3. 受到火势威胁时，要当机立断，披上浸湿的衣物、被褥等向安全出口方向冲出去，不要往柜子里或床底下钻，也不要躲藏在角落里，更不要贪恋财物，盲目地往火场里跑。

4. 当发生火灾的楼层在自己所处的楼层之上时，就应迅速向楼下跑，因为火是向上蔓延的。

5. 千万不要盲目跳楼，可利用疏散楼梯、阳台、落水管等逃生自救。

6. 燃烧时会散发出大量的烟雾和有毒气体，它们的蔓延速度是人奔跑速度的 4~8 倍。当烟雾呛人时，要用湿毛巾、浸湿的衣服等捂住口、鼻并屏住呼吸，不要大声呼叫，以防止中毒。要尽量使身体贴近地面，靠墙边爬行逃离火场。

7. 不论是位于起火房间还是未着火房间，逃到室外后，要随手关闭通道上的门窗，以减缓烟雾沿人们逃离的通道蔓延。

8. 在被烟气窒息失去自救能力时，应努力滚到墙边，便于消防人员寻找、营救，因为消防人员进入室内都是沿墙壁摸索着行进。此外，滚到墙边也可以防止房屋塌落砸伤自己。

9. 当自己所在的地方被大火封闭时，可以暂时退入居室。要关闭所有通向火区的门窗，用浸湿的被褥、衣物等堵塞门窗缝，并泼水降温。同时，要积极向外寻找救援，用打手电筒、挥舞色彩明亮的衣物、呼叫等方式向窗外发送求救信号，以引起救援者的注意，等待救援。

10. 一旦被火势困住，要积极采取紧急避难。避难是指在受到火势威胁的情况下采取的自我保护行为。一些大型综合性多功能建筑物，一般都在经常使用的电梯、楼梯、公共厕所附近以及走廊末端设置避难间。发生家庭火灾时，由于住宅一般都未设置专门的避难间，所以人们可根据实际情况，如利用阳台等可燃物少、方便同外界接触的空间，自创避难小空间避难。

11. 如果被困在二层以下的楼层内，被烟火威胁，时间紧迫无条件采取任何自救办法时，也可以跳楼逃生。在跳楼前，应先向地面抛一些棉被、床垫等柔软物品，然后用手扒住窗台或阳台，身体下垂，自然下滑，使双脚着落在柔软物上。

12. 人们在宾馆、饭店、歌厅等公众聚集场所消费娱乐时也要时刻注意防范以确保自身安全，首先在进入这些场所时应注意观察并要尽量记住：进出口位置、太平门位置、楼道、楼梯、紧急疏散口的方位及走向。一旦在公共场所遇到火灾，要听从现场工作人员指挥。裹挟在人流中逃生时，可以用一只手放在胸前保护自己，用肩和背承受外部压力，用另一只手拿湿毛巾捂住口鼻，防止吸入有毒气体。

13. 火场上不要乘坐普通电梯。这个道理很简单：其一，发生火灾后，往往容易断电而造成电梯故障，给救援工作增加难度；其二，电梯口通向大楼各层，火场上烟气涌入电梯通道极易形成烟囱效应，人在电梯里随时会被浓烟毒气熏呛而窒息。

二、水灾自救常识

1. 如果来不及转移，也不必惊慌，可向高处（如结实的楼房顶、大树上）转移，等候救援人员营救。

2. 为防止洪水涌入屋内，首先要堵住大门下面所有空隙。最好在门槛外侧放上沙袋，满袋可用麻袋、草袋或布袋、塑料袋，里面塞满沙子、泥土、碎石。如果预料洪水还会上涨，那么底层窗槛外也要堆上沙袋。

3. 如果洪水不断上涨，应在楼上储备一些食物、饮用水、保暖衣物以及烧开水的用具。

4. 如果水灾严重，水位不断上涨，就必须自制木筏逃生。任何入水能浮的东西，如床板、箱子及柜、门板等，都可用来制作木筏。如果一时找不到绳子，可用床单、被单等撕开来代替。

5. 在爬上木筏之前，一定要试试木筏能否漂浮，并准备发信号用具（如哨子、手电筒、旗帜、鲜艳的床单）、划桨等。在离开房屋漂浮之前，要吃些含较多热量的食物，如巧克力、糖、甜糕点等，并喝些热饮料，以增强体力。

6. 在离开家门之前，还要把煤气阀、电源总开关等关掉，时间允许的话，将贵重物品用毛毯卷好，收藏在楼上的柜子里。出门时最好把房门关好，以免家产随水漂流掉。

三、地质灾害自救常识

1. 崩塌和滑坡

（1）判别灾害前兆

崩塌：小崩小塌不断发生；崩塌体脚部出现新的破裂；能嗅到异常气味；岩石发出撕裂、摩擦、碎裂声；出现热气地下水质、水量等异常；动植物出现异常现象；山坡前缘土体隆起，山体裂缝急剧加长加宽等。

滑坡：台风暴雨期是滑坡的多发季节。地下水作用和活动是滑坡形成的内在动力因素，强降雨后进入岩土体内的地下水活动增强，降低了原有岩土体的稳定性，导致了坡体失稳形成滑坡。对滑坡可能发生的判断跟崩塌差不多，如果发现了滑坡体出现异常现象，要迅速撤离滑坡体。

（2）自救

首先应保持冷静，不能慌乱。要迅速环顾四周，向较为安全的地段撤离。跑离时，以向两侧跑为最佳方向。如果在向下滑动的山坡中，向上或向下是很危险的。当遇无法跑离的高速滑坡时，更不能慌乱，在一定条件下，如滑坡呈整体滑动时，原地不动或抱住大树等物，不失为一种有效的自救措施。

2. 泥石流

（1）泥石流的发生部位以沟谷和坡面为主。在泥石流到来之前，山沟内有巨大轰鸣声，主河洪水上涨、正常流水往往突然断流，这个时候人要迅速往两侧山坡跑，切记不要顺沟方向跑或者停留在凹坡处。

（2）在沟谷内逗留或活动时，一旦遭遇大雨、暴雨，要迅速转移到安全的高地，不要在低洼的谷底或陡峻的山坡下躲避、停留。

（3）留心周围环境，特别警惕远处传来的土石崩落、洪水咆哮等异常声响，这很可能是即将发生泥石流的征兆。

（4）暴雨停止后，不要急于返回沟内住地，应等待一段时间。

（5）野外扎营时，要选择平整的高地作为营址，尽量避开有滚石和大量堆积物的山坡下或山谷、沟底。

四、地震灾害自救常识

1. 震前先兆

（1）地光：大地震发生前，在震中或附近地区常常出现形态各异的地光，以白、红、黄、蓝色较为常见。

（2）地声：在地光发生后，有时会有地声。多数像打雷，有时像狂风、炮鸣、狮吼等。

（3）其他异常，如地下水位变化，植物与动物的异常等。

地震前，有的井水位升降；有的水面漂浮着油花、冒气泡、水打转、变浑、翻泥沙；有的井水变味，有时水温也有变化。植物的异常主要表现为不合时令的生态变化。许多动物在较大地震前会有异常反应。这类动物很多，野生动物中的老虎、狼、鹿、熊猫、猴、老鼠、鹰、天鹅、蛇、甲鱼、青蛙、鳝鱼、蚂蚁等，对将要发生的地震都较为敏感；人工饲养动物中的马、牛、驴、狗、猪、羊、猫、兔、鸡、鸽子、蜜蜂等，也在地震前有所反应。

2. 前期准备

得到政府部门的相关地震预警，要积极进行震前准备，将损害降到最小。

（1）进行心理准备检测

1）地震发生时家中各人的职责明确了吗？

2）家人的联络方式确定了吗？

3）通往避难场所的路线确定了吗？

4）震灾时需要的各项物品都准备齐全了吗？

5）烫伤、烧伤、砸伤的紧急处理方法了解了吗？

6）与附近的邻居保持联系了吗？

7）在居家之外遭遇地震的情况考虑了吗？

8）家内和附近的安全隐患排查了吗？

9）积极参与地震演习了吗？

（2）安全准备检测

1）防止房屋的倾倒：请专业人员评估房屋的防震能力，必要时垒梯形砖垛加固房屋。

2）防止家具倾倒：用 L 形工具、支撑棒加固家具和床体。物体摆放"重在下，轻在上"。取下悬挂的镜子、带框壁画，加固空调、天线、砖瓦等室外设施。

3）防止玻璃的飞散：在玻璃上贴透明胶纸，防止震时玻璃破碎飞散伤人。

4）防止杂物的堵塞：清理杂物，让门口、通道畅通无阻。把牢固的家具下清空，以便地震时藏身。

5）防止火灾发生：准备必需的灭火器材，用火场所附近不放置易燃易爆物品，确认电器的断电位置。

6）必需物品准备：准备一个防震包，内装必需品，包扎结实，放于易取处。包内应携带：便于保存的速食或蒸煮过的食物；充足的清洁水；绷带、胶带、消毒水、创可贴、消炎药、扑热息痛片、黄连素等药品；食盐、手电、电池、应急灯（充好电）、小刀、卫生纸、袖珍收音机、手机、塑料布、塑料带、优质工作手套、哨子、小铁铲、钳子、锥子、绳子等必需物品；便于携带的储蓄卡、存折、现金、首饰等贵重物品；身份证、记载个人血型等基本情况的卡片。

（3）必要信息准备

1）急救电话。

2）医生、医院、药店的位置。

3）社区备用灭火器，公用电话的位置。

4）通往附近开阔地的最好路线。

5）社区管理部门电话。

（4）必要的互助工作：对独居的 65 岁以上年长者、残疾人进行救助。帮助其完成上述准备工作。

3. 地震中的自救与互救

地震时，如果：

（1）在家中：选择易形成三角空间的地方躲避，如是平房，可逃出房外，外逃时注意用被子、枕头、安全帽护住头部。室内安全地点有：卫生间、厨房、储藏室等狭小空间，承重墙（注意避开外墙）。

（2）在学校：听从老师安排，室内学生不撤出，室外学生不要回教室，就近"蹲下，掩护、抓牢"。注意避开高大建筑物、危险物。

（3）在工作间：迅速关掉电源、气源，就近"蹲下，掩护、抓牢"，注意避开空调、电扇、吊灯。如在高层注意不要下楼。

（4）在电影院、体育馆和商场：不要拥向出口，注意避开吊灯、电扇、空调等悬挂物，以及商店中的玻璃门窗、橱窗、高大的摆放重物的货架。就近"蹲下，掩护、抓牢"。地震后听从指挥，有秩序撤离。

（5）在车内：驾车远离立交桥、高楼，到开阔地，停车注意保持车距。乘客应抓牢扶手避免摔倒，降低重心，躲在座位附近，不要跳车，地震过后再下车。

（6）在开阔地：尽量避开拥挤的人流。避免家人走失。照顾好老人和儿童。

4. 地震中的标准求生姿势

身体尽量蜷曲缩小，卧倒或蹲下；用手或其他物件护住头部，一手捂口鼻，另一手抓住一个固定的物品。如果没有任何可抓的固定物或保护头部的物件，则应采取自我保护姿势：头尽量向胸靠拢，闭口，双手交叉放在脖后，保护头部和颈部。

5. 地震应急"七不要"

（1）不要惊慌，伏而待定。

（2）不要站在窗户边或阳台上。

（3）不要跳楼、跳车或破窗而出。如果在平房，地震时，门变形打不开，"破窗而出"则是可以的。

（4）不要乘坐电梯。

（5）不要因寻找衣服、财物耽误逃生时间。

（6）不要躲避在电线杆、路灯、烟囱、高大建筑物、立交桥、玻璃建筑物、大型广告牌、悬挂物、高压电设施、变压器附近。

（7）不要在石化、煤气等易爆、化学有毒的工厂或设施附近。不要位于明火的下风。

6. 地震中其他危险应急自救：

（1）火灾：趴在地上，用湿毛巾捂住口鼻，地震停止后向安全地方转移，匍匐，逆风。

（2）燃气：用湿毛巾捂住口鼻，杜绝使用明火，震后设法转移。

（3）毒气：用湿毛巾捂住口鼻，不要顺风跑，尽量绕到上风去。

7. 地震后的自救互救

（1）被掩埋自救：

1）坚定求生意志。

2）挣脱手脚，清除压在身上，尤其是腹部的重物，就地取材加固周围的支撑。

3）设法用手和其他工具开辟通道逃出，但如果费时、费力过多则应停止，保存体力。

4）尽量向有光、通风的地方移动。用毛巾、衣服掩住口鼻。

5）在可以活动的空间中寻找食物和水，尽量节省食物，以备长时间使用。

6）注意保存体力，不大声喊叫呼救，可用敲击铁管、墙壁，吹哨子等方式与外界沟通，听到救援者靠近时再呼救。

7）在封闭室内不可使用明火。

（2）积极参与互救：

1）先救多，后救少；先救近，后救远；先救易，后救难。

2）要留心各种呼救声音。

3）了解坍塌处的房屋构造，判断哪里可能有人。

4）挖掘时，不破坏支撑物。

5）使用小型轻便工具，接近伤员时，要手工谨慎挖掘。

6）尽早使封闭空间与外界沟通，以便新鲜空气注入。如灰尘太大，要喷水降尘。

7）一时无法救出，可先将水、食品、药品递给被埋压人员使用。

8）施救时，要先将头部暴露出来，清除口、鼻尘土，再将胸腹部和身体其他部位露出。切不可强行拖拽。

9）对在黑暗、饥渴、窒息环境下埋压过久的人员，救出后应蒙上眼睛，不可一下进食太多。伤者要及时处理，尽快转移到附近医院。

10）救人过程中要注意安全，小心余震。

五、雷电天气自我保护

1. 在建筑物附近和室内时：

（1）能停留在楼（屋）顶。

（2）要注意关闭门窗。

（3）在雷击时不宜接近建筑物的裸露金属物，如水管、暖气管、煤气管等，更应远离专门的避雷针引下线。

（4）不宜使用未加防雷设施的电器设备。

2. 在雷暴天气条件下，当人们在建筑物的外面时：

（1）不宜进入棚屋、岗亭等低矮建筑物。

（2）不宜躲在大树下。

（3）不宜在旷野中打雨伞等金属物体。

（4）不宜在水面或水陆交界处作业。

（5）不宜快速开摩托车、骑自行车。

（6）不宜进行户外球类运动。

除了前边所讲的几点注意事项之外，还应注意：夏季外出郊游或生产，最好携带非金属的防雨用具，如塑料雨衣、木柄或塑料柄雨伞；旷野中避雷时最好将身上金属物摘下，放在几米距离之外；打雷时避雨切忌狂奔，因为步子大了通过身体的跨步电压就大，容易伤人；在雷雨天气更不要野外使用手机，最好是关机；不要随便在楼顶或屋顶设置金属天线，包括晒衣铁线，万一发生了不幸的雷击事件，同行者要及时报警求救，同时为伤员或假死者做人工呼吸和体外心脏按摩。

六、台风灾害自救常识

1. 城市居民防范措施：

（1）气象台根据台风可能产生的影响，在预报时采用"消息"、"警报"和"紧急警报"三种形式向社会发布；同时，按台风可能造成的影响程度，从轻到重向社会发布蓝、黄、橙、红四色台风预警信号。公众应密切关注媒体有关台风的报道，及时采取预防措施。

（2）台风来临前，应准备好手电筒、收音机、食物、饮用水及常用药品等，以备急需。

（3）关好门窗，检查门窗是否坚固；取下悬挂的东西；检查电路、炉火、煤气等设施是否安全。

（4）将养在室外的动植物及其他物品移至室内，特别是要将楼顶的杂物搬进来；室外易被吹动的东西要加固。

（5）不要去台风经过的地区旅游，更不要在台风影响期间到海滩游泳或驾船出海。

（6）住在低洼地区和危房中的人员要及时转移到安全住所。

（7）及时清理排水管道，保持排水畅通。

（8）有关部门要做好户外广告牌的加固；建筑工地要做好临时用房的加固，并整理、堆放好建筑器材和工具；园林部门要加固城区的行道树。

（9）遇到危险时，请拨打当地政府的防灾电话求救。

2. 沿海居民防范措施

（1）台风引发的风暴潮容易冲毁海塘、涵闸、码头、护岸等设施，甚至可能直接冲走附近的人。台风来临前，海涂养殖人员、病险水库下游的人员、临时工棚等危险地段的人员都应及时转移。

（2）沿海乡镇在台风来临前要加固各类危旧住房、厂房、工棚、临时建筑、在建工程、市政公用设施（如路灯等）、吊机、施工电梯、脚手架、电线杆、树木、广告牌、铁塔等，千万不要在以上地方躲风避雨。

（3）台风来临时，千万不要在河、湖、海的路堤或桥上行走，不要在强风影响区域开车。

（4）台风带来的暴雨容易引发洪水、山体滑坡、泥石流等灾害，发现危险征兆应及早转移。

参考文献

［1］周云．土木工程防灾减灾学［M］．广州：华南理工大学出版社，2002.

［2］江见鲸，徐志胜等．防灾减灾工程学［M］．北京：机械工业出版社，2005.

［3］王劲峰等．中国自然灾害影响评价方法研究［M］．北京：中国科学技术出版社，1993.

［4］黄本方．结构抗风分析原理及应用［M］．上海：同济大学出版社，2001.

［5］徐占发，马怀忠，王茹．混凝土砌体结构［M］．北京：中国建材工业出版社，2004.

［6］实用建筑结构设计手册编写组．实用建筑结构设计手册（第二版）［M］．北京：机械工业出版社，2004.

［7］王肇民．高耸结构振动控制［M］．上海：同济大学出版社，1997.

［8］高建国．中国沿海地区灾害带及其对策，灾害学，1991，6（3）．

［9］李风．工程安全与防灾减灾［M］．北京：中国建筑工业出版社，2005.

［10］申曙光．灾害学［M］．北京：中国农业出版社，1994.

［11］杨达源．自然灾害学［M］．北京：测绘出版社，1993.

［12］马晋宗．灾害与社会［M］．北京：地震出版社，1990.

［13］万艳华．城市防灾学［M］．北京：中国建筑工业出版社，2003.

［14］李爱群等．工程结构抗震与防灾［M］．南京：东南大学出版社，2003.

［15］杨金铎．建筑防灾与减灾［M］．北京：中国建材工业出版社，2002.

［16］霍然等．建筑火灾安全工程导论［M］．合肥：中国科学技术大学出版社，1999.

［17］董毓利．混凝土结构的火安全设计［M］．北京：科学出版社，2001.

［18］国家科委全国重大自然灾害综合研究组．中国重大自然灾害及减灾对策［M］．北京：科学出版社．

［19］胡庆昌等．建筑结构抗震减震与连续倒塌控制（第一版）［M］．北京：中国建筑工业出版社，2007.

［20］金磊．城市灾害学原理（第一版）［M］．北京：气象出版社，1997.

［21］"地理信息系统在国内外应用现状"《计算机与现代化》，南昌：计算机与现代化编辑部．1999年，第61卷，第三期．

［22］王茹．城市灾害的属性与研究方法．北京城市学院学报2005增刊．57～60.